现代车辆新能源与节能减排技术

主编　余卫平　李明高

副主编　李　明　高　峰　张继业

机 械 工 业 出 版 社

新能源与节能减排技术是目前交通行业大力发展的新兴技术。采用新能源技术达到节能减排的目的，已成为当今世界车辆技术的发展趋势。目前，电动汽车在国内外市场上已得到较为成熟的应用，混合动力汽车、纯电动汽车和混合动力轻轨列车在欧洲、日本、中国等国家和地区已迅速发展为新兴产业。

本书针对现代交通行业的新能源技术，分 8 章分别讲解了新能源技术发展现状、汽车行业节能减排技术，混合动力汽车、纯电动汽车、燃料电池汽车和混合动力列车技术，以及锂电池和超级电容的基础知识及应用技术。本书从汽车行业、列车行业及动力电池、超级电容产品的基础知识和应用状况出发，结合节能减排等国家政策规划，由浅入深地讲解了新能源技术的研究及应用现状，为汽车、轨道交通、电动自行车、电动摩托车、电池、电容等行业的技术人员和维护人员提供参考。本书也可以作为相关科研院所研究人员、高校师生等学习新能源技术的入门教程或参考书。

图书在版编目（CIP）数据

现代车辆新能源与节能减排技术/余卫平，李明高主编. —北京：机械工业出版社，2013.12

ISBN 978-7-111-44627-9

Ⅰ.①现… Ⅱ.①余…②李… Ⅲ.①车辆-新能源-技术-研究-中国②车辆-节能-研究-中国 Ⅳ.①TK01②U471.23

中国版本图书馆 CIP 数据核字（2013）第 259913 号

机械工业出版社（北京市百万庄大街 22 号 邮政编码 100037）
策划编辑：连景岩 责任编辑：连景岩 孟 阳
版式设计：常天培 责任校对：申春香
封面设计：张 静 责任印制：李 洋
三河市宏达印刷有限公司印刷
2014 年 1 月第 1 版第 1 次印刷
184mm×260mm · 18.5 印张 · 459 千字
0001—3000 册
标准书号：ISBN 978-7-111-44627-9
定价：49.80 元

凡购本书，如有缺页、倒页、脱页，由本社发行部调换

电话服务	网络服务
社服务中心：（010）88361066	教 材 网：http：//www.cmpedu.com
销 售 一 部：（010）68326294	机工官网：http：//www.cmpbook.com
销 售 二 部：（010）88379649	机工官博：http：//weibo.com/cmp1952
读者购书热线：（010）88379203	**封面无防伪标均为盗版**

前言

现代交通运输工具，如汽车、城市轨道车辆等，为现代社会的发展和人类生活的流动性需求做出了重大贡献。目前，城市轨道车辆多采用电力驱动，对环境影响不大，但汽车的大量使用则对环境造成了巨大的影响，并正在继续引发严重的环境与人类生存问题。大气污染、全球变暖以及地球石油资源的迅速枯竭，成为当前人们关注的重点问题。

新能源与节能减排技术是目前国内外交通行业大力发展的新兴技术。随着超级电容、蓄电池等储能部件功率密度、能量密度及充放电效率等技术水平的提升，现代车辆已开始逐渐采用超级电容、蓄电池等新能源设备作为车辆起动、加速和长距离运行的主要能源。混合动力汽车、纯电动汽车和混合动力轻轨列车在欧洲、日本、中国等国家和地区已迅速发展为政府重点扶持的新兴产业。

本书针对现代交通行业的新能源技术，分别讲解了新能源技术的发展现状、汽车行业节能减排技术，混合动力汽车、纯电动汽车、燃料电池汽车、混合动力列车技术，以及锂电池和超级电容的基础知识及应用技术。全书共8章，第1章主要介绍现代交通新能源技术发展现状及我国节能减排政策规划，第2章主要介绍新能源汽车种类与节能减排技术，第3章主要介绍混合动力汽车相关技术，第4章主要介绍纯电动汽车相关技术，第5章主要介绍燃料电池汽车相关技术，第6章主要介绍混合动力轻轨列车设计与验证的相关技术，第7章主要介绍动力电池的基础知识及应用情况，第8章主要介绍超级电容的基础知识及应用情况。本书可为汽车、轨道交通、电动自行车、电动摩托车、电池、电容等行业的技术人员和维护人员提供参考，也可以作为相关科研院所研究人员、高校师生等学习新能源技术的入门教程或参考书。

本书由余卫平、李明高任主编，由李明、高峰、张继业任副主编。参与编写的还有黄烈威、石俊杰、李国清、王广明、裴春兴、杨耀华、邵蓉、万翠英、李欣伟、侯红学、姚峰、唐晨、陈倩倩、邵其方、解雪林、周德来、刘斌、蒋洁、邵楠、韩璐、汪星华、彭涤曲等。由于编者水平有限，写作时间仓促，书中难免有不妥和疏漏之处，欢迎广大读者对本书提出批评和建议，以便做进一步修改和补充。

编　者

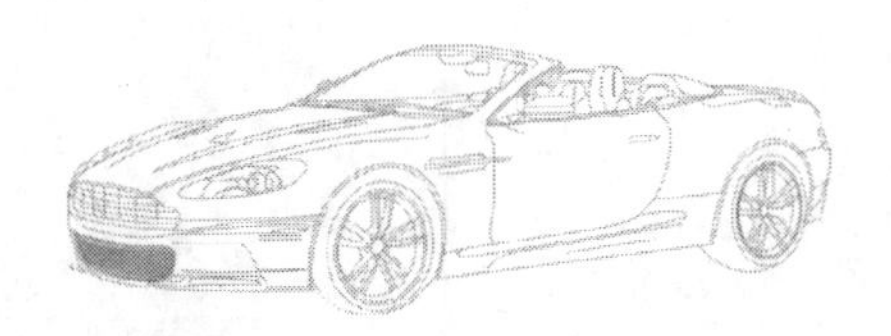

目 录

江淮同悦

AIR

F-CELL

第1章

现代交通新能源技术发展现状

1.1 现代交通运输对环境的影响

现代交通运输工具，如汽车、城市轨道车辆等，为现代社会的发展和人类生活的流动性需求做出了重大贡献。目前，城市轨道车辆多采用电力驱动，对环境影响不大，但汽车的大量使用则对环境造成了巨大的影响，并正在继续引发严重的环境与人类生存问题。大气污染、全球变暖以及地球石油资源的迅速递减，成为当前人们关注的重点问题。

近十年来，在与交通运输相关的研发领域中，人们愈发致力于发展高效、清洁和安全的运输工具。混合动力汽车、燃料电池车和纯电动汽车已逐渐成为替代传统车辆的运输工具。

1.1.1 环境污染

目前，大部分汽车依靠碳氢化合物类燃料的燃烧来获得其驱动力所必需的能量。碳氢化合物类燃料燃烧后产生的主要污染物对环境的影响情况如表1-1所示。

表1-1 碳氢化合物类燃料燃烧后产生的主要污染物对环境的影响情况

污 染 物	对环境的影响情况
二氧化碳	随着汽车工业的发展，全球二氧化碳排放总量逐年增加，碳排放问题日益突出，2009年，世界二氧化碳排放总量达到300.6亿t。据国际能源署2007年的统计，**全球23%的二氧化碳排放量来自于交通运输**，可见汽车工业对碳排放量的影响之大。 2009年，**我国二氧化碳排放总量达到72.2亿t，占全球总量的19.1%，已成为世界第一大二氧化碳排放国，**美国以占全球总量18.4%的二氧化碳排放量居于第二位。因此，推广使用新能源汽车，减少二氧化碳排放量，是国家节能减排的必然选择。
氮氧化合物	虽然氮是惰性气体，但发动机内的高温和高压环境易造成氮氧化合物（NO_x）的产生。其中最易生成的氮氧化合物是一氧化氮（NO），一旦一氧化氮排放到空气中，它与氧反应会生成二氧化氮（NO_2）。由于日光的紫外线辐射作用，随后二氧化氮被重新分解成一氧化氮，并生成能攻击活细胞薄膜的、有高度活性的氧原子。二氧化氮在一定程度上形成了刺激性的褐色烟雾，其对人体最突出的危害是刺激眼睛和上呼吸道薄膜。另外，二氧化氮与空气中的水反应，还会生成硝酸（HNO_3），**硝酸在雨中稀释，即形成“酸雨”**，对人类生活造成巨大的影响。 在工业化国家中，酸雨导致了森林的破坏，并且对由大理石建造的历史遗迹也会产生剥蚀作用。

（续）

污染物	对环境的影响情况
一氧化碳	一氧化碳是因缺氧而形成的碳氢化合物的不完全燃烧生成的。一氧化碳与血液中的血红蛋白结合的速度比氧气快250倍。对人和动物而言，一氧化碳一旦到达血细胞，便会替代氧附着于血红蛋白，这样就减少了到达器官的氧供给量，并降低了生命体的体力和智力，危害中枢神经系统，造成人的感觉、反应、理解、记忆力等机能障碍，重者会危害血液循环系统，导致生命危险，因此吸入一氧化碳即意味着中毒。 **眩晕是一氧化碳中毒的最初症状，它能迅速导致死亡**。
未完全燃烧的碳氢化合物	未完全燃烧的碳氢化合物是碳氢化合物不完全燃烧的结果，对生命体是有害的，其中有些是直接的毒物或致癌的化学制品，如颗粒状物、苯或其他的物质。同样，未完全燃烧的碳氢化合物是烟雾的成因：日光的紫外线辐射与未完全燃烧的碳氢化合物及大气中的一氧化氮互相作用，产生臭氧和其他生成物。**臭氧是无色的，但非常危险，当其侵入活细胞薄膜时，会引发生命体加速老化或产生致死的毒物**。 小孩、老人和哮喘病患者均会因高浓度臭氧的辐射而受到极大的伤害。
其他的污染物质	燃料的杂质在污染物质的排放中产生，主要杂质是硫，它存在于内燃机和喷气发动机燃料之中，在汽油和天然气中也存在。硫（或硫的化合物，如硫化氢）同氧一起燃烧将生成氧化硫化合物（SO_x）。二氧化硫（SO_2）是燃烧中的主要生成物，当其与空气接触时，将产生三氧化硫（SO_3），如果三氧化硫和水反应，则会生成硫酸，它是酸雨的主要成分。 为改善发动机的性能或寿命，石油公司在其燃料产品中添加了化学化合物。四乙基铅（常简称为"铅"）被用于改善汽油的抗爆性，从而获得更好的发动机性能。然而这一化合物的燃烧会析出金属铅，而**金属铅是导致神经疾病的罪魁祸首**。目前，大多数发达国家已禁用四乙基铅，并用其他化学化合物替代。

1.1.2　全球变暖

大量数据和现象表明，未来50～100年，人类将完全进入一个变暖的世界。由于人类活动的影响，导致大气中温室气体和硫化物气溶胶的浓度增加过快，有科学家预测，未来100年全球平均地表温度将上升1.4～5.8℃，到2050年，我国平均气温将上升2.2℃。

全球变暖是"温室效应"的结果，而"温室效应"是由二氧化碳和其他气体（如大气中的甲烷）所引发的。这些气体截获了由地面反射的日光，相当于在大气中截留了能量，并使之升温。温度升高对地球生态系统造成破坏，并引发影响人类的许多自然灾害，进而使气候变化风险加剧。

近几十年的观测表明，**人类活动是造成气候变暖的主要原因**。近年来，人类社会对能源的大量消耗带来了温室气体排放问题。二氧化碳是碳氢化合物和煤燃烧的生成物，是全球最重要的温室气体，是造成气候变化的主要因素，而它主要来自化石燃料的燃烧。虽然二氧化碳可被植物吸收，并由海洋以化合成碳酸盐的方式收集，但这些自然的同化过程是有限的，它不可能同化所有排放到大气中的二氧化碳，其结果是在大气中形成了二氧化碳的累积。

据国际能源机构（International Energy Agency，简称IEA）估计，汽车二氧化碳总排放量将从1990年的29亿t增加到2020年的60亿t。由此可见，汽车对地球环境造成了巨大影响。

控制消费和节约能源是减少二氧化碳排放量的重要途径。在工业发达国家，人均能源的

消费指数为 1 ~3 不等，这表明节约能源的余地是极大的。当然，还可以考虑保持适当的消费水平，同时用那些不会产生温室效应的替代能源来取代那些会造成污染的能源。

为了减少汽车对全球气候变暖的影响，削减二氧化碳等温室气体的排放，汽车应尽量采用小排量发动机和带有稀薄燃烧技术的发动机，最大限定地提高能源利用效率。为了减少汽车的二氧化碳排放量，各国开始制定并实施汽车二氧化碳排放法规。2008 年，欧盟要求轿车二氧化碳排放量低于 140g/km，对于汽油车，对应油耗要在 6L/100km 以下；2012 年，低于 120g/km；2020 年，低于 100g/km。我国也大力发展一系列先进技术，包括电动汽车、天然气汽车和以天然气为燃料的内燃机，到 2030 年，我国汽车的二氧化碳排放总量有可能降低 45%。

1.1.3　石油资源

石油是从地下采掘的矿物燃料，是活性物质分解的产物，这些物质几百万年前被埋藏在稳定的地质层中。

世界能源主要包括石油、天然气、煤炭等，而目前全球交通运输业的燃料绝大部分来自于石油及其衍生品——汽油和柴油等。2010 年的《BP 世界能源统计》显示，截至 2009 年底，全球已探明的石油储量为 13331 亿桶，以 2009 年的开采速度，可开采 45.7 年。以同样的方式计算，现有天然气储量能满足 62.8 年的开采，而煤炭储量可开采 119 年。

2007 年，在世界能源消耗总量中，石油占 35%，煤炭占 29%，天然气占 24%，其他占 12%。随着时间的推移，能源消耗结构会发生变化，新型能源消耗的比例将不断增加。

截至 2010 年 1 月 1 日，全球前十大探明石油储量国排名见表 1-2，其石油储量总共为 11279 亿桶，占世界石油储量的 84.6%。

表 1-2　全球前十大探明石油储量国排名

排　名	国　家	储量/亿桶	所占比例
1	沙特阿拉伯	2599	21.8%
2	加拿大	1752	14.69%
3	伊朗	1376	11.54%
4	伊拉克	1150	9.65%
5	科威特	1015	8.51%
6	委内瑞拉	994	8.34%
7	阿联酋	978	8.2%
8	俄罗斯	600	5.03%
9	利比亚	443	3.72%
10	尼日利亚	372	3.12%

已经证实的储藏量指经地质和工程信息预示的储藏量，即在现阶段经济和运行条件下，今后由已知的储油层可被开采的储藏量。因此，它并不能构成地球总储藏量的指标。

在温带、亚热带和热带等地区，地表面层附近的石油是便于开采的。地质学家认为，极地带地区（如西伯利亚、美国或加拿大等国家和地区），石油储量很多。在上述地区内，气候和生态保护是勘探石油或开采石油的主要障碍。因政治和技术原因，估算地球的石油总储量是一项困难的任务。由美国地质勘探局（U. S. Geological Survey）在2000年估计的尚未勘探的石油资源量列于表1-3中，其中*R/P*比值是指若以当前水平连续生产，则已知储量可开采的年数。

表1-3 美国地质勘探局对尚未勘探的石油资源的估计（2000年）

区 域	已知储藏量/10^9t	*R/P*比值	尚未勘探的石油资源/10^9t
北美地区	8.5	13.8	19.8
南美和中美地区	13.6	39	14.9
欧洲	2.5	7.7	3.0
撒哈拉沙漠以南的非洲地区和南极洲	10	26.8	9.7
中东和北非地区	92.5	83.2	31.2
俄罗斯	9.0	22.7	15.7
亚太地区	6.0	15.9	4.0
全世界（潜在的增长量）	142.1	39.9	98.3（91.5）

石油的消耗量（对应的生产量）与发达国家和发展中国家的经济增长同步，呈逐年增加的趋势。

全球范围内，增长最快的地区是亚太地区，全世界大多数人口居住在该地区。石油消耗量激增，将导致污染物迅速扩散，而二氧化碳排放量也会成正比例增加。

交通领域的石油消耗逐年增长。国际能源机构（IEA）的统计数据表明，2001年，全球57%的石油消耗在交通领域（其中美国达到67%）。预计到2020年，交通用石油将占全球石油总消耗量的62%以上。美国能源部预测，2020年以后，全球石油需求与常规石油供给之间将出现净缺口，2050年的供需缺口几乎相当于2000年世界石油总产量的两倍。

我国是一个能源短缺的国家，已探明石油储量约160亿桶，约占世界总探明储量的1.1%。然而，我国的石油消耗量仅次于美国，位居世界第2位，石油消费年均增长率为6%以上。

目前，世界汽车保有量约8亿辆，预计到2030年，汽车保有量将突破20亿辆，主要增量来自发展中国家。我国汽车产量也在逐年增加，2009年，我国共生产汽车1379万辆，居世界第1位，而且远远领先于排名第2位的日本（793.45万辆）。2010年达到1826万辆，连续成为世界第一汽车生产大国和第一新车销售市场。

同时，我国汽车保有量也增加迅速。截至2012年底，我国汽车保有量已超过9000万辆。预计到2020年，全国汽车保有量将达到1.75亿辆。在石油进口依存度持续上升的情况下，国际石油价格将直接影响到我国的能源安全、经济安全乃至国家安全。

1.1.4 引发的思索

污染引发的危害并非仅限于人类健康，它还包括对生态环境，甚至是人类历史遗迹的破坏。

同样，与全球变暖相关的危害也是难以估量的。它包括因龙卷风造成的破坏、由于干旱毁损的庄稼等。

大多数的石油生产国并非是石油消费大国。大多数的石油生产国位于中东地区，而大多数的石油消耗国则位于欧洲、北美和亚太地区。因此，石油消费国必须进口石油，并依赖石油生产国。中东地区频繁的政治动乱（如海湾战争、两伊战争等）严重影响了其对西方国

家的石油供应。西方经济依赖于波动的石油供应，其隐含的代价是昂贵的：石油供应的短缺导致经济的严重衰退，其结果是货物（如食品）滞销、商机丧失以及工商业停顿等。因此，国际原油市场居高不下的油价迫使很多国家，开始寻求开发石油的替代能源。

目前，全球各国已达成共识，交通能源转型势在必行。另外，减少排气污染、净化环境已成为车用燃料发展的大方向。以欧盟为例，欧盟 15 国制定的“汽车-油料发展规划”要求，1995～2020 年，道路运输排放的 7 种主要污染物［一氧化碳（CO）、氮氧化物（NO_x）、挥发性有机物质（VOC）、苯、柴油颗粒物质（PM）、二氧化碳（CO_2）、二氧化硫（SO_2）］要大大降低，除二氧化碳外，其他各种污染物要由 1995 年平均相对值为 100 降低到 2010 年平均相对值为 25，2020 年平均相对值为 10。

我国成为全球第一大汽车消费国后，汽车工业带来的能源短缺、环境污染等问题日益严重。统计数据表明，目前我国汽车保有量主要集中在经济发达地区或中心城市，汽车废气排放已成为城市大气污染的主要因素；同时，我国的石油资源严重不足，石油消费与进口量逐年增加，进口占比超过 50%。在未来 30 年内，我国的汽车保有量还将大量增加，大气环境污染、能源短缺问题将更为严重。

在我国，汽车行业必将成为节能减排的重中之重。目前，造成城市汽车排放污染和油耗增加的主要原因有：发动机长时间怠速工作，频繁加速、减速和制动，平均车速低等。

我国与城市交通相关的环境问题包括：

（1）空间资源的低效配置　公共交通发展不充分，导致交通结构不合理，道路、停车场等土地和空间资源配置低效。道路与交通管理设施建设滞后于车辆和交通流量的发展，停车场等静态交通设施严重不足。

（2）时间资源浪费　交通拥挤已使城市机动车行驶速度急剧下降，并直接导致公共交通服务水平下降，客流减少。不合理的交通结构将导致人们付出巨大的时间成本。

（3）空气污染　一些大城市中，机动车排放的污染物对多项大气污染指标的贡献率已达到 60% 以上，危害人体健康。交通污染治理已成为城市大气环境治理的主要内容之一。

（4）噪声污染　城市主要道路两侧的噪声污染不断加剧，全国 80% 以上大城市的交通干线噪声超标（大于 70dB），严重影响了居民休息以及教育、文化活动的开展。

（5）资源消耗　城市交通，特别是个人机动化交通，消耗了大量的能源和其他不可再生资源。

（6）交通事故　部分交通参与者法制观念淡薄，交通违章现象十分严重。城市交通事故造成了大量的人员伤亡和高额的直接和间接经济损失。

上述主要问题造成了巨额国民经济损失，阻碍了社会、经济与环境的健康发展。

此外，即使每一辆机动车都达到了国家规定的排放法规要求，也不能保证城市的交通污染就一定可以达到环保标准要求。这是由于大量机动车在一定时间和空间内的相对集中，会造成城市的某一地区在排放污染物总量上超标。因此，从机动车管理的角度来考虑，减轻环境污染就要疏导交通，提高机动车运行速度，优化路网布局，合理分配车流，减少城市中心区的车流密度，改善汽车运行工况，降低机动车污染物排放。

欧盟各国联合制订了旨在限制汽车污染物排放的欧Ⅴ和欧Ⅵ标准。根据新标准，未来欧盟国家对本地生产及进口汽车的污染物排放量，特别是氮氧化物和颗粒物排放量的控制将日益严格。

欧Ⅴ标准于 2009 年 9 月 1 日开始实施。根据这一标准，柴油轿车的氮氧化物排放量不应超过180mg/100km，比欧Ⅳ标准规定的排放量减少了28%；颗粒物排放量则比欧Ⅳ标准规定的减少了80%，所有柴油轿车必须配备颗粒物滤网。柴油SUV执行欧Ⅴ标准的时间是2012年9月。

相对于欧Ⅴ标准，将于2014年9月实施的欧Ⅵ标准则更加严格。根据欧Ⅵ标准，柴油轿车的氮氧化物排放量不应超过80mg/100km，与欧Ⅴ标准相比，欧Ⅵ标准对人体健康的益处将增加60%~90%。

柴油厢式货车和7座以下载客车实施欧Ⅴ和欧Ⅵ标准的时间将分别比轿车晚1年。2010年9月，厢式货车将实施欧Ⅴ标准，厢式货车的氮氧化物排放量不应超过280mg/100km；2015年9月实施欧Ⅵ标准后，新款厢式货车的氮氧化物排放量不应超过125mg/100km。

面对温室气体排放大幅增加，环境污染不断加剧，能源问题日益严重的状况，选择开发以新能源汽车为代表的节能环保汽车变得尤为重要。在此背景下，中国发展新能源汽车，不仅有利于降低对石油的依赖，保证我国的能源安全，也有利于我国的环境保护和可持续发展，并为我国汽车产业实现跨越式发展提供重要的战略机遇。

北京于2008年在国内率先对新机动车实行国Ⅳ排放标准（见表1-4），2010年，国内新机动车销售全面实施了该标准，我国国产汽车的排放控制技术水平与国外先进水平的差距有望由2000年的8年缩短到5年。

表1-4 我国各标准规定的排放限值 （单位：g/km）

	国Ⅱ	国Ⅲ	国Ⅳ
一氧化碳（CO）	2.20	2.20	1.00
总碳氢化合物（HC）	—	0.20	0.10
氮氧化物（NO_x）	—	0.15	0.08
碳氢化合物和氮氧化物（HC+NO_x）	0.50	—	—

1.2 现代交通运输发展策略

现代车辆多采用新能源技术以达到节能减排的目的。目前，电动汽车在国内市场上已成熟应用，混合动力汽车、混合动力轻轨列车在欧洲、日本、中国等国家和地区已迅速发展为新兴产业。

1.2.1 新能源对交通运输的重要性

全球石油资源可维持石油供应的年数完全取决于新储油地的发现量，及其石油储备量。历史数据表明，新储油地的发现进程缓慢，而另一方面，石油消耗量则呈现如图1-1所示的高增长趋势。假若新储油地的发现及石油消耗量遵循现在的趋势

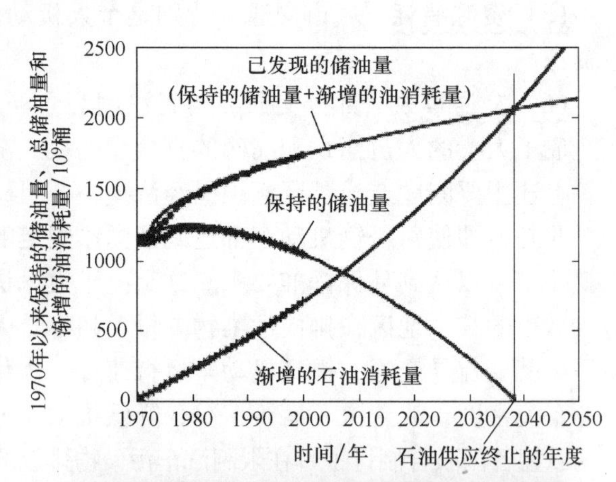

图1-1 全球石油的新发现量、保持的储量以及渐增的消耗量

发展，则全世界石油资源约可应用至 2038 年。目前，新储油地的发现已日益困难，开采新油地的成本也越来越高。如果石油消耗率不能显著地降低，则可预见石油供应的情况将不会发生大的变化。

世界上大部分发达国家和发展中国家的石油消费结构虽然各不相同，但其交通运输部门基本上都是政府各部门中首要的石油使用者，如图 1-2 所示。1997 年，世界各国交通运输部门的石油消耗量占全球石油消耗量的 49% 。而近年来，世界范围内石油应用方面的增量大多数出现在交通运输部门。

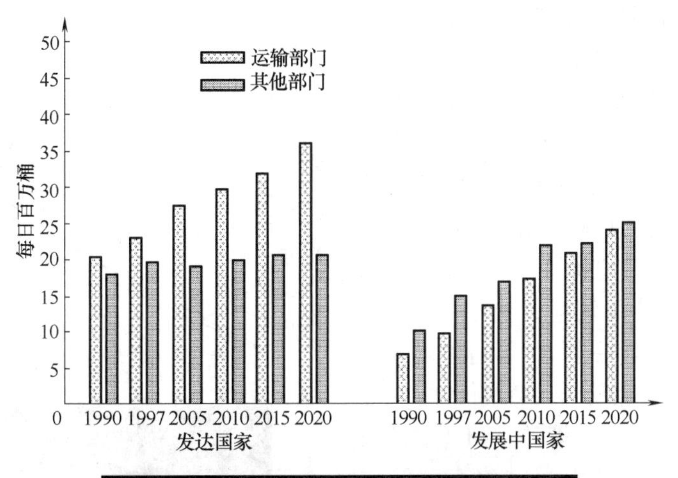

图 1-2　运输和其他部门的全球石油消耗量

就发展中国家而言，**交通运输部门石油消耗量涨幅较大，预计至 2020 年，其增长量将接近非交通运输部门能量的消耗总和**。但是，发展中国家不像发达国家，其石油消耗总增量的 42% 被规划用于除交通运输部门之外的应用领域。发展中国家的非交通运输部门所对应的石油消耗量的增长，部分归因于以石油产品替代非商品化燃料（如燃烧木材用于家庭制热和烹饪）。

改进车辆的燃油经济性对石油供应有决定性的影响。迄今为止，最有前途的技术应用是混合动力汽车、纯电动汽车和燃料电池车。混合动力汽车采用内燃机为其主要动力源，并以蓄电池和电机组成峰值电源，它比单独由内燃机提供动力的车辆具有高得多的运行效率。这一应用技术用于工业化生产的硬件和软件已基本成熟。随着电池技术的迅速发展，纯电动汽车技术得以完善，并逐步推广运用。此外，燃料电池车比混合动力汽车有更高的效率且更为清洁，已逐步应用于商业化运行。

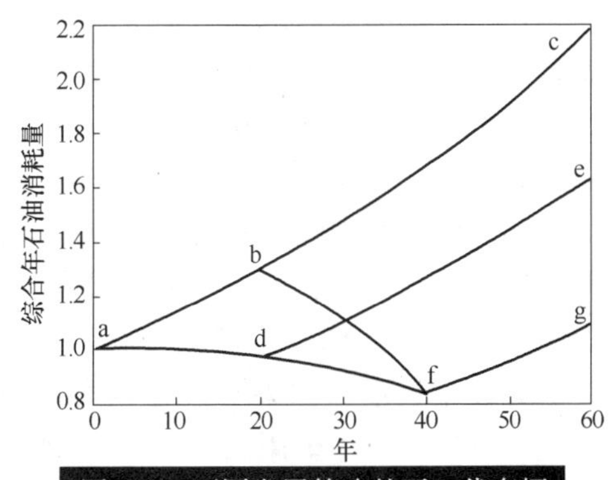

图 1-3　不同发展策略的下一代车辆之间年燃油消耗量的比较

图 1-3 描绘了有关文献中对应于不同发展策略的下一代车辆的综合年燃油消耗量。曲线 a-b-c 展现了目前车辆年燃油消耗量的发展趋势，其中，假设有 1.3% 的年增长率，该年增长率即设为总车辆数的年增长率。曲线 a-d-e 描绘了混合动力汽车的发展策略，其在第一个 20 年期间，

传统车辆逐渐变为混合动力汽车；而再经 20 年，则全部车辆均成为混合动力汽车。在该发展策略中，假定混合动力汽车比目前传统车辆更为有效（前者燃油消耗量较后者少 25%）。曲线 a-b-f-g 给出了燃料电池车的发展策略，其在第一个 20 年期间处于发展阶段，而传统车辆仍主导市场；在第二个 20 年间，燃料电池车将逐渐进入市场，从点 b 出发到达全部为燃料电池车的点 f。在该发展策略中，假定燃料电池车比目前传统车辆在燃油消耗量上少 50%。曲线 a-d-f-g 给出了在第一个 20 年间传统车辆变成为混合动力汽车，而在第二个 20 年间则由燃料电池车取代传统车辆的发展策略。

逐渐增长的石油消耗量涉及石油的年消耗量及其时间效应，并直接与石油储量的减少相关联，如图 1-4 所示。图 1-4 描述了对应于上述各发展策略的综合石油消耗量逐渐增长的情况。虽然燃料电池车比混合动力汽车有更高的效率，但其按策略 a-b-f-g（第二个 20 年间采用燃料电池车）给出的渐增的燃油消耗量，因时间效应，将在 45 年内高于由策略 a-d-e（第一个 20 年间采用混合动力汽车）描绘的混合动力汽车渐增的燃油消耗量。由图 1-4 可见，策略 a-d-f-g（第一个 20 年间采用混合动力电动汽车和第二个 20 年间采用燃料电池车）是最佳的。

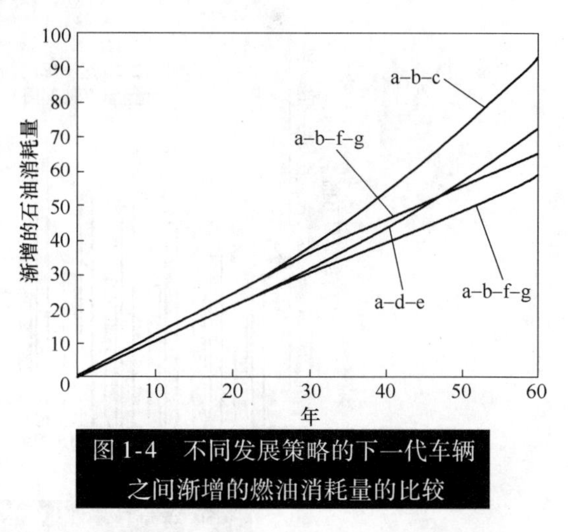

图 1-4 不同发展策略的下一代车辆之间渐增的燃油消耗量的比较

根据以上分析可以看出，由于约 45 年后石油供应会出现困境，因此，**下一代运输工具的最佳发展策略应是加快商品化的混合动力汽车的开发和推广，同时尽最大努力，尽早研发出商品化的、不使用石油的纯电动汽车和燃料电池汽车。**

1.2.2 新能源技术加快发展的国际背景

过去 100 多年间，世界各国的工业社会均建立在化石能源的基础之上。目前，世界能源消费的 40%、交通能源的 90% 仍然依赖石油，几乎所有的发达国家都是石油进口国。因此，能源安全是发达国家长期的重要战略目标，目前的国际政治和军事冲突，大多与石油有关。

快速增长的能源需求与石油资源日益枯竭的矛盾，将导致廉价石油时代的终结，使发展中国家工业化、城市化、现代化的成本大幅增加。特别是在全球石油资源分配格局已相对稳固的条件下，新兴经济体获取石油资源的形势将更加严峻。

与此同时，全球环境问题的日益突出，使世界汽车工业面临着严峻的挑战。汽车尾气成为城市环境污染和大气污染的主要因素。在此背景下，如果不改变全球汽车消费模式并推动汽车能源的技术革命，汽车消费的持续扩张将难以为继。目前，中国汽车千人保有量仅为 70 辆左右，如果达到发达国家 600 ~ 800 辆的水平，即使耗尽全世界的石油也不能满足需求。有关数据显示，如果不改变汽车消费结构和模式，到 2020 年，中国仅汽车就要消耗 2.56 亿 t 石油，占中国用油的 86%。因此，必须在资源约束下实现汽车消费的变革，在节能和新能源汽车领域取得技术和产业化的突破，这样才能从根本上解决全球汽车消费增长与石油资源供给之间的矛盾。

汽车产业具有资本密集、技术密集和劳动力密集的重要特征，同时还具有附加价值较高、吸纳就业能力强、产业关联度高的产业特性，它甚至是一个国家或地区工业发达程度的重要标志。因此，汽车产业成为美国、欧盟以及日本等经济体坚守的最后几块制造业阵地之一。随着发展中国家制造优势和汽车消费能力的增强，发达国家汽车产业逐步形成并强化新的竞争优势，世界汽车制造业和市场格局正在发生重大变革，并呈现出新的趋势和特点。

(1) 世界汽车产业格局呈现新的动向 继美国第三大汽车制造商克莱斯勒（Chrysler）于2008年4月申请破产保护后，美国第一大、全球第二大汽车制造商通用公司（GM）也在2009年6月申请破产保护。百年通用的破产成为美国制造业历史上的第一大破产案。由于美国长期作为全球第一大汽车生产国和消费国，在世界汽车产业中的地位举足轻重，因此，克莱斯勒和通用相继申请破产保护，成为世界汽车发展史上的重要事件，它意味着全球汽车产业调整进程开始加快。

欧洲汽车制造业面临的挑战和压力不弱于美国。2005年，欧洲汽车工业协会主席毕睿德表示，如果不立即提高欧洲汽车的竞争力，欧洲汽车工业将会在50年内消失。据欧盟的一项统计结果显示，欧盟汽车业的人均劳动生产率比美国低25%，比日本低30%。另据欧洲汽车制造商协会公布的数据，生产相同的汽车，欧洲的制造成本比巴西高35%。

相对而言，日本汽车厂商的生产率相对较高。得益于丰田生产方式（TPS）的应用和改进，丰田北美汽车公司成为2005年北美整体劳动生产率最高的汽车企业，其单车工时仅为27.9h。与美国汽车企业相比，丰田生产每辆车将节省350~500美元成本。日产北美公司和本田北美公司的单车工时分别为29.43h和32.02h，排在丰田之后。从全球范围来看，日本厂商在发展中国家的单车生产成本更是远低于在美国和日本本土，这也成为日本大规模海外投资设厂的重要原因。

由于劳动力成本居高不下和原材料价格持续上涨，欧洲和美国汽车制造商生产成本日益增加。2000年以来，美国汽车企业销量大幅下滑；除德国大众外，欧洲汽车企业销量亦出现整体下滑。特别是在2008年全球金融危机之后，以美国为主的汽车和零部件商大部分已陷入困境。

事实上，自20世纪90年代起，世界主要汽车和零部件供应商就开始剥离非核心业务，全球汽车产业就已经进入调整期。调整首先从部分欧美中小汽车制造商和零部件供应商开始，例如捷豹、路虎、罗孚、沃尔沃、萨博等跨国企业相继被收购。

从产业组织来看，长期主导全球汽车产业的“6+3”格局也悄然变化。其中最重要的趋势是：

1）更多的跨国联盟取代控股型企业集团，开始影响世界汽车格局。目前世界汽车产业呈现出“7+2”的格局，所谓“7”，即“通用+上汽”、“福特+马自达+长安”、“丰田+富士重工”、“大众+铃木+保时捷”、“标致-雪铁龙（PSA）+宝马”、“雷诺-日产+戴姆勒”、“菲亚特+克莱斯勒+三菱”；所谓“2”，是指相对独立的现代-起亚和本田。

2）韩国和中国汽车企业快速崛起。尽管传统“6+3”格局中并没有现代-起亚，但崛起后的韩国企业已经成为世界汽车版图变化中的重要力量。2010 年，中国已经有上汽、东风、一汽、长安和北汽 5 家企业产销规模突破百万辆，其中上汽产销规模已超过 350 万辆。

3）在美国企业市场萎缩、日本企业市场保持稳定的情况下，欧洲汽车企业发展加快。特别是在金融危机后，菲亚特购买了克莱斯勒 35% 的股权，大众收购了铃木 20% 的股权，都不断使欧洲企业的发展受到世界关注。

注意：“6 +3” 格局指汽车产业在 20 世纪 90 年代逐步形成的 6 家大企业和 3 家小企业的市场格局，6 家大企业分别是通用、福特、戴姆勒-克莱斯勒、丰田、大众、雷诺-日产，而 3 家小企业分别是宝马、本田和标致-雪铁龙（PSA）。直到 21 世纪初，“6 +3” 格局一直主导着全球汽车产业的技术和市场。

（2）全球汽车产业格局调整的主要方向 从近年的产业发展态势看，全球汽车产业格局将向两个方向调整：一方面，汽车及其零部件的产能和制造业务更多地向以“金砖四国”（中国、印度、俄罗斯和巴西）为代表的东亚、南亚、南美和中东欧等地区转移；另一方面，随着制造业务的转移，发达国家巩固和加强了产业链及价值链高端业务，新能源汽车革命使得这一趋势更加强化。

1）全球汽车生产格局调整的主要方向。由于西欧、美国及日韩等汽车强国制造成本日益上升，要继续保持产品的竞争力，正确的应对战略是加快在新兴制造业国家和新兴汽车市场投资建厂，一方面利用当地资源和制造优势降低单车制造成本，另一方面能够尽快导入和占领新兴市场。

2000 年以后，通用和福特在北美市场都出现不同程度的收益亏损、市场份额下降、销量减少、股价跌落等状况，面临巨大的经营困难和竞争压力。因此，通用和福特决定进行大力度的结构调整。调整的主要方向是逐步收缩业务，逐步关闭北美工厂，出售海外品牌，裁员 3 万人（约占北美员工总数的 17%），压缩员工福利和医疗费。在北美市场采取“收缩”战略的同时，逐步加大在亚洲市场的扩张。到 2005 年，美国汽车“三大”企业在亚洲的市场份额已上升至 36.5%。通用和福特日益倾向于以亚洲市场利润来弥补其在北美的亏损。

与此同时，欧洲汽车企业的结构调整也逐步展开，转变以往偏重传统品牌竞争力的做法，逐步适应发展中国家廉价中小型车的需求特点，积极在发展中国家扩大产量和降低成本。大众、菲亚特、标致-雪铁龙、雷诺等主要欧洲企业，一方面裁减人员、压缩成本，另一方面在产品结构上加速调整，产品向小型节能车倾斜。作为新战略的重要内容，西欧汽车厂商加快产能向东欧和亚洲地区布局。

日本和韩国国内汽车市场已经饱和，其结构调整的重点是扩张国外市场，提高海外产量。目前，日本汽车企业国外产量已经大大超过国内产量，并积极与欧美企业展开在全球范围内的竞争。韩国汽车的销量也早已实现“大头在外”的目标，并计划最终实现国外产量超过国内产量的目标。

欧、美、日、韩汽车制造能力主要向具有以下特征的地区转移：

> ① 劳动力、土地等要素成本较低的地区；
> ② 制造加工和相关配套能力较强的地区；
> ③ 工业体系相对完善，特别是钢铁、石化、有色金属等基础工业相对发达的地区；
> ④ 区域优势明显，物流条件优越的地区；
> ⑤ 靠近具有一定规模且市场潜力较大的消费市场或核心部件供应地的地区；
> ⑥ 政治环境和社会环境相对稳定的地区。

进入 21 世纪以来，以中国、巴西、印度、墨西哥等为代表的发展中国家，由于具备素质较高的劳动力和价格相对较低的要素或资源，凭借良好的发展制造业的基础条件和日益扩大的市场规模，使汽车制造业快速崛起，并且形成一批发展较快的汽车制造企业。而传统汽车强国本土生产规模则日益减小。从发展趋势来看，继南美之后，中国、印度和中东欧地区将逐渐成为世界汽车制造业务转移的重点地区，中国的表现尤为突出。

2010 年，中国汽车产销规模突破 1800 万辆，是 2000 年产量的 9 倍，以年均近 25% 的增速快速增长。中国目前已经跃居全球第一大汽车生产国和第一大汽车消费市场，成为全球汽车厂商重要的制造中心和利润中心。

2002 年，全球产量排名前 25 位的汽车厂商中，仅有中国一汽位居第 19 位；而在 2010 年，中国已有长安、吉利、奇瑞、东风、北汽等 5 家企业进入，其中长安汽车以 110 万辆位居第 17 位。

2）跨国厂商加强研发，突出技术引领。跨国厂商逐步加强对新能源汽车的技术研发，将制造业务逐步向低成本和新兴消费地区转移，并加快新能源汽车的商业化速度，获取新的竞争力和控制力。同时，跨国厂商还不断适应安全、环保、节能的消费要求和消费趋势，不断升级和加强基于传统发动机的汽车技术和电子系统。

近年来，以美国、日本、欧洲为代表的汽车工业发达经济体，先后从节能、安全、环保等方面制定了汽车技术的发展规划，并鼓励技术创新。

目前，跨国汽车厂商在传统汽车技术领域主要加强四大类应用技术的研发及应用，即汽车安全技术、电子技术、动力性能技术和燃油经济性技术。

3）跨国厂商剥离非核心业务，提升核心竞争力。纵向一体化的生产经营模式，即一个公司通过资本或内部分工的方式，实现对产业链的控制，将公司的业务范围在体系内，向上下游扩展，这是世界汽车集团曾经长期采用的策略。通用公司曾是纵向一体化生产方式的典型代表，其业务范围从零部件到汽车金融无所不包。1999 年，通用剥离旗下的零部件企业德尔福；2000 年，福特也采取了同样的举措，将旗下零部件企业伟世通独立，这被认为是纵向一体化模式开始衰落的重要表现。

德尔福和伟世通从通用和福特剥离前，向通用和福特的零部件供货量超过两家厂商总采购量的 70%。剥离后，该比率都降到了 50% 以下，使通用和福特可以在更大的范围内选择质量和价格更有竞争力的零部件，有效降低了制造成本和交易成本。在剥离零部件业务取得较好的效果后，通用和福特又相继出售了其他非核心业务，逐步改变了第二次产业革命以来形成的大企业集团组织方式和企业架构。

尽管纵向一体化能保证零部件加工量和组装量相匹配，而且管理集中统一。但随着社会分工深化和现代信息技术的发展，大而全的纵向一体化已经不适应企业运营的需求，而且企业管理的日益僵化和低效率也成为提高竞争力的重要障碍。因此，我国汽车企业必须推进改革，剥离非核心业务，加强主业，提高效率和促进创新。不仅是美国的汽车企业，欧洲的大汽车企业也进行了相应的改革。此后，为了进一步提升主业竞争力，不仅仅是非核心业务被剥离，汽车企业甚至将内部业务也外包出去。

比如，2008 年，通用汽车与电子数据系统公司（EDS）、惠普、IBM 等公司签订了数十亿美元的信息技术业务外包合同，并计划未来 5 年内外包 150 亿美元的业务。

4）构建多赢合作平台成为全球汽车产业和技术发展的基础。从 20 世纪 70 年代起，跨国厂商逐步形成基于技术或资本的联盟，以进一步增强竞争力和发挥优势以扩张市场。联合开发市场的典型案例是丰田和通用两对头之间的合作。1980 年，丰田公司在《对美出口轿车自主限制协议》生效后，与竞争对手通用成立合资公司，共同开拓美国市场。双方在合作过程中各有所图、各取所需。丰田通过合作熟悉美国的生产环境，避开贸易壁垒，为独资办厂积累和创造条件；通用则深入学习丰田的精益管理方式，利用丰田的小型车来填补市场空白，并依靠日方的管理经验，降低生产成本。

近年来，技术合作和联盟在跨国厂商之间日益普遍。雷诺-日产和戴姆勒-克莱斯勒的联盟都是基于技术合作的背景。例如，雷诺-日产联盟成立后，双方通过技术互换、平台开发等途径快速获取对方的优势技术，形成较强的技术创新和整合能力，同时，由于联盟并非资本并购，因此还能有效降低双方的经营风险。而丰田-斯巴鲁、菲亚特-克莱斯勒、丰田与泰斯拉，则通过持股、控股、交叉持股等方式，以资本为纽带结成联盟，在发挥比较优势的基础上增强整体的竞争力。

技术联盟在节能和新能源汽车研发方面得到更加充分的体现。2005 年 9 月，通用、戴姆勒-克莱斯勒与宝马签署协议，构建全球合作联盟，共同开发混合动力推进系统，共享各自在混合动力推进系统方面的优势技术、生产设备和供应商。戴姆勒和雷诺-日产、戴姆勒与比亚迪、大众与铃木等通过技术合作共同开发电动车项目，丰田持股泰斯拉寻求在纯电动汽车领域的全面合作，宝马与标致-雪铁龙围绕混合动力技术成立合资公司和研发平台，丰田与福特联手开发混合动力 SUV 及大型皮卡等事件，都成为近年来汽车技术合作的重要案例。

（3）要对全球汽车产业格局调整有深刻认识

1）要对汽车产业格局调整，特别是美国汽车巨头申请破产保护有清醒认识。美国《破产法》第 11 章明确规定，企业申请破产保护后将处于法律的保护之下，在 6 ~ 9 个月内可避免债权人追债，有权关闭工厂、裁员和重新就工会合同进行谈判，而这些宽松政策在正常经营时期是很难实现的。尽管这会对企业造成一定负面影响，但借助破产保护对抗工会以降低负担、拓展融资渠道、重新配置优势资源和实现企业战略转型的作用往往更加明显。

2）美国依然会是全球汽车产业竞争力最强的国家之一。汽车产业不等同于造车产业，造车大国也不等同于汽车强国。汽车业的产业链除了制造、组装外，还包括整车设计开发、核心部件及模块的研发、汽车金融、改装、维护等附加价值更高的环节。美国信息产业发达、人才密集、市场巨大、汽车文化成熟，这些高附加值业务短期内还不至于会被中国甚至日本等国超越。如果美国能扬长避短，在这些领域继续加强，其在世界汽车产业中的地位依然难以撼动。此外，美国早在 20 世纪 90 年代就开发出可量产的电动车，其消费能力、充电

条件和鼓励政策也极其优越。如果美国能减轻包袱，在新能源汽车研发和产业化方面有更大突破，其将成为下一轮新技术的领跑者。

3）要深刻把握世界汽车技术发展的方向。在扩张传统汽车产业的同时，要把加快发展新能源汽车技术作为未来的技术研发重点，避免在技术变革后使大量产能和资源出现结构性淘汰。

4）要充分汲取美国汽车及零部件企业的教训，制定合理的经营和研发战略。避免单纯依靠资本运作，导致不能充分整合和消化收购的资产。要对市场需求和消费环境变化有所预见并能快速反应。有条件的企业要努力实现客户和市场结构多元化，避免客户或主销市场过于集中或单一所引发的外部风险和连带风险的增加。同时，还要加强研发，增加产品技术含量，提高竞争的技术和环保门槛。

1.3 我国交通行业新能源技术规划及发展趋势

1.3.1 汽车行业新能源技术十二五规划及解读

1. 节能与新能源汽车产业发展规划（2012～2020 年）

汽车产业是国民经济的支柱产业，在国民经济和社会发展中发挥着重要作用。随着我国经济的持续快速发展和城镇化进程的加速推进，今后较长一段时间内，汽车需求量仍将保持增长势头，而由此带来的能源紧张和环境污染问题也将更加突出。加快研制和发展节能汽车与新能源汽车，既是有效缓解能源和环境压力，推动汽车产业可持续发展的紧迫任务，也是加快汽车产业转型升级、培育新的经济增长点和国际竞争优势的战略举措。为落实国务院关于发展战略性新兴产业和加强节能减排工作的决策部署，国家制定了加快培育和发展节能与新能源汽车的产业发展规划。

（1）节能与新能源汽车产业发展现状及其面临的形势　新能源汽车指采用新型动力系统，完全或主要依靠新型能源驱动的汽车。新能源汽车主要包括纯电动汽车、插电式混合动力汽车及燃料电池汽车。节能汽车指以内燃机为主要动力系统，综合工况燃料消耗量优于下一阶段目标值的汽车。发展节能与新能源汽车是降低汽车燃料消耗量，缓解燃油供求矛盾，减少尾气排放，改善大气环境，促进汽车产业技术进步和优化升级的重要举措。

我国新能源汽车经过近 10 年的研究开发和示范运行，已基本具备了产业化发展的基础，蓄电池、电机、电子控制和系统集成等关键技术取得了重大进步，纯电动汽车和插电式混合动力汽车也开始小规模投放市场。近年来，汽车节能技术推广应用也取得了积极进展，通过实施乘用车燃料消耗量限值标准和鼓励购买小排量汽车的财税政策，先进内燃机、高效变速器、轻量化材料、整车优化设计以及混合动力等节能技术和产品得到大力推广，汽车平均燃料消耗量明显降低；天然气等替代燃料汽车技术已基本成熟并初步实现了产业化，形成了一定的市场规模。但总体上看，我国新能源汽车整车和部分核心零部件关键技术尚未突破，产品成本高，社会配套体系不完善，使产业化和市场化发展受到制约；汽车节能核心技术尚未完全掌握，燃料经济性与国际先进水平相比还有一定差距，节能型小排量汽车市场占有率偏低。

为应对日益突出的燃油供求矛盾和环境污染问题，世界主要汽车生产国纷纷加快部署，将发展新能源汽车作为国家战略，加快推进技术研发和产业化，同时大力发展和推广应用汽车节能技术。节能与新能源汽车已成为国际汽车产业的发展方向，未来10年，我国将迎来全球汽车产业转型升级的重要战略机遇期。**目前，我国汽车产销规模已居世界首位，预计在未来一段时间内仍将持续增长，因此必须抓住机遇、抓紧部署，加快培育和发展节能与新能源汽车产业，促进汽车产业优化升级，实现由汽车工业大国向汽车工业强国的转变。**

（2）节能与新能源汽车产业发展的指导思想和基本原则

1）指导思想立足国情，依托产业基础，按照市场主导、创新驱动、重点突破、协调发展的要求，发挥企业主体作用，提高节能与新能源汽车创新能力和产业化水平，推动汽车产业优化升级。

2）基本原则

① 坚持产业转型与技术进步相结合。加快培育和发展新能源汽车产业，推动汽车动力系统电动化转型。坚持统筹兼顾，在培育发展新能源汽车产业的同时，大力推广普及节能汽车，促进汽车产业技术升级。

② 坚持自主创新与开放合作相结合。加强创新发展，把技术创新作为推动我国节能与新能源汽车产业发展的主要驱动力，加快形成具有自主知识产权的技术、标准和品牌。充分利用全球创新资源，深层次开展国际科技合作与交流，探索合作新模式。

③ 坚持政府引导与市场驱动相结合。在产业培育期，积极发挥规划引导和政策激励作用，聚集科技和产业资源，鼓励节能与新能源汽车的开发生产，引导市场消费。进入产业成熟期后，充分发挥市场对产业发展的驱动作用和配置资源的基础作用，营造良好的市场环境，促进节能与新能源汽车大规模商业化应用。

④ 坚持培育产业与加强配套相结合。以整车为龙头，培育并带动动力电池、电机、汽车电子、先进内燃机、高效变速器等产业链的发展。加快充电设施建设，促进充电设施与智能电网、新能源产业协调发展，做好市场营销、售后服务以及蓄电池回收利用，形成完备的产业配套体系。

（3）节能与新能源汽车产业的技术路线和主要目标

1）技术路线。以纯电驱动为新能源汽车发展和汽车工业转型的主要战略取向，当前重点推进纯电动汽车和插电式混合动力汽车产业化，推广普及非插电式混合动力汽车、节能内燃机汽车，提升我国汽车产业整体技术水平。

2）主要目标

① 产业化取得重大进展。**到2015年，纯电动汽车和插电式混合动力汽车累计产销量力争达到50万辆；到2020年，纯电动汽车和插电式混合动力汽车生产能力达200万辆**，累计产销量超过500万辆，燃料电池汽车、车用氢能源产业与国际同步发展。

② 燃料经济性显著改善。到2015年，当年生产的乘用车平均燃料消耗量降至6.9L/100km，节能型乘用车燃料消耗量降至5.9L/100km以下。到2020年，当年生产的乘用车平均燃料消耗量降至5.0L/100km，节能型乘用车燃料消耗量降至4.5L/100km以下；商用车新车燃料消耗量接近国际先进水平。

③ 技术水平大幅提高。新能源汽车、动力电池及关键零部件技术整体上达到国际先进水平，掌握混合动力、先进内燃机、高效变速器、汽车电子和轻量化材料等汽车节能关键核心技术，形成一批具有较强竞争力的节能与新能源汽车企业。

④ 配套能力明显增强。关键零部件技术水平和生产规模基本满足国内市场需求。充电设施建设与新能源汽车产销规模相适应，满足重点区域内或城际间新能源汽车运行需要。

⑤ 管理制度较为完善。建立起有效的节能与新能源汽车企业和产品相关管理制度，构建市场营销、售后服务及动力电池回收利用体系，完善扶持政策，形成比较完备的技术标准和管理规范体系。

（4）保障措施

1）完善标准体系和准入管理制度。进一步完善新能源汽车准入管理制度和汽车产品公告制度，严格执行准入条件、认证要求。加强新能源汽车安全标准的研究与制定，根据应用示范和规模化发展需要，加快研究制定新能源汽车以及充电、加注技术和设施的相关标准。制定并实施分阶段的乘用车、轻型商用车和重型商用车燃料消耗量目标值标准。积极参与制定国际标准。

2）加大财税政策支持力度。中央财政安排资金，对实施节能与新能源汽车技术创新工程给予适当支持，引导企业在技术开发、工程化、标准制定、市场应用等环节加大投入力度，构建产学研用相结合的技术创新体系；对公共服务领域节能与新能源汽车示范、私人购买新能源汽车试点给予补贴，鼓励消费者购买使用节能汽车；发挥政府采购的导向作用，逐步扩大公共机构采购节能与新能源汽车的规模；研究基于汽车燃料消耗水平的奖惩政策，完善相关法律法规。

3）强化金融服务支撑。支持符合条件的节能与新能源汽车及关键零部件企业在境内外上市、发行债务融资工具；支持符合条件的上市公司进行再融资。按照政府引导、市场运作、管理规范、支持创新的原则，支持地方设立节能与新能源汽车创业投资基金，符合条件的可按规定申请中央财政参股，引导社会资金以多种方式投资节能与新能源汽车产业。

4）营造有利于产业发展的良好环境。大力发展有利于扩大节能与新能源汽车市场规模的专业服务、增值服务等新业态，建立新能源汽车金融信贷、保险、租赁、物流、二手车交易以及动力电池回收利用等市场营销和售后服务体系，发展新能源汽车及关键零部件质量安全检测服务平台。研究实行新能源汽车停车费减免、充电费优惠等扶持政策。

5）加强人才队伍保障。牢固树立人才第一的思想，建立多层次的人才培养体系，加大人才培养力度。以国家有关专项工程为依托，在节能与新能源汽车核心技术领域，培养一批国际知名的领军人才。

（5）规划实施。成立由工业和信息化部牵头，发展改革委、科技部、财政部等部门参加的节能与新能源汽车产业发展部际协调机制，加强组织领导和统筹协调，综合采取多种措施，形成工作合力，加快推进节能与新能源汽车产业发展。各有关部门根据职能分工制定本部门工作计划和配套政策措施，确保完成规划提出的各项目标任务。

2. 汽车行业新能源技术发展规划解读

与2006年出台的十一五计划相比，此次规划最显著的特点是将新能源车的发展提高到了前所未有的高度，并提出了到2015年中国国内新能源汽车的年销量达到百万辆的目标。

汽车行业发展规划的另一项主要目标是提高自主品牌的国内份额。2015年，自主品牌乘用车国内市场份额超过50%，其中自主品牌轿车国内份额超过40%。2015年，大型汽车企业应具备接近世界先进水平的自主产品平台开发能力。

根据《发展规划》所述，**新能源汽车主要包括纯电动汽车、插电式混合动力汽车及燃**

料电池汽车。目前，我国已经基本具备新能源汽车蓄电池、电机、电子控制和系统集成等关键技术，但新能源汽车整车和部分核心零部件关键技术还没有突破，社会配套体系也不完善。

根据新能源汽车目前的发展状况及形势，《发展规划》对节能与新能源汽车产业发展的主要目标与任务做了详尽规划。其中，到2015年，纯电动汽车和插电式混合动力汽车累计产销量力争达到50万辆，到2020年，累计产销量超过500万辆。

通过对《发展规划》的解读，我们可以得出以下结论。

（1）技术创新是中心环节

比亚迪电动汽车着火事件，足以说明新能源汽车在实际使用中还存在不小的安全隐患，这应归咎于新能源汽车技术的不成熟。

（2）基础设施建设是保障

某些电动出租车驾驶人不敢搭载路途较遥远的乘客，原因是担心途中汽车电池没电而导致无法行驶。如果路途中有便捷的充电设施，就可免去新能源出租车驾驶人的担忧。

（3）要加大政府支持力度

据中国汽车工业协会的不完全统计，2012年上半年，汽车整车企业生产新能源汽车3167辆，其中，纯电动汽车3021辆、插电式混合动力汽车146辆；销售新能源汽车3525辆，其中，纯电动汽车3444辆、插电式混合动力汽车81辆。鉴于目前我国新能源车的产销状况，若想在三年后达到《发展规划》中所述的目标，可谓任重而道远。

1.3.2 轨道交通行业发展现状及新能源技术简析

1. 轨道交通行业发展现状

城市交通分为城市道路公共交通、城市轨道交通、城市水上公共交通、城市其他公共交通四大部分，其中城市轨道交通属于最重要的分支。现阶段，促进我国轨道交通的发展主要有两个重要因素：一是全国经济正处于快速发展时期，城市发展向城市群（带、圈）扩张，需要建设轨道交通连接中心城区与卫星城镇；二是我国的城市交通拥堵程度整体处于上升趋势，尤其是大城市的拥堵率不断加大。中东部地区大城市交通长期受到拥堵的困扰，二线城市的拥堵也在持续加剧，这就需要加速建设大运量的地铁和轻轨，解决人们的出行问题。

在中国，城市轨道交通的历史并不长，但发展势头十分迅猛。2000年，全国仅有4座城市拥有城市轨道交通，但目前，全国已有包括北京、上海、广州、深圳、南京、天津等在内的13个城市的轨道交通投入运营，先后建成并开通运营了50条城市轨道交通线，截至2012年9月，全国已建成轨道交通线路达到1700km，较2000年增长了8倍多，建成运营车站总数995座，我国轨道交通线网总体供给能力处于大幅增长阶段。而根据其他发达国家的经验，城市化率超过60%后，作为城市生活重要标志之一的轨道交通就将迎来黄金发展期。而根据业内预测，到2020年时，我国城市人口比例将超过50%。城市化的加速无疑将成为轨道交通发展的最大契机。

事实上，早在2005年时，二、三线城市便跃跃欲试，纷纷开始筹划城市轨道交通项目。但直到2009年，城市轨道交通才作为国家经济刺激政策的一部分得以开闸放行并大规模推出。

目前我国城市轨道交通运行里程数前七位的城市如表1-5所示。

表 1-5　我国城市轨道交通运行里程数前七位的城市

排　名	城　市	里程/km
1	上海	436
2	北京	372
3	广州	236
4	香港	218
5	深圳	117
6	台北	102
7	南京	85

目前，国内已经有 34 个城市规划了 4300 多 km 的线路，在建的有 2000 多 km，涉及总投资高达 2 万亿元。另外，还有十余个新申报城市的规划正在进行审核。其中，20 个城市在规划期内调整、扩大了建设规模。根据相关计划，至 2015 年前后，全国规划建设的轨道交通线路有 96 条，建设线路总长将达 2500 多 km，总投资超过 1 万亿元，这标志着轨道交通行业已经步入了建设高潮期。

2. 轨道交通行业新能源技术简析

传统的城市轨道交通需要复杂且占地面积巨大的接触网或带有高压电的第三轨。接触网支撑杆以及供电电源站，除了需要占用大量的地面空间和花费大量的费用外，也存在安全隐患。而采用第三轨供电的有轨道路无法与其他城市交通共享路权，功能单一。同时，车辆上需要安装受电弓或者集电靴，需要通过摩擦方式进行受流，这就增加了摩擦损耗的费用。其在恶劣天气无法运行，环境适应性差。同时因为大量使用高压设备，其安全性较低。

近年来飞速发展的新能源轨道车辆，如超级电容混合动力车、超级电容 + 动力电池混合动力车等（部分区段架设电网，或是站点设置充电装置），均针对传统车辆的上述缺点进行了改进。这类新能源轨道车辆具有以下优点：

1）美观。混合动力技术省去了架空接触网、支撑杆等基础设施，避免了破坏城市景观和形象，避免了破坏沿街树木和建筑，提高了城市的美观性，如图 1-5 所示。

图 1-5　有无架空接触网的景观对比

2）应用范围广。随着经济发展，城市的空间越来越狭窄，而城市人口越来越多，人均占地面积越来越小。混合动力技术适用于部分城市中心广场，或者既要通行城市有轨电车又不允许设立接触网的区域，如图 1-6 所示。

3）避免了杂散电流问题。很多城市存在大量的名胜古迹，而传统的有轨电车需要通过钢轨进行回流，会对周围的基础设施内部的金属产生慢性腐蚀，破坏建筑物的内部构造，而混合动力技术能够很好地避免此缺陷。

图 1-6　城市中心无法架设接触网的区域

4）损耗更低。混合动力轨道车辆的供电系统和负载之间无直接的电气连接，不会产生火花，不必担心触电和短路，没有机械磨损和摩擦，电气设备的可靠性和安全性得到了极大的提高，设备易维护易管理。而传统的轨道车辆需要安装受电弓或集电靴，需要通过摩擦受流。

5）环境适应性强。传统的架空接触网等基础设施容易受大风、暴雪、暴雨、台风等恶劣天气的影响，而无受电弓电能传输技术因为其独特的优点而不受此类天气的影响，

6）舒适性好。传统的方式需要安装主断路器等高压设备，其频繁动作会产生很大的噪音，而混合动力轨道车辆避免了此类部件的使用，因此其噪音水平更低，舒适度更高。

7）安全性好。混合动力轨道车辆尽量避免使用架空接触网，高压设备，无外界的高压接口，电气两端可完全封闭，各部分之间可真正实现完全电气绝缘，可以确保系统的水密性和气密性，系统更加安全。

8）智能化程度高。混合动力轨道车辆的操作无需机械插拔动作，可以实现真正的无人化管理，适用于无人区域、环境恶劣区域以及一些需要全自动智能工作的场合。

第 2 章

新能源汽车与节能减排技术

2.1 新能源汽车的概念和分类

2.1.1 新能源汽车的种类

新能源汽车又称清洁能源汽车，其包括的范围较广，一般可分为电动汽车、气体燃料汽车、生物燃料汽车和氢燃料汽车等。它具有燃料利用率高、低排放或零排放等特点。

（1）电动汽车 电动汽车包括纯电动汽车、混合动力汽车和燃料电池汽车。纯电动汽车指以蓄电池为储能单元，以电动机为驱动系统的汽车。图 2-1 所示为一款新概念纯电动汽车。混合动力汽车指同时装备两种动力源——热动力源（即传统的汽油机或柴油机）与电动力源（蓄电池与电机）的汽车。燃料电池汽车指采用燃料电池作为动力源的汽车。

图 2-1 新概念纯电动汽车

（2）气体燃料汽车 气体燃料汽车指利用可燃气体作为能源的汽车。根据可燃气体的形态不同，燃料可分为 3 种：

- 压缩天然气（Compressed Natural Gas，CNG），主要成分为甲烷；
- 液化天然气（Liquefied Natural Gas，LNG），甲烷经深度冷冻液化；
- 液化石油气（Liquefied Petroleum Gas，LPG），主要成分是丙烷和丁烷的混合物。

气体燃料汽车一般有 3 种，即专用气体燃料汽车、两用燃料汽车和双燃料汽车。

专用气体燃料汽车是以液化石油气、天然气或煤气等气体为发动机燃料的汽车，如天然气汽车、液化石油气汽车等，这种汽车可以充分发挥天然气的理化性能特点，价格低、污染少，是最清洁的汽车。

两用燃料汽车具有两套相对独立的燃料供给系统，一套供给天然气或液化石油气，另一套供给这两种燃料之外的燃料，两套燃料供给系统可分别但不可共同向气缸供给燃料，典型的两用燃料汽车包括汽油/压缩天然气两用燃料汽车、汽油/液化石油气两用燃料汽车等。

双燃料汽车具有两套燃料供给系统，一套供给天然气或液化石油气，另一套供给这两种燃料之外的燃料，两套燃料供给系统按预定的配比向气缸供给燃料，并在气缸混合燃烧，典型的双燃料汽车包括柴油-压缩天然气双燃料汽车、柴油-液化石油气双燃料汽车等。

（3）生物燃料汽车　生物燃料汽车指使用生物燃料或掺有生物燃料的燃油汽车。**与传统汽车相比，生物燃料汽车在结构上无重大改动，但排放总体上较低，**如乙醇燃料汽车和生物柴油汽车等。

（4）氢燃料汽车　氢燃料汽车指以氢为主要能源的汽车。一般汽车使用汽油或柴油作为内燃机的燃料，而氢燃料汽车则使用气体氢作为内燃机的燃料。

氢内燃机在汽车上的应用方式有以下 3 种：

1）纯氢内燃机。纯氢内燃机只产生氮氧化物排放，但发动机中、高负荷时存在爆燃，且氮氧化物生成量远大于汽油机，发动机功率受限且氢气消耗量大，续驶里程短，这些问题需要进一步研究解决。

2）氢/汽油两用燃料内燃机。可根据燃料的存储状况灵活选择汽油和氢以进入纯汽油或纯氢气内燃机模式。

3）氢-汽油双燃料内燃机。它可将少量氢气作为汽油添加剂混入空气中，氢气扩散速率大，能够促进汽油的蒸发、雾化及与空气的混合；氢燃烧过程中产生活性自由基，能使汽油火焰传播速度明显加快，得到较大的热效率，并产生较低的排放。

除了以上提到的新能源汽车外，新能源汽车还包括利用太阳能、原子能等其他能量形式驱动的汽车。

2.1.2　纯电动汽车

纯电动汽车指完全由动力电池提供动力，用电机驱动的汽车，目前主要采用铅酸蓄电池、镍氢蓄电池和锂离子蓄电池作为储能部件。虽然纯电动汽车已有 134 年的悠久历史，但由于各种类别的蓄电池普遍存在价格高、寿命短、体积和重量大、充电时间长等严重缺点，因此一直仅限于某些特定范围内应用，市场较小。

纯电动汽车在美、日、欧等国家和地区已得到小规模的商业化推广和应用。目前，世界上有近 4 万辆纯电动汽车在运行，主要集中在市政用车、公交车、公务用车和私人用车等领域。在蓄电池技术尚未突破前，国外纯电动汽车的发展重点为：发展小型乘用车；发展大型公交、市政、邮政等特殊用途车辆。

2.1.3　混合动力汽车

混合动力汽车指由多于一种的能量转换器提供动力的汽车（一般为内燃机和储能电池或超级电容）。

> 混合动力汽车按混合方式不同，可分为串联式混合动力汽车（SHEV）、并联式混合动力汽车（PHEV）和混联式混合动力汽车（SPHEV）三种；按混合度（电机功率与内燃机功率之比）的不同，又可分为微混合、轻度混合和全混合三种；按燃料种类的不同，又可以分为汽油混合动力汽车和柴油混合动力汽车两种。目前在国内市场上，混合动力汽车的主流是汽油混合动力，而国际市场上柴油混合动力汽车的发展也很快。

目前，混合动力汽车的开发重点主要集中在节油降耗的工作上，科研工作者提出了不同的解决方案，如利用功率密度达铅酸蓄电池 10 倍的超级电容器，其具有快速吸收大电流充电的优异特性，在混合动力汽车制动时可以快速吸收能量，大大提高制动能量的回收率。

此外，超级电容还具有循环寿命长、充放电效率高、耐低温特性好以及免维护等优点。但超级电容价格昂贵，这限制了它在汽车上的广泛应用。在进一步降低成本，提高能量密度后，超级电容器有可能首先在混合动力公交车上得到应用。

混合动力汽车最突出的优势就是燃油经济性好，它可以按平均需用的功率确定内燃机的最大功率，使内燃机工作在油耗低、污染少的最优工况下，一般比传统燃料汽车节省燃油约 30% ~50%，并显著降低排放；它可以利用现有的加油站设施，无须新的投资。

目前，我国混合动力汽车的技术发展较快，部分车型已处于技术成熟期。但是混合动力汽车也存在着价格高、长距离高速行驶不省油等问题。

2.1.4　超级电容汽车

超级电容是基于双电层原理的电容器。在超级电容两极板上电荷产生的电场作用下，电解液与电极间的界面上形成相反的电荷，以平衡电解液的内电场。正电荷与负电荷在两个不同相之间的接触面上，以极短间隙排列在相反的位置上，这个电荷分布层叫做双电层，电容量非常大。

以超级电容作为电动汽车（如图 2-2 所示）的供电电源，优点是充电时间短、功率密度大、容量大、使用寿命长、免维护、无记忆、环保程度高等，目前运营成本仅为柴油车的约 1/3。但其**最突出的缺陷是功率输出随着行驶里程加长而衰减，只适合短途运行**。因此，超级电容大部分被用于公共交通领域，或者作为纯电动车或燃料电池车的辅助电力系统。超级电容车的超级电容一般安装在底盘上，公交车进站后，车顶充电设备自动升起，搭到充电站的电缆上，通过 200 ~400A 的充电电流完成充电，充电时间一般为 20 ~30s。

图 2-2　超级电容公共汽车

2.1.5　燃料电池车

燃料电池车指以氢气等为燃料，通过化学反应产生电流，依靠电机驱动的汽车。燃料电池的电能是通过氢气和氧气的化学作用获得的，无需经过燃烧，因而其能量转换效率比内燃机要高 2 ~3 倍。燃料电池的化学反应过程不会产生有害产物且噪声低，因此，燃料电池车属于无污染汽车。从能源的利用和环境保护角度来看，燃料电池车是一种理想车辆，代表着清洁汽车未来的发展方向，因此，燃料电池汽车技术的战略意义十分重大。

近年来，美、日、欧等发达国家和地区均致力于燃料电池汽车的研究，除国家级的燃料电池开发计划外，美国通用与日本丰田、美国国际燃料电池公司与日本东芝、德国奔驰与西门子、法国雷诺与意大利 De Nora 公司等纷纷组成强大的跨国联盟，优势互补，联合开发并推出了一系列的燃料电池车。

以丰田、宝马为代表的国外大型汽车制造商，将燃料电池车定义为新能源汽车的终极发展方向。丰田公司燃料电池车首席技术专家表示，利用现在火力发电中排放的氢，已经可以解决相当大一部分氢燃料问题，现在发展氢燃料的关键是解决长途运输问题。

2.1.6 气体燃料汽车

气体燃料汽车包括天然气汽车和液化石油气汽车。

（1）天然气汽车　天然气汽车指以天然气作为燃料的汽车。按照所使用天然气燃料状态的不同，天然气汽车可以分为压缩天然气汽车（CNGV）和液化天然气汽车（LNGV）。

液化天然气指常压下，温度为 -162℃的液体天然气，它储存于车载绝热气瓶中。液化天然气燃点高、安全性强，适于长途运输和储存。

压缩天然气指压缩到 20.7～24.8MPa 的天然气，它储存在车载高压气瓶中。它是一种无色、无味、高热量、比空气轻的透明气体，主要成分是甲烷，由于组分简单，易于完全燃烧，加上燃料含碳少、抗爆性好、不稀释润滑油，因此能够延长发动机的使用寿命。目前世界上使用较多的是压缩天然气汽车。

与同功率的传统燃油汽车相比，天然气汽车尾气中的碳氢排放量可减少 90%，一氧化碳可减少约 80%，二氧化碳可减少约 15%，氮氧化物可下降 40%，并且没有含铅物质排出。在节能减排方面，天然气汽车的优势不言而喻。因此，大力推广天然气汽车，对于减少城市大气污染、改善空气质量、美化城市环境、提高居民生活水平作用重大。到 2020 年，预计全球将有 6500 万辆天然气汽车，占全球汽车保有量的 8%。

天然气汽车与普通燃油汽车相比，在结构上主要增加了天然气供给系统。天然气供给系统由储气部件、供气部件、控制部件和燃料转换部件组成。天然气汽车虽然具有低污染、低成本、安全性高的特点，但动力性能较低，不易携带，而且一旦大规模投入使用，必须建立相应的加气站及为加气站输送天然气的管道，涉及城市建设规划、经费投入和环境安全等诸多因素，成本很高。

国内外已投入市场的天然气汽车有梅赛德斯-奔驰 B170 NGT（图 2-3），通用 CAPT Ⅳ A，以及东风雪铁龙推出的新爱丽舍天然气双燃料汽车（图 2-4）等。

图 2-3　梅赛德斯-奔驰 B170 NGT

图 2-4　新爱丽舍天然气双燃料汽车

随着材料技术以及电子技术的不断发展和广泛应用，天然气燃料的优势将会得到大力开发和利用。长远来看，天然气将会成为最有前途的车用低污染燃料。我国天然气资源丰富，天然气汽车技术发展较快，在天然气资源丰富的地区，天然气汽车比较普及。

（2）液化石油气汽车　以液化石油气为燃料的汽车称为液化石油气汽车。液化石油气汽车和天然气汽车结构类似，也是增加了一套燃气供给系统。

液化石油气汽车与燃油汽车相比，具有污染少、经济性好和安全性好等优点，受到各国的重视。为适应汽车能源变革的大趋势，世界上各汽车制造商都纷纷投资开发液化石油气汽车，并制订各种优惠政策，推广使用液化石油气汽车。

国内外已投入市场的液化石油气汽车有澳大利亚霍顿汽车公司开发的 Holden 汽油/液化石油气双燃料汽车，德国改装厂 AC Schnitzer 推出的以 GP3.10 GAS POWERED 液化石油气驱动的宝马3系跑车。

（3）气体燃料汽车的主要技术

1）燃料的随车携储容器（铝基复合材料或碳素纤维玻璃钢材料，其重量为钢瓶的30%~50%）、储运、加气站的设备与技术；

2）燃料供给系统与混合燃烧技术；

3）燃气喷射系统及闭环控制技术；

4）内燃机上广泛采用的电控喷射技术、增压中冷技术、四气门技术、稀薄燃烧技术等。

2.1.7　生物燃料汽车

生物燃料汽车是以生物燃料为能源的汽车。生物燃料又称生态燃料，泛指从植物中提取的、适用于内燃机的燃料，主要包括甲醇、乙醇、二甲醚、乙基叔丁基醚等。目前乙醇燃料已成为世界公认的环保燃料和取代化石燃料的主要资源之一，是可再生能源开发利用的重要方向。

（1）甲醇燃料汽车　甲醇燃料汽车指利用酒精类燃料作为能源的汽车。甲醇作为燃料在汽车上的应用主要有掺烧和纯甲醇替代两种。掺烧是指将甲醇以不同的比例（如 M10、M15、M30 等）掺入汽油中，作为发动机的燃料，一般称为甲醇汽油；纯甲醇替代指将高比例甲醇（如 M85、M100）直接用作汽车燃料。

甲醇汽油通常按甲醇含量分为低醇、中醇和高醇3类。

1）低醇汽油。按欧洲规定，当甲醇含量低于3%时，甲醇可不标明；当甲醇含量超过3%时，应标明甲醇含量。由于甲醇在汽油中的溶解性与温度、含水量及基础汽油组成有关，因此要适当添加助溶剂。

2）中醇汽油。甲醇含量高，必须添加助溶剂。在我国，使用低醇与中醇汽油时，发动机完全不用改装，可与汽油通用。

3）高醇汽油。除甲醇-汽油万能车外，发动机必须改装，通过充分提高压缩比，来发挥甲醇的优点，降低甲醇消耗，与汽油不能通用。

近年从环保角度出发，甲醇车的开发热潮再度掀起。甲醇汽车是我国新能源汽车战略中的重要组成部分，属于醇醚类汽车的代表，甲醇燃料已经被确定为今后20~30年过渡性车用替代燃料。

国内已投入市场的生物燃料汽车有安凯公司的 HFF6104GK39 汽油/甲醇双燃料城市公

交车（图2-5），上海华普汽车有限公司的海锋甲醇动力汽车（图2-6）等。但由于缺乏相关规范，掺烧甲醇比例的不规范也带来了一些负面的效果。国家应该加大投入和支持的力度，规范生产标准等问题。甲醇汽油国家标准一旦颁布，将快速推动醇醚类汽车的发展。

图2-5　HFF6104GK39 汽油/甲醇双燃料城市公交车

图2-6　海锋甲醇动力汽车

（2）乙醇燃料汽车　醇类用于汽车燃料已有多年历史，石油危机后，巴西大量发展乙醇汽车，1986 年达到年产 100 万辆，运行 300 万辆的峰值，此后由于石油价格疲软而衰落，1996 年猛降到年产 3 万辆的水平。乙醇汽车是使用车用乙醇汽油作为主要燃料的汽车，故又称酒精汽车。燃料乙醇与一般的商品酒精不同，是以玉米、小麦、薯类、高粱、甘蔗、甜菜等为原料，经发酵、蒸馏、脱水后再添加变性剂变性的乙醇。车用乙醇汽油是把变性的燃料乙醇和组分汽油按一定比例混配形成的新型汽车燃料。

乙醇汽车的燃料应用方式有四种：

1）掺烧方式。即乙醇和汽油混合应用，不需对内燃机及汽车主要部件进行较大技术改动，是目前乙醇汽车推广应用的主要方式。

2）纯烧方式。即只将乙醇作为车用主要燃料（E85 以上）。

3）变性燃料乙醇。指乙醇脱水后，再添加变性剂而生成的乙醇，变性燃料乙醇汽车也处于试验应用阶段。

4）灵活燃料。指既可使用汽油，又可使用乙醇、甲醇与汽油成比例混合的燃料，还可以用氢气，并随时可以切换。

目前除掺烧方式外，其他三种仍然处于试验阶段。按照我国 2001 年 4 月 2 日发布的标准，车用乙醇汽油是用 90% 的组分汽油与 10% 的燃料乙醇调和而成的。车用乙醇汽油的牌号可分为 90 号、93 号和 97 号，与 GB 17930—2006《车用汽油》的牌号相同。

汽车使用车用乙醇汽油，油耗变化不大，动力性能也基本不变，但尾气排放有较大改善，一氧化碳排放量下降 30% 以上，碳氢化合物的排放量下降 10% 以上。

（3）二甲醚燃料汽车　二甲基醚（DME）是一种储运较方便且污染小，可用于压燃式发动机的新燃料，其主要成分是丙烷和丁烷，燃烧时几乎不产生炭烟，颗粒排放也很低。它允许使用较大的废气再循环系统（EGR），使氮氧化物排放大幅度降低。其原料广泛，可用煤、石油、天然气和生物来制取。

对柴油机来说，燃料的自燃温度和低温流动性最为重要，二甲醚的自燃温度比柴油低 15℃，在缸内能迅速与空气混合，滞燃期短，有利于发动机的冷起动，而且可以减少预混合的燃烧量；DME 的汽化潜热大，约是柴油的两倍，它的蒸发能降低混合气温度，进一步降

低氮氧化物排放。因此，二甲醚是汽车发动机，特别是柴油发动机燃料的理想替代品。

近年来，欧、美、日、韩、俄罗斯等国家和地区十分看好二甲醚燃料汽车的市场前景和环保效益，纷纷开展二甲醚燃料发动机与汽车的研发。在欧洲，沃尔沃汽车公司研制出了以二甲醚为燃料的大客车样车用于示范；在日本，JFE、产业技术综合研究所、COOP 低公害车开发会社、交通公害研究所、五十铃汽车公司和伊藤忠会社等，分别研制了多辆以二甲醚为燃料的货车样车和城市客车样车，计划在 3 ~5 年内小规模推广。

我国与国际二甲醚燃料发动机研究基本同步。2005 年 4 月，在国家科技攻关项目支持下，上海交大与上汽集团、上海柴油机股份有限公司、上海华谊集团合作，成功开发了具有完全自主知识产权的 D6114 二甲醚燃料发动机和我国第一台二甲醚城市客车。

当然，二甲醚汽车也存在一些不足之处。由于 DME 黏度比柴油低，用于一般柴油机燃油系统时易泄漏，且会降低滑动部分的润滑作用，容易引起磨损。同时，其可压缩性随温度变化大，易导致其循环供油量波动。目前的解决方法是：加入适量的有助于增加黏度的添加剂以保证准确的单循环喷射量。此外，DME 虽无腐蚀性，但会与弹性体材料发生反应，导致密封件损坏。目前尚未解决其批量合成技术及成本较高的难题。

2.1.8　氢燃料汽车

氢燃料汽车的动力系统是在传统内燃机的基础上加以改进后制成的，它可以直接以氢为燃料。氢燃料汽车是一种真正实现零排放的交通工具，它排放出的是纯净水，是传统汽车最理想的替代方案。氢燃料汽车已成为业内普遍认可的汽车清洁技术的发展方向。

氢气与天然气、汽油及液化石油气相比，单位质量低，热值高，约是汽油低热值的 2.7 倍。可燃极限宽，易于实现稀薄燃烧，提高经济性，同时还可以降低最高燃烧温度，大幅度地降低氮氧化物排放。同时，氢的自燃温度（585℃）比天然气和汽油都高，这有利于提高压缩比，进而提高氢能源内燃机的热效率。

福特汽车公司是世界首个正式生产氢燃料发动机的汽车制造商。目前，宝马和日本马自达等公司也已研制了多款氢燃料汽车。

氢燃料汽车除了具备无污染、零排放等优点外，还具有一些特殊的优势，如对氢的要求较低、燃烧性能高、内燃机技术成熟等。但是，氢燃料汽车现在也面临氢的制取和液态氢的储存这两大难题，能否有效地解决这两大难题将决定氢燃料汽车的发展前景。奔驰公司采取高压瓶储气方式，样车已试制成功，其制造工艺简单，成本较低，但在撞车时高压储气瓶有开裂和引起爆炸的危险，故该技术尚待进一步完善。日本马自达和丰田等汽车公司采用钛系合金储氢方式。储氢合金在冷却时吸收氢，在加热时将氢放出，故可利用发动机冷却液余热对储氢合金加热以放氢；而事故时则会因加热停止而自动停止放氢，既简便又安全。但储氢合金价格高昂，且重量过大导致行驶距离较短，不便推广。日本武藏工大开发的冰冻罐储液氢方式，其设备总重量仅为储氢合金式的 1/11 和高压储氢瓶式的 1/4，行驶里程可达 400km，且 100L 的液氢在 5 ~6min 内即可装完，便于应用。但为防止液氢蒸发而采取的冷冻罐绝热技术尚待解决。

氢能由于具有清洁、高效、可再生等特点而被誉为 21 世纪理想能源，但其许多关键技术尚未成熟，而且生产成本高昂，短期内很难实现产业化。但随着氢制取技术和使用技术的不断进步，氢能源离人们的生活越来越近了。可以预见，未来世界将从以碳为基础的能源经济形态转变为以氢为基础的能源经济形态，氢能是汽车燃料的最终解决方案。

2.1.9 太阳能汽车

太阳能汽车是利用太阳能电池将太阳能转换为电能，并利用该电能作为能源的汽车，它是电动汽车的一种。

按太阳总辐射量的空间分布，地表可分为最丰富区、很丰富区、丰富区和一般地带四个区域。我国属于上述前三类的地区占国土面积的96%以上，**太阳能资源总量可达1.7万亿t标准煤，发电可利用量达22亿kW；预计成本1kW/h为2.6~4.1元，我国已成为世界上利用太阳能供热最多的国家**。图2-7为一款新概念太阳能汽车。

图2-7 太阳能汽车

汽车行业多利用光伏发电技术，将太阳能转化为电能驱动电动汽车。目前以单晶硅电池为主，预计2020年可实现晶体硅电池和薄膜电池共同应用的格局，此后再进一步发展多层复合砷化镓太阳能电池。当前，我国太阳能光伏技术还处在初级阶段，太阳能电池成本较高，尚未突破在汽车上应用的关键技术。

太阳能汽车主要由太阳能电池组、自动阳光跟踪系统、驱动系统、控制器和机械系统等组成。

（1）太阳能电池组 太阳能电池组是太阳能汽车的核心，由一定数量的单体电池串联或并联组成电池方阵。太阳能单体电池由半导体材料制成，当太阳光照射在该半导体材料上时，半导体的电子-空穴对被激发，形成“势垒”，也就是P-N结。由于“势垒”的存在，在P型层产生的电子向N型层移动而带正电，在N型层产生的空穴向P型层移动而带负电，于是，在半导体元件的两端产生P型层为正的电压，这就形成了太阳能电池。

太阳能电池的电流大小与太阳光照射强度的大小和太阳能电池面积的大小成正比。车用太阳能电池将很多太阳能电池排列组合成太阳能电池板，以产生所需要的大电流和高电压。

（2）向日自动跟踪器 太阳能电池能量的多少取决于太阳能电池板接收太阳辐射能量的多少，由于相对位置的不断变化，太阳电池板接收的太阳辐射能量也在不断变化。向日跟踪器的作用就是保持太阳电池板总能正对着太阳，最大限度地提高太阳电池板接收太阳辐射能的能力。

（3）控制器 控制器主要对太阳能电池组进行管理并对电机进行控制，其作用与电动汽车控制系统相同。

（4）驱动系统 太阳能汽车采用的驱动电机主要有交流异步电机、永磁电机和直流电机等，其驱动系统与纯电动汽车基本相同。

（5）机械系统 机械系统主要包括车身系统、底盘系统和操纵系统等。车身系统应满足汽车的安全和外形尺寸要求。一般来说，太阳能汽车的外形设计要使其行驶过程中的风阻尽量小，同时又要使太阳能电池板的面积尽量大。太阳能汽车要拥有极高的底盘强度和安全性，且重量要尽量轻。

太阳能电池的能量较低，而且易受天气的影响，在阴雨天时，太阳能电池的转换效率会降低甚至为零，所以太阳能电池往往与蓄电池组共同组成太阳能混合动力汽车的动力源。当阳光强烈，并能充分转换为电能时，由太阳能电池板将太阳能转换为电能后，通过充电器向动力电池组充电，也可以由太阳能电池板直接提供电能，通过电流变换器将电流输送到驱动电机，驱动汽车行驶，其驱动模式相当于串联式混合动力汽车（SHEV）。当阳光较弱或阴天时，则靠蓄电池组对汽车供电。

太阳能汽车的很多部件都是电子部件，因此可以保证很好的操作性。在电子部件损坏时，可以通过信号诊断，方便地检测出故障点。

目前研发成功的太阳能汽车主要用于实验或竞赛，实用型的太阳能汽车还比较少。制约太阳能汽车发展的主要因素是太阳能电池的转换效率低，因此，最有发展前途的太阳能汽车是太阳能电池和蓄电池组合式的汽车。今后，太阳能汽车的研究方向主要集中在提高太阳能电池的转换效率等方面。

太阳能汽车代表了汽车发展的新方向，被人们称为“未来汽车”。但是，由于造价昂贵、动力受太阳照射时间限制及承载能力差等缺点，它至今无法普及。据有关专家推测，太阳能汽车走入现实生活，至少还需要 30 ~ 50 年时间。

2.1.10　空气动力汽车

空气动力汽车以空气作为能量载体，使用空气压缩机将空气压缩到 30MPa 以上，然后储存在储气罐中。需要开动汽车时，再将压缩空气释放出来以驱动汽车行驶。2002 年，在巴黎举行的国际汽车展上，展出了世界第一款使用高压空气推动发动机的小型汽车——cityCAT（图 2-8）。**空气动力汽车的结构部件包括储气罐、倍增器、气体发生器、气动马达、单向阀、安全阀（没有温度传感器和压力传感器）、分压阀和控制仪表等。**

2010 年，法国 MDI 公司在日内瓦国际车展上展示了一辆空气动力汽车——Airpod（图 2-9），它是一款只能在城市行驶的汽车，采用压缩空气驱动，完全实现零排放和零污染。在车速低于 56.3km/h，这种空气动力汽车完全依赖气罐工作，只排放出冷空气。车速增高时，一个使用常规燃料的发动机就会开始工作，加热气罐内的空气使其加速释放，从而获得更高的速度。该车的续驶里程能达到 32.2km，发动机起动后则能够再行驶数百英里，最高速度可达 154.5km/h。

图 2-8　cityCAT 汽车

图 2-9　Airpod 汽车

空气动力汽车的优点是无排放、维护少，缺点是空气压力（能量输出）会随着行驶里程加长而衰减，且高压气体的安全性较差。有人认为，压缩空气本身就是高能耗产物，而空气压缩机本身就是转换电能效率最低的机器之一，因此不如直接使用电能驱动汽车。总而言之，从新能源利用的角度看，空气动力汽车的产业化意义不大。

2.2 国内新能源汽车发展现状与趋势

2.2.1 国内新能源汽车发展现状

目前，我国新能源汽车产业化发展仍缺少企业间的合作平台，国内汽车制造商之间竞争多，合作少。而国外汽车巨头之间的合作比较常见，如日本的企业界，其在新能源汽车研发方面合作较多，本田公司、丰田公司与松下公司就联合进行了 PEVE 研发项目。这种情况不利于我国新能源汽车制造商整体竞争力的提高，在实力本就差距较大的情况下，我国企业将更难以与国外的汽车巨头相抗衡，同时也将造成资源的巨大浪费。

在国家密集出台扶持政策的基础上，我国新能源汽车出现了快速发展的态势。在此过程中，我国新能源汽车发展已完善了区域格局、产业组织和产业链的构建，初步形成东风集团、长安集团、一汽集团、上汽集团、北汽集团和比亚迪公司（前三家为国资委下属，后三家为合资或民营企业）这六大聚集区的多元发展格局。2008 年，比亚迪、奇瑞、吉利、长安、哈飞等汽车企业生产的新能源汽车，在各大国际车展上频频亮相，它们在这场新能源汽车的竞技中，取得了首发权。自此，国产新能源汽车如雨后春笋般，纷纷崭露头角，如长安的 CV9 混合动力汽车（图 2-10）、杰勋混合动力汽车，奇瑞的 A5 混合动力汽车、东方之子燃料电池汽车（图 2-11），海马的 H12 电动汽车、华普的海域甲醇动力汽车（图 2-12），吉利的海尚油电混合动力汽车（图 2-13），力帆的 520 混合动力汽车（图 2-14），一汽集团的奔腾牌混合动力轿车（图 2-15）等。

图 2-10 CV9 混合动力汽车

图 2-11 东方之子燃料电池汽车

图 2-12 华普海域甲醇动力汽车

图 2-13 海尚油电混合动力汽车

图 2-14　力帆 520 混合动力汽车

图 2-15　奔腾牌混合动力轿车

我国主要汽车集团新能源规划及发展现状如表 2-1 所示。

表 2-1　我国主要汽车集团新能源规划及发展现状

汽车集团	战略目标	发展现状
一汽集团	目标：建成混合动力汽车基地。 （1）基于现有技术，并利用国内外成熟技术资源，纯电动和混合动力并行，尽快实现自主混合动力汽车和纯电动汽车的商品开发 （2）密切跟踪燃料电池技术 （3）进一步提高混合动力客车的可靠性 （4）进一步强化蓄电池、电机等关键总成和控制系统的自主开发	目前，一汽集团已经在 5 个平台、9 个主导车型上完成了新能源汽车的研发。2010 年，小批量投产客车 2000 辆，汽车 100 辆。2012 年，建成生产能力为 1.1 万辆混合动力汽车、1000 辆混合动力客车的生产基地，实现客车年产 800 辆，汽车年产 1600 辆 新能源汽车生产基地建设项目已在大连启动，初步完成了混合动力客车中试基地的规划和建设。混合动力客车产品开发已基本完成，已有 162 辆油电混合动力客车在大连示范运行，50 辆气电混合动力客车在长春示范运行，混合动力汽车和纯电动汽车已进入商品开发阶段 技术优势：混合动力技术、Plug-in 技术和纯电动技术 现有车型：解放牌混合动力客车，奔腾混合动力汽车，普锐斯等
东风集团	目标：建成新能源汽车基地 （1）2010～2012 年，年产销量提升至 8500 辆 （2）2012～2014 年，年产销量将超过 20000 辆 （3）2011 年，从日产公司导入电动车项目 （4）到 2014 年，形成年产新能源客车 1 万辆、2 万台底盘的生产能力，年产值可达 170 亿元 拟投入资金：5 年 30 亿元	已研制开发出纯电动公交车、混合动力客车、电动物流运输车三大系列七个品种的新能源客车产品，并已在唐山、襄阳等城市示范运行。东风汽车新能源客车项目已在湖北襄阳新能源汽车产业基地奠基 技术优势：在蓄电池、驱动电机和电控系统上拥有自主核心技术和专利 现有车型：思域混合动力轿车、东风天翼纯电动客车，以及御轩、奥丁、帅客等 10 款新能源汽车
长安集团	目标：成为新能源汽车行业的领先者 未来 3 年内，具备中混平台化、弱混规模化、强混产业化的研发能力，覆盖商用、A 级、B 级和 C 级车产品 到 2015 年，将打造 22 款新能源汽车，新能源汽车销量占比达到 15%～20%；2020 年新能源汽车产销 50 万辆以上 拟投入资金：3 年投资 10 亿元	长安杰勋混合动力汽车实现区域上市销售 技术优势：自主研发的阿特金森（Atkinson）循环发动机已经研制成功，并且通过项目验收 未来车型：长安杰勋混合动力汽车、奔奔 MINI 等

（续）

汽车集团	战略目标	发展现状
上汽集团	目标：力争领跑新能源汽车技术、完成产业链全布局 2012年，推出节油50%以上的荣威550插电式强混合动力汽车，以及零排放的自主品牌纯电动汽车。以油电混合动力汽车和高性能纯电动汽车为主攻方向，以“蓄电池+电机+电控”等关键零部件为突破口 拟投入资金：120亿元	已生产出上海牌纯电动汽车、荣威750混合动力汽车，约千辆车供上海世博会运营 技术优势：油电混合和纯电驱动核心产品技术 未来车型：通用君越混合动力轿车、赛欧纯电动轿车、Volt插电式混合动力轿车、大众途安混合动力MPV、自主品牌锂电混合动力汽车、领驭氢燃料电池车、帕萨特燃料电池车等
北汽集团	目标：坐国内新能源汽车的“头把交椅” 2011年形成各类新能源汽车产销2万~4万辆的规模 2015年实现150亿元销售收入，实现销售收入占集团总销售收入5%~10%的目标	相继成立了新能源汽车公司，新能源产业联盟，推出了从纯电动汽车、混合动力汽车到燃料电池车的系列产品 2009年率先在北京环卫系统推出了30辆纯电动环卫垃圾清扫、洒水车 2010年又按照“十城千辆”的部署要求，以北汽福田为龙头，向北京公交市场投放1000辆混合动力客车
江淮汽车	目标：牵手天津正道股权投资管理有限公司，加速推进新能源汽车发展	2008年年底成立新能源部，开始新能源汽车的研发。目前已研发出同悦纯电动汽车、和悦插电式混合动力汽车，并已开始小量生产 现有车型：瑞风混合动力MPV、和悦插电式混合动力轿车、同悦纯电动车
比亚迪公司	目标：大力发展混合动力汽车，最终实现纯电动汽车量产目标	2008年12月15日，F3DM双模电动车上市，深圳市政府、中国建设银行和国家开发银行签署了采购意向书 现有车型：F3DM插电式混合动力汽车、F6DM双模电动车和E6纯电动车

2.2.2 国内新能源汽车发展趋势

根据目前新能源汽车的发展状况，新能源汽车主要有以下发展趋势。

1）突破电池技术的瓶颈。研究和开发环境友好、成本低廉、性能优良的动力电池，解决电池技术相对于新能源汽车发展的滞后性问题。

2）驱动电机呈多样化发展。美国倾向于采用交流感应驱动电机，其主要优点是结构简单、可靠，质量较小，但控制技术较复杂。日本多采用永磁无刷直流驱动电机，优点是效率高、起动转矩大、质量较小，但成本高，且有高温退磁、抗震性较差等缺点。德国、英国等大力开发开关磁阻驱动电机，其优点是结构简单、可靠且成本低，缺点是质量较大，易于产生噪声。

3）纯电动汽车向超微型化发展。受续驶里程的影响，纯电动汽车应向超微型化发展。这种汽车降低了对动力性能和续驶里程的要求，充电过程比较简单，车速不高，较适合于城市内或社区内小范围使用。

4）发展混合动力汽车。混合动力汽车是内燃机汽车和纯电动汽车之间的过渡产品，既

充分发挥了现有内燃机技术的优势，又发挥了电机驱动无污染的优势。发展混合动力汽车有两条技术路线值得重视：

① 汽车混合动力的模块化。通过功能模块的发展与组合，逐步推进汽车动力的电气化。随着电功率的比例逐步提高，从只具备自动启停、怠速关机功能的“微混合”，到以并联式混合动力发动机为主体的“轻混合”和以混联式为特征的“全混合”，最终过渡到串联式“可充电混合”。

② 城市客车混合动力系统的平台化。“发电机组+驱动电机+储能装置”构成了混合动力系统的基本技术平台。混合动力汽车可以大幅度降低油耗，减少污染物排放，且技术成熟。

5）燃料电池车成为竞争的焦点。燃料电池车在成本和整体性能上，特别是续驶里程和补充燃料时间上，明显优于其他电动汽车，另外，燃料电池所用的燃料来源广泛，又可再生，并可达到无污染、零排放等环保标准。因此，燃料电池车已成为世界各大汽车公司21世纪激烈竞争的焦点。燃料电池及氢动力车被看作是新能源汽车最终的解决方案。

6）开发新一代车用动力系统，发展新能源汽车。重点发展各种液体代用燃料发动机及相应混合动力汽车，并逐步过渡到发展采用生物燃料的混合动力汽车和可充电的混合动力汽车；进一步发展以天然气为主体的气体燃料基础设施，分步建设长期可持续利用的气体燃料供应网络；以天然气发动机为基础，发展各种燃气动力，尤其是天然气/氢气内燃机及相应混合动力；发展新一代燃料电池发动机及相应混合动力；大力推进动力电池技术的进步，发展适合中国国情的纯电动汽车，尤其是微型纯电动汽车。以城市公交车辆为重点，以点带面，稳步推进新能源汽车的示范与商业化。

另外，政府对加快新能源汽车的发展起着至关重要的作用，政府要加大资金投入和政策引导；企业要加大对新能源汽车研发的力度；同时要加大示范运行范围和力度，为新能源汽车规模化、产业化发展做准备。科技部制定的《电动车“十二五”专项规划》中，明确了电动车产业化研发方向和加大对示范产品的开发、优化和应用的财政补贴力度等七个方面，而完善电动汽车测试平台和技术标准体系建设也成为主要任务之一。到2015年中国电动汽车保有量计划达100万辆，动力电池产能约达到100亿瓦时。

工信部在《节能与新能源汽车产业发展规划（2011~2020）》中明确了我国新能源汽车的两阶段发展规划：

第一阶段：2011~2015年

➢ 动力电池、电机、电控等关键零部件核心技术实现自主化，纯电动汽车和插电式混合动力汽车初步实现产业化，市场保有量超过50万辆；

➢ 混合动力汽车实现大规模产业化；

➢ 具有自动起停功能的微混系统成为乘用车的标准配置，中/重度混合动力乘用车保有量达到100万辆；

➢ 基本掌握先进内燃机、自动变速器、汽车电子、轻量化材料等关键技术；

➢ 乘用车新车平均油耗达到5.9L/100km。

第二阶段：2015～2020 年

- ➢ 我国节能与新能源汽车关键零部件技术达到国际先进水平；
- ➢ 纯电动汽车和插电式混合动力汽车实现产业化，市场保有量达到500 万辆；
- ➢ 充电站网络支撑纯电动汽车实现城际间和区域化运行；
- ➢ 燃料电池技术与国际同步发展；
- ➢ 混合动力汽车实现大规模普及，中/重度混合动力乘用车年产销量达到300 万辆；
- ➢ 具有自主知识产权的先进内燃机、自动变速器、汽车电子轻量化材料广泛应用；
- ➢ 汽车燃油经济性整体水平与国际先进水平接轨，乘用车新车平均油耗达到4.5L/100km。

至此，我国以电动汽车技术为核心突破口，以混合动力汽车技术为补充性过渡方案，兼顾燃料电池等技术开发的新能源汽车路线图基本形成。

根据专家预测，根据国内外电动汽车技术研究现状及发展目标，到2015 年和2020 年，电动汽车将实现表2-2 中的预期节能减排目标。如果考虑到电动汽车对公交车和出租车的替代，电动车节能减排的潜力要远远大于预期。

表 2-2　预期节能减排目标

节能减排目标 / 时间节点	燃油替代量/万 t	CO_2 减排量/万 t
2015 年	400	870
2020 年	2700	6700

表2-3 是我国“十一五”“863”计划电动汽车项目汇总表。

表 2-3　我国十一五“863”计划电动汽车项目汇总表

汽车类型	电动汽车类型	产品名称	研制单位
汽车	纯电动	神龙富康	东风汽车股份有限公司
		夏利纯电动汽车	天津一汽股份有限公司
		奇瑞 QR	上海交通大学
		奇瑞 ZC7050A	国家电动汽车试验中心、安徽兆成电动车辆公司
		U2001	香港大学
		爱迪生 EV100	爱迪生汽车技术研究所
		比亚迪	比亚迪股份有限公司
	混合动力	红旗	长春一汽汽车股份有限公司
		EQ7200HEⅤ	东风汽车股份有限公司
		奇瑞	奇瑞汽车股份有限公司
		ISG	重庆长安汽车股份有限
		爱迪生 HEV	爱迪生汽车技术研究所

（续）

汽车类型	电动汽车类型	产品名称	研制单位
汽车	燃料电池	春晖一号	同济大学、上海燃料电池汽车动力系统有限公司
		超越一号	同济大学、上海燃料电池汽车动力系统有限公司
		凤凰	上海泛亚汽车技术中心有限公司
客车	纯电动	豪华旅游车	北京理工大学
		低地板客车	北京理工大学
		SZEV 6970	舜天电动车技术发展公司
		电动大巴	明华集团
		电动大巴	万向集团
		电动中巴	中科院电工研究所
	混合动力	解放	长春一汽客车股份有限公司
		EQ61100	东风汽车股份有限公司
		豪华大客车	北京捷恒信能源公司
	燃料电池	未命名	清华大学

目前我国在电动汽车已掌握了整车开发关键技术，形成了各类电动汽车的开发能力，自主开发出系列化产品，关键零部件产业化全面跟进。

在电机技术方面，自主开发了 200kW 以下永磁无刷电机、交流异步电机和开关磁阻电机，电机重量比功率超过 1300W/kg，电机系统最高效率达到 93%。上海电驱动、大郡、湘潭电机、南车时代等电机企业加强了与上下游企业合作，积极完善产业链建设。

在混合动力汽车的核心电池技术研发方面，我国已自主研制出容量为 6～100Ah 的镍氢和锂离子动力电池系列产品，能量密度和功率密度接近国际水平，同时突破了安全技术瓶颈，在世界上首次规模应用于城市公交大客车。近年来，力神、比亚迪、比克、万向等动力电池企业投入数十亿资金加快产业化建设。

“十二五”期间，我国将形成 20 亿 A·h 以上的动力电池和全系列驱动电机生产能力，能够满足 100 万辆混合动力及电动汽车的配套要求。

表 2-4 是“十二五”期间新能源汽车关键技术及研究内容。

表 2-4　新能源汽车关键技术及研究内容

关键技术	研究内容
整车共性技术	整车和系统集成、网络通信和控制技术、强电安全技术、电磁兼容性技术、整车轻量化技术、整车匹配标定和试验技术、系统标定和优化技术、智能感应及显示技术、失效模式、故障诊断和容错控制技术、热管理技术
纯电动汽车	动力电池系统集成和控制技术、驱动系统总成匹配和控制、充电技术、能量回收、分配与优化控制、高速减速器技术
混合动力汽车	机电耦合技术、动力电池系统集成和控制技术、驱动系统总成匹配和控制、整车和系统动态协调控制、能量回收、分配与优化控制、专用发动机、自动变速箱
燃料电池汽车	燃料电池发动机技术、燃料电池系统匹配与优化控制技术、驱动系统总成匹配和控制、动力电池系统集成和控制技术、能量回收、分配与优化控制技术、车载高压供氢系统

（续）

关键技术	研究内容
驱动电机系统	驱动电机及其控制技术、系统集成、系统热管理、位置/转速传感器、高性能绝缘材料、高性能永磁材料、电力电子元器件 IGBT
动力电池系统	动力电池及其成组技术、系统集成、电池管理系统、正负极材料、锂离子电池隔膜
电动辅助系统	电动空调、电动转向、电制动、电动真空系统、电动水泵、电动涡轮增压器

2.3 汽车行业节能减排技术研究现状

2.3.1 国内新型交通运输方式及可替代能源

（1）国内外改善城市交通环境的措施

1）合理规划和建设城市道路。在建设新城区道路时，要根据城市的建设布局，进行详细的交通调查，科学预测未来的交通流量，确定道路的位置和设计流量，对道路进行规划设计。

2）合理设置单行道和红绿灯。设置单行道是缓解城市道路拥堵的主要方法。单行道能有效地缓解交通压力，在国外的城市道路中所占的比例非常大，例如墨西哥城，由双向改为单行的道路有1000多条。在一些交通流量大而道路又较窄的区域，可合理地根据车流量的主要方向来设置单行路线。设置单行路线可使道路的通行能力提高30%～40%，平均车速也可得到提高。双向道改为单行道后，可以相应地减少一些路口的红绿灯，并有效疏导交通，减少拥堵现象。

3）加大公共运输系统的建设。加大公共汽车、地铁及轻轨等公共交通工具的建设，可以有效地分散客流，减少私家车的使用率，缓解交通堵塞。公共交通与私家车相比，在运输相同数量乘客的情况下，可节约土地资源75%，减少空气污染90%。

4）开发智能交通系统。智能交通系统指一整套智能化、网络化的公路交通工程，可起到减少交通阻塞、提高交通安全水平、减少环境污染等作用。智能交通系统早在20世纪80年代末，就已经在欧美广泛应用了。随着中国公路交通网的迅速发展，以及高速公路系统的全面建设，智能交通系统也开始悄悄走进了中国。我国的智能交通系统研究主要包括车辆行驶安全控制、交通管理、道路交通信息提示、交通市场、停车场应用、事故灾害管理等方面。

我国的汽车工业正在迅速发展，汽车保有量迅猛增长，汽车排放污染的治理是政府部门的重要工作内容。如何合理规划和建设城市道路，并进行合理的城市交通管理，将影响到城市的汽车排污治理和发展。

（2）汽车的提效节油减排技术

世界各国从新结构的研制、新技术的应用、新材料的选择、新能源的开发利用等方面入手，在汽车节能方面取得了卓有成效的进展。提高汽车的驱动效率是节油、减排的主要途径，以下列举几种目前国际上正在实施的提效节油减排技术：

1）汽车轻量化设计。一般车重减轻10%，能节油8%，可见汽车轻量化设计效果明显。具体措施除从设计结构上改进外，主要是以塑料、铝合金等轻型材料代替钢铁材料。

2）陶瓷发动机。采用陶瓷中具有金属韧性且高温强度高的氮化硅、碳化硅和部分稳定

性氧化锆（PSA）制成的发动机，除重量比金属制发动机轻外，活塞的惯性和摩擦阻力也更小，且缸体不需冷却，有利于余热利用，可使燃烧效率提高50%，节油率可达20%～30%。目前，阻碍陶瓷发动机实用化的主要障碍是陶瓷的脆性和由此导致的低可靠性。

3）稀薄燃烧法。对汽油机而言，通过高压缩比送入过量空气，不仅可使燃料充分燃烧，且在高压下不易发生爆燃，轴端效率可达40%，已接近柴油机水平，节油效果明显。但不足之处是氮氧化物排放量会由于空燃比的加大而增多，普通的三元催化剂难以充分吸收。因此，马自达、日产和丰田等汽车公司都开发出适合稀薄燃烧方式特殊三元催化剂，使氮氧化物的还原率由原来的5%提高到50%、80%甚至90%，从而使氮氧化物大幅下降，为稀薄燃烧的推广创造了条件。

4）直喷燃烧法。它首先用于汽油机，可节油25%～35%，其节油机理为：

① 空燃比高达50，而汽油机在三元催化剂作用下的理论空燃比仅14.7，采用稀薄燃烧后提高到22，空燃比的加大有利于完全燃烧；

② 直喷机将空气和油直接喷入气缸内混合燃烧，在点火处混合气较浓有利点火，以后浓度逐步下降，形成超稀薄燃烧，并可分段控制空燃比；

③ 大量送入空气时吸气阀的开度加大，减少了通气阻力，亦有利于节能，现各汽车生产大户均陆续采用，在日本更成为减排 CO_2 的主力技术。随着直喷柴油机的推广，柴油机尾气净化技术亦得到了相应的开发和应用。在这方面，日产柴油机工业、丰田汽车和五十铃汽车等单位在科研单位的协作下都开发成功柴油机专用净化装置和新催化剂，从而保证了各种柴油机尾气排放达标。

5）过量给风机的高性能化。过量给风机可向发动机过量送入空气，有利于提高发动机动力并改善其运行性能，从而有利于降低油耗和减少二氧化碳排放。

经过近年来的技术改造，我国目前的汽车油耗水平有较大幅度的下降，但整体水平仍比较低。我国汽油车的平均油耗比国际水平高20%～30%，柴油车的平均油耗比国际水平高15%～20%，每年的汽车用油量在2000万t以上。由此可见，汽车节能对我国的重要意义。只要全民重视节油，并采取科学的节油方法，相信不久的将来，我国也能进入世界汽车节油先进行列。

（3）可替代能源与常规能源的对比　在第17届世界石油大会上，欧盟提出了常规汽、柴油燃料与替代燃料排放温室气体 CO_2 的比较，见表2-5。甲醇和二甲醚是目前处于开发中的清洁燃料，甲醇相对分子质量为32，含氧量为50%，所要求的空燃比低，只有6.4（汽油为14.8），其空燃混合气的热值（2656）与汽油的热值（2786）很接近。二甲醚相对分子质量为46，含氧量为35%，空燃比为9，其空燃混合气的热值（3067）比柴油的热值（2911）高。甲醇的辛烷值高达110左右，抗爆性好，二甲醚的十六烷值为60（比一般柴油高很多），这都能提高相应发动机的动力性能，降低排放和能耗。甲醇和二甲醚燃料的物理性质和燃烧性能使它们比汽、柴油燃料更加清洁，排放指标更高。各种汽车燃料的常规和非常规排放量比较见表2-6和表2-7。

由表2-7可知，在无催化转化器情况下，二甲醚燃料的常规排放量基本可达欧Ⅲ标准，甲醇基本可达欧Ⅱ标准。而汽油中少量残留硫化物对尾气催化转化器有毒化作用，使催化转化器寿命缩短。国际能源机构、美国甲醇研究院等对各种汽车燃料非常规排放（苯、二丁烯、甲醛等）的测试表明，二甲醚燃料的非常规排放量甚微（见表2-7），接近于氢。

表 2-5 常规燃料与替代燃料发动机技术的 CO_2 排放比较

能源	来源	发动机	CO_2/[g/(kW·h)]	车辆效率	CO_2/(g/km)	CO_2 相对值/(g/km)
柴油	石油	柴油机	308	0.54	166	1.00
柴油	石油	Hy-DI	308	0.46	142	0.85
FT 柴油	天然气	柴油机	376	0.54	203	1.22
二甲醚	天然气	柴油机	318	0.54	172	1.03
生物柴油	植物油	柴油机	201 (209)*	0.54	108	0.60
汽油	石油	SI	327	0.66	216	1.30
汽油	石油	Hy-SI	327	0.53	173	1.04
ETBE	甜菜，石油	SI	278 (130)*	0.66	183	1.10
乙醇	生物质	SI	169 (361)*	0.66	111	0.70
天然气	天然气	SI	224	0.66	148	0.89
LPG	石油和天然气	SI	276	0.66	182	1.10
压缩氢	电解，核能	FC	130	0.4	52	0.31
压缩氢	天然气+电力	FC	388	0.4	155	0.93
液化氢	天然气+电力	FC	627	0.4	251	1.51
电力	多种	EPT	472	0.2	94	0.57

注：1. FT 柴油为费托法合成柴油，ETBE 为乙基叔丁基醚，SI 为点燃式发动机，FC 为燃料电池，Hy-DI 为柴油-电力混合车，Hy-SI 为汽油-电力混合车，EPT 为电力火车。“( ) *”指来自生物质能源。

2. 混合动力汽车采用由电池组、电机和汽油发动机等部件组成的混合动力系统，当汽车在起动、加速或爬坡时，汽油发动机与电机便同时工作；当汽车处在低速、滑行或怠速状态时，则由电池组驱动电机，而发动机则向电池组充电。这种汽车可节省汽油 20% ~40%。

表 2-6 各种汽车燃料常规排放量比较 （单位：g/km）

项目	氢	二甲醚	甲醇 M100	天然气	石油气	柴油	汽油
欧洲标准	微	Ⅲ	Ⅱ	Ⅱ	Ⅰ	Ⅰ	
CO	0	0.12	0.93	1.07	0.46	0.40	12.6
HC（烃）	0	0.04	0.06	0.14	0.61	0.14	10.46
NO_x	0.037	0.20	0.15	0.21	0.19	0.94	3.35

注：数据来源为国际能源机构（IEA）等。

表 2-7 各种汽车燃料非常规排放量比较 （单位：g/km）

项目	氢	二甲醚	甲醇 M100	天然气	石油气	柴油	汽油	
							有净化器	无净化器
苯	0	0	0	0.6	<0.5	1.5	4.7	55
二丁烯	0	0	<0.5	<0.5	<0.5	1.0	0.6	1.8
甲醛	0	0	5.8	<2.0	<2.0	12	2.5	4.3
甲醇	0	0	7.9	0	0	0	0	0

注：数据来源为国际能源机构（IEA）等。

由此可见，即便使用甲醇掺烧汽油，也与已推行的乙醇汽油一样，可大大改善汽车的尾气排放，能起到一定的改善排放的作用。二甲醚燃料替代柴油在清洁燃料方面所起到的作用更加明显。

替代能源与常规能源相对价格的估算比较见表 2-8。在欧盟 15 国，汽油、柴油税收为最终价格的 70% 以上，汽油平均每升税收大于 0.7 欧元，柴油大于 0.4 欧元。比较可见，柴油、液化天然气、乙醇和生物柴油具有较低的 CO_2 排放性和较好的经济性。

表 2-8　替代能源与常规能源的相对价格比较

能　源	发 动 机	生 产 成 本		分 销 成 本	税前能源成本	
		最　低	最　高	平　均	最　低	最　高
欧洲柴油	柴油	平均	0.16	0.08	平均	0.24
欧洲汽油	SI	平均	0.19	0.08	平均	0.27
FT 柴油	柴油	0.28	0.42	0.10	0.38	0.52
LPG	SI	0.17	0.25	0.20	0.37	0.45
天然气	SI	0.10	0.18		0.25	0.50
生物柴油	柴油	0.39	0.57	0.10	0.49	0.67
巴西乙醇	SI	0.36	0.49	0.15	0.51	0.64
法国乙醇	SI	0.65	0.85	0.15	0.80	1.00
二甲醚	柴油	0.20	0.33	0.20	0.40	0.53
压缩氢	FC	0.26	0.36	0.72	0.98	1.08
压缩氢（电解制氢）	FC	0.84	1.12	0.72	1.56	1.84

注：以欧盟每升柴油当量（10kW · h）为基准。

据欧盟规划，到 2020 年，其替代燃料的普及替代率将达到 23%，见表 2-9。虽然生物燃料的成本现在是常规燃料的 2 ~ 3 倍，但从发展前途看，替代燃料的生产成本会因技术的进步而逐渐降低，并因环保要求的严格而扩大应用，这是世界车用燃料发展的总趋势。欧盟考虑把生物燃料、天然气和氢燃料电池作为首选的替代燃料。

表 2-9　欧盟替代燃料的普及替代率预测

项　目	2000 年	2005 年	2010 年	2020 年
汽油/(百万 t/a)	132	142	144	150
柴油/(百万 t/a)	140	155	170	175
基于石油的燃料/(百万 t/a)	272	297	314	325
乙醇/(百万 t/a)	0.2			
生物柴油/(百万 t/a)	0.5			
生物燃料（%）		(2)	(6)	(8)
天然气（%）			(2)	(10)
氢气（%）				(5)
总替代率（%）	(0)	(2)	(8)	(23)

预计到2015年，亚洲将使用129万t/a可再生燃料。印度是第一批使用可再生燃料的国家之一。2003年，印度在9个邦市售的汽油中掺混乙醇，此后又扩展到其他地区。澳大利亚的可再生燃料用量在2010年就已达到约26万t/a。

到2015年，车用替代燃料预计将比现在用量增加2.5倍，约达4500万t/a。但即使增长很快，可再生燃料仍仅占燃料总量的2.4%，其他替代燃料（CNG、LPG、燃料电池等）即使有较大增长，在今后10年内，它们在总运输燃料中所占的比例仍不会太大，但加快发展是大势所趋。

（4）我国替代燃料的发展动向 对于可用于车用燃料的替代能源选择问题，《中国替代能源研究报告》提出的初步结论是：

1）甲醇作为车用替代燃料在经济上可行，只要遵守操作规程，外界所担心的对人体健康的影响不会很大。

2）二甲醚前途较好，原料应以煤为主，重点考虑年产200万t以上的大规模生产项目。

3）包括乙醇汽油在内的生物质油应“不与民争粮，不与民争地”，扩大原料来源，并合理考虑运输半径。

4）对于煤制油，将进入快速发展期，应防止盲目投资。以煤为基础，多元化发展，重点发展醇醚燃料将成为最近几年替代能源发展的主要内容。

中国已将发展新能源汽车列为重大战略，目前发展较为成熟的是天然气汽车。截至2009年10月，我国天然气汽车已经从10年前的1000辆左右上升到40万辆，其创造的年产值超过百亿元，充气站约有1000个，年替代传统动力汽车300万辆以上。按照国家规划，2012年，天然气汽车将发展到100万辆，用气量达160亿m^3，可替代640万t汽油和柴油，2020年更将达到300万辆。

目前，杭州、北京、郑州等城市纷纷推出补贴优惠等政策，率先推行新能源出租车，并取得了良好成效。其中，奇瑞A5CNG出租专用车被市场迅速接受，得到了较高的评价。奇瑞A5CNG技术先进，整车配备意大利进口燃气供给系统，采用多点顺序电控喷射技术，整车燃料经济性较原型车提高了40%以上。可以实现乙醇与汽油在任意比例掺混下的燃料供给方式，也可以燃用CNG气体燃料，并能够对不同比例乙醇汽油燃料进行识别，并在乙醇、汽油及天然气各种燃料之间任意切换。

2.3.2 新能源汽车与再生制动设计

（1）制动能量回收对于新能源汽车的重要意义 有关研究表明，电动汽车在城市工况运行条件下，如果能有效地回收制动能量，就可使其行驶里程延长10%～30%。目前，国内关于制动能量回收的研究还处在初级阶段。制动能量回收要综合考虑汽车动力学特性、电机发电特性、超级电容与蓄电池充放电安全性和可靠性等多方面的问题。

电动汽车和混合动力汽车最重要的特性之一是其能显著回收制动能量。在电动汽车和混合动力汽车中，电机可被作为发电机运行，从而将车辆的动能或重力势能变换为电能并储存在超级电容、蓄电池或飞轮等能量存储装置中，使能量得以再次利用。

汽车制动性能无疑是影响车辆安全性的重要因素之一。对于汽车而言，设计制动系统时必须始终满足两个截然不同的要求：

➢ 在紧急制动状态下，汽车必须在可能的最短距离内停止，这就要求在所有的车轮上制动系统都能供给足够的制动转矩。

➢ 必须保持对于汽车方向的控制，这就要求在所有的车轮上平均分配制动力。

一般而言，当驾驶人驾驶电动汽车或混合动力汽车减速，在公路上放松加速踏板巡航（有相关的算法判断）或踩下制动踏板停车时，再生制动系统便会起动。正常减速时，再生制动的力矩通常保持在最大负荷状态；高速巡航时，其电机一般是在恒功率状态下运行，驱动转矩与驱动电机的转速或者车速成反比。由此可见，研究电动汽车的制动模式是非常重要的，电动汽车制动可分为以下三种模式：

1）紧急制动。紧急制动对应于制动加速度大于 $2m/s^2$ 的制动过程。出于安全方面的考虑，紧急制动应以机械为主，电制动为辅。在紧急制动时，可根据初始速度的不同，由ABS控制制动系统提供相应的机械制动力。

2）中轻度制动。中轻度制动对应于汽车在正常工况下的制动过程，可分为减速过程与停止过程。电制动负责减速过程，停止过程由机械制动完成。两种制动的切换点由电机发电特性确定。

3）汽车下长坡时的制动。汽车下长坡一般发生在盘山公路下缓坡时。在制动力要求不大时，可完全由电制动提供。其充电特点表现为回馈电流较小，但充电时间较长。限制因素主要为蓄电池的最大可充电时间。

由于制动能量回收工作在城市工况下才有较大意义，而城市工况车辆的最高车速又不会太高，且紧急制动的概率较小，因此应将研究重点放在中轻度制动时的制动能量回收方向上。

一般来说，恒功率下驱动电机的转速越高，再生制动的能力就越低。当驾驶人踩下制动踏板时，驱动电机通常运行在低速状态。由于低速时，电动汽车的动能不足以驱动电机提供能量来产生最大的制动力矩，因而再生制动能力也会随着车速的降低而减小。

图2-16显示了电机再生制动和机械摩擦制动系统复合的制动系统，电机的再生制动力矩通常不能像传统燃油车中的制动系统一样提供足够的制动减速度。所以，在电动汽车中，再生制动和机械摩擦制动通常共同存在（一般当再生制动达到最大制动能力但还不能满足制动要求时，机械摩擦制动才起动）。

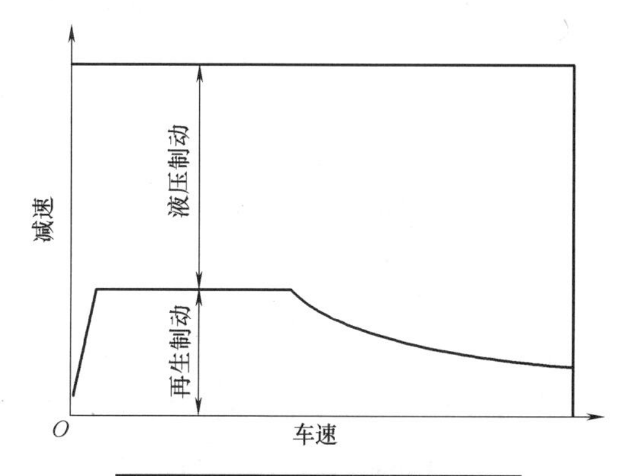

图2-16　再生制动和机械摩擦制动复合的制动系统

在典型的市区道路上，电动汽车的制动能量最高可达总牵引能量的25%以上。如在纽约这样的大城市中，电动汽车的制动能量最高可达70%。研究表明，重1500kg的车辆从100km/h减速到0，在其几十米的制动距离内约消耗了0.16kW·h的能量。如果能量消耗在仅克服阻力（滚动阻力和空气阻力）而没有制动的惯性滑行中，则该车辆将能行驶约2km。可见，当车辆在市区内以停车-起动形式行驶时，能量显著消耗在频繁的制动上，并导致大量的燃油消耗。因此，有效的再生制动能显著改善电动汽车和混合动力汽车的经济性。

（2）制动能量回收系统的设计因素　设计制动能量回收系统时，应充分考虑到以下设计因素：

1）满足制动的安全要求，符合驾驶人的制动习惯；

2）考虑驱动电机的发电工作特性和输出能力；

3）确保电池组的安全性与可靠性。

由以上设计因素可得制动能量回收的约束条件：

1）根据电池组温度、放电深度的不同，蓄电池可接受的最大充电电流；

2）蓄电池可接受的最大充电时间、温度，防止过充或失效；

3）能量回收停止时，电机的转速及与此相对应的充电电流值。

以上问题也是限制内燃机汽车应用电制动回收制动能量的难点。

因此，研究电制动的制动能量回收系统，要充分了解蓄电池和电机的特性，如果采用液体或飞轮来吸收和存储制动能量，则还需要掌握其特性。

（3）新能源汽车的典型制动系统

1）串联制动。具有最佳制动感觉的串联制动系统具有可控制施加于前后轮上制动力的制动控制器，其控制目标在于使制动距离趋于最小值，并优化驾驶人的感觉。最短的制动距离和良好的制动感觉要求施加在前后轮上的制动力遵循理想的制动力分布曲线。

施加于前轮上的制动力可分为再生制动力和机械摩擦制动力两部分。当所需制动力小于电机所能产生的最大制动力时，将只应用电再生制动。当给出的制动力指令大于可应用的再生制动力时，电机将运行以产生其最大的制动转矩。同时，剩余的制动力将由机械摩擦制动系统予以满足。

2）宝马制动能量回收技术。宝马汽车的制动能量回收系统通过在制动、滑行或减速时给蓄电池充电，可提高燃油效率最多达3%，并确保发动机加速时拥有完全功率。

3）防抱死制动系统（ABS）。电机制动力（制动转矩）的有效控制相比于机械制动力控制更为容易。图2-17为典型防抱死制动系统的再生制动系统示意图。该制动系统的主要组件是制动踏板、主轮缸、电控制动装置、电控三端口开关（通常模式：端口1开，端口2关，端口3开）、流体蓄压器、压力传感器和总控制器单元。压力传感器检测流体压力，它表征了驾驶人所期望的制动强度。流体通过电控三端口开关被释放至流体蓄压器，由此仿效了传统制动系统的制动感受。

接收到制动压力信号后，总控制器单元将根据驱动电动机特性和控制法则，给出前后轮的制动转矩、再生制动转矩和机械制动转矩。电动机控制器（图2-17中未显示）将命令电动机产生恰当的制动转矩，而机械制动控制器则向电动制动装置输出指令，以对每个车轮施加恰当的制动转矩。

该电动制动装置同时行使防抱死制动系统的功能，以防止车轮完全被抱死。若检测出某个电动制动装置失效，则相应的二端口开关将关闭端口3，而开启端口2，于是流体直接释

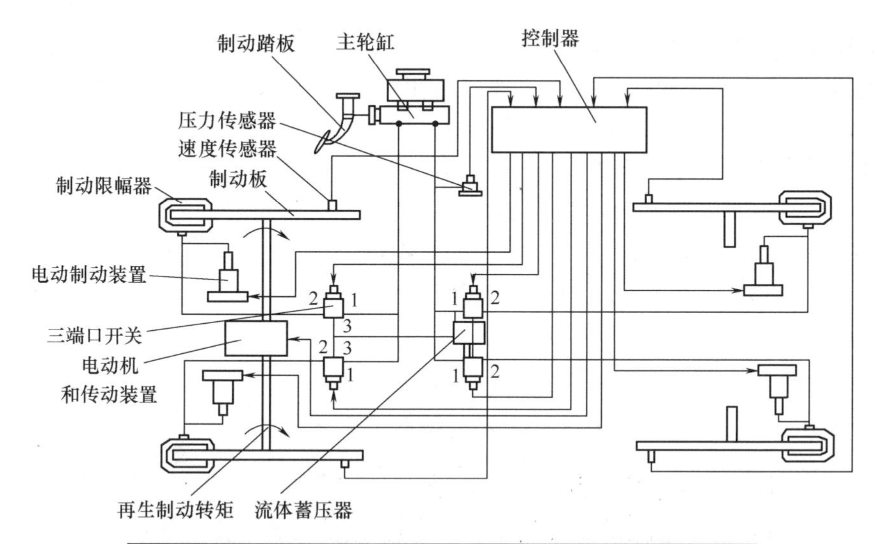

图 2-17 装备典型防抱死制动系统的再生制动系统示意图

放至车轮轮缸，产生制动转矩，控制策略对能量回收和制动性能是有决定性意义的。

2.3.3 新能源汽车驱动电机的种类与技术特点

（1）新能源汽车驱动电机的种类与特征　用于新能源汽车的各种驱动电机与普通工业用电机有较大区别，通常要求能够频繁起停、加减速，在低速行驶或爬坡时要求高转矩，高速行驶时要求低转矩，并要求变速范围大；而工业驱动电机通常优化在额定的工作点。

新能源汽车驱动电机在负载要求、技术性能及工作环境等方面的主要特征包括：

1）新能源汽车驱动电机通常需要有 4 ~ 5 倍的过载，以满足短时加速行驶，及最大爬坡度时对驱动功率的需求；工业用驱动电机一般有 2 倍的过载即可满足要求。

2）新能源汽车驱动电机的最高转速要求达到基速的 4 ~ 5 倍；工业驱动电机只要求达到恒功率时基速的 2 倍。

3）新能源汽车驱动电机要求有高比功率和优良的工作效率，能降低车辆自重并延长续驶里程；而工业用驱动电机通常要对比功率、效率及成本进行综合考虑。

4）当多电机协同工作时，要求新能源汽车驱动电机可控性高、稳态精度高、动态性能好；而工业用驱动电机只需要满足某一种特定的性能要求。

5）新能源汽车驱动电机往往装在机动车上，受限于汽车的容积效率，工作在高温、恶劣天气及本底振动等复杂条件下，而工业驱动电机通常固定安装。

目前，混合动力汽车常用的驱动系统有四种：直流电机、异步电机、永磁电机、开关磁阻电机。其中，永磁同步电机具有高效、高控制精度、高转矩密度低等特点，通过合理设计磁路结构能够获得较高的弱磁性能，在电动汽车特别是高档电动汽车驱动方面具有很高的应用价值，已经受到国内外电动汽车研发界的高度重视。

1）直流驱动电机。较早开发的电动汽车上多采用直流驱动电机，即使现在，还有一些电动汽车上仍然采用直流电机驱动。

① 直流驱动电机结构。直流驱动电机由转子电枢绕组、定子励磁绕组、机座和电刷换向装置等主要部件组成。串励式直流电机的电枢绕组和励磁绕组串联，而他励式直流电机的

励磁绕组和电枢绕组是分开的。

② 直流电机特点。早期的直流电机通过电阻降压调速，这要消耗大量能量。目前，多数采用直流斩波器来控制输入电压、电流，根据直流电机输出转矩的需要，脉冲输出和变换直流电机需要从零到最高电压，来控制和驱动直流电机运转。直流电机的容量范围大，可以根据需要选用。其制造技术和控制技术都较成熟，驱动系统也较简单，价格便宜。但直流电机在结构上有电刷、换向器等易磨损件，因此存在维修保养困难、寿命较短、使用环境要求高、结构复杂、效率低、质量大等缺点。目前，新研制的各种电动汽车已基本上不再采用直流电机。

2）笼型交流异步电机。三相笼型交流异步电机是目前应用最广泛的电机，其转子上不需电刷，结构简单，生产技术比较成熟，已经能够大批量生产。

① 笼型交流异步电机的结构。三相笼型交流异步电机由定子和转子两部分组成。定子由机座和三相定子绕组组成，接电源；转子由硅钢片组成，内有成笼型的互成短路的导条。

② 笼型交流异步电机工作原理。当在异步电机的定子绕组上加上三相交流电时，在电机中将产生旋转磁场，该磁场的转速由定子电压的频率及电机极数决定。磁场旋转时，位于该旋转磁场中的转子导条将切割磁力线，并在转子导条中产生相应的感应电流，而此感应电流又受到旋转磁场的作用而产生电磁力，使转子跟随旋转磁场旋转，输出动能。

③ 笼型交流异步电机的控制。在电动汽车上，交流异步电机不能直接使用蓄电池或发电机发出的电能（因为频率一定）。交流异步电机的转速与所供交流电的频率近成正比，因此在采用交流异步电机时，需应用变频器，将直流电或发电机发出的固定频率的交流电转换成频率和电压均可调的三相交流电，实现对笼型交流异步电机的控制。

④ 笼型交流异步电机的特点。虽然三相笼型交流异步电机具有结构简单、坚固耐用、工作可靠、维护方便、价格便宜等优点，得到了广泛的应用，但仍存在技术上的难点。如变频器所产生的高次谐波、高附加铜耗及铁耗、高绝缘介质损耗、附加脉动转矩、电磁噪声等。

3）永磁无刷直流电机

① 永磁无刷直流电机的结构。永磁无刷直流电机主要由电机本体、位置传感器和电子开关线路三部分组成。其定子绕组一般制成多相（三相、四相、五相）。转子由永久磁铁按一定极对数组成。

② 永磁无刷直流电机基本工作原理。永磁无刷直流电机运行过程中，通过控制各相绕组通电频率及电流大小来调节转速及转矩，控制定子绕组的通电次序使电机正反转，这些都可以通过微电子系统来实现。

3）永磁无刷直流电机的特点。永磁无刷直流电机在工作时，直接将近似方波的电流输入其定子绕组中，可以使电机获得较大转矩，效率高、出力大、无电刷、高速性能好、结构简单牢固、免维护或少维护、质量轻。但目前，这种电机还存在损耗多、工作噪声大及脉冲式输出转矩等缺点。

4）开关磁阻电机。开关磁阻电机简称 SR 电机。它是一种新型电机，其结构简单、坚固、工作可靠、效率高，其调速系统（SRD）运行性能和经济指标比普通的交流调速系统好，具有很大的潜力，因而近几年来，它在牵引调速领域的发展颇为迅速。

① 开关磁阻电机工作原理。SR 电机的运行遵循磁阻最小原理（磁通总要沿磁阻最小的

路径闭合）。而具有一定形状的铁心在移动到最小磁阻位置时，必使自己的主轴线与磁场的轴线重合。

② 开关磁阻电机调速系统组成。开关磁阻电机调速系统简称 SRD，主要由 SR 电机、功率变换器、控制器、位置检测器及速度检测器等部分组成。在我国，稀土永磁材料的储量大，可以降低产业化时电机系统的整体造价，使研发高性能的永磁电机系统优势更加明显。

（2）新能源汽车驱动电机的技术特点

1）单电机或多电机结构。单个电机通过变速器和差速器驱动车轮，多电机结构则是每一个驱动轮被单独驱动。单电机结构的优点在于：体积小、质量小及成本低。而多电机结构能减小单电机的电流和功率的额定值，充分利用车轮内部空间，可均衡电机尺寸和质量。由于这两种结构各有优点，因而在现代新能源汽车上都有应用，但是现在单电机结构的应用占主流。

2）固定速比或可变速比齿轮减速。通常也分为单速传动和多速传动。单速传动采用固定速比齿轮变速传动，多速传动采用带离合器和变速器的多级齿轮变速传动。对于固定速比变速传动，要求电机既能在恒转矩区提供较高的顺势转矩（额定值的 3 ~ 5 倍），又能在恒功率区提供较高的运行速度（基速的 3 ~ 5 倍）。可变速齿轮传动的优点在于：应用常规驱动电机系统可在低档位得到较高的起动转矩，在高档位得到较高的行驶速度，但其缺点是质量及体积较大，成本高，可靠性低，结构复杂。目前我国仍采用多速传动或无级变速传动装置，以弥补电机性能的不足。

3）系统电压。系统电压等级影响驱动电机系统的设计。采用合理的高电压电机可减小逆变器的成本和体积。如果所需电压过高，则需要串联许多蓄电池，这会使车内及行李舱空间的减小，车辆质量和成本增加，并导致车辆性能的下降。

4）系统匹配。电机与变速器、控制器、变速装置等的匹配是非常重要的。新能源汽车驱动电机的设计者应充分了解这些部件的特性，然后在给定的条件下设计电机，应区别于工业驱动电机的设计。

（3）新能源汽车驱动电机的设计要点　基于以上的分析，在设计新能源汽车驱动电机时，需要考虑以下基本元素：

1）磁载荷。通过电机气隙的磁通密度基本分量的峰值。

2）电载荷。电机单位周长上总电流的均方根或单位周长上的安匝数，单位体积和单位质量的功率和转矩，单位磁路的磁通密度、转速、转矩、功率损失和效率，以及热回路设计和冷却等。相应的关键之处在于：对钢、磁和铜的较好利用，更好的电磁耦合、电机的几何形状与布局，更好的热设计与冷却，了解电机性能的限制，了解电机的几何形状、尺寸、参数和性能的关系。

第 3 章

混合动力汽车技术

3.1 混合动力汽车发展现状

3.1.1 国外混合动力汽车技术的发展态势

在欧美汽车企业把节能环保汽车的技术方向放在燃料电池或清洁柴油技术上时，日本企业则是把混合动力汽车作为新能源汽车的过渡产品，不断加强技术和市场的强势地位，最终成为了混合动力技术的领跑者。

目前，世界汽车企业面对混合动力技术一般采用引领、跟进和被动跟进三种策略。

➢ 引领者：大力推进混合动力技术的企业包括丰田、本田和福特。丰田是世界公认的混合动力技术领先者；福特也是较早开发混合动力技术的企业。

➢ 跟进者：采取跟进策略的厂商又可以分为主动跟进和被动跟进两类。采取主动跟进策略的企业如现代和保时捷，现代近年来耗资近 10 亿美元开发混合动力技术。

➢ 被动跟进者：被动跟进的厂商以通用最为典型。直到 2005 年，美国油价突破 3 美元/加仑并引发大型 SUV 销量骤降后，通用才将研发目光投向混合动力技术。此外，原本反对混合动力技术的克莱斯勒、雷诺- 日产联盟，也在市场压力下不同程度地开始开发混合动力技术。

据 JP 摩根证券公司预测，2020 年，全球油电混合动力汽车市场规模将达到 1128 万辆，占当年汽车总销量的 10% 以上；加上动力电池、发电机及其他零部件，预计混合动力汽车相关产业市场规模将超过 240 亿美元。北美和欧洲将成为混合动力汽车的主要市场。

(1) 日本　20 世纪 70 年代，日本开始了混合动力汽车的研制。本田是第一个在美国市场上销售混合动力汽车的厂商。本田 1999 年在美国推出 Insight 混合动力双门汽车（图 3-1），该车是第一辆公开上市的混合动力汽车，每升汽油可行驶 30km，受到了市场的好评。

图 3-1　Insight 混合动力双门汽车

随后，本田又将混合动力技术扩展到思域（Civic）和雅阁（Accord）等畅销车型。本田的技术特点是以CVT变速器为基础来研发插电式混合动力汽车系统。2006款思域混合动力汽车采用了本田第四代IMA（Integratcd Motor Assist）系统，包括1.3L四缸汽油机、高功率超薄永磁同步电机、无极变速器和智能动力单元IPU（Intelligent Power Unit）。2009款思域混合动力汽车和2013款雅阁插电式混合动力汽车分别如图3-2和图3-3所示。

图3-2　2009款思域混合动力汽车

图3-3　2013款雅阁插电式混合动力汽车

在2012年的底特律车展上，本田发布了全新的雅阁Coupe概念车（图3-4），这款新型跑车将搭载一套全新的名为“双马达”的插电式混合动力系统。该插电式混合动力系统由2.0L排量的阿特金森循环发动机以及120kW/6 kW·h的锂离子电池组成，最大输出功率为135kW，峰值转矩为240N·m，传动系统配备的是CVT变速器。这套系统具有三种驾驶模式：纯电动、油电混合以及“直接驱动”（direct-drive）模式。据本田表示，在纯电动模式下，该车能够在100km/h的速度下行驶16～24km。其在120V电压下，充电时间在4h内，而在240V电压下，充电只需1.5h。

图3-4　雅阁Coupe概念车

丰田公司的雷克萨斯GS450h混合动力汽车如图3-5所示。雷克萨斯GS450h混合动力汽车搭载了由3.5LV6D-4S燃料多重喷射发动机、永磁电机、PCU动力控制模组与HV（Hybrid Vehicle）电池组成的动力系统，以及电子控制式连续可变Hybrid变速器（ECVT电子无级变速系统，模拟六速手自一体式变速器），可整合输出的最大功率达250kW，属于世界上为数不多的超大功率混合动力汽车。

图3-5　雷克萨斯GS450h混合动力汽车

除丰田、本田外，三菱、马自达等多家日本企业均将混合动力技术作为市场开发的重要方向。马自达开辟了油氢混合动力的新技术路线，其研发的Premacy氢转子发动机可使用汽油或氢燃料，氢燃料和汽油混用时可行驶约600km。马自达Premacy氢转子发动机混合动力车如图3-6所示。斯巴鲁公司也在纯电动车方面积极与丰田、大发合作，在Stella插电式电动车上投入了大量资源。

(2) 美国　在日本加快发展混合动力汽车技术的阶段，美国政府和企业对是否发展该技术一直犹豫不决。究其原因，一方面是由于美国在这一阶段将生物燃料和燃料电池汽车技术分别作为中近期和远期的技术路线；另一方面是考虑到日本企业在混合动力汽车领域具有超越美国10年的技术优势，这将会导致美国汽车业竞争力的下降。

图3-6　马自达Premacy氢转子发动机混合动力车

从2006年1月开始，美国政府开始通过抵税的方式，对购买节能汽车的消费者提供税收优惠。在当时，绝大多数消费者都选择购买混合动力汽车，这使得丰田等日本公司成为补贴政策的最大受益者。例如，购买丰田普锐斯可获得3000美元抵税金。为此，美国政府规定节能环保汽车补贴规模的上限是6万辆，而当时普锐斯的累计销量恰好即将突破6万辆。

通用汽车公司在1998年推出了GM Precept HEV概念车，其动力模式为混联式，发动机和一个电机以并联的方式驱动后桥，而另一个电机驱动前桥。

2004年5月，通用汽车公司的混合动力皮卡雪佛兰Silverado（图3-7）面市，该车采用了起动机和发电机一体化技术（ISA），在发动机怠速及汽车制动时均可以进行能量回收。该车与通用汽车公司的皮卡相比，燃油消耗率降低了10%～20%。

克莱斯勒公司在1998年开发出道奇（Dodge）无畏ESX2串联式混合动力汽车（图3-8）。该车装有1.5L排量的直喷柴油机，并带有发电机，采用铅酸蓄电池，交流感应电机驱动，复合材料车身，油耗可降至3.4L/100km。

图3-7　雪佛兰Silverado混合动力皮卡

图3-8　道奇ESX2混合动力汽车

2000年后，通用、福特、戴姆勒-克莱斯勒均已开发出油耗为3L/100km的样车，只是价格仍然较贵。2004年，通用公司与戴姆勒-克莱斯勒公司对外宣布，双方将在开发混合动力汽车的技术领域开展合作，共同推进该技术的发展。

福特汽车公司在2001年推出了全球首辆混合动力SUV概念车Escape，该车于2003年正式上市，它是当时世界上最省油、最清洁的SUV之一，载货容积和越野性能与Escape的四驱车型（图3-9）相当。Escape混合动力SUV采用双电机设计，一个电机与发动机集成启动发动机，实现给蓄电池充电和纯电动起步助力，另一个电动机则用来实现助力和回馈制动能量的功能。

福特林肯MKZ2011款油电混合动力汽车如图3-10所示。在2010年的纽约国际车展上，

福特林肯MKZ2011油电混合动力汽车首度亮相。这款混合动力汽车的汽油发动机与电机的组合动力输出为142kW，该车在仅依靠电力的情形下车速可达到76km/h。它用1L汽油在市区可行驶17.4km，是目前豪华汽车市场中最省油的一款。

图3-9　福特Escape混合动力汽车

图3-10　福特林肯MKZ2011款油电混合动力汽车

目前，福特林肯MKZ混合动力版车型与汽油版价格基本相同，其燃油经济性更为突出，其搭载的2.5L汽油发动机与电机组成的混合动力系统被评为沃德（Ward）2010年度十佳发动机之一。

2012年，福特开始在美国密歇根工厂生产C-Max混合动力汽车（图3-11）。C-Max混合动力汽车采用了2.0L汽油发动机和锂离子电池相结合的混合动力系统，混合功率输出为140kW。这款混合动力汽车相比于丰田普锐斯混合动力汽车更经济、性能更高、技术更强，价格更实惠。

凯迪拉克凯雷德混合动力汽车如图3-12所示。凯雷德混合动力汽车是目前世界上唯一的混合动力全尺寸豪华SUV，被定位为“全球首款双模强油电混合动力SUV”。它搭载一台Vortex6.0L V8汽油发动机、两台最大功率约为81kW的电机及300V镍氢电池储能系统，能够输出244kW的最大功率，峰值转矩达到498N·m。官方公布的综合油耗为11.1L/100km，0~100km/h加速在10s以内。

图3-11　C-Max混合动力汽车

图3-12　凯迪拉克凯雷德混合动力SUV

（3）欧洲　欧洲政府和企业对混合动力技术的态度与美国相近，但更为积极一些，并且也取得了一定进展。欧洲对混合动力技术的促进主要集中在商用车领域，例如瑞典、法国、德国、意大利、比利时等国计划在9个欧洲城市开通混合动力公交车线路；PSA公司的串联式混合动力汽车Berlingo Dynavolt（图3-13），其性能和价格已经达到燃油汽车的水平；雷诺公司研制的Vert和Hymme两款混合动力汽车已在法国接受了上万千米的运行试验，并早在1998年便研制出电动汽油两用车Next；瑞典沃尔沃公司也开发出基于FL6货车的混合动力汽车。

除整车企业外，德国博世（BOSCH）等一大批著名零部件公司，也积极与大汽车公司联手，共同开发混合动力技术。德国大众公司还开发出插电式柴油混合动力汽车 XL1（图 3-14），该车净重仅为 795kg，配装 1 台功率为 35kW 的双缸 0.8L 排量 TDI 柴油发动机和 1 台 20kW 发电机，总续驶里程达到 540km。

图 3-13　Berlingo Dynavolt 混合动力汽车

图 3-14　插电式柴油混合动力汽车 XL1

在乘用车领域，欧洲的大众、PSA 等企业都未将油电混合动力技术作为未来节能和新能源汽车的研发重点，仅有奥迪、通用等少数公司为开拓北美市场而涉足混合动力技术。通用开发的凯迪拉克 STS 插电式混合动力汽车如图 3-15 所示。

图 3-15　STS 插电式混合动力汽车

3.1.2　国内混合动力汽车的发展态势

我国自主研制的东风 EQ7200 混合动力汽车（图 3-16），其电机驱动系统是“十五”和“863 计划”专项电机驱动共性技术中难度最大的课题，永磁电机转矩密度与丰田 Prius 混合动力电机相当。课题组已成功研制出具有 180N · m 高峰值转矩、4 倍弱磁的永磁磁阻电机，且目前已完成 1.5 万 km 的行驶实验认证。

作为福特汽车与铃木汽车公司的合作伙伴，我国第四大汽车生产商长安汽车公司于 2007 年 12 月中旬宣布，开始生产中型混合动力汽车——杰勋（图 3-17）。该车采用科技部“863 计划”中的国有混合驱动系统技术，历经 6 年开发，燃料消耗可比常规汽车减少 20% 以上。

图 3-16　东风汽车混合动力汽车 EQ7200

图 3-17　杰勋混合动力汽车

杰勋混合动力汽车是长安汽车公司开发的一款纯正中国血统的混合动力汽车，从整车到混合动力系统都是由长安公司自主开发并拥有完全自主知识产权，其镍氢动力电池等动力零部件水平更是处于国内领先地位。该车能在保证动力的前提下，最大限度地发挥混合动力系

统的节能环保优势。

2004 年，福田汽车开始研发混合动力客车。福田研发的混合动力汽车（图 3-18），立足于自主开发，但同时采用引进—消化—吸收—再创新的方式，与美国伊顶公司开展技术合作，联合开发混合动力系统。以城市客车为研发突破点，重点开发 11.4m 大型城市客车和 12m 混合动力客车产品。联合开发让福田汽车混合动力客车的研发速度明显加快，产业化进程也大大缩短。2005 年 7 月完成整车设计，2005 年 12 月试制成功了两台样车，2006 年 10 月完成了近 70000km 的可靠性试验，2007 年 1 月获得国家公告。

图 3-18　福田混合动力客车

2008 年 1 月 11 日，广州第一巴士公司选购了 30 辆福田混合动力客车用于在广州市区进行的商业运营，走出了中国混合动力客车产品产业化的第一步。这批车平均油耗为 30.5L/100km，单车最低油耗 27.3L/100km，平均油耗比传统车型低 25% 以上；氮氧化合物约减少 27%，可吸收颗粒物约减少 19%，接近国际水平，可靠性、节油性突出，减排效果显著。

目前，购车费用是我国销售混合动力车发展的最大阻力。据称，现在购买一辆传统的冷暖空调公交车需要 40 万～50 万元，而混合动力客车的价位是 85 万～90 万元。两者相差 40 万元左右。然而，使用混合动力客车每年可节约油料开支约 8.91 万元，而目前，福田混合动力客车使用的是日本生产的蓄电池，保用期 8 年，这样在其使用寿命周期内，共节省约 70 万元。

福田还在研发一种插入式混合动力技术，采用“油电电电四混合”，油即传统的燃油发动机，三个“电”分别指蓄电池、电容和电源。该项目正在申报国家“863”项目。目前，福田汽车已经对新能源汽车未来的发展做出了系统的规划，并成立了专门的新能源汽车研究中心。除了已经取得显著成就的客车之外，公司近期将陆续推出混合动力 MPV（图 3-19）、小型多功能车等新能源车型，力求在新能源技术上与国际公司站在同一高度上。

通用汽车公司于 2008 年开始在中国生产混合动力汽车，其将混合动力系统应用于 Malibu 混合动力汽车（图 3-20）。尽管旗下混合动力车在中国销售量不大，但通用不甘落后于丰田。

图 3-19　混合动力 MPV

图 3-20　Malibu 混合动力汽车

别克君越油电混合动力车（图3-21）是上海通用汽车公司2008年绿色产品规划的第一步。这款车综合油耗同比下降了15%以上，从而能让更多的消费者在享受有车生活的同时，实践环保承诺，履行社会责任。

2008年10月，首批50辆搭载东风康明斯发动机的五洲龙混合动力客车（图3-22）交付深圳公交集团使用，由此拉开了中国混合动力客车商品化的序幕。这批混合动力客车运行一年多后，出勤率达96%，高于普通公交车，而节油率更是达到25%以上。如此算来，一年可节省9万元左右的运营成本。如车辆使用年限按10年算，总共可节约成本90万元，同时还比传统车少排二氧化碳27t以上。

图3-21　别克君越油电混合动力汽车

图3-22　五洲龙混合动力客车

作为我国电动汽车示范运营启动最早、规模最大、运营区域最广、产业化程度最高的城市，武汉已基本形成了集电动汽车研发、产业化、示范运营三位一体的电动汽车产业链。武汉电动汽车示范运营的车辆规模和示范运营里程在国内处于领先地位，并在国际上形成了影响力。

2009年3月下旬，厦门金龙公司在北京公共交通控股（集团）有限公司60辆混合动力公交车招标中中标，获得20辆客车订单。本次中标车型为厦门金龙新一代混合动力公交XMQ6125G9系列车型（图3-23），该车型在第七届北京国际客车博览会暨第四届中国国际客车大赛上获得“CIBC新能源绿色客车奖”。

由东风康明斯提供柴油发动机的首批70辆东风混合动力公交车（图3-24），于2010年1月底完成生产，交付给武汉公交集团投入试运营。这是继其发动机产品配装深圳五洲龙混合动力客车在深圳成功试运营之后，在混合动力客车领域的又一拓展，对推动中国混合动力客车产业化有着积极的影响。

图3-23　厦门金龙公司混合动力公交车

图3-24　东风康明斯混合动力公交车

3.2 混合动力汽车的类型与特点

混合动力汽车是传统内燃机汽车与电动汽车相结合的产物，其关键技术是混合动力技术。混合动力汽车最突出的优势是燃油经济性好，可以按平均需用的功率确定内燃机的最大功率，使内燃机工作在油耗低、污染少的最优工况下，可比传统燃料汽车节约燃油30%～50%，同时也可显著降低排放；同时蓄电池可以方便地回收制动能量；从普及推广的角度，它可以利用现有的加油站设施，无须新的投资。

但是混合动力汽车也存在价格高、长距离高速行驶基本不能省油等问题。

混合动力汽车是燃油汽车向纯电动汽车发展过程中的过渡车型，目前技术相对成熟。其中，丰田普锐斯混合动力汽车的销量已超过300万辆。

3.2.1 混合动力汽车的定义与分类

（1）混合动力汽车的定义　从狭义上讲，混合动力汽车指同时装备两种动力源——热动力源（由传统的汽油机或者柴油机产生）与电动力源（蓄电池与电机）的汽车。通过在混合动力汽车上使用电机，使得动力系统可以按照整车的实际运行工况要求灵活调控，使发动机保持在综合性能最佳的区域内工作，从而降低油耗与排放。也可以认为混合动力汽车通常指既有蓄电池可提供电力驱动，又装有一个小型内燃机的汽车。

从广义上来讲，混合动力汽车指装备有两种具有不同特点驱动装置的车辆。这两个驱动装置中有一个是车辆的主要动力来源，它能够提供稳定的动力输出，满足汽车稳定行驶的动力需求，内燃机在汽车上的成功应用，使之成为首选的驱动装置；另外还有一个辅助驱动装置，它具有良好的变工况特性，能够进行功率的平衡、能量的再生与存储，目前应用最多的是电混合系统。

混合动力汽车一般由发动机、驱动电机和辅助电源三大部分组成。

1）发动机。发动机是混合动力汽车的主要动力源，可以广泛地采用四冲程内燃机（包括汽油机和柴油机）、二冲程内燃机（包括汽油机和柴油机）、转子发动机、燃气轮机和斯特林发动机等。一般转子发动机和燃气轮机的燃烧效率比较高，排放也比较洁净。采用不同的发动机就可以组成不同的HEV。

2）驱动电机。驱动电机是混合动力汽车的辅助动力源。混合动力汽车的驱动电机可以是交流感应电机、永磁电机、开关磁阻电机、直流电机和特种电机等。随着混合动力汽车的发展，直流电机已经很少采用，多数采用感应电机、永磁电机和开关磁阻电机。发动机的动力和驱动电机的“混合”是混合动力汽车动力“混合”的另一种形式。采用不同的电机可以组成不同的混合动力汽车。

3）辅助电源。混合动力汽车可以装备各种不同的蓄电池和超级电容等作为“辅助电源”。它只有在混合动力汽车起动发动机或电机辅助驱动的时候才使用。

（2）混合动力汽车的分类　混合动力汽车分类方法较多，这里主要介绍6种分类方法，如表3-1所示。

表3-1 混合动力汽车的不同种类

分类方式	种类	说明
按照动力系统结构形式（混合动力汽车零部件的种类、数量和连接关系）划分	串联式混合动力汽车（SHEV）	指行驶系统的驱动力只来源于电机的混合动力汽车 其结构特点是发动机带动发电机发电，电能通过电机控制器输送给电机，由电机驱动汽车行驶。另外，动力电池也可以单独向电机提供电能驱动汽车行驶
	并联式混合动力汽车（PHEV）	指行驶系统的驱动力由电机及发动机同时或单独供给的混合动力汽车 其结构特点是并联式驱动系统可以单独使用发动机或电机作为动力源，也可以同时使用电机和发动机作为动力源驱动汽车行驶
	混联式混合动力汽车（PSHEV）	指具备串联式和并联式两种混合动力系统结构的混合动力汽车 其结构特点是可以在串联混合模式下工作，也可以在并联混合模式下工作，同时兼顾了串联式和并联式的特点
按照混合度划分（按照电机相对于燃油发动机的功率比大小）	重度混合（强混合）型混合动力汽车	指以发动机或电机为动力源，且电机可以独立驱动车辆行驶的混合动力汽车 一般情况下，电机的峰值功率和发动机的额定功率比大于40%
	中度混合型混合动力汽车	指以发动机或电机为动力源的混合动力汽车。一般情况下，电机的峰值功率和发动机的额定功率比为15%～40%
	轻度混合（弱混合）型混合动力汽车	指以发动机为主要动力源，电机作为辅助动力，在车辆加速和爬坡时，电机可向车辆行驶系统提供辅助驱动力矩，但不能单独驱动车辆行驶的混合动力汽车 一般情况下，电机的峰值功率和发动机的额定功率比为5%～15%
	微混合型混合动力汽车	指以发动机为主要动力源，不具备纯电动行驶模式的混合动力汽车 只具备停车怠速停机功能的汽车是一种典型的微混合模式混合动力汽车 一般情况下，电机的峰值功率和发动机的额定功率比小于或等于5%
按照外接充电能力划分（按照是否能够外接充电）	可外接充电型混合动力汽车	是一种被设计成可以在正常使用情况下从非车载装置中获取能量的混合动力汽车
	不可外接充电型混合动力汽车	是一种被设计成在正常使用情况下从车载燃料中获取全部能量的混合动力汽车
按照行驶模式的选择方式划分	有手动选择功能的混合动力汽车	指具备行驶模式手动选择功能的混合动力汽车，车辆可选择的行驶模式包括热机模式、纯电动模式和混合动力模式三种
	无手动选择功能的混合动力汽车	指不具备行驶模式手动选择功能的混合动力汽车，车辆的行驶模式根据不同工况自动切换
按照车辆用途划分	混合动力电动乘用车	
	混合动力电动客车	
	混合动力电动货车	

（续）

分类方式	种类	说明
按照与发动机混合的可再充电能量储存系统划分（按照与发动机混合的可再充电能量储存系统不同）	动力蓄电池式混合动力汽车	
	超级电容器式混合动力汽车	
	机电飞轮式混合动力汽车	
	动力蓄电池与超级电容器组合式混合动力汽车	

3.2.2 混合动力汽车的特点

混合动力汽车将原动机、电机、能量存储装置（蓄电池）等组合在一起，通过参数匹配和优化控制，可充分发挥内燃机汽车和电动汽车的优点，避免各自的缺点，混合动力汽车是当今最具实际开发意义的低排放和低油耗汽车。

较之传统的内燃机汽车，混合动力汽车具有如下优点。

1）可使原动机在最佳的工况区域稳定运行，避免或减少了发动机变工况下的不良运行，使发动机的排污和油耗大为降低。

2）在人口密集的商业区、居民区等地区可用纯电动方式驱动车辆，实现零排放。

3）可通过电机提供动力，因此可配备功率较小的发动机，并可通过电机回收汽车减速和制动时的能量，进一步降低了汽车的能量消耗和排放。

表3-2对不同类型的混合动力汽车在燃油经济性、尾气排放和控制难易程度等方面作了比较。

表3-2 不同类型混合动力汽车的比较

项目	串联式	并联式	混联式
公路行驶燃油经济性	较优	优	优
城市行驶燃油经济性	优	较优	优
无路行驶燃油经济性	较优	优	优
低排放性能	优	较优	较优
成本	低	较低	较低
复杂程度	简单	较复杂	复杂
控制难易程度	简单	较复杂	复杂

表3-3对不同类型的混合动力汽车在驱动模式、传动效率、整车布置、适用条件等方面进行了比较。

表 3-3 不同类型混合动力汽车特点的比较

结构模型	串联式	并联式	混联式
动力总成	发动机、发电机、驱动电机等三大动力总成	发动机、电动/发电机或电机两大动力总成	发动机、电动/发电机、电机等三大动力总成
驱动模式	电机是唯一的驱动模式	发动机驱动模式、电机驱动模式、发动机-电机混合驱动模式	发动机驱动模式、电机驱动模式、发动机-电机混合驱动模式、电机-电机混合驱动模式
传动效率	传动效率较低	传动效率较高	传动效率较高
制动能量回收	能够回收制动能量	能够回收制动能量	能够回收制动能量
整车总布置	三大动力总成之间没有机械式连接装置，结构布置的自由度较大，但三大动力总成的质量、尺寸都较大，一般在大型车辆上采用	发动机驱动系统保持机械式传动系统，发动机与电机两大动力总成之间被不同的机械装置连接起来，结构复杂，使布置受到一定的限制	三大动力总成之间采用机械装置连接，三大动力总成的质量、尺寸都较小，能够在小型车辆上布置，但结构更加紧凑
适用条件	适用于大型客车或货车，适于在路况较复杂的城市道路和普通公路上行驶，更加接近电动汽车性能	适用于中小型汽车，适于在城市道路和高速公路上行驶，接近普通的内燃机汽车性能	适用于各种类型的汽车，适于在各种道路上行驶，更加接近普通的内燃机汽车性能

3.2.3 插电式混合动力汽车

插电式混合动力汽车又称外接充电式混合动力汽车（Plug-in Hybrid-Electric Vehicle，PHEV），是最新一代混合动力汽车，近年来受到各国政府、汽车企业和研究机构的普遍关注，国内外专家认为，PHEV 有望在几年后得到广泛的使用。

与传统的内燃机汽车以及一般混合动力汽车（HEV）相比，PHEV 由于更多的依赖动力电池驱动汽车，因此它的燃油经济性进一步提高，二氧化碳和氮氧化物排放更少（见表 3-4）。由于动力电池容量的加大，每辆车的售价至少比一般 HEV 高 2000 美元。

表 3-4 1.4 万美元乘用车改为 HEV 和 PHEV 后的性能与价格

	一般 HEV	PHEV
燃油经济性提高	21%	56%
二氧化碳排放减少	21%	40%
氧氮化物排放减少	10%	32%
与内燃机汽车的价格差	2500 美元	4500 美元
比内燃机汽车价格增加比例	18%	32%

插电式油电混合动力汽车由于一般具有全混特征，同时以电能作为主要动力源，内燃机作为辅助或备用动力装置，有利于消除消费者对续驶里程的顾虑，因此被认为是向纯电动汽车过渡的最佳技术方案。

插电式混合动力汽车从结构上可以分为串联式、并联式和混联式三种类型。

串联插电式混合动力汽车结构如图 3-25 所示。串联插电式混合动力汽车只依靠驱动电机驱动行驶，发动机仅作为动力源，汽车只靠驱动电机驱动行驶。通用公司研发的雪佛兰沃蓝达增程型电动车就是一种典型的串联插电式混合动力汽车。

并联插电式混合动力汽车结构如图 3-26 所示。该结构承续了中混、强混型油电混合动力汽车的设计思路，由可连接电网的充电器为电池充电，通过电池向电机供电作为动力输出的一条路径，另一条路径是由燃油发动机单独向传动系统传输动力。典型的并联插电式混合动力汽车，如本田雅阁和思域混合动力汽车等。

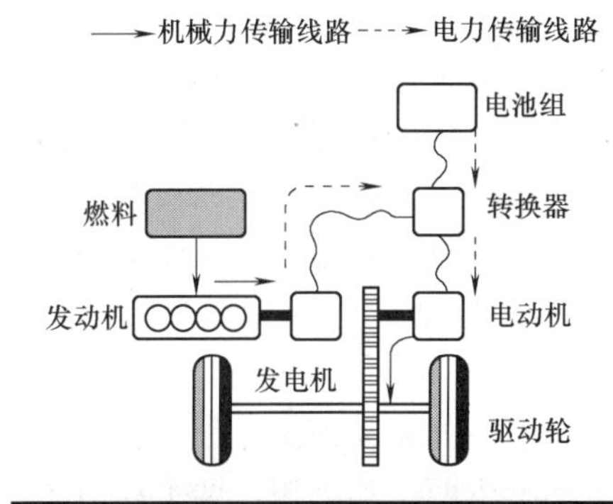

图 3-25　串联插电式混合动力汽车结构

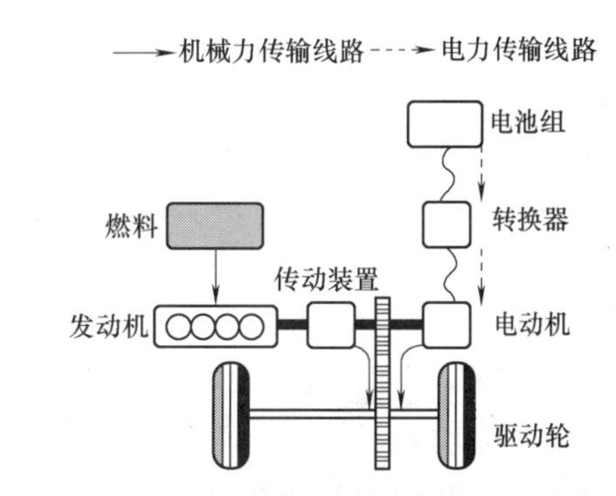

图 3-26　并联插电式混合动力汽车结构

混联插电式混合动力汽车结构如图 3-27 所示。混联插电式混合动力系统的特点在于电机驱动系统和内燃发动机系统各有一套机械变速机构，两套机构或通过齿轮系，或采用行星轮式结构结合在一起，从而综合调节内燃机与电机之间的转速关系。在低速时，只靠电动机驱动行驶，速度提高时发动机和电动机相配合驱动，**与并联系统相比，混联系统可以更加灵活地根据工况来调节内燃机的功率输出和电机的运转，因此结构较为复杂。**典型的混联式混合动力汽车，如比亚迪推出的 F3DM 双模电动车。

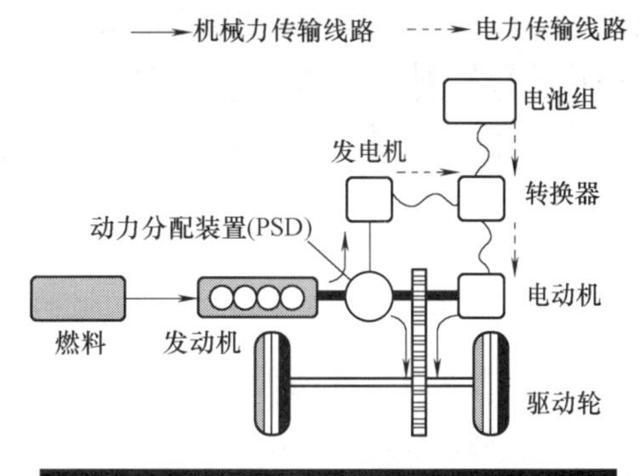

图 3-27　混联插电式混合动力汽车结构

3.2.4　混合动力汽车的关键技术

混合动力汽车是集汽车、电力拖动、自动控制、新能源及新材料等高新技术于一体的高新集成产物。它的研究涉及多个领域，其关键技术主要有电池及电池管理、电机、发动机和整车能量管理等。

（1）电池及电池管理系统　与纯电动车上电池组的工作状况不同，混合动力汽车上的电池组常处于非周期性的充放电循环。这就要求电池必须具有快速充放电和高效充放电的能力，即**混合动力汽车所用电池在具有高能量密度的同时，更重要的是要具有高功率密度，以便在加速和爬坡时能提供较大的峰值功率。**电池的性能和寿命与电池的充放电历史、工作温度等因素密切相关，过充电和过放电会严重影响电池性能甚至造成电池损坏。所以通过电池管理系统对电池工作过程和工作环境进行监控，进行准确的电池剩余电量预测和电量、电压标定，对充分发挥电池能效、延长电池使用寿命具有非常重要的意义。

（2）电机　电机是混合动力汽车的驱动单元之一，其选用原则为性能稳定、质量轻、尺寸小、转速范围宽、效率高、电磁辐射量小、成本低等；另外，电机的峰值功率要具有起动发动机能力、电驱动能力、整车加速能力、最大再生制动能力等。目前**混合动力汽车使用的电机主要有直流永磁电机、永磁无刷同步电机、交流异步电机、开关磁阻电机等。在交流电机中，最具代表性的是交流感应电机，**而这种电机的结构决定了其功率和效率之间的矛盾很难解决，因此应尽量采用具有高效率、高功率密度、结构紧凑的永磁电机、开关磁阻电机等先进电机。

（3）发动机　混合动力车用发动机工作时会频繁起停，为满足排放标准，热力发动机的设计目标从传统发动机的追求高功率变为追求高效率，并将功率的调峰任务交由电机承担。

（4）动力耦合装置　在并联和混联系统中，机械的动力耦合装置是耦合发动机和电机功率的关键部件，它不仅具有很大的机械复杂性，而且直接影响整车控制策略，因而成为混合动力系统开发的重点和难点。**目前采用的动力耦合方式有转矩结合式（单轴式和双轴式）、转速结合式和驱动力结合式。**

（5）驱动系统控制　串联混合动力汽车上，电力驱动是唯一的驱动模式，因而控制系统比较简单。并联、混联混合动力汽车驱动系统中有发动机和电机两个动力源，两个动力源存在多种配合工作模式，如纯电动、发动机驱动、发动机驱动＋电机辅助、发动机驱动＋发电机充电等。根据汽车行驶的需要，动力系统在这些工作模式间相互切换。**驱动系统的控制策略要能通过实时分析汽车的行驶状况、发动机和电机的转矩特性及电池 SOC 大小等信息，决定混合动力汽车的工作模式，确定发动机与电机的合理工况点，**还需要对混合动力汽车的驱动系统的起步、模式切换、换档等动态过程进行控制。

整车系统集成关键技术包括：

- **动力系统参数匹配；**
- **整车能量控制系统；**
- **再生制动系统；**
- **车用数据总线；**
- **先进车辆控制技术。**

关键零部件技术主要包括：

- **混合动力汽车用发动机；**
- **驱动电机及其控制技术；**
- **动力电池及其管理系统技术；**
- **混合动力汽车用自动变速器技术。**

当前混合动力的主要技术目标包括：

- **要提高能量存储装置（电池）的比功率和寿命。**
- **建立更先进更有效的电子控制和检测系统。**
- **电力电子器件必须减小尺寸和减轻质量。**

3.3　混合动力汽车的结构原理

3.3.1　串联式混合动力汽车

串联式混合动力汽车是由两个能源向单个动力机械（电机）供电，以产生驱动力的汽车。串联式混合动力汽车系统结构如图 3-28 所示，它主要由发动机、发电机、电机三大动力总成和蓄电池组等部件组成。

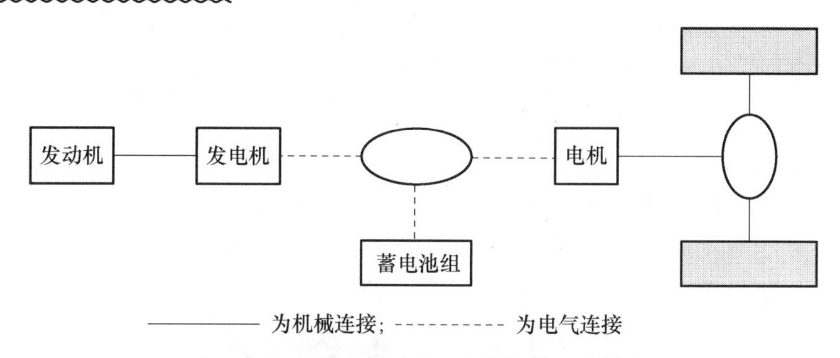

图 3-28　串联式混合动力汽车系统结构

发动机、发电机和驱动电机采用串联的方式组成驱动系统。发动机仅仅用于发电，发电机发出的电能通过电机控制器直接输送到电机，由电机产生的电磁力矩驱动汽车行驶。发电机发出的部分电能向蓄电池充电，来延长混合动力汽车的行驶里程。发动机的运行独立于车速和道路情况，适用于市内常见的频繁起步、加速和低速运行工况。发动机在最佳工况点附近稳定运转，避免了怠速和低速工况，从而提高了效率和排放性能。但是，在机械能与电能的转化过程中有能量损失，所以油耗并没有降低。此外，蓄电池还可以单独向电机提供电能来驱动电动汽车，使混合动力汽车在零污染状态下行驶。

在串联式混合动力汽车上，由发动机带动发电机所产生的电能和蓄电池输出的电能，共同输出给电机来驱动汽车行驶，电力驱动是唯一的驱动模式。

串联式混合动力汽车的动力流程如图 3-29 所示。电机直接与驱动桥相连，发动机与发

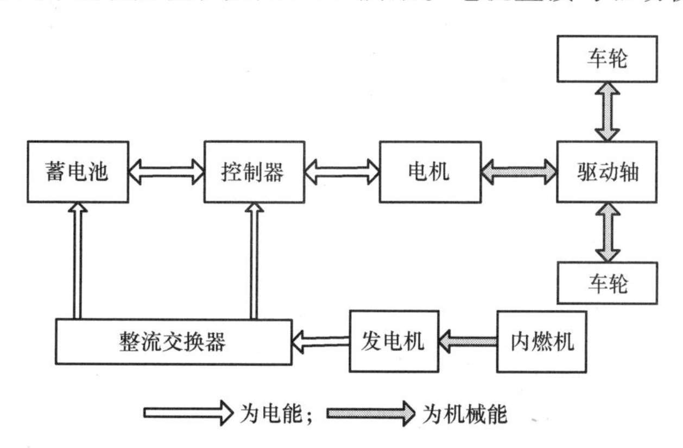

图 3-29　串联式混合动力汽车动力流程

电机直接连接产生电能，来驱动电机或给蓄电池充电，汽车行驶时的驱动力由电机输出，将存储在蓄电池中的电能转化为车轮上的机械能。

当蓄电池的荷电状态SOC降到一个预定值时，发动机即开始对蓄电池进行充电。发动机与驱动系统并没有机械地连接在一起，这种方式可以很大程度地减少发动机所受到的车辆瞬态响应的影响。瞬态响应的减少可以使发动机进行最优的喷油和点火控制，使其在最佳工况点附近工作。

串联式混合动力汽车的发动机能够经常保持在稳定、高效、低污染的运转状态，使有害气体排放控制在最低范围。串联式混合动力汽车从总体结构上看，比较简单，易于控制，只有电机的电力驱动系统，其特点更加趋近于纯电动汽车。

发动机、发电机、电机三大部件总成在电动汽车上布置起来，有较大的自由度，但各自的功率较大，外形较大，质量也较大，在中小型电动汽车上布置有一定的困难。另外，在发动机—发电机—电机驱动系统中的热能—电能—机械能的能量转换过程中，能量损失较大。从发动机发出的能量以机械能的形式从曲轴输出，并立即被发电机转变为电能，发电机的内阻和涡流将会导致能量损失（平均效率约为90%～95%）。电能随后又被电机转变为机械能，在电机和控制器中能量又进一步损失，平均效率约为80%～85%。**能量转换的效率要比内燃机汽车低，串联式混合动力驱动系统较适合在大型客车上使用。**

串联式混合动力汽车一般有以下几种运行模式：

（1）纯粹的电模式　发动机关闭，车辆仅由蓄电池组供电、驱动。

（2）纯粹的发动机模式　车辆牵引功率仅源于发动机-发电机组，而蓄电池组既不供电也不从驱动系中吸收任何功率。电设备组用作从发动机到驱动轮的电传动系。

（3）混合模式　牵引功率由发动机-发电机组和蓄电池组两者提供。

（4）发动机牵引和蓄电池组充电模式　发动机-发电机组为蓄电池组充电并向驱动车辆提供所需功率。

（5）再生制动模式　发动机-发电机组关闭，而驱动电机运行如同一台发电机，所产生的电功率用于向蓄电池组充电。

（6）蓄电池组充电模式　驱动电机不接受功率，发动机-发电机组向蓄电池组充电。

（7）混合式蓄电池充电模式　发动机-发电机组和运行在发电机状态下的驱动电机，两者都向蓄电池组充电。

串联式混合动力电驱动系的优点一般包括：

1）当发动机与驱动轮脱开时，发动机是全机械构件，因此，它能运行在其转速-转矩特性图上的任何运行工作点，且可能完全运行在其最大效率区。在该狭小区域内的优化可使发动机性能获得很显著的提高。

2）因电机具有近乎理想的转矩-转速特性，它不需要多档的传动设置。因此，其结构大为简化，且成本下降。

3）由于由电传动系所提供的机械上的解耦，因此可应用简单的控制策略。

串联式混合动力电驱动系也有以下某些缺点：

1）由于发动机的能量被两次转换（在发电机中，由机械能转变为电能；在驱动电机中，

由电能转变为机械能），发动机和电机两者的低效率相加，损耗是显著的。

2）发动机附加了额外的重量和成本。

3）因为驱动电机是唯一的驱动车辆的动力机械，故必须按满足最大运行性能的需求定制。

3.3.2　并联式混合动力汽车

并联式混合动力汽车的驱动系统由发动机、电动/发电机或驱动电机两大动力总成组成。发动机、电动/发电机或驱动电机采用并联的方式组成驱动系统。

并联式混合动力汽车系统结构如图3-30所示，它主要是由发动机、电机/发电机和蓄电池等部件组成。并联式混合动力汽车系统有多种组合形式，可以根据使用要求选用。并联式混合动力系统采用发动机和电机两套独立的驱动系统驱动汽车。发动机和电机通常通过不同的离合器来驱动汽车，可以采用发动机单独驱动、电机单独驱动或者发动机和电机混合驱动三种工作模式。当发动机提供的功率大于车辆所需驱动功率时，或者当车辆制动时，电机工作于发电机状态，给蓄电池充电。发动机和电机的功率可以互相叠加，发动机功率和电机/发电机功率约为电动汽车所需最大驱动功率的0.5～1倍。

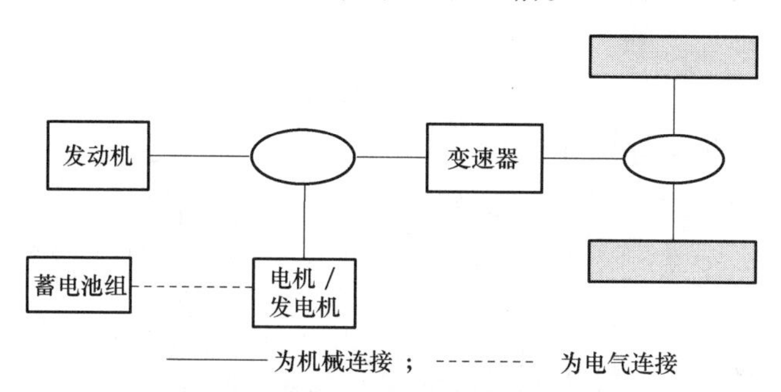

图3-30　并联式混合动力汽车系统结构

因此，可以采用小功率的发动机与电动/发电机并联，使整个动力系统的装配尺寸、质量都较小，造价也更低，行程也可以比串联式混合动力汽车远一些，其特点更加趋近于内燃机汽车。并联式混合动力驱动系统通常被应用在小型混合动力汽车上。

并联式驱动系统的动力流程如图3-31所示。发动机和电机通过某种变速装置同时与驱动桥直接连接。电机可以用来平衡发动机所受的载荷，使其能在高效率区域工作，因为通常

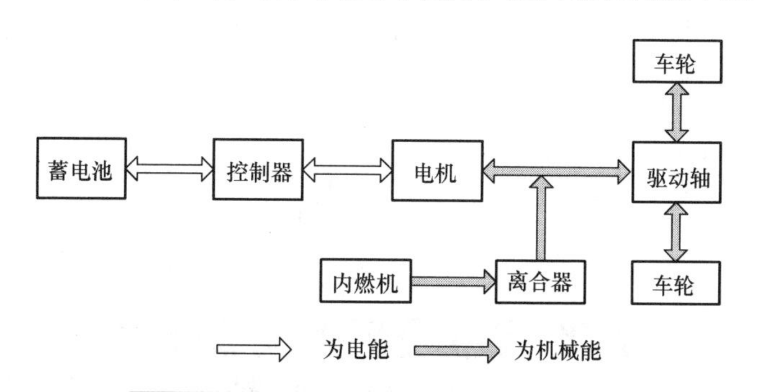

图3-31　并联式混合动力汽车动力流程

发动机工作在满负荷（中等转速）下燃油经济性最好。当车辆在较小的路面载荷下工作时，内燃机车辆的发动机燃油经济性比较差，而并联式混合动力汽车的发动机此时可以被关闭掉并只用电机来驱动汽车，或者增加发动机的负荷使电机作为发电机，给蓄电池充电以备后用（即一边驱动汽车，一边充电）。

由于并联式混合动力汽车在稳定地高速运行时，发动机具有比较高的效率和相对较小的质量，因此它在高速公路上行驶时具有比较好的燃油经济性。

并联式驱动系统有两条能量传输路线，可以同时使用电机和发动机作为动力源来驱动汽车，这种设计方式可以使其以纯电动汽车或低排放汽车的状态运行，但是这两种状态下都不能提供全部的动力能源。

并联式驱动系统的主要元件为动力合成装置，动力合成的实现方法具有多样性，相应的动力传动系统结构也多种多样，通常可归类为驱动力合成式、转矩合成式和转速合成式三种。

（1）驱动力合成式　驱动力合成式并联混合动力汽车的驱动方式如图3-32a所示。**其采用一个小功率的发动机，单独地驱动汽车的前轮。另外一套电机驱动系统单独地驱动汽车的后轮，可以在汽车起动、爬坡或加速时增加混合动力汽车的驱动力。**两套驱动系统可以独立驱动汽车，也可以联合驱动汽车，使汽车变成四轮驱动的电动汽车。**此种混合动力汽车具有四轮驱动汽车的特性。**

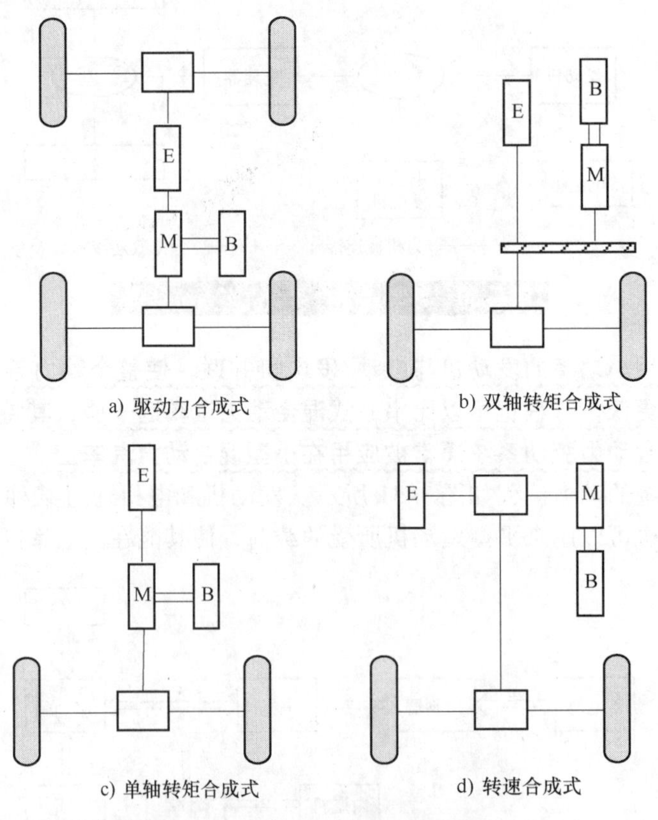

图3-32　并联式混合动力汽车的驱动方式

E—发动机　M—电机　B—蓄电池

（2）转矩合成式（双轴式和单轴式）　转矩合成式并联混合动力汽车的驱动方式如图 3-32b、图 3-32c 所示。发动机通过传动系统直接驱动混合动力汽车，并直接（单轴式）或间接（双轴式）带动电机/发电机转动向蓄电池充电。蓄电池也可以向电机/发电机提供电能，此时电机/发电机转换成电机，可以用来起动发动机或驱动汽车。

（3）转速合成式　转速合成式并联混合动力汽车的驱动方式如图 3-32d 所示。发动机通过离合器和一个“动力组合器”来驱动汽车，电机也是通过“动力组合器”来驱动汽车。可以利用普通内燃机汽车的大部分传动系统总成，电机只需通过“动力组合器”与传动系统连接，结构简单、改制容易、维修方便。

通常“动力组合器”就是一个行星齿轮机构，它可以使发动机或电机之间的转速灵活分配，但它们组合在特定的“动力组合器”中，因为“动力组合器”使它们的转矩固定在电动汽车行驶时的转矩上，通过调节发动机节气门的开度来与电机的转速相互配合，才能获得最佳传动效果，由此导致控制装备变得十分复杂。

3.3.3　混联式混合动力汽车

混联式驱动系统是串联式与并联式的综合，其系统结构如图 3-33 所示，它主要由发动机、发电机、电机、行星齿轮机构和蓄电池组等部件组成。发动机发出的功率一部分通过机械传动输送给驱动桥，另一部分则驱动发电机发电。发电机发出的电能输送给电机或蓄电池，电机产生的驱动力矩通过动力复合装置传送给驱动桥。

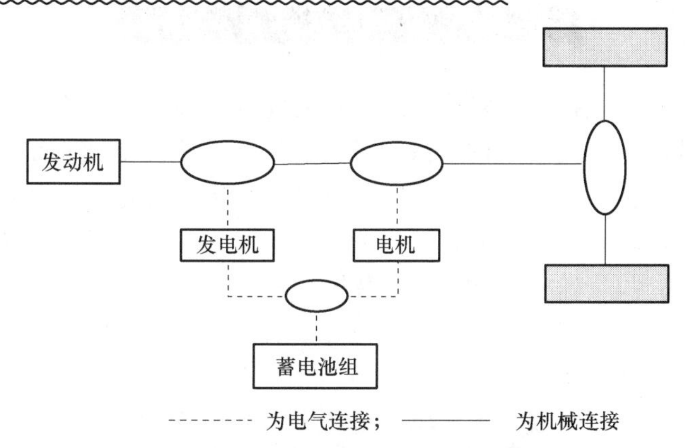

图 3-33　混联式混合动力汽车系统机构

混联式驱动系统的控制策略是：在汽车低速行驶时，驱动系统主要以串联方式工作；当汽车高速稳定行驶时，则以并联工作方式为主。

混联式（或更准确地表述为转矩和转速耦合的混合动力电驱动系），具有串联式（电耦合）和并联式（单一转矩或转速耦合）混合动力电驱动系不具备的一些优点。就转矩和转速的约束条件而言，在这一电驱动系中，转矩和转速耦合从驱动轮处解脱了发动机，从而使瞬时的发动机转矩和转速不受车辆的负载转矩和车速制约。因此，发动机能以类似于串联式（电耦合）混合动力电驱动系的方式，运行在高效率区域。此外，部分发动机功率直接传递到驱动轮，而没有经历多形式的转换，又与并联式（转矩或转速耦合）混合动力电驱动系相似。

目前，混联式混合动力电驱动系结构一般采用行星齿轮机构作为动力分配装置。**有一种最佳的混联式结构是将发动机、发电机和电机通过一个行星齿轮装置连接起来，动力从发动机输出到与其相连的行星架，行星架将一部分转矩传送到发电机，另一部分传送到传动轴，同时发电机也可以通过驱动电机来驱动传动轴**。这种机构有两个自由度，可以自由地控制两个不同的速度。此时，车辆并不是串联式或并联式，而是两种驱动形式同时存在，可充分利用两种驱动形式的优点，其动力流程如图3-34所示。

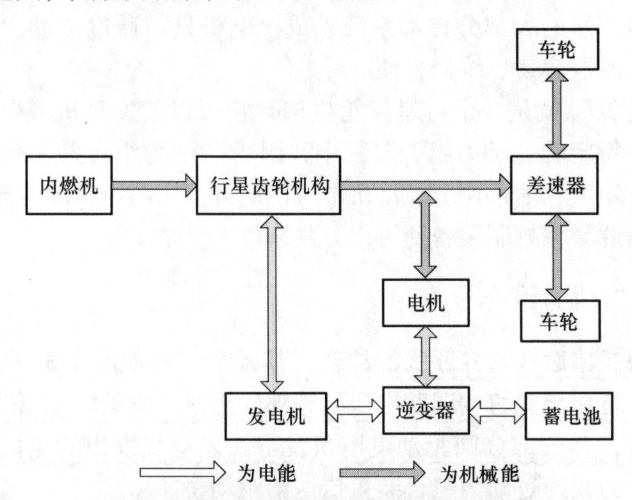

图3-34 混联式混合动力汽车动力流程

混联式驱动系统充分发挥了串联式和并联式的优点，能够使发动机、发电机、电机等部件进行更多的优化匹配，从而在结构上保证了在更复杂的工况下使系统在最优状态下工作，所以更容易实现排放和油耗的控制目标，因此是最具影响力的混合动力系统。

与并联式相比，混联式的动力复合形式更复杂，因此对动力复合装置的要求更高。目前的混联式结构一般以行星齿轮作为动力复合装置的基本构架。

通过控制离合器、锁定器、发动机、电机/发电机和驱动电机，该转速耦合的混联式混合动力可满足的运行模式如下。

（1）转速耦合模式　在该模式中，驱动电机断开，因而存在单发动机驱动、单电机/发电机驱动、配置转速耦合的发动机和电机/发电机驱动三种子模式。

（2）转矩耦合模式　当驱动电机通电激励时，其转矩即添加到齿圈的输出转矩上，组成转矩耦合模式。相对于（1）中的三种模式，当控制驱动电机运行在电机驱动和发电机发电状态时，可组成六种基本的运行模式。

1）**在单发动机驱动模式中外加驱动电机的驱动**。这一模式与一般的并联式混合驱动模式相同。

2）**在单发动机驱动模式中外加驱动电机的发电**。这一模式与一般的混合动力电驱动系中峰值电源由发动机充电的模式相同。

3）**在单电机/发电机驱动模式中外加驱动电机的驱动**。这一模式类似于模式1），但发动机由电机/发电机替代。

4）**在单电机/发电机驱动模式中外加驱动电机的发电**。这一模式类似于模式2），但发

动机由电机/发电机替代。由于部分电机/发电机能量经由电机/发电机和驱动电机，循环于自峰值电源起始并最终返回峰值电源的流程之中，故此模式是绝对不会采用的。

5）**在转速耦合驱动模式中外加驱动电机的驱动。**这一模式利用了转速和转矩耦合的全功能。包括电机/发电机两种运行状态：驱动和发电。电机/发电机的驱动运行状态可应用于高车速场合，此时发动机转速可限定在稍低于其中转速的范围，以免过高的发动机转速导致低运行效率；而电机/发电机则向驱动系提供其转速，以满足高车速需求。类似地，发电运行状态可应用于低车速场合，此时发动机可运行在稍低于其中转速的范围，以免过低的发动机转速导致其低运行效率，而电机/发电机则吸收部分发动机转速。

6）**在转速耦合驱动模式中外加驱动电机的发电。**类似于模式5），发动机和电机/发电机运行于转速耦合模式，但驱动电机运行在发电模式。

（3）再生制动　当车辆经历制动时，驱动电机、电机/发电机或两者同时都能产生制动转矩，并回收部分制动能量向峰值电源充电。此时，随着离合器的分离，发动机关闭。

3.4　混合动力汽车能量管理

3.4.1　混合动力汽车的能量传递路线

混合动力汽车的能量转换装置通常由发电装置（发动机/发电机）、能量储存装置（超级电容器、蓄电池等）、变流器、动力传递装置、充放电装置等组成。其能量的传递路线可分为四条：

1）由发电装置到车轮的动力传递路线；

2）由能量储存装置到车轮；

3）由发电装置到能量储存装置；

4）由车轮到能量储存装置（能量回收）的能量流动路线。

为了使混合动力汽车具有良好的动力性能、电驱动性能及合理的能量分配等，电动汽车的能量管理必须对能量传递路线的工作进行有效监测和控制。

根据能量供给方式，混合动力系统基本工作模式可分为：纯电动驱动模式、纯发动机驱动模式、混合驱动模式、行车充电模式、减速/制动能量回馈模式、怠速/停车模式等驾驶循环不同阶段对应的工作模式。

3.4.2　混合动力汽车的能量控制策略

能量管理策略的控制目标是根据驾驶人的操作，如对加速踏板、制动踏板等的操作，判断驾驶人的意图，在满足车辆动力性能的前提下，最优地分配电机、发动机、动力电池等部件的功率输出，实现能量的最优分配，提高车辆的燃油经济性和排放性能。由于混合动力汽车中的蓄电池不需要外部充电，因此能量管理策略还应考虑动力电池的荷电状态平衡，以延长电池寿命，降低车辆维护成本。

混合动力汽车的能量管理系统十分复杂，并且随系统组成的不同而呈现出很大差别。下面简单介绍**3 种混合动力汽车的能量管理策略**。

（1）**串联式混合动力汽车能量管理控制策略** 由于串联混合动力汽车的发动机与汽车行驶工况没有直接联系，因此能量管理控制策略主要目标是使发动机在最佳效率区和排放区工作。为了优化能量分配的整体效率，还应考虑传动系统的动力电池、发动机、电机和发电机等部件。串联式混合动力汽车有 3 种基本的能量管理策略。

1）恒温器策略。当动力电池 SOC（荷电状态，即电量）低于设定的低门限值时，起动发动机，在最低油耗或排放点按恒功率模式输出，一部分功率用于满足车轮驱动功率要求，另一部分功率给动力电池充电。而当动力电池组 SOC 上升到所设定的高门限值时，发动机关闭，由电机驱动车辆。其优点是发动机效率高、排放低，缺点是动力电池充放电频繁。加上发动机开关时的动态损耗，使系统总体的损失功率变大，能量转换效率较低。

2）功率跟踪式策略。由发动机全程跟踪车辆功率需求，只有在动力电池的 SOC 大于 SOC 设定上限时，且仅由动力电池提供的功率能满足车辆需求时，发动机才停机或怠速运行。动力电池容量小且充放电次数减少，使得系统内部损失减少。但是发动机必须在从低到高的较大负荷区内运行，使发动机效率和排放不如恒温器策略。

3）基本规则型策略。该策略综合了恒温器策略与功率跟踪式策略二者的优点，根据发动机负荷特性图设定了高效率工作区，根据动力电池的充放电特性设定了动力电池高效率的荷电状态范围。同时设定了一组控制规则，根据需求功率和 SOC 进行控制，以充分利用发动机和动力电池的高效率区，使其达到整体效率最高。

串联式混合动力汽车主要包含以下工作模式。

1）纯电动模式。发动机关闭，车辆仅由蓄电池组供电、驱动。

2）纯发动机模式。车辆驱动功率仅来源于发动机-发电机组，而蓄电池组既不供电也不从驱动系统中吸收任何功率，电设备组用作从发动机到驱动轮的电传动系。

3）混合模式。驱动功率由发动机-发电机组和蓄电池组共同提供。

4）发动机驱动和蓄电池充电模式。发动机-发电机组供给向蓄电池组充电和驱动车辆所需的功率。

5）再生制动模式。发动机-发电机组关闭，驱动电机产生的电功率用于向蓄电池组充电。

6）蓄电池组充电模式。驱动电机不接收功率，发动机-发电机组向蓄电池组充电。

7）混合式蓄电池充电模式。发动机-发电机组和运行在发电机状态下的驱动电机共同向蓄电池组充电。

（2）并联式混合动力汽车能量管理控制策略 并联式混合动力汽车能量管理的控制，本质上是一个在一定约束条件下的燃料与排放的最优控制问题。一方面，由于行驶路况和驾驶人的操作具有随机性，因而**并联式混合动力汽车的最优控制是一个随机性动态系统的最优控制问题**；另一方面，并联式混合动力系统包括众多不同类型的部件，各部件之间存在着复杂的协调工作关系，系统工作时各部件的运行状态均处于不断变化之中，因此**系统的动态方程非常复杂**。

同时，并联式混合动力汽车的控制策略与串联式混合动力汽车不同，通常需要根据电池的 SOC、加速踏板的位置、车辆和驱动轮的平均功率等参数进行控制，是发动机和电机输出相应的转矩，以满足驱动轮驱动力矩的要求。因此，**并联式混合动力汽车在能源控制策略上**

常采用动态优化控制策略和基于模糊逻辑或神经网络的智能控制策略。

并联式混合动力汽车的能量管理策略大致属于基于转矩的控制。目前主要有以下4类。

1）静态逻辑门限策略。该策略通过设置车速、动力电池SOC上下限、发动机工作转矩等一组门限参数，限定动力系统各部件的工作区域，并根据车辆实时参数及预先设定的规则调整动力系统各部件的工作状态，以提高车辆整体性能。静态逻辑门限策略实现起来较为简单，目前实际应用较为广泛。但由于主要依靠工程经验设置门限参数，静态逻辑门限策略无法保证车辆燃油经济性最优，而且这些静态参数不能适应工况的动态变化，因此无法使整车系统达到最大效率。

2）瞬时优化能量管理策略。针对静态逻辑门限策略的缺点，一些学者提出了瞬时优化能量管理策略。瞬时优化策略一般采用“等效燃油消耗最少”法或“功率损失最小”法，二者原理类似。其中，“等效燃油消耗最少”法将电机的等效油耗与发动机的实际油耗之和定义为名义油耗，将电机的能量消耗转换为等效的发动机油耗，得到一张类似于发动机万有特性图的电机等效油耗图。在某一个工况瞬时，从保证系统在每个工作时刻的名义油耗最小这一目标出发，确定电机的工作范围（用电机转矩表示），同时确定发动机的工作点，对每一对工作点计算发动机的实际燃油消耗，以及电机的等效燃油消耗，最后选名义油耗最小的点作为当前工作点，实现对发动机、电机输出转矩的合理控制。为了将排放一同考虑，该策略还可采用多目标优化技术，采用一组权值来协调排放和燃油同时优化存在的矛盾。“等效燃油消耗最少”法在每一步长内是最优的，但无法保证在整个运行区间内最优，而且需要大量的浮点运算和比较精确的车辆模型，计算量大，实现困难。

3）全局最优能量管理策略。全局最优能量管理策略是应用最优化方法和最优控制理论开发出来的混合动力系统能量分配策略，目前主要有基于多目标数学规划方法的能量管理策略、基于古典变分法的能量管理策略和基于Bellman动态规划理论的能量管理策略3种。

4）模糊能量管理策略。该策略基于模糊控制方法来决策混合动力系统的工作模式和功率分配，将“专家”的知识以规则的形式输入模糊控制器中，模糊控制器将车速、电池SOC、需求功率/转矩等输入量模糊化，基于设定的控制规则来完成决策，以实现对混合动力系统的合理控制，从而提高车辆整体性能。

> 基于模糊逻辑的策略的优点在于：①可以表达难以精确定量表达的规则；②可以方便地实现不同影响因素（功率需求、SOC、电机效率等）的折中；③鲁棒性好。但是模糊控制器的建立主要依靠经验，无法获得全局最优。

并联式混合动力汽车主要包含以下工作模式。

1）纯电动模式。当混合动力汽车处于起步、低速等轻载工况且动力电池的电量充足时，若以发动机作为动力源，则发动机燃油效率较低，并且排放性能很差。因此，应当关闭发动机，由动力电池提供能量并以电机驱动车辆。但当动力电池的电量较低时，为保护电池，应当切换到行车充电模式。

2）纯发动机模式。在车辆高速行驶等中等负荷时，车辆克服路面阻力运行所需的动力较小，一般情况下主要由发动机提供动力。此时，发动机可工作于高效区域，燃油效率较高。

3）混合驱动模式。在加速或爬坡等大负荷情况下，当车辆行驶所需的动力超过发动机工作范围或高效区时，由电机提供辅助动力与发动机一起驱动车辆。若此时动力电池的剩余电量较低，则转换到纯发动机模式。

4）行车充电模式。在车辆正常行驶等中低负荷时，若动力电池的剩余电量较低，发动机除了要提供驱动车辆所需的动力外，还要提供额外的功率，通过电机发电以转换成电能给动力电池充电。

5）再生制动模式。当混合动力汽车减速、制动时，发动机不工作，电机尽可能多地回收再生制动能量，剩余部分由机械制动器消耗。

6）怠速/停车模式。在怠速/停车模式中，通常关闭发动机和电机，但当动力电池剩余电量较低时，需要起动发动机和电机，控制发动机工作于高效区并拖动电机为动力电池充电。

（3）混联式混合动力汽车能量管理控制策略　在汽车低速行驶时，驱动系统主要以串联混合动力汽车能量管理控制策略对能量进行管理；当汽车高速稳定行驶时，则以并联混合动力汽车能量管理控制策略对能量进行管理。

这样的能量管理控制策略能较好地实现汽车的各项性能指标，使发动机工作不受汽车行驶状况的影响，总是在最高效率状态下工作或自动关闭，使汽车任何时候都可以实现低排放及超低排放。但实现该控制策略的技术复杂，能量管理控制器结构设计与制造要求高。

混联式混合动力汽车由于其特有的传动系统结构（如采用行星齿轮传动），因此，除了采用瞬时优化能量管理策略、全局最优能量管理策略和模糊能量管理策略（与并联式混合动力汽车能量管理策略原理类似）以外，还有如下一些特有的能量管理策略。

1）发动机恒定工作点策略。由于采用了行星齿轮机构，发动机转速可以独立于车速变化，使发动机工作在最优工作点，提供恒定的转矩输出，而剩余的转矩则由电机提供。电机负责动态部分，避免了发动机动态调节带来的损失，而且与发动机相比，电机的控制也更为灵敏，易于实现。

2）发动机最优工作曲线策略。发动机工作在万有特性图中的最佳油耗线上，只有当发电机电流需求超出电池的接受能力或者当电机驱动电流需求超出电机或电池的允许限制时，才调整发动机的工作点。

3.4.3　混合动力汽车的制动能量回收系统

混合动力汽车装备了再生制动系统后能充分地发挥自身的优点，将车辆制动、下坡滑行、减速运行等状态下的部分动能和势能转化为电能存储在蓄电池等储能装置中，可以显著改善车辆的燃油经济性及制动性能，增加其行驶里程。混合动力汽车再生制动系统的组成如图 3-35 所示。

混合动力汽车再生制动系统电机的减速和停止都是通过逐渐减小运行频率来实现的，在变频器变频减小的瞬间，电机的同步转速随之下降，而由于机械惯性，电机转速未变，或者说它的转速变化有一定时间的滞后，这时候会出现转速大于给定转速，电机反电动势高于变频器直流端电压的情况，这时，电机就变成了发电机，不仅不消耗电能，反而可以通过变频器专用型能量回馈单元向电源送电。这样既有良好的制动效果，又能达到回收能量的效果。

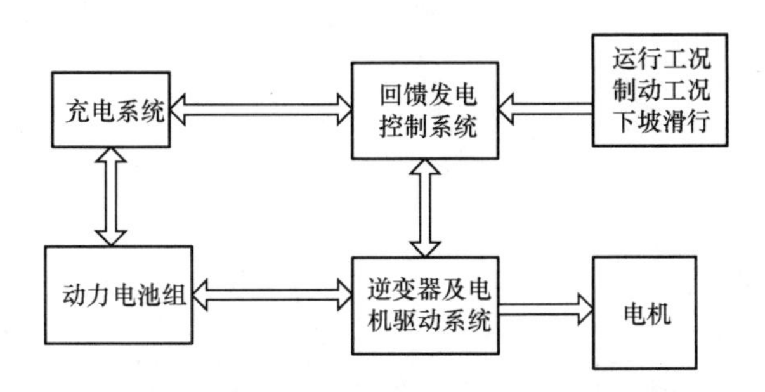

图 3-35　混合动力汽车再生制动系统组成

（1）制动能量回收-液压制动系统　在实际应用上，大部分制动能量回收系统是和液压制动系统一起工作的。因此经常把二者合称为制动能量回收-液压制动系统。**制动能量回收-液压制动系统一般应满足四方面的要求。**

1）**为了使驾驶人在制动时有平顺感，液压制动力矩应该可以根据制动能量回收力矩的变化进行控制，最终使驾驶人获得其所希望的总力矩。**同时，液压制动的控制不应引起制动踏板的冲击，以免引起驾驶人产生不舒服的感觉。

2）**为了使车辆能够稳定地制动，前后车轮上的制动力必须要平衡分配。**

3）**由于在电动汽车上没有发动机驱动的液压泵，所以需要一个电动泵来提高液压。**液压制动力矩是电控的，将产生的液压传到制动轮缸上。制动能量回收-液压制动系统需要防止制动失效的机构，为此其一般采用双管路制动，当其中一条管路失效时，另一条管路必须能提供足够的制动力。

4）**为了防止汽车发生滑移，加在前后轮上的最大制动力应该低于允许的最大值**（主要由滚动阻力系数决定）。

（2）制动能量回收系统的控制策略　混合动力汽车一般有四种不同的制动控制策略：具有最佳制动感觉的串联制动、具有最佳能量回收率的串联制动、并联制动以及 ABS 防抱死制动。

第 4 章

纯电动汽车技术

4.1 纯电动汽车发展现状

纯电动汽车指以车载电源为动力，用电机驱动车轮行驶，且符合道路交通和安全法规各项要求的车辆。纯电动汽车一般采用高效率充电蓄电池为动力源，不需使用内燃机。因此，**纯电动汽车的电机相当于传统汽车的发动机，蓄电池相当于原来的油箱，电能是二次能源，可以来源于风能、水能、热能、太阳能等多种形式**。

纯电动汽车与汽油车、柴油车相比，省去了发动机、变速器、冷却系统、油箱和排气系统，而且电动汽车的电机和控制器的成本更低，能量转换效率更高，是未来最具商业价值的汽车。

电动汽车的主要优点是既节能又具有广泛的环保效应。**研究显示，使用电动汽车行驶1km所需要的费用比汽油车便宜80%~90%，且基本无排放**。

纯电动汽车作为新一轮的经济增长突破口和实现交通能源转型的根本途径，已经成为世界各国政府、汽车制造厂商的共同战略选择。在各国政府的大力推动下，世界汽车产业已经进入了全面的交通能源转型时期，电动汽车也进入了加速发展的新阶段。加快开发的纯电动汽车将很快走到汽车消费市场的前台。

4.1.1 国外纯电动汽车的发展态势

（1）美国 **美国是纯电动汽车技术的发源地之一，目前，世界电动汽车陆上最高速度纪录为491km/h，那辆创造纪录的电动车就是由美国俄亥俄州立大学设计制造的**。当前，美国也是对纯电动汽车技术倡导力度最大的国家。奥巴马政府制定的发展目标是在2015年以前，有100万辆新能源汽车在美国道路上行驶。

美国有超过24家制造商开始制造或计划推出纯电动汽车。在技术研发方面，通用公司是世界领先的企业之一。**通用的雪佛兰Volt纯电动汽车被誉为“汽车电气化先锋”**（见图4-1），**是能够在全天候、全路况下行驶的增程式插电电动汽车（增程式插电电动汽车是一种配有地面充电和车载供电功能的纯电驱动汽车。其动力系统由动力电池系统、动力驱动系统、整车控制系统和辅助动力系统（APU）组成。由整车控制器完成运行控制策略。电池组可由地面充电桩或车载充电器充电，发动机可采用燃油型或燃气型。整车运行模式可根据需要工作于纯电动模式、增程模式或混合动力模式。当工作于增程模式时，节油率随电池组容量增大而无限接近纯电动汽车，是纯电动汽车的平稳过渡车型**。该型车低速转矩大，高速运行平稳，制动能量回收效率高，结构简单易维修，是一种特别适合作为城市公交的纯电

动车)。当行驶里程小于 60km 时，它能够完全依靠一个车载的 16kW · h 锂离子电池来驱动，当车载电池电量消耗至临界值时，车载发电机将自动起动并为其提供电能，以实现额外高达 450km 以上的续驶能力。

图 4-1　雪佛兰 Volt 纯电动汽车

根据美国环保署公布的数据，按照等效油耗测量方法，**Volt 在仅由电池提供电能的纯电动阶段，能达到 2.5L/100km 的等效燃油经济性，而在增程行驶阶段，也能达到 6.36L/100km 的水平，Volt 的总续驶里程可达约 606km**。在 Volt 纯电动汽车成功上市后，通用还推出了凯迪拉克 Converj（量产后更名为 ELR）纯电动概念车（见图 4-2），以及欧宝纯电动汽车（图 4-3）。

图 4-2　凯迪拉克 Converj 概念车

图 4-3　欧宝电动汽车

除通用外，福特也在加紧纯电动汽车的研发。福特计划投资 4.5 亿美元用于电动汽车研发计划。在此之前，福特汽车已耗资 5.5 亿美元，把其密歇根装配厂由大型运动型多功能车（SUV）生产厂改造成为现代化汽车制造基地，于 2011 年开始生产福克斯（Focus）纯电动汽车。

克莱斯勒也在开发数款纯电动汽车，并且已经开始向美国邮政总局提供一批试用的微型电动客车。

(2) 日本　日本汽车行业普遍认为，电动汽车技术是非常有效和环保的技术，但由于目前技术水平下的动力电池能量密度依然较低，与主流的汽油发动机相比在动力性能上仍不具备明显优势，而且整车成本较高，难以使消费者和市场在短期内接受。

日产公司推动电动汽车技术发展的态度相对积极，在研发上也逐渐走到世界前列。**日产公司研发的插电式电动汽车聆风（Leaf，图 4-4）已经于 2010 年 12 月在日本和美国同时上市，并成为目前世界上技术最先进、最具市场前景的电动汽车之一**。聆风由日产北美公司与生产汽车充电设备的美国航空环境（ECOtality）公司合资生产，由后者为购买聆风的消费者提供和安装家庭充电系统。**聆风的续驶里程约 160km，能够使用电压为 220V 的民用电网充电，充一次电耗时 8h，用专业充电设施只需 30min 即可充至额定容量的 80%，每套家用**

充电系统的价格为2200美元。

图4-4　聆风插电式电动汽车

随着纯电动汽车日益被各国关注，一向以混合动力和燃料电池为研发重点的日本企业的技术战略也开始发生微妙调整。例如，丰田公司将研发重点调整为三大领域：

- 利用电能的电动汽车；
- 利用现有的混合动力系统和外部充电进行组合的外插充电式混合动力车；
- 氢燃料电池汽车。

丰田明确提出三大领域的研发将同时推进。2012年内，推出了以iQ FT-EV（图4-5）为代表的2款电动汽车和6款混合电动汽车，其中包括插电式普锐斯；也是在2012年，向美国市场导入了插电式混合动力车和纯电动汽车。

图4-5　iQ FT-EV电动概念车

此外，三菱公司已明确未来要着重发展纯电动汽车和燃料电池汽车，以及由生物燃料驱动的汽车。三菱公司推出的电动汽车i-MiEV Cargo（图4-6），最大功率47kW，峰值转矩180N·m，一次充满电后最长可行驶160km。在电动汽车领域具有一定的技术领先优势。

斯巴鲁公司也在电动汽车的研发方面积极与丰田、大发合作，其在Stella插电式电动汽车（图4-7）上投入大量资源。2009款斯巴鲁Stella Plug-In电动汽车质量约1008kg，比Stella RS版重约120kg，由排量660ml直列4缸机械增压发动机驱动。额外增加的质量基本上都是锂电池的质量。该车应用了充电速度最快的锂电池技术，可以去掉充电记忆功能。所以，无论是快速充电或部分充电都不会缩短它的寿命。346V、9.2kW·h的锂电池组可以为电动汽车的发动机提供47kW的输出功率。它的最高车速约为96km/h，最佳工作状态下的巡航速度约为88.5km/h。

2010年3月，日产、丰田、三菱、富士重工等汽车企业与东京电力公司签署协议，成立了日本电动汽车快速充电协会（CHAdeMO），旨在建立快速充电站的全球标准，同时将

其引入其他国家，以此影响甚至主导全球电动汽车发展。目前已有150余家企业希望加入CHAdeMO，其中甚至包括欧洲的标致等汽车公司。

图4-6 三菱i-MiEV Cargo电动汽车

图4-7 斯巴鲁stella Plug-In电动汽车

（3）欧洲诸国 2010～2011年，欧洲面向普通消费者的电动汽车呈现出集中上市的态势。但欧洲汽车业界普遍认为，纯电动汽车在欧洲集中上市初期，销量增长速度可能较缓慢；在相当长的时间内，市场份额也会处于低位，在欧洲推出量产电动汽车的企业将面临很大挑战。

1）法国 法国政府与法国电力公司、PSA、雷诺等企业签署协议，共同开发电动汽车，并合资组建动力电池公司。萨夫特（SAFT）承担了动力电池的研发以及电池租赁等业务。

雷诺-日产联盟是推动电动汽车发展的主要厂商之一，其在电动汽车上的投资已超过40亿欧元，并计划在2～3年内，每年生产50万辆电动汽车，到2016年，电动汽车全球保有量达到150万辆。2011年，雷诺-日产联盟的Kangoo电动汽车（图4-8）在欧洲面市，同年又发布了Esflow纯电动概念跑车（图4-9）和Fluence Z. E纯电动汽车（图4-10），其中在英国发布的Fluence Z. E纯电动汽车扣除补贴后售价为17850英镑，是目前欧洲价格最便宜的电动汽车。

图4-8 法国首辆纯电动汽车雷诺kangoo

图4-9 Esflow纯电动概念跑车

标致作为电动汽车制造先驱者之一，推出了新款纯电动汽车iOn（图4-11），该车的锂电池可以插入式充电（220V电压），它配备的电动机最大功率47kW，峰值转矩180 N·m，其最高车速可达130km/h，并能够连续使用6h，最大行驶里程为150km。虽然续航能力表现并不很突出，但其车载锂电池由于具备快充模式，可在30min内充满80%的电量（如果采用普通充电模式，充满电则需等待6h）。

图4-10 Fluence Z. E 纯电动汽车

图4-11 iOn 纯电动汽车

2）德国 2010 年 5 月初，德国总理默克尔宣布启动“国家电动汽车计划”，要求到 2020 年，德国电动汽车保有量达到 100 万辆，约占汽车总保有量的 2.2%。

戴姆勒开发了 Smart 纯电动汽车（图 4-12），并投入 100 辆在伦敦进行公路行驶试验。戴姆勒与雷诺-日产联盟的合作也逐步扩大到纯电动汽车领域，并希望通过规模化合作生产降低成本。2010 年 5 月，戴姆勒还宣布和比亚迪成立深圳比亚迪戴姆勒新技术公司，为中国市场开发纯电动汽车。

宝马长期在氢动力技术上投入巨资进行研发。其制定的电动汽车发展项目“项目 i”表明，在未来技术路线选择上，电动汽车将成为宝马的新方向。继 MINI E 之后，宝马发布了其研发的第二款纯电动汽车 BMW Concept Active E，接着又先后推出了 i3（图 4-13）、i8（图 4-14）、Active E（图 4-15）、劳斯莱斯 102EX（图 4-16）等多款纯电动汽车。在“项目 i”框架实行的第一步中，已经有 600 辆 MINI 纯电动汽车在全球范围内进行了线路测试。

图4-12 Smart 纯电动汽车

图4-13 i3 纯电动汽车

图4-14 i8 电动汽车

图4-15 Active E 纯电动汽车

目前“项目i”第二步已经开始，计划组建基于BMW Concept Active E的第二个纯电动汽车测试车队。i系列车型采用LifeDrive模块，其中Drive模块包括动力总成、悬挂、电池以及提供碰撞安全性的铝制车架；Life模块包括采用高强度轻质CFRP碳纤维增强型塑料制成的乘员舱和车身面板。在使用该模块的情况下，i3能在8s内完成0~100km/h的加速，最高车速160km/h，续驶里程达到257km，而车身质量仅为1250kg。为支持2012年伦敦奥运会，宝马提供了200辆Active E和MINI纯电动汽车。

图4-16　劳斯莱斯102EX纯电动汽车

大众公司一度对电动汽车持观望态度，但最近也发布了E-Up小型纯电动汽车（图4-17）。**E-Up纯电动汽车以大众汽车旗下最小的车型Up为蓝本，车身长度约3.5m左右，适于城市短途行驶。E-Up搭载了一款约60kW的电动机，0~100km/h加速时间需要11.3s，最高车速可达135km/h，最长可行驶150km左右，使用230V电源充电时可在5h充满**。该车已于2013年投放市场，售价22500欧元（约合人民币19万元）。

奥迪公司也先后发布了A3 e-tron纯电动汽车（图4-18）、A1增程式电动汽车（图4-19），并在英戈尔斯塔特工厂启用了一个专门用于电力驱动系统开发和测试的研发中心，以进一步改进传动系统、电池和电子系统。

图4-17　E-Up小型纯电动汽车

图4-18　e-tron纯电动汽车

3）英国　英国Smith电动汽车公司推出了零排放的电驱动Newton货车（图4-20），用于在城市地区替代柴油货车。这些货车最高车速为80km/h，一次充电可行驶112~161km。采

图4-19　奥迪A1增程式电动汽车

图4-20　Newton电动货车

用4个钠镍氯化物278V电池组驱动，完全充电时间为6～8h。该公司计划在英国、中国和荷兰销售这些清洁型货车。

4）意大利　意大利政府和企业界也正在全力推进电动汽车的发展。具体措施包括修订政府相关法规，以及实施一系列电动汽车市场推广项目。意大利政府通过立法推动电动汽车在该国的发展：拥有车库或者停车位的私人住户可以要求电力公司为其安装专门的电动汽车充电桩，即使在城市内的公共停车区域也有权利提出同样的要求。

除了修订相关政策法规外，意大利电动汽车的市场推广工作也已全面展开。“电动意大利”（e-Mobility Italy）和“电动出行”（E-moving）是该国两个比较重要的运营项目。与很多国家的项目类似，这两个项目仍处在实现交通电气化的初始阶段。

5）瑞典　沃尔沃汽车公司公布了电动汽车与混合动力汽车发展计划，其将逐步推出插电式混合动力汽车。该计划已经获得瑞典能源机构及欧盟的财政支持。计划车型主要包括串联型增程式电动汽车C30、并联型增程式电动汽车C30（图4-21）及V60电动汽车（图4-22），新车已于2012年完成了测试。

图4-21　C30电动汽车

图4-22　V60电动汽车

4.1.2　纯电动汽车充电站的发展态势

随着科技的发展，纯电动汽车的核心技术正在逐渐解决。目前，摆在汽车厂商面前的另一问题，是如何提供充电站。这就相当于为普通燃油汽车服务的加油站，可以为纯电动汽车补充电力的充电站是未来普及环保电动汽车的必要前提。

（1）国外　丰田公司是世界上混合动力车销量最多的公司，本田和日产也推出了各自的绿色能源汽车。为突破电动汽车充电的制约，东京市计划设置1000座电动汽车充电站，2009年已建成200座，2012年又扩大到1000座。

2009年5月初，Carbon Day Automotive公司在美国芝加哥推出了一种以太阳能作为发电能源的太阳能插入式充电站（solar plug-in station）。这种自助式充电站可以让驾驶人轻而易举地为自己的电动汽车充电，整个过程没有任何污染环境的排放物产生。

美国西北太平洋国家实验室（PNNL）于2009年5月发布了名为“Smart Charger Controller”的电动汽车用充电控制装置。主要用于插电式混合动力车及电动汽车。采用PNNL开发的“Smart Charger Controller”，用户可自己管理电动汽车的充电时间。该装置可与名为“智能电网”的输电网技术结合使用。采用该装置，可自动避开高峰时间充电。研究结果显示，如果避开高峰时间充电，即使全美汽车的70%都改为纯电动汽车，目前的输电网也可满足需求。如果结合采用高峰时段电费高于普通时段的措施，还可令充电移至高峰时段以

外，并降低用户电费。“Smart Charger Controller”配备了近距离无线通信规格 ZigBee 的收发 IC。支持 ZigBee 的智能仪表用规格“Zig Bee Smart Energy Public Application Profile”，因此可接收来自电力企业的电费价格设定等信息。通过采用 ZigBee 技术，使得用户在家中也可管理充电。另外，还支持 CAN 的车内接口，在车内亦可管理充电。

欧盟国家的 20 多家汽车和能源领域的领头企业于 2009 年 3 月 15 日宣布建立联盟，来共同制定电动汽车统一使用的充电站和充电设备标准。牵头制定这个标准的是戴姆勒集团和 RWE 能源公司，参与联盟的汽车企业还包括宝马、大众、雷诺-日产联盟、PSA、沃尔沃、福特、通用汽车、丰田、三菱和菲亚特，参与联盟的能源企业有德国的 E. ON、EnBW 和 Vattenfall，法国电力、比利时电力、意大利 Enel、西班牙 Endesa、葡萄牙电力和荷兰 Essent。联盟成员将就电动汽车充电站的充电器、插座、电源线等制定统一标准。**目前各方已确定了一种新的通用插座，这种插座既要满足安全和使用便捷性，又要满足电压使用范围为 230 ~ 400V**。充电站建设由汽车制造企业和能源企业共同合作，目前，德国戴姆勒集团和 RWE 能源公司已决定联合建立 500 个电动汽车充电站，为德国电动汽车推向市场做先期准备。图 4-23 为柏林街头已建成的一个充电站，充电站两头有插座，可同时供两辆电动汽车充电。

图 4-23　德国戴姆勒集团和 RWE 能源公司联合建立的电动汽车充电站

丰田工业公司（TIC）于 2009 年 12 月下旬开发出插电式混合动力车（PHVs）和纯电动汽车（EVs）太阳能充电站（见图 4-24）。爱知县丰田市将建立 21 处这类太阳能充电站。**该太阳能充电站为并网型，8. 4kW 蓄电池可捕集由 1. 9kW 太阳能板发出的电力，继而用于充电。采用网络电力最大输出为 202VAC/3. 2kW。采用来自电池堆的太阳能电力进行自持的工作为最大输出 101VAC/1. 5kVA**。过剩的太阳能电力可用于系统设施中，或销售给公用事业公司。图 4-25 为再充电器。

图 4-24　丰田工业公司开发的混合动力车和纯电动汽车太阳能充电站

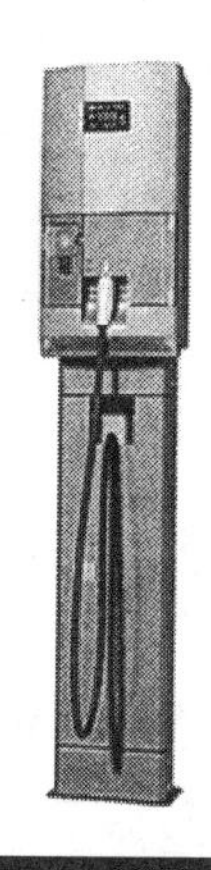

图 4-25　再充电器

三菱公司与三菱资产公司截止到2012年共建成1000座电动汽车充电站，以便与高速公路、城市发展等相匹配。投资达数十亿日元。典型的电动汽车可在30min内完成充电，可行驶约100km。

(2) 国内 2010年，国家电网将在国网范围内的27个省（自治区、直辖市）全面推进电动汽车充电站建设，拟建公用充电桩75座、交流充电桩6209台以及部分电池更换站；南方电网则借深圳这一新能源汽车示范推广城市，已于2009年12月建成首批两座电动汽车充电站，合计134个充电桩。

由我国南方电网建设的充电总容量达2480kVA的2个充电站（134个充电桩）于2010年1月在深圳建成并投入运营。其中，**深圳龙岗大运中心充电站可同时容纳12辆电动汽车，占地面积1092m²，投资总额1051.5万元，是目前国内占地面积和投资规模最大的充电站。**深圳龙岗大运中心充电站可向出租车、轿车、公交车提供充电服务。另一充电站位于深圳龙岗中心城，设置3台快速充电机，可同时容纳6辆电动汽车驶入。2012年，深圳推广使用的新能源汽车达到2.4万辆，2015年将达到10万辆，占深圳现有汽车保有量的6%以上。为满足新能源汽车的发展需要，深圳将建立设备类新能源汽车充电站（桩）12750个。

电动汽车充电站虽是新兴事物，但在新能源时代它的市场前景与现在的加油站将颇为类似。而对于这一巨大的市场，国家电网与南方电网正在加速扩张，意欲成为新的能源巨头。另外，中石油、中海油两大公司也均有意将能源供应的触角伸向前景广阔的新能源汽车领域。或许若干年后，遍布城市各个角落的大小加油站都要改名叫“能源补给站”或“油电供应站”，因为到那时，加油站的功能将不再是仅仅为汽车加油那么单一，它更要充当电动汽车的充电站或天然气汽车的充气站。上海崇明城桥1号公交线采用的纯电动大巴如图4-26所示。

图4-26 纯电动大巴

4.1.3 国内锂电池电动汽车的发展优势

以锂离子电池为动力的纯电动汽车已成为各大汽车公司的研究热点。国际上的主流汽车公司，如福特、通用、日产、三菱、奔驰和雪佛兰等，都于2009~2010年间推出了基于锂离子电池技术的电动汽车。很多专家认为，锂离子动力电池就如同今天的石油一样具有重要

的战略意义。正因如此，14 家美国公司要投入 10 亿～20 亿美元兴建一家锂离子电池工厂，在美国本土生产锂离子动力电池，以大力发展锂电汽车。我国发展锂电池电动汽车的优势主要有以下几点。

（1）资源优势　锂电汽车的关键部件是锂离子动力电池和永磁同步电机。**我国发展锂电汽车在资源上具有独特的有利条件。锂离子电池的原材料在我国来源极为广泛。我国是世界锂资源大国，世界上锂的存量大概有一半在中国，如青海、西藏有盐湖，储存了大量的锂，这个资源优势是得天独厚的。盐湖的开发不仅为低成本锂离子电池提供了原材料，也有利于西部地区的发展。同时，锰、铁、钒、磷等在我国都是富产资源。永磁同步电机具有体积小、质量轻和效率高的特点，电动汽车的电机要用稀土材料制作，我国又是稀土资源大国，稀土合金在世界上产量第一，这些技术上的优势，为锂电汽车提供了材料保证。**

（2）技术优势　我国小功率锂离子电池早已产业化，形成上下游结合的完整产业链，电池产品超过世界市场的 1/3，中国、日本、韩国已成三足鼎立之势。我国锂离子动力电池在技术上已经达到国际先进水平，产业化条件也已基本成熟，具备参与国际竞争的实力。对于纯电动客车关键技术及在公交系统的应用项目，已经建立和完善了纯电动客车设计理论、开发流程与平台，解决了用电体制、二次绝缘等难题；规模应用了高能锂离子动力电池，解决了一系列核心技术问题。**我国自主研发生产的世界上最大的锂离子无障碍电动客车已在北京奥运中心区成功运营。目前产业化方面做得最好的锂电池是磷酸铁锂电池（$LiFePO_4$）**。我国主要的磷酸铁锂电池制造商有深圳比亚迪、天津力神、深圳比克、杭州万向、中航锂电、深圳沃特玛、苏州星恒等公司。

（3）市场优势　中国人口多且分布高度集中，适合发展小型汽车，这为锂电汽车的产业化发展创造了市场条件。消费习惯是决定电动汽车在市场上是否可行的重要因素之一，我国民众对于私家车的期望，还是能够挡风遮雨、灵活支配，能够以车代步就可以了。

（4）政府支持　政府的财力物力相对较容易启动充电基础设施的投资。我国已自主研发建设了世界上规模最大的现代化公交充电站，可为 50 辆奥运纯电动客车提供整车电池快速更换和集中充电服务，为车辆可靠稳定运行提供有力保障，已为充电基础设施的建设积累了宝贵经验。中国发展电动汽车最大的困难在于用户充电没有独家车库可以使用。目前，国内几十万个加油站的建立花费了几十年的时间，但不可能再花几十年时间去建充电站。因此，充电问题需要尽快解决，而充电方式的解决需要国家政策支持和基础设施的建设。但从长期看，电动汽车大规模商业化推广需要电池工业和电网、市政基础设施等多方面的配套支持。显然，中国要实现纯电动汽车的商业化还有一段路要走。

（5）商业壁垒低　与传统汽车工业已经成熟的发达国家相比，我国发展锂电汽车的商业壁垒要低得多。传统汽车工业的不发达，意味着发展锂离子电池电动汽车使我国内燃机技术资产报废的损失与西方相比非常有限。这正好是我们发展新型锂电汽车交通模式的优势所在，可以轻装上阵。

4.1.4　纯电动汽车技术发展与产业化亟待解决的问题

目前市场上主要采用铅酸电池、镍氢电池和锂离子电池，它们的实际性能指标和市场平均价格如表 4-1 所示。根据实际装车时的循环寿命和市场价格，可估算出电动汽车每消耗 1kW · h 电能所必须付出的费用。

表4-1 各种电池的主要性能/价格参数

电池类型	铅酸电池	镍氢电池	锂离子电池
比能量/（W·h/kg）	35~45	55~75	80~120
车上循环寿命	300	800	600
市场平均价/（元/kW·h）	500	5000	4000
电池放电价/（元/kW·h）	3.05	9.6	10.2

计算时，假设：

① 电池最高可充电状态（SOC：State of Charge）为90%，放电截止SOC为20%，即实际可用的电池容量仅占总容量的70%；

② 电网供电价为0.5元/kW·h；

③ 电池的平均充放电效率为0.75。

可知，虽然从电网取电仅需0.5元/kW·h，但充入电池，再从电池取出，铅酸电池每提供1kW·h电能，价格为3.05元左右，其中2.38元为电池折旧费，0.67元为电网供电费，而镍氢电池每提供1kW·h电能，费用为9.6元，锂离子电池为10.2元，即后两种先进电池供电成本是铅酸电池的三倍多。

目前，国内市场上用柴油机发电，价格大致为3元/kW·h，若用汽油机发电，供电价格估计为4元/kW·h，即从铅酸电池提供电能的价格大致和柴油机发电价格相等，仅仅从取得能量的成本来考虑，采用铅酸电池比汽油机驱动有一定价格优势，但是由于它太过笨重，充电时间又长，因此只被广泛用于车速小于50km/h的各种场地车、高尔夫球车、垃圾车、叉车以及电动自行车上。实践证明，铅酸电池在这一低端产品市场仍具备一定的竞争力和实用性。

镍氢电池的主要优点是相对寿命较长，但是由于镍金属占其成本的60%，导致镍氢电池价格居高不下。锂离子电池技术发展很快，近十年来，其比能量由100W·h/kg增加到180W·h/kg，比功率可达2000W/kg，循环寿命达1000次以上，工作温度范围达-40~55℃。

近年来，由于磷酸铁锂离子电池的研发技术出现重大突破，电池的安全性和可靠性得以大大提高。目前，已有许多发达国家将锂离子电池作为电动汽车用动力电池的主攻方向。我国拥有锂资源优势，锂电池产量到2004年已占全球市场的37.1%，预计到2015年以后，锂离子电池的性价比有望达到可以和铅酸电池竞争的水平，从而成为未来电动汽车的主要动力电池。

未来电动汽车技术发展与产业化要解决的问题主要包括：

（1）选择和确定电动汽车的充电模式 **目前，世界电动汽车行业针对充电形成了两种技术方案：一种是更换电池，另一种是利用可插入电源。**充电模式不仅涉及到技术路线和标准制定问题，更重要的是会影响电动汽车的产业组织和商业模式。对于电池更换和插入式充电两种模式，一方的优势正是另一方的缺陷，因此需要权衡利弊。随着电池技术和充电技术的发展，两者的优势对比也会不断发生变化。

采用更换电池充电模式，整车和电池的所有权分离。雷诺公司采取这种模式与美国电动汽车服务提供商Better Place公司开展合作，推广电动汽车电池更换技术。在合作过程中，

雷诺致力于供应电动汽车，而 Better Place 公司则着手建造和运营充电站和电池更换站网络。车载电池电量将要耗尽时，车主可以驾车到充电站，更换另一套已充好电的动力电池；在充电站，机械手自动更换电池包，方便快捷。但是这种模式要求所有电动汽车车载电池的形状、尺寸和布置完全一致。近几年，Better Place 公司先后与丹麦、澳大利亚、美国、日本、加拿大、以色列等国的相关部门和企业展开了合作。

更换电池的优势在于：

> ➢ **能利用大公司的资本和网络，集中建设电池专业更换站，有效解决充电网络和充电时间的难题；**
>
> ➢ **通过电池运营企业的专业设备和维护，可以提升电池充电的规范性和安全性，有利于稳定电池性能和延长电池寿命；**
>
> ➢ **通过整车和电池的分离，能大大降低消费者的购车成本，有利于电动汽车的快速推广。**

但从汽车厂商的角度考虑，只提供不装电池的裸车，就有可能在失去核心部件（动力电池）及充电领域控制权的同时，会减弱对汽车产业链的控制力，进而沦为电动汽车产业链的配角，而且拿到的政府补贴也较少。因此，尽管更换电池模式具有一定优势，但除了在商用车上有所试验外，在乘用车领域很难获得汽车整车企业的全力支持。

外接电源充电模式可以通过家用电源和专业快速充电设施两种方案解决充电问题。目前，在全世界范围内的充电基础设施建设中，这两种模式往往同时推进。外接电源充电的优势在于方便灵活，消费者只要在有电力供应的地方都能够实现充电，出行方便。

（2）提升动力电池性能，缓解消费者“里程焦虑”　“里程焦虑”是制约电动汽车发展的重要因素。**“里程焦虑”是指续驶里程较短而使消费者出行的顾虑增加，这是除了动力电池在极端温度下的容量保持和安全等技术性问题外，影响电动汽车商业化的主要瓶颈。据调查数据显示，世界各地消费者对于电动汽车的要求基本一致，即一次充电续驶里程达到 300km，充电时间最好不要超过 2h。**即使纯电动汽车在技术上不存在问题，各大厂商还是将插入式油电混合动力汽车作为商业化的重点，通过引入燃油发动机来缓解“里程焦虑”问题。

以磷酸铁锂为正极材料的锂离子电池技术的发展，使得动力电池在能量密度等性能指标上有了很大提升。亚洲企业在车用电池领域有绝对优势，北美和欧洲汽车企业大多采购日本、韩国和中国的电池。例如日产聆风电动汽车采用薄型化锂电池模块，由日产与 NEC 合资的 AESC 汽车能源公司生产供应；通用 Volt 主要配装韩国 LG 化学公司生产的电池。

（3）如何降低电动汽车的生产成本和销售价格　无论是插电式电动汽车还是纯电动汽车，降低成本目前都是企业的关注重点之一。**电池成本是电动汽车的主要成本。目前推出的电动汽车价格大多在 2.5 万～3 万美元之间，其中电池成本大致为 1/3。**即使有政府补贴，大部分消费者也很难接受。从近两年电池研发情况看，未来几年内，车用锂离子动力电池的价格有可能下降至消费者可接受的水平。**2010 年，电动汽车用快充锂离子动力电池的价格在 800～1000 美元/kW·h 之间，按照目前美国汽油和电力的价格变化趋势，当车用动力电**

池价格下降到 200 ~ 300 美元/kW · h 的区间内时，电动汽车使用成本将与传统汽车相当。根据美国能源部预测，2020 年，全球动力电池单位成本有望下降到 300 美元，到 2030 年将进一步下降到 100 美元；另据世界银行预测，到 2020 年，电池单元成本和电池组成本将分别下降 65% 和 40%，届时，电池成本将从 2010 年的 800 美元/ kW · h 下降为 325 美元/kW · h。

但是，大规模普及电动汽车，仅靠电池价格下降是不够的，其他零部件成本也要相应降低。要使电动汽车在短期内对消费者具有足够的吸引力，如何快速降低其生产成本和销售价格，将成为影响其产业化进程的重要因素。

（4）推进电动汽车全球统一标准的制定　对于电动汽车的商业化推广，统一标准是非常核心和关键的问题。美国、欧洲、日本都在试图将本地标准体系上升为国际标准，以达到占据世界电动汽车发展主导地位，进而改变自己和竞争对手的成本对比的目的。标准是企业开展合作和加快拓展国际市场的重要基础，出台统一的电动汽车生产、充电等标准体系，对于世界主要地区协同互动地推进电动汽车产业而言至关重要。

4.2　纯电动汽车的类型、特点及国内主要的纯电动汽车

4.2.1　纯电动汽车的类型与特点

纯电动汽车可分为用纯蓄电池作为动力源的纯电动汽车和装有辅助动力源的纯电动汽车两种类型。用单一蓄电池作为动力源的纯电动汽车，只装配了蓄电池组，它的电力和动力传输系统如图 4-27 所示。

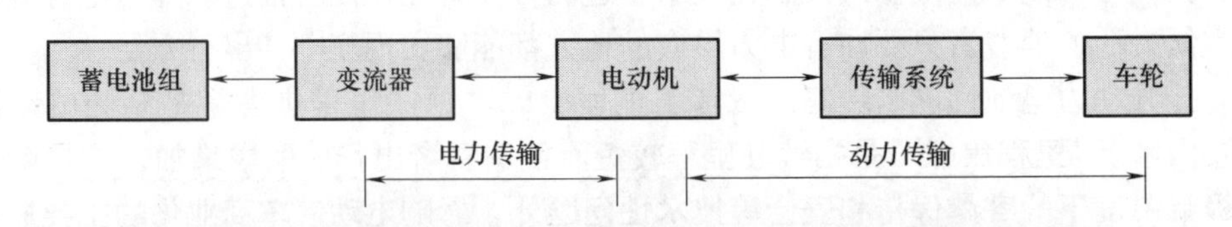

图 4-27　用单一蓄电池作为动力源的纯电动汽车的电力和动力传输系统

用单一蓄电池作为动力源的纯电动汽车，蓄电池的比能量和比功率较低，蓄电池组的质量和体积较大。因此，可在某些纯电动汽车上增加辅助动力源，如超级电容器、发电机组、太阳能等，由此来改善纯电动汽车的起动性能并增加续驶里程。装有辅助动力源的纯电动汽车的电力和动力传输系统如图 4-28 所示。

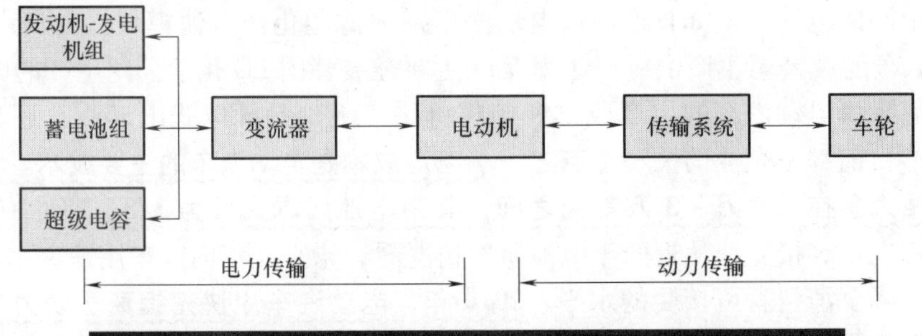

图 4-28　装有辅助动力源的纯电动汽车的电力和动力传输系统

纯电动汽车与燃油汽车相比，具有以下特点。

（1）**无污染，噪声低**　纯电动汽车无内燃机汽车工作时产生的废气，不产生排气污染，对环境是十分有益的，可实现“零污染”；另外，纯电动汽车无内燃机产生的噪声，电机的噪声也较内燃机小。

（2）**能源效率高、多样化**　纯电动汽车的能源效率已超过内燃机汽车，特别是在城市运行时遇到汽车走走停停、行驶速度不高的情况，电动汽车更加适宜。电动汽车停止时不消耗电量，在制动过程中，电机可自动转化为发电机，实现制动减速时能量的再利用。同时，纯电动汽车的应用可有效地减少对石油资源的依赖，可将有限的石油用于更重要的领域。向蓄电池充电的电力可以由煤炭、天然气、水力、核能、太阳能、风力、潮汐等能源转化。除此之外，如果夜间向蓄电池充电，还可以避开用电高峰，有利于电网均衡负荷，减少用电费用。

（3）**结构简单、使用维修方便**　电动汽车较内燃机汽车结构简单，运转、传动部件少，维修保养工作量小。当采用交流感应电机时，电机不用保养维护，更重要的是电动汽车易操纵。

（4）**动力电源使用成本高、续驶里程短**　目前纯电动汽车尚不如内燃机汽车技术完善，尤其是动力电池的寿命短、使用成本高。电池的存储能量小，一次充电后行驶里程不理想，且纯电动汽车的价格较贵。但随着纯电动汽车技术的发展，其存在的问题会逐步得到解决。

4.2.2　国内主要的纯电动汽车

（1）奇瑞瑞麒纯电动汽车　在2010年北京车展上，奇瑞公司展出了瑞麒M1-EV、M3-EV和G5-EV共3款纯电动汽车，在三款纯电动汽车中，瑞麒M1-EV已经进入示范运营阶段，而瑞麒M3-EV和G5-EV也已经较接近量产。

瑞麒M1-EV纯电动汽车如图4-29所示。瑞麒M1-EV搭载一套336V、40kW的大功率电机驱动系统，配备60A·h高性能磷酸铁锂电池。在普通220V民用电源上慢充，充电时间为4~6h，利用专业充电站充到电池电量的80%需要30min。瑞麒M1-EV的最高车速为120km/h，一次充电续驶里程可以达到120~150km，具有较好的加速性和易驾性。瑞麒M1-EV的变速器只有D（前进）、N（空档）、R（倒车）3个档位，非常容易操作。

（2）奇瑞QQ纯电动汽车　奇瑞QQ纯电动汽车除自重增加外，与普通版QQ相比，车身尺寸没有变化。**2009年8月，QQ纯电动汽车接受国家碰撞测试，A柱保持了相应的结构力度，没有任何翘边和褶皱出现；前门打开不受阻碍；电池组受伤害极小；内饰几乎没有损伤，驾驶人的安全得到较好保障。**QQ纯电动汽车的耗电量约10kW·h/100km，最高车速为80km/h，节能车速为20~40km/h，最大爬坡度为15%~20%，目前已经入选工信部新车目录。奇瑞QQ纯电动汽车如图4-30所示。

图4-29　瑞麒M1-EV纯电动汽车

图4-30　奇瑞QQ纯电动汽车

(3) 比亚迪 E6 纯电动汽车　比亚迪 E6 是比亚迪公司自主研发的一款纯电动汽车，它兼具了 SUV 和 MPV 的设计理念，整体造型时尚大气。E6 的动力电池和起动电池均采用比亚迪自主研发生产的 ET-POWER 铁电池，这种电池安全性高，不会对环境造成任何危害，其含有的所有化学物质均可在自然界中被环境以无害的方式分解吸收，能够很好地解决二次回收等环保问题，是绿色环保的电池。

比亚迪 E6 纯电动汽车如图 4-31 所示。**比亚迪 E6 设计成熟，性能良好，续驶里程超过 300km。同时动力强劲，0～100km/h 加速时间在 10s 以内，最高车速可达 160km/h 以上，而耗电量仅为 21.5kW·h/100km 左右，相当于燃油车消费价格的 30%左右。E6 可用 220V 民用电源进行慢充，如果选择快充的话，15min 左右可充满电池电量的 80%。**其车身结构采用前后贯通式纵梁，具有良好的碰撞安全性能。它已通过国家强制碰撞试验，并做了大量测试，包括 8 万～10 万 km 道路耐久试验，在软件控制等方面也进行了很大的改进，目前已经入选工信部新车目录。

(4) 吉利熊猫纯电动汽车 EK-1　吉利熊猫三门纯电动汽车 EK-1 的外观设计吸收了国宝熊猫的元素，其中前照灯犹如熊猫的两只可爱的大眼睛，夸张的进气隔栅显得非常可爱。

吉利熊猫纯电动汽车 EK-1 如图 4-32 所示。它的外部尺寸为 3598mm × 1630mm × 1465mm，轴距为 2345mm。**在动力上，它采用 40A·h 铁锂离子电池，340V 系统电压，最高车速为 80km/h，续驶里程 80km，完全充电时间 5h，快充可在 18min 内充至 80%的电量。它采用拥有吉利专利技术的双转子差速电机，其功率为 7kW，转矩为 45N·m，额定转速为 100r/min，能在与普通电动机相同的体积下提供更高的功率转矩，并且通过电机本身实现调速和差速，从而可以省略变速器、差速器等一系列传统动力系统必须具备的机构，使动力系统结构得到极大的简化，重量也随之降低。**

图 4-31　比亚迪 E6 纯电动汽车

图 4-32　吉利熊猫纯电动汽车 EK-1

(5) 长安奔奔纯电动汽车　长安奔奔纯电动汽车如图 4-33 所示。长安奔奔纯电动汽车主要动力源是高性能锂电池组和永磁直流无刷电机，**在纯电力驱动下，最高车速可以达到 120km/h，0～100km/h 加速时间为 16s，快速充电时间为 0.5h，慢速充电时间为 6h，一次充电最大行驶里程可以达到 150km，能耗仅为 10kW·h/100km，可以达到零排放。**

(6) 江淮同悦纯电动汽车　江淮同悦纯电动汽车如图 4-34 所示。江淮同悦纯电动汽车最高车速 100km/h，电池组能量为 15kW·h，续航里程达 150km，相比国际同类产品，性能大幅领先。此外，同悦纯电动汽车还采用诸多先进技术，如采用整体式质心集中动力总成设计，有效地降低了振动和噪声；电池组最大限度地利用了物理空间，安全性高，并可更换；

整车控制系统功能集成在电机控制器和电池管理系统内，有效控制了成本；拥有高性能实用的 CAN 通信系统；拥有功能完善的电池热管理系统；应用独立的动力电池切断单元（BDU），提升了安全性。它的充电时间为 7h（慢充）。

图 4-33　长安奔奔纯电动汽车

图 4-34　江淮同悦纯电动汽车

4.3　纯电动汽车的结构原理与特点

4.3.1　纯电动汽车的结构原理

纯电动汽车的工作原理是通过蓄电池产生电流，经过电力调节器（逆变器）将电能输送到电机，再通过动力传动系统驱动汽车行驶。纯电动汽车的硬件主要由底盘、车身、蓄电池组、电机、控制器和辅助设施六部分组成。由于电机具有良好的驱动特性，纯电动汽车的传动系统不需要离合器和变速器。车速控制由控制器通过调速系统改变电机的转速实现。

纯电动汽车的结构与燃油汽车相比，主要增加了电力驱动控制系统，但取消了发动机，电力驱动控制系统的组成与工作原理如图 4-35 所示，它由电力驱动主模块、车载电源及控制模块和辅助模块三大部分组成。

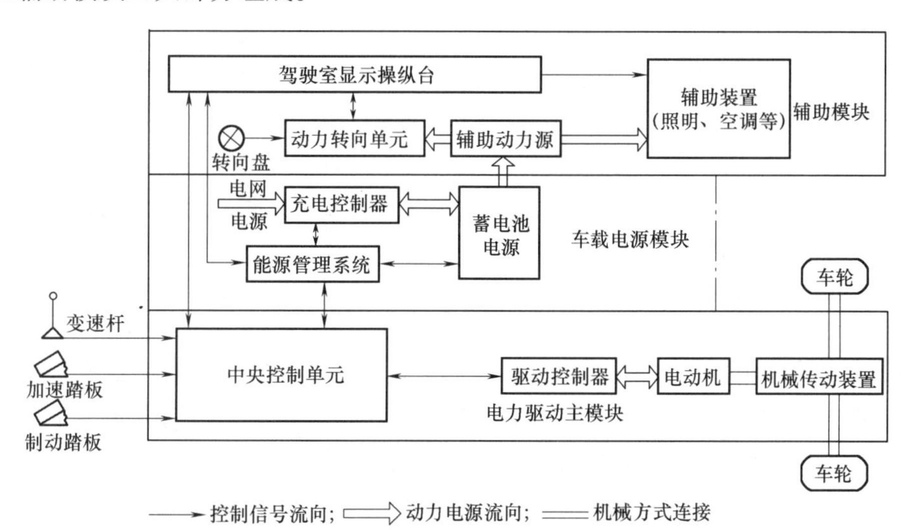

图 4-35　电力驱动控制系统的组成与工作原理

当汽车行驶时，由蓄电池输出电能（电流）通过控制器驱动电机运转，电机输出的转矩经传动系统带动车轮前进或后退。电动汽车续驶里程与蓄电池容量有关，而蓄电池容量受诸多因素限制。要提高一次充电续驶里程，必须尽可能地节省蓄电池的能量。

（1）电力驱动主模块　电力驱动主模块主要包括中央控制单元、驱动控制器、电机、机械传动装置和车轮等。其作用是将存储在蓄电池中的电能高效地转化为车轮的动能，并能够在汽车减速制动时，将车轮的动能转化为电能充入蓄电池。

中央控制单元根据加速踏板和制动踏板的输入信号，向驱动控制器发出相应的控制指令，对电机进行起动、加速、减速和制动控制。

驱动控制器是按中央控制单元的指令、电机的速度和电流反馈信号，对电机的速度、驱动转矩和旋转方向进行控制的。驱动控制器必须和电机配套使用。

机械传动装置将电机的驱动转矩传输给汽车的驱动轴，从而带动汽车车轮行驶。

电机在电动汽车中需要承担电动机和发电机的双重功能，即在正常行驶时发挥其主要的电机功能，将电能转化为机械能；在减速和下坡滑行时又要进行发电，将车轮的惯性动能转化为电能。**因为汽车使用工况比较复杂，所以电动汽车对电机的要求比较高。基本要求如下。**

1）较大范围的调速性能；

2）高效率，低损耗；

3）在车辆减速时实现制动能量回收并反馈蓄电池；

4）电机的质量、各种控制装置的质量和冷却系统的质量等尽可能小；

5）电气系统安全性和控制系统的安全性，都必须符合国家（或国际）有关车辆电气控制的安全性能标准和规定，装备高压保护设备；

6）可靠性好，耐温和耐湿性能强，能够在较恶劣的环境下长期工作；

7）结构简单，适合大批量生产，运行噪声低，使用维修方便，价格便宜等。

（2）车载电源及控制模块　车载电源模块主要包括蓄电池电源、能量管理系统和充电控制器等。其作用是向电机提供驱动电能，监测电源使用情况以及控制充电机向蓄电池充电。

纯电动汽车的常用蓄电池电源有铅酸电池、镍镉电池、镍氢电池、锂离子电池等。

纯电动汽车的能量管理主要指电池管理系统，其主要功用是对电动汽车用的电池单体及整组进行实时监控，进行充放电、巡检、温度监测等。充电控制器把交流电转化为相应电压的直流电，并按要求控制其电流。

（3）辅助模块　辅助模块主要包括辅助动力源、动力转向系统、驾驶室显示操纵台和辅助装置等。辅助模块除辅助动力源外，依据不同车型而不同。

辅助动力源主要由辅助电源和 DC/DC 变流器组成，其作用是供给电动汽车其他各种辅助装置所需要的电能，一般为 12V 或 24V 的直流低压电，它主要给动力转向单元、制动力调节控制、照明、空调、电动门窗等提供其所需的能源。

动力转向单元是为汽车转弯而设置的，它由转向盘、转向器、转向机构和转向轮等组成。作用在转向盘上的控制力，通过转向器和转向机构使转向轮偏转一定的角度，实现汽车的转向。

驾驶室显示操纵台类似于传统汽车驾驶室的仪表盘，不过其功能根据电动汽车驱动的控

制特点有所增减，其信息指示更多地选用数字及液晶屏幕显示。

辅助装置主要有照明、各种声光信号装置、车载音响设备、空调、刮水器、风窗除霜清洗器、电动门窗、电控玻璃升降器、电控后视镜调节器、电动座椅调节器、车身安全防护装置控制器等。它们主要是为提高汽车的操控性、舒适性、安全性而设置的，可根据需要选用。

4.3.2　纯电动汽车驱动系统布置形式

电动汽车的驱动系统是它的核心部分，其性能决定着它运行性能的好坏。电动汽车的驱动系统布置取决于电机驱动系统的形式。常见的驱动系统布置形式如图4-36所示。

(1) 传统的驱动模式（图4-36a）　与传统汽车驱动系统的布置方式一致，带有变速器和离合器，只是将发动机换成电机，属于改造型电动汽车。这种布置可以提高电动汽车的起动转矩，增加低速时电动汽车的后备功率。

(2) 电机-驱动桥组合式驱动模式（图4-36b和图4-36c）　取消了离合器和变速器，但具有减速差速机构，由1台电机驱动两车轮旋转。优点是可以继续沿用燃油发动机汽车中的动力传动装置，只需要一组电机和逆变器。这种方式对电机的要求较高，不仅要求电机具有较高的起动转矩，还要求其具有较大的后备功率，以保证电动汽车的起动、爬坡、加速和超车等动力性。

(3) 电机-驱动桥整体式驱动模式（图4-36d）　将电机装到驱动轴上，直接由电机实现变速和差速转换。这种传动方式同样对电机有较高的要求，要求其有大起动转矩和后备功

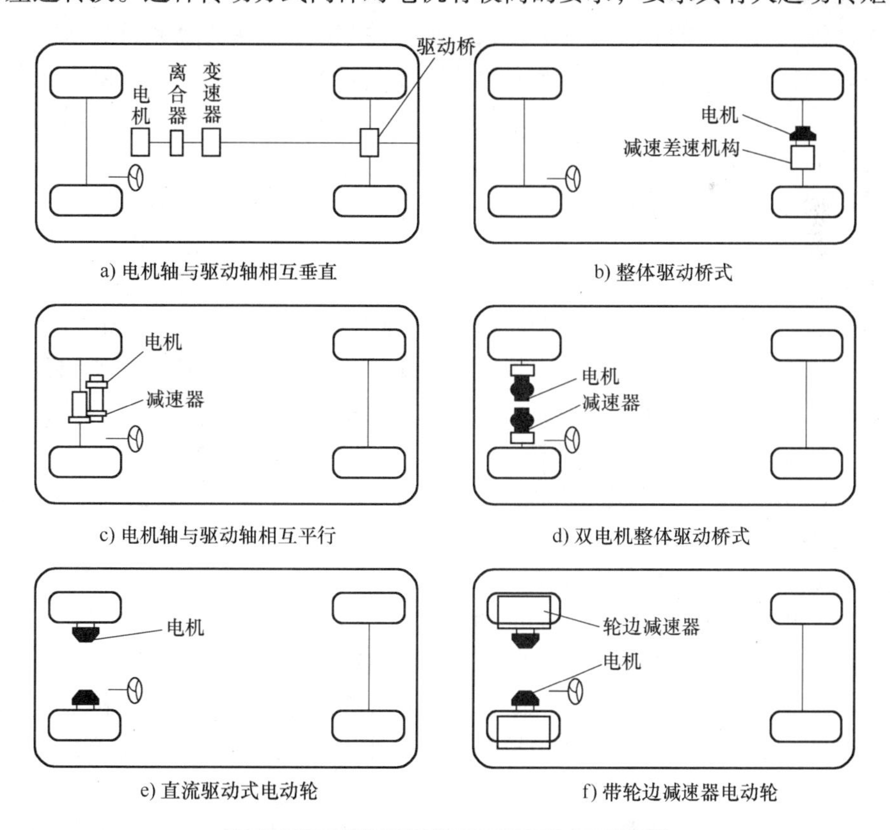

图4-36　纯电动汽车驱动系统布置形式

率，同时还要求控制系统有较高的控制精度，且要具备良好的可靠性，从而保证电动汽车行驶的安全和平稳。

（4）轮毂电机驱动模式（图4-36e和图4-36f） 同电机-驱动桥整体式驱动模式布置方式比较接近，将电机直接装到了驱动轮上，由电机直接驱动车轮行驶。

目前，**我国的电动汽车大都建立在改装车的基础上，其设计是机电一体化的综合工程。改装后所获得的高性能并不是简单地将内燃机汽车的发动机和油箱换成电机和蓄电池便可以实现的，它必须对蓄电池、电机、变速器、减速器和控制系统等系统的参数进行合理匹配，而且在总体方案布置时必须保证连接可靠、轴荷分配合理等才能获得。**

4.3.3 纯电动汽车驱动系统设计

纯电动汽车的电机应有较高的转矩惯量比、尽可能宽的高效率区和好的转矩转速特性。在目前所用的电机驱动系统中，直流电机虽然具有良好的控制特性，但由于其自身固有的缺陷，在电动汽车中的应用越来越少。鼠笼式感应电机结构简单，运行可靠，大量应用在电动汽车中，但其功率密度和效率一般。开关磁阻电机结构更为简单，效率、转矩惯量比也较高，但由于力矩波动及噪声过大，在电动汽车上的应用还不普遍。永磁无刷电机系统具有最高的效率、转矩惯量比，在电动汽车中得到了较广泛的应用。

（1）电机的参数匹配

1）电动汽车动力系统参数匹配的基本原则。电机的功率直接影响整车的动力性能。电机功率越大，纯电动汽车的后备功率也越大，加速性和最大爬坡度就越好，然而，这同时也会增加电机的体积和质量，使正常行驶时电机不能在高效率区附近工作，降低了车辆的续驶里程。因此，设计时通常依照电动汽车的最高车速、初速度、末速度、加速时间和最大爬坡度来确定电机的功率。

2）电机额定转速及最高转速的选择。电机的最高转速对电机成本、制造工艺和传动系尺寸有很大的影响。转速在6000r/min以上的为高速电机，以下的为普通电机。前者成本高、制造工艺复杂而且对配套使用的轴承、齿轮等有特殊要求。因此应采用最高转速不大于6000r/min的低速电机。电机最高转速与额定转速的比值也称为电机扩大恒功率区系数，随该系数的增大，电机可在低转速区获得较大的转矩，有利于提高车辆的加速和爬坡性能，但同时会导致电机工作电流的增大，进而增大了逆变器的功率损耗和尺寸。**因此，电机扩大恒功率区系数一般取2~4。电机额定转速应该在1500~3000r/min之间选取。**

3）电机额定电压的选择。电机额定电压的选择与电动汽车动力电池组电压密切相关。在相同输出功率条件下，电池组电压高，则电流小，对导线和开关等电器元件要求较低，但较高的电压需要数量较多的单体电池串联，导致成本及整车质量的增加和动力性能的下降，且难于布置。电机额定电压一般由所选取的电机的参数决定，并与电机额定功率成正比。电机的额定电压越高，电机的额定功率越大。**考虑上述结果后确定电机的额定电压范围应为300~350V。**近年来，电机及驱动系统的控制系统趋于智能化和数字化。各车企分别将变结构控制、模糊控制、神经网络、自适应控制、专家控制、遗传算法等非线性智能控制技术，结合应用于纯电动汽车的电机控制系统。

（2）电动汽车传动系的参数匹配 由于纯电动汽车在行驶过程中所遇到的阻力随车速的变化而变化，且变化范围很宽，因此单靠电机的力矩变化无法满足纯电动汽车的行驶性能要

求。为了满足这一要求，同时也使驱动电机经常保持在高效率的工作范围内，以减轻驱动电机和动力电池组的负荷，纯电动汽车在电机和驱动轮之间需要安装减速器和变速器。

纯电动汽车的传动系参数匹配设计主要包括变速器的匹配设计和主减速器的匹配设计。在电机输出特性一定时，传动系传动比的选择主要取决于电动汽车的动力性要求，即最大传动比取决于整车的最大爬坡度，最小速比取决于整车的最高车速。

1）最大传动比的选择。传动系最大传动比是变速器最低档速比与主减速器速比的乘积，由电机峰值转矩和车辆最大爬坡度决定。

2）最小传动比的选择。传动系最小传动比是变速器最高档速比与主减速器速比的乘积，由电机的最高转速和车辆最高车速决定。随着电机及其控制器技术的发展，高转速、宽调速范围技术得以实现。纯电动汽车要求电机既能在恒转速区提供较高的瞬时转矩，又能在恒功率区提供较高的转速。

（3）动力电池的参数匹配。动力电池系统是整车的能量源，为整车提供驱动电能。电池系统的体积、形状和技术参数会影响电动汽车的行驶性能，是纯电动汽车最重要的子系统之一。纯电动汽车动力电池系统的参数匹配主要包括电池类型的选择、电池组电压和能量的选择。**纯电动汽车要求动力电池系统具有较高的比能量和比功率，以满足汽车的续驶里程和动力性能要求，同时也要使动力电池系统具有与汽车使用寿命相当的充放电循环寿命，拥有高效率、良好的性价比以及免维护特性。具体要求如下。**

1）能量密度高，以提高运行效率和续航里程。
2）输出功率密度高，以满足驾驶性能要求。
3）工作温度范围宽广，以满足夏季高温和冬季低温的运行需要。
4）循环寿命长，保证电池的使用年限和行驶总里程。
5）无记忆效应，以满足车辆在使用时常处于非完全放电状态下的充电需要。
6）自放电率小，满足车辆较长时间的搁置需求。
7）安全性好、可靠性高以及可循环利用。

动力电池系统的电压等级要与电机电压等级相一致且满足电机电压变化的要求。由于电动空调、电动真空泵和电动转向助力泵等附件有较高的功率消耗，因此电池组的总电压要大于电机的额定电压。

纯电动汽车动力电池系统的参数匹配主要包括电池类型的选择、电池组电压和能量的选择。

1）动力电池类型的选择。根据对电池特性的分析和动力电池的匹配原则，选择合适的动力电池。

2）电池组电压的选择。在匹配动力电池组电压时要求动力电池组的电压等级与驱动电机的电压等级相一致且满足驱动电机电压变化的要求，并且由于电动汽车上电动空调、电动真空泵和电动转向助力泵等附件有较高的功率消耗，因此电池组的总电压要大于电机的额定电压。一般车载动力电池的放电电流不超过300A。

3）电池组能量的选择。电池能量指标是体现电池价值的最重要参数。对于纯电动汽车，电池组能量的大小由电动汽车续驶里程决定。纯电动汽车的续驶里程可通过工况法或等速法测定。工况法将电动汽车置于工况试验环境下以工况行驶速度进行行驶试验，试验期间行驶的总距离即为续驶里程。等速法让纯电动汽车以恒定速度在道路上行驶，由于不同车速下电动汽车的续驶里程不同，根据续驶里程与车速的关系，当车速在30～63km/h范围内时纯电动汽车有较大的续驶里程。纯电动汽车常采用等速法对续驶里程这一性能指标进行测定。

4.4 纯电动汽车的核心技术

发展纯电动汽车必须解决好相关的关键技术，其中包括：电池及管理技术、电机及控制技术、整车控制技术和整车轻量化技术。

4.4.1 动力电池技术

电池是纯电动汽车的动力源，是纯电动汽车最核心的技术之一，然而，它同时也是目前制约电动汽车发展的瓶颈。动力电池的主要性能指标包括比能量、能量密度、比功率、循环寿命、充电时间和成本等。要使电动汽车能与燃油汽车相竞争，就要开发出比能量高、比功率大、使用寿命长的高效电池。但目前还没有任何一种电池能达到使纯电动汽车普及的要求。

电池组性能直接影响整车的加速性能、续驶里程以及制动能量回收的效率等。电池的成本和循环寿命直接影响车辆的成本和可靠性，所有影响电池性能的参数必须得到优化。纯电动汽车的电池在使用中发热量很大，电池温度影响其电化学系统的运行、循环寿命和充电可接受性等。所以，为了达到最佳的性能和寿命，需将电池组的温度控制在一定范围内，减小电池组内不均匀的温度分布以避免模块间的不平衡，以此避免电池性能下降，且可以消除相关的潜在危险。

纯电动汽车用动力电池主要有铅酸电池和碱性电池。铅酸电池中应用最多的主要是阀控铅酸电池（VRLA），由于其比能量较高、价格低且能高倍率放电，因此广泛应用于低速电动汽车。碱性电池主要有镍镉电池、镍氢电池、钠硫电池、锂离子电池和锌空气电池等类型，碱性电池的比能量和比功率比铅酸电池高。特别是纳米级锂离子电池正极材料的突破性发展，大大提高了电动汽车的动力性能和续驶里程，电池安全性能也有明显提升，但其价格远高于铅酸电池。

制约电动汽车发展的主要问题集中于电池成本较高，充电时间长和续驶里程较短。目前，镍氢电池和锂电池广泛应用于混合动力车辆。其中，镍氢电池可快速充电，循环寿命长，不存在重金属污染，但比能量没有锂电池高。锂电池有很多种类，例如锂离子电池、锂熔盐电池、锂聚合物电池，具备较高的能量密度，比功率大、比能量高。试验表明，改进的螺旋缠绕铅酸电池的能量密度极限值约为40W·h/kg，镍氢电池为65 W·h/kg，锂离子电池的能量密度极限值大约为250 W·h/kg。近年来，锂电池的技术创新使其在寿命和稳定性方面有了大幅提升，因此，锂电池很可能成为纯电动汽车的主力电池类型。

4.4.2 电机驱动技术

电动汽车的驱动电机属于特种电机。要使纯电动汽车有良好的使用性能，驱动电机应具有较宽的调速范围及较高的转速，足够大的起动转矩，还要体积小、质量轻、效率高，且动态制动性能和能量回馈性能好。另外，还要具有可靠性强、耐高温及耐潮、结构简单、成本低、维护简单、适合大规模生产等特点。

电机应具有良好的转矩-转速特性，一般具有6000~15000r/min的转速。根据车辆行驶工况，驱动电机可以在恒转矩区和恒功率区运转。驱动电机应经常保持在高效率范围内运转。驱动电机在低速-大转矩（恒转矩区）运转范围内效率为0.75~0.85，在恒功率运转范围内效率为0.8~0.9。

电机可以在相当宽广的速度范围内高效地产生转矩，这意味着电动汽车甚至只需单级减速齿轮就可以驱动车辆。**电机与发动机相比有两大技术优势。**

1）发动机能高效产生转矩时的转速被限制在一个较窄的范围内（经济运行区），因此需要变速器适应这一特性，而电机则不需要再配备变速器。

2）由于高度电气化的控制系统引入，电机实现动力输出的快速响应能力远高于发动机。

近年来，由感应电机驱动的电动汽车几乎都采用了矢量控制和直接转矩控制技术。由于直接转矩的控制手段直接、结构简单、控制性能优良且动态响应迅速，因此非常适合电动汽车的控制。美国和欧洲各国研制的纯电动汽车多采用这种电机。

永磁无刷电机可以分为由方波驱动的无刷直流电机系统（BLDCM）和由正弦波驱动的无刷直流电机系统（PMSM），它们都具有较高的功率密度。其控制方式与感应电机基本相同，因此在电动汽车上得到了广泛的应用。PMSM类电机具有较高的能量密度和效率，其体积小、惯性低、响应快，非常适合电动汽车的驱动系统，日本研制的电动汽车主要采用这种电机。

开关磁阻电机（SRM）具有简单可靠，可在较宽转速和转矩范围内高效运行，控制灵活，可四象限运行，响应速度快和成本较低等优点。但实际应用发现SRM类电机存在转矩波动大、噪声大、需要位置检测器等缺点，这使其应用受到了限制，因此目前主要应用于客车等商用车。

随着电机及驱动系统的发展，控制系统也趋于智能化和数字化。变结构控制、模糊控制、神经网络、自适应控制、专家系统、遗传算法等非线性智能控制技术，都将各自或结合应用于电动汽车的电机控制系统。它们的应用将使系统结构简单、响应迅速、抗干扰能力强且参数变化具有鲁棒性，还可大大提高整个系统的综合性能。

4.4.3 电力驱动控制及能源管理系统技术

电力驱动控制系统是电动汽车的神经中枢，它将电机、电池和其他辅助系统连接在一起并加以控制。**电力驱动控制系统按工作原理可划分为车载电源模块、电力驱动主模块和辅助模块三大部分。**

车载电源模块主要由电池电源、能源管理系统和充电控制器三部分组成。电机驱动所需的等级电压往往与辅助装置的电压要求不一致，辅助装置一般要求12V或24V的低压电源，而电机驱动一般要求为高压电源，并且所采用的电机类型不同，其要求的电压等级也不同。为满足要求，可用多个12V或24V的蓄电池串联成96～384V高压直流电池组，再通过DC/DC变流器供给所需的不同电压。

电动汽车的驱动控制系统直接影响着车辆的行驶性能，该系统控制车辆在各类工况下的行驶速度、加速度和能源转换情况。**驱动系统的关键问题是：**

1）电机逆变器、控制系统和电动汽车使用条件的合理匹配。

2）智能化控制系统的工程应用及其减轻质量、降低造价、抗振、抗扰和降噪的研究。

3）提高控制系统在电机制动时的能量回收效率。

新型纯电动汽车整车控制系统是两条总线的网络结构，即驱动系统的高速CAN总线和车身系统的低速总线。高速CAN总线每个节点为各子系统的ECU，低速总线按物理位置设置节点，基本原则是基于空间位置的区域自治。

4.4.4 能量管理技术

能源管理系统的主要功能是在汽车行驶中进行能源分配，协调各功能部分工作的能量管理，使有限的能量源最大限度地得到利用。能源管理系统与电力驱动主模块的中央控制单元配合，一起控制发电回馈，使纯电动汽车在降速制动和下坡滑行时进行能量回收，从而提高其续驶能力。电动汽车要获得好的动力性能，必须对蓄电池组进行系统管理。**设计优秀的纯电动汽车除了有良好的机械性能、电驱动性能、并装有高性能动力电池外，还应具备协调各个功能部分工作的能量管理系统，其作用是检测单个电池或电池组的荷电状态，并根据各种传感信息，包括力、加减速命令、行驶路况、蓄电池工况、环境温度等，合理地调配和使用有限的车载能量；**另外，它还要能够根据电池组的使用情况和充放电历史选择最佳充电方式，以尽可能延长电池寿命。

电力驱动主模块主要由中央控制单元、驱动控制器、电机、机械传动装置等组成。中央控制单元根据加速踏板与制动踏板的输入信号，向驱动控制器发出相应的控制指令，对电机进行起动、加速、降速和制动控制。驱动控制器的功能是按中央控制单元的指令和电机的速度、电流反馈信号，对电机的速度、驱动转矩和旋转方向进行控制。

纯电动汽车实时电池监控制系统可以实时监测电池的电压、电流和温度大小，并记录下电池的充放电次数等各种影响电池工作状态的参数，比较准确地估算出电池的状态和最佳的工作参数。根据这些实时的信息，可以随时让使用者了解电池的真实情况，更加合理地使用电动汽车，并能更好地提前做好维护工作，延长电动汽车的使用寿命；同时，内置的MCU控制程序可以主动地对不合理的使用情况进行管理和保护，既可以最大限度地满足使用者的要求，也可以主动地避免因使用不当而对电池等主要部件造成的损害。

4.4.5 整车轻量化技术

整车轻量化技术始终是汽车技术重要的研究内容。纯电动汽车由于布置了电池组，整车重量增加较多，因此轻量化问题更加突出，可以采用以下措施减轻整车质量。

1）通过对整车实际使用工况和使用要求的分析，对电池的电压、容量，驱动电机的功率、转速和转矩以及整车性能等车辆参数进行整体优化，合理选择电池和电机参数。

2）通过结构优化、集成化和模块化优化设计，减轻动力总成和车载能源系统的重量。这里包括对电机及驱动器、传动系、冷却系统、空调和制动真空系统的集成和模块化设计，使系统得到优化；通过对电池、电池箱、电池管理系统、车载充电机组成的车载能源系统的合理集成和分散，实现系统优化。

3）积极采用轻质材料，如电池箱的结构框架、箱体封皮、轮毂等采用轻质合金材料。

4）利用CAD技术对车身承载结构件（如前后桥、新增的边梁、横梁等）进行有限元分析研究，用计算和试验相结合的方式，实现结构最优化。

4.5 纯电动汽车能量与回收

4.5.1 纯电动汽车的能量管理系统

纯电动汽车的能量管理系统由硬件系统和软件系统组成。能量管理系统具有从电动汽车各子系统采集运行数据，控制完成电池的充电，显示蓄电池的荷电状态（SOC），预测剩余行驶里程，监控电池的状态，调节车内温度，调节车灯亮度，以及回收再生制动能量为蓄电池充电等功能，如图4-37所示。能量管理系统中最主要的是电池管理系统，该内容将在第7章详细描述。

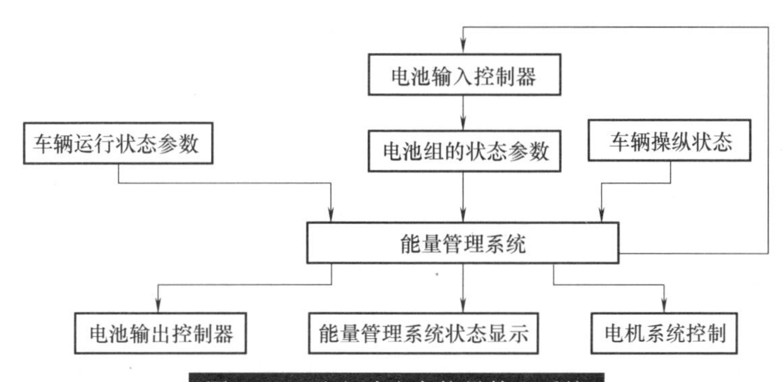

图4-37　纯电动汽车能量管理系统

纯电动汽车能量管理系统主要由电池输入控制器、车辆运行状态参数、车辆操纵状态、能量管理系统、电池输出控制器、电机控制系统等组成。能量管理系统的参数包括各电池组的状态参数（如工作电压、放电电流和电池温度等）、车辆运行状态参数（如行驶速度、电机功率等）和车辆操纵状态（如制动、起动、加速和减速等）等，能量管理系统具有对检测的状态参数进行实时显示的功能。能量管理系统对检测的状态参数按预定的算法进行推理与计算，并向电池、电机等发出合适的控制和显示指令，实现电池能量的优化管理与控制。

4.5.2 纯电动汽车储能装置

纯电动汽车储能装置主要有蓄电池、燃料电池、超级电容器和飞轮电池等。其中蓄电池是纯电动汽车最常用的能量存储装置。

4.5.3 电动汽车充电装置

蓄电池充电装置是电动汽车不可缺少的系统之一，它的功能是将电网的电能转化为纯电动汽车车载蓄电池的电能。

（1）纯电动汽车对充电装置的要求　纯电动汽车对充电装置的基本要求主要有：

1）安全。纯电动汽车充电时，要确保人员的人身安全和蓄电池组的安全。

2）使用方便。充电装置应具有较高的智能性，不需要操作人员过多干预充电过程。

3）成本经济。成本经济、价格低廉的充电设备有助于降低纯电动汽车的整车成本，提高运行效益，促进纯电动汽车的商业化推广。

4）效率高。高效率是对现代充电装置最重要的要求之一，效率的高低对整个纯电动汽车的能量效率具有重大影响。

5）对供电电源污染小。采用电力电子技术的充电设备是一种高度非线性的设备，会对供电网及其他用电设备产生有害的谐波污染，而且由于充电设备功率因数低，在充电系统负载增加时，对其供电网的影响也不容忽视。

（2）纯电动汽车充电装置的类型　纯电动汽车充电装置的分类有不同的方法，总体上可分为车载充电装置和非车载充电装置。

车载充电装置指安装在纯电动汽车上的采用地面交流电网或车载电源对电池组进行充电的装置，包括车载充电机、车载充电发电机组和运行能量回收充电装置。它将一根带插头的交流动力电缆线直接插到纯电动汽车的插座中给电动汽车充电。车载充电装置通常使用结构简单、控制方便的接触式充电器，也可以是感应式充电器。它完全按照车载蓄电池的种类进行设计，针对性较强。

非车载充电装置即地面充电装置，主要包括专用充电机、专用充电站、通用充电机、公共场所用充电站等，它可以满足各种电池的各种充电方式。通常非车载充电器的功率、体积和质量均比较大，以便能够适应各种充电方式。

另外，根据纯电动汽车蓄电池充电时能量转换方式的不同，充电装置可以分为接触式和感应式。

随着电力电子技术和变流控制技术的飞速发展，以及高精度可控变流技术的成熟和普及，分阶段恒流充电模式已经基本被充电电流和充电电压连续变化的恒压限流充电模式取代。目前，主导充电工艺的还是恒压限流充电模式。接触式充电的最大问题在于它的安全性和通用性较差，为了使它满足严格的安全充电标准，必须在电路上采用许多措施使充电设备能够在各种环境下安全充电。恒压限流充电和分阶段恒流充电均属于接触式充电技术。

（3）纯电动汽车充电机的类型　充电机是纯电动汽车最主要的充电设备，其性能好坏直接影响纯电动汽车的充电效果。纯电动汽车充电机从供电电源提取能量，以合适的方式传递给蓄电池，建立供电电源与蓄电池之间的功率转换接口。

根据安装位置不同，可以分为车载充电机和地面充电机；根据输入电源不同，可以分为单相充电机和多相充电机；根据连接方式不同，可以分为传导式充电机和感应式充电机；根据功能不同，可以分为普通充电机和多功能充电机。

车载充电机安装在纯电动汽车上，通过插头和电缆与交流插座连接，因此也称为交流充电机。**车载充电机的优点是在蓄电池需要充电的任何时候，只要有可用的供电插座，就可以进行充电。缺点是受车上空间的限制，导致功率处理能力有限，只能提供小电流慢速充电，充电时间较长。**

地面充电机一般安装在固定的地点，已事先做好输入电源的连接工作，直流输出端与需要充电的纯电动汽车相连接，所以也称为直流充电机。地面充电机可以提供多达上百千瓦的功率处理能力，可以对纯电动汽车进行快速充电。

传导式充电机的输出端直接连接到纯电动汽车上，两者之间存在实际的物理连接，纯电动汽车上不装备电力电子电路。

感应式充电机利用电磁感应耦合方式向纯电动汽车传输电能，两者之间没有实际的物理连接，充电机分为地面部分和车载部分。

普通充电机只提供对蓄电池的充电功能，多功能充电机除了提供对蓄电池的充电功能外，还能实现诸如对蓄电池进行容量测试、对电网进行谐波抑制、无功率补偿和负载平衡等功能。当前实际运行的充电机基本上以交流电源作为输入电源。因此，充电机的功率转化单元实质上是一个AC/DC变流器。

目前，地面充电机使用的是传导式大功率三相充电机。

纯电动汽车充电机铭牌标志的电气参数和技术指标主要如下：

- **输入电源为AC380V。**
- **稳流精度为1%。**
- **稳压精度为1%。**
- **满载效率>91%。**
- **满载功率因数>0.9。**
- **使用环境温度为−20～50℃。**
- **最高输出电压为：串联电池的个数×电池充电限制电压×*k*（*k*为电池厂家提供的控制参数）。**
- **最低输出电压为：串联电池的个数×电池放电限制电压。**
- **最大输出电流、最低充电电流按蓄电池厂家提供数据确定。**
- **最大输出功率为：最高输出电压×最大输出电流。**

4.5.4 纯电动汽车的再生制动能量回收

再生制动指纯电动汽车在减速制动（或下坡）时将汽车的部分动能转化为电能的过程，转化的电能储存在储存装置中，如各种蓄电池、超级电容和超高速飞轮，并最终用于增加电动汽车的续驶里程。如果储能器已经被完全充满，再生制动就不能实现，所需的制动力就只能由常规的制动系统提供。

与传统汽车相比，纯电动汽车工作在再生制动模式或电液复合制动模式时，可由电机提供一部分甚至全部的制动力，在保证汽车制动安全性的同时可以回收一部分的动能储存在蓄电池中，以供再次利用。**目前，绝大多数的纯电动汽车均采用前轴集中式电驱动。**

在理想制动工况下，依据驾驶人踩踏板的动作和习惯可将整个**制动过程大致分为3个阶段：**

> ➢ **第1阶段，驾驶人踩下踏板至理想位置；**
> ➢ **第2阶段，驾驶人保持踏板位置直至停车；**
> ➢ **第3阶段，驾驶人松开制动踏板。**

在制动控制过程中制动踏板的位移和制动主缸的压力决定了驾驶人的期望制动力。由以上的分析可以得出理想制动工况下的期望制动力曲线，如图4-38所示。

期望制动力越大，制动系统产生的制动强度就越大，整个制动过程的制动功率也就越大，对电机和蓄电池的要求也就越高。在制动条件理想的情况下，可以得到最大制动功率与制动初速度及制动强度的关系。有研究表明，汽车95%的制动工况下其最大制动功率小于150kW，这大大降低了对电机和电池储能系统的性能要求，有利于制动能量的回收利用。

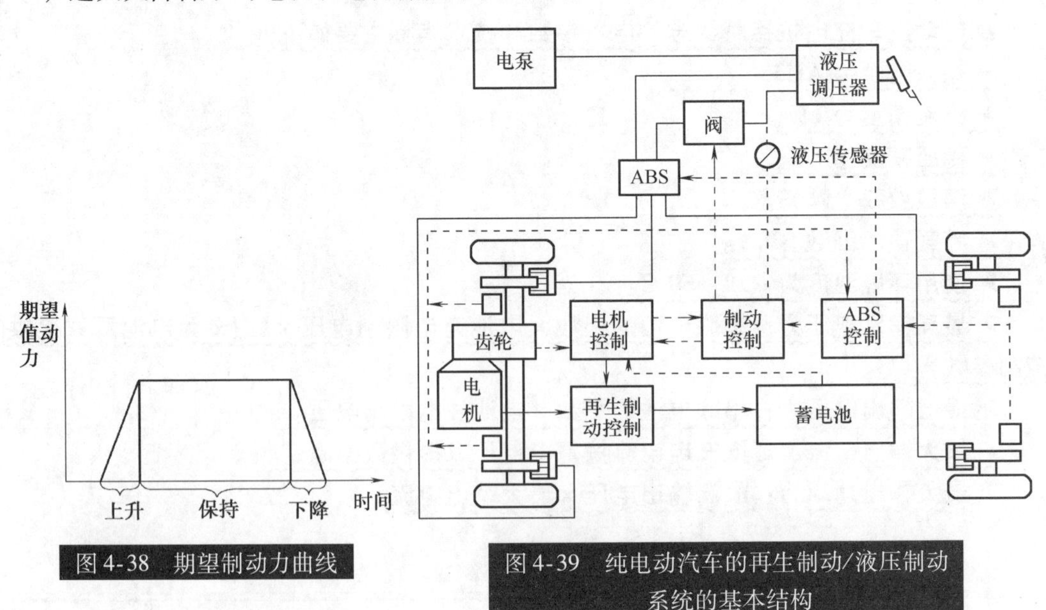

图4-38 期望制动力曲线

图4-39 纯电动汽车的再生制动/液压制动系统的基本结构

由再生制动时的能量流动路线可知，制动能量由车轮流至蓄电池，所流经的任何一个零部件都会使能量损失。考虑到机械传动效率很高且稳定，因此**影响制动能量回收的主要因素包括以下3部分：电机、蓄电池、液压制动系统。**

1）电机。电机作为再生制动系统中转换能量形式的部件，对制动能量的回收起着至关重要的作用。电机的外特性决定了某一转速下再生制动力的最大值。电机的最大功率和基速决定了电机的功率特性。电机在基速以下时，输出转矩保持恒定，功率与转速呈比例关系；在基速以上时，输出转矩随转速增加不断减小，功率输出保持恒定。当车速很低时，电机的转速也会随之变得很低，此时，电机产生的感应电动势很低，不能为蓄电池继续充电。

2）蓄电池。蓄电池是再生制动系统的储能元件，其工作状态，主要体现在SOC和最大充电功率两个方面。**每一种电池都对SOC的运行范围有固定的要求，超出范围的过充和过放都会对电池造成不利的影响。**例如，锂离子电池SOC的运行范围一般为30%～70%，该段称为主动充电区域。当电池的SOC大于70%时，再生制动系统不再为蓄电池充电。由于整个制动过程时间很短，蓄电池的SOC、温度和内阻可认为保持不变，因此蓄电池的开路电压保持不变。同时，为了保护蓄电池，每个电池都有最大充电电流的限制。整个制动过程蓄电池可以保持最大充电功率进行充电。电机的发电功率和电池的充电功率共同限制了再生制动功率的大小，进一步限制了再生制动力的最大值。

3）液压制动系统。由于电机再生制动的能力有限，且电气系统容易出现故障，因此为了保证制动的安全性，液压制动系统对于电动汽车来说是必不可少的。但是再生制动力随车速不断变化，相应地摩擦制动力也要随之改变，以保持与传统制动系统相同的制动强度。因此，液压制动系统结构上比传统制动系统增加了液压控制单元，以精确、稳定地控制制动轮缸的压力，保证汽车良好的制动效能。液压控制单元对制动压力的控制能力间接影响到再生制动力的大小。

图4-39为纯电动汽车的再生制动/液压制动系统的基本结构，当驾驶人踩下制动踏板后，电泵使制动液增压并产生所需的制动力，制动控制与电机控制协同工作，确定电动汽车上的再生制动力矩和前后轮上的液压制动力。再生制动时，再生制动控制系统回收再生制动能量，并将其反充到动力电池中。与传统燃油车相同，纯电动汽车上的ABS及其控制阀的作用也产生最大的制动力。

再生制动能量回收的基本原理是先将汽车制动或减速时的一部分机械能（动能）经再生系统转换（或转移）为其他形式的能量（旋转动能、液压能、化学能等），并储存在储能器中，同时产生一定的负荷阻力使汽车减速制动；当汽车再次起动或加速时，再生系统又将储存在储能器中的能量转换为汽车行驶所需要的动能（驱动力）。

电动汽车再生制动能量回收的方法有飞轮储能、液压储能和电化学储能等。

1）飞轮储能是利用高速旋转的飞轮来储存和释放能量。当汽车制动或减速时，先将汽车在制动或减速过程中的动能转换成飞轮高速旋转的动能；当汽车再次起动或加速时，高速旋转的飞轮又将存储的动能通过传动装置转化为汽车行驶的驱动力。

2）液压储能式再生制动能量回收先将汽车在制动或减速过程中的动能转换成液压能，

并将液压能储存在液压储能器中；当汽车再次起动或加速时，储能系统又将储能器中的液压能以机械能的形式反作用于汽车，以增加汽车的驱动力。

3）电化学储能式再生制动能量回收先将汽车在制动或减速过程中的动能，通过发电机转化为电能并以化学能的形式储存在储能器中；当汽车再次起动或加速时，再将储能器中的化学能通过电机转化为汽车行驶的动能。储能器可采用蓄电池或超级电容，由电机来实现机械能和电能之间的转换。该系统还包括一个控制单元，用来控制蓄电池或超级电容的充放电状态，并保证蓄电池的剩余电量在规定的范围内。

目前，电动汽车一般采用电化学储能方法来实现再生制动能量回收，具体办法是在制动或减速时将驱动电机当作发电机。

图 4-40 是一种用于前轮驱动汽车的电化学储能式再生制动能量回收系统示意图。当汽车以恒定速度或加速度行驶时，电磁离合器脱开。当汽车制动时，行车制动系统开始工作，汽车减速制动，电磁离合器接合，从而接通驱动轴和变速器的输出轴。这样，汽车的动能由输出轴、离合器、驱动轴、驱动轮和从动轮传到发动机和飞轮上。制动时的机械能被电机转换为电能，存入蓄电池。当离合器再分离时，传到飞轮上的制动能，驱动电机产生电能，存入蓄电池。

在电机和飞轮回收能量的同时能产生负载作用，并作为前轮驱动的制动力。当汽车再次起动时，蓄电池的化学能被转换成机械能用来使汽车加速。

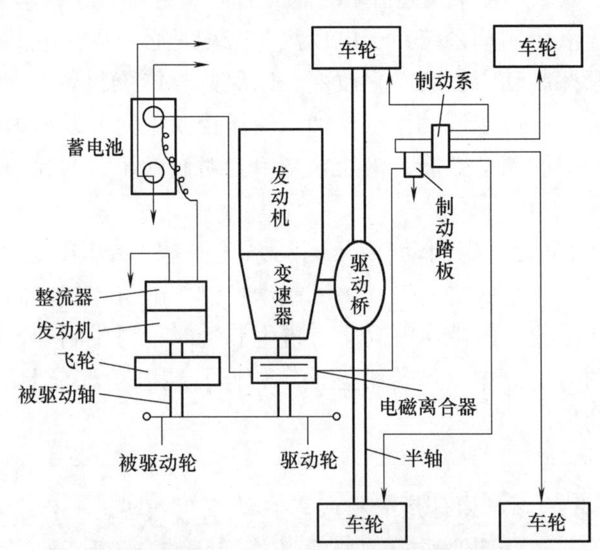

图 4-40　电化学储能式再生制动能量回收系统示意图

第 5 章

燃料电池汽车

燃料电池（Fuel Cell）是一种能将存储于燃料与氧化剂中的化学能直接转化为电能的化学电池，它能够直接把物质发生化学反应时释放出的能量转变为电能，工作时需要连续地向其供给活物质（起反应的物质）——燃料和氧化剂。

5.1 国内外燃料电池汽车的发展现状与发展态势

5.1.1 国外燃料电池汽车的发展现状与发展态势

近年来，燃料电池在研究、开发和商品化方面取得了巨大突破，这给汽车工业和能源工业的变革带来了新的希望。美国能源部的报告指出，燃料电池技术将成为21世纪汽车工业竞争的焦点。发达国家都将大型燃料电池的开发作为重点研究项目，各国企业界也纷纷斥巨资从事燃料电池技术的研究与开发，现在已取得了许多重要成果。2MW、4.5MW、11MW成套燃料电池发电设备已进入商业化生产，各等级的燃料电池发电厂相继在一些发达国家建成。21世纪，燃料电池发电有望成为继火电、水电、核电后的第四代发电技术。

在电动汽车应用方面，汽车工业发达的国家，如美国、日本等，均制订了燃料电池汽车发展规划，各大汽车公司纷纷投入巨资开发燃料电池汽车。丰田、戴姆勒已经在日本和美国将燃料电池汽车交付用户试用，通用汽车有超过100辆雪佛兰Equinox氢燃料电池汽车交付给普通消费者进行日常测试。燃料电池汽车的商业化示范运行在全球范围内蓬勃开展，主要目的在于进行技术检验和提高公众认知程度，最著名的包括美国加利福尼亚燃料电池伙伴计划、欧洲八国十城市的洁净交通示范项目、日本的氢能燃料电池示范项目和联合国燃料电池公共汽车示范项目。

跨国汽车企业在技术研发方面一般有两套方案：一套是远期技术策略，作为技术储备；另一套是中近期策略，即现实的过渡性技术方案。由于燃料电池汽车特别是氢动力汽车所具备的出色的能源可得性和环保效果，发达国家及跨国汽车企业普遍认可了燃料电池技术的优越性和终极方向。目前，通用、福特、大众、丰田、戴姆勒、宝马、PSA、本田等几乎全部的跨国汽车企业，都在积极进行燃料电池汽车的技术研发。驱动电池技术、氢储藏技术、电机技术、驱动系统控制与集成技术，以及充电系统技术等核心部件及技术领域，是确立企业技术主动性的关键所在。目前，全世界已有70多款燃料电池汽车面世，其中部分车型已经进行了路试。

（1）日本　与混合动力汽车一样，在燃料电池汽车技术发展方面，日本企业也走在世界前列，其中，本田公司率先实现了小规模量产。

本田 FCX 燃料电池车的研发，最早可以追溯到 1999 年。当时，本田发布了 FCX-V1 和 FCX-V2 概念车。本田 FCX-V 系列的动力设计与混合动力车相似，但采用全电动方式工作，彻底取消了机械式传动轴、减速齿轮和液压系统等部件，而主要由氢燃料电池堆、电动机、控制模块和超级电容电池组构成。在正常行驶时，由燃料电池提供电力，需要输出大功率时，由超级电容电池组提供额外电力。FCX 使用的质子互换（PEM）燃料电池，也被通用和福特公司所采用。

2007 年，本田发布了全球首款燃料电池量产车 FCX Clarity（图 5-1），在北美和日本以租赁、租售方式投放市场，北美的租赁价格为每月 600 美元并签订 3 年合同。2008 年 6 月，第一辆 FCX Clarity 下线，成为通过美国环保署认证的第一辆可以上路行驶的燃料电池汽车。该车在 2010 年就已达到 200 辆的规模。

除本田公司外，日本还有丰田、马自达和大发等企业在进行燃料电池汽车技术的研发，并且也取得了阶段性成果。丰田曾宣布与美国萨凡纳河国家实验室（SRNL）以及可再生能源实验室（NREL）共同开展 Highlander FCHV-adv 燃料电池汽车（图 5-2）的公路实验。该车的续驶里程可达到 693km。丰田的 Mark X Zio 氢燃料电池车，充满燃料可行驶 780km，最高车速可达 160km/h，燃料效率是双燃料车的 2 倍，是传统汽油车的 3 倍，计划于 2014 年上市。

图 5-1　2010 版 FCX Clarity 燃料电池汽车

图 5-2　Highlander FCHV-adv 燃料电池汽车

马自达长期致力于燃料电池汽车研发，已经开发出以氢气为燃料的内燃机，实现了零排放。但是续驶里程较短和氢气成本高成为该款氢气发动机的主要障碍。马自达向日本岩谷产业公司交付了 Premacy Hydrogen RE Hybrid 氢燃料电池汽车（图 5-3）；岩谷产业和新日本石油等公司在北九州市共同经营氢燃料加气站，岩谷产业将把这些新车作为九州地区的工作用车，该车月租费为 42 万日元（约合人民币 3.1 万元）。

除汽车企业外，日本政府对燃料电池汽车也给予了高度关注和扶持。为了确保在新能源战略上抢占先机，日本经济产业省从 1993 年开始实施“氢利用清洁能源计划”，日本通产省于 1993 年启动了“We—Net”项目。日本经济产业省给燃料电池汽车的开发与推广制定了时间表：2010 年，日本使用的燃料电池汽车达到 5 万辆，把汽车用燃料电池

图 5-3　Premacy Hydrogen RE Hybrid 氢燃料电池汽车

的价格降低到普通汽油发动机的水平，并从政府机关开始普及燃料电池车。2020年达到500万辆。到2030年，要全面普及燃料电池汽车，并以民间为中心自发扩大普及率，计划到2030年使燃料电池车达到1500万辆，在日本全国汽车市场的占有率达到1/5。日本还计划投入2090亿日元开发以天然气为原料的液体合成燃料技术、车用电池，以及氢燃料电池科技。

图5-4 i-Blue氢燃料电池概念车

图5-5 凯迪拉克Provoq概念车

（2）美国 美国研发氢动力汽车历史较早且投入巨大。通用公司从20世纪60年代末就开始氢燃料电池驱动技术的研究，到目前已经累计投入数十亿美元。美国的燃料电池技术一直处于世界前列，直到21世纪初期才逐渐被日、欧等国的企业赶上甚至超越。**但直到现在，氢燃料电池汽车的最高速度纪录依然由美国保持。**

通用公司研发的凯迪拉克Provoq概念车（图5-5）搭载了E-Flex氢燃料电池驱动系统。续驶里程为483km，0～100km/h加速8.5s。

2003年，通用发布的“氢动三号”（HydroGen3）载货车（图5-6），已经达到了其商业化生产指标，驱动系统的模块化且摆脱对蓄电池的依赖，使“氢动三号”的总车重接近1590kg的目标值，而且载货空间与普通车型完全相同。

图5-6 “氢动三号”载货车

原戴姆勒-克莱斯勒公司以奔驰A级轿车为基础，为美国、欧洲、日本、新加坡的客户提供了60辆氢燃料电池车。第一批车已经在美国和日本上路，成为继FCX Clarity之后第二款商品化的氢燃料电池汽车。

福特在燃料电池汽车研发方面，除与巴拉德动力系统公司（Ballard Power Systems）合作外，还与埃克森-美孚石油公司（Exxon Mobil）展开了合作，共同开发小型燃料转化装置，即从碳氢燃料（如汽油和柴油）中提取燃料电池用氢气技术。

美国车企还广泛开展了与上下游企业的合作。2003年7月，美国快递业巨头联邦快递（FedEx）公司和通用汽车联合进行了一项燃料电池车的商用试验，联邦快递在日本使用通用“氢动三号”燃料电池车，进行为期1年的正常货品递送业务。为了解决燃料电池车普及推广问题，几大跨国巨头还纷纷联手石油公司，以解决燃料补充的问题。例如通用汽车曾与壳牌合作，在华盛顿设立燃料补充站，为“氢动三号”补充氢燃料。

美国政府对燃料电池技术的研究面很宽，不仅限于汽车领域，还拓宽到固定电站等其他应用领域。美国政府通过颁布政策法规和提供大量科研基金来促进各研发机构和企业对燃料电池技术的开发。

（3）欧洲燃料电池汽车技术发展与产业化情况　欧盟诸国希望借助燃料电池和氢能源技术发展，使其在相关技术研发和应用领域处于世界领先地位，力争在2020年前建立燃料电池和氢能源的庞大市场。

戴姆勒-公司以现有的奔驰B级车为原型，从2009年底开始少量生产燃料电池汽车，并于2010年投放欧洲及美国市场，到2014年该公司年产能可达到3000辆。**奔驰设计的F-CELL氢燃料电池汽车（图5-7）只需加注氢燃料，通过车内装置迅速转化成电能，加满氢燃料仅需3min。该车能在-25℃环境下起动，最高车速为170km/h，加满燃料后续驶里程达400km，百公里耗能相当于3.3L汽油。**奥迪公司也推出了Q5燃料电池汽车（图5-8）。

图5-7　F-CELL氢燃料电池汽车

图5-8　Q5燃料电池汽车

2006年，德国联邦政府交通建设住宅部（BMVBW）、经济技术部（BMWi）、环境部（BMU）以及教育和研究部（BMBF）联合制定了氢气燃料电池的专门实施计划，即“氢气燃料电池技术国家技术革新项目”（NIP），这是德国首个联邦政府部际层面的联合计划，很大程度上参考了日本的氢燃料电池政策。为了管理NIP，德国于2008年2月成立了氢气燃料电池技术国家组织（NOW）。联邦政府将提供总计10亿欧元的资金以推动氢能和燃料电池技术的发展，并开展示范运行项目。

瑞典政府实施了一系列国家研究示范计划，其中包括道路车辆燃料系统计划和“绿色汽车计划”（Green Car Programme），支持各种技术路线探索，重点是燃料电池汽车。

为进一步加强技术合作，戴姆勒、福特、通用、本田、现代-起亚、雷诺-日产联盟和丰田等汽车公司已联合签署了关于燃料电池车的开发和市场进入等基本意向书，主要目的是支援氢供给技术设备的建设。预计各汽车厂商都会在2015年前后将燃料电池汽车商品化。**为加快发展燃料电池汽车，目前，跨国汽车企业纷纷组成跨国战略联盟，以期达到优势互补、**

快速推进、抢占标准的目的，主要包括：巴拉德-福特-戴姆勒联盟、丰田-通用联盟、东芝-美国国际燃料电池公司联盟、宝马-西门子联盟、雷诺-日产-De Nora 联盟等。

从技术角度看，不论是液态氢、气态氢、储氢金属储存的氢，还是碳水化合物经过重整后转换的氢，均可作为燃料电池的燃料。受氢燃料价格、储存、电池组成本过高等因素影响，目前燃料电池汽车均未具备大规模量产的条件，与发达国家公布的计划和各大汽车企业的计划仍有较大差距。

目前，全球范围内投入使用的加氢站仅有 100 家，并且大部分用于试验。氢燃料电池技术日益成熟，但依然处于实验室和路试阶段。以纯氢为燃料的燃料电池汽车的商业化生产，乐观预测也需要 15 年以上时间。因此，**在燃料电池汽车的示范运行方面，世界各国不约而同地把切入点集中在大客车上，如欧盟的 CUTE 示范项目、UNDP/GEF 燃料电池商业化示范项目，美国加州的 CAHFC 示范项目和日本的 JHFC 计划等。**

值得注意的是，随着动力电池技术的快速发展，插电式混合动力汽车和纯电动汽车日益成为发达国家特别是美国的扶持重点。美国对于燃料电池汽车的支持发生了微妙变化，目前燃料电池技术研发重心已从应用技术转向基础性研究。2009 年 5 月，美国能源部长正式宣布，政府停止支持燃料电池电动汽车的研发，并大规模削减相关车型研发的资金支持。

5.1.2 国内燃料电池汽车的发展现状与发展态势

我国在燃料电池研究方面起步较早。1958 年，天津电源研究所就开始开展固态燃料电池的研究工作。“十五”和“十一五”期间，在燃料电池汽车技术一片空白的状况下，我国确定以开发燃料电池汽车动力平台，采用电-电混合动力系统，利用高压储氢方式，使用工业副产氢的总体开发思想为核心，确立了以研究燃料电池作为车用动力源的新型动力系统设计理论与方法，从动力系统结构及其控制上解决燃料电池本身的动态响应和集成问题；研究与整车车型的应用适配技术，确定新型动力系统的噪声控制方法和氢气杂质的容限指标；研究燃料电池汽车动力系统相关测试技术，建立完整的测试规范及测试环境；最终形成氢能源燃料电池汽车动力平台的技术体系和主要技术路线。在新能源汽车“三纵三横”的研发布局下，燃料电池汽车及关键技术一直是我国新能源汽车研发的重要领域。

2001 年，通用与上汽联合开发出我国第一款燃料电池汽车——“凤凰”。此后，经过长期探索和积累，我国的燃料电池汽车整车集成技术，动力平台开发，整车的可靠性及成熟性都得到明显提升。**国家研发投资是我国燃料电池技术及相关企业能够生存并发展的重要原因。**

我国燃料电池汽车及关键部件的研发主要集中在北京和上海两地。按照国家“863 电动汽车重大科技专项”的布局，客车和轿车的燃料电池技术中心分别设立在清华大学和同济大学。清华大学联合北汽集团，取得了以新一代整车控制器、两档变速器、氢电系统安全碰撞、制动能量回馈等创新成果，并开发出“福田一号”燃料电池客车，完成 5 万 km 测试。2007 年，进行了全国首例燃料电池客车碰撞安全试验。清华大学和北汽福田联合开发的 3

辆燃料电池客车，用于奥运会马拉松比赛和公交运营示范。

从“十五”时期开始，上海燃料电池动力系统有限公司联合同济大学、上汽集团，曾先后研发出三代“超越”系列燃料电池动力平台，分别适配于上海大众桑塔纳和奇瑞东方之子等车型。“超越”电池累计完成运行 10 万 km 以上，单车最长持续运行 2.9 万 km。新一代燃料电池将整车控制器、燃料电池、电池管理系统集中到集成式动力电池系统控制单元中，使我国燃料电池技术明显提升。在与上海大众进行的底盘匹配中，我国燃料电池的可靠性、耐久性和技术成熟度，都得到大众公司的认可，共制造 20 辆帕萨特领驭燃料电池轿车服务于北京奥运会。除了北汽和上汽外，苏州金龙和上海申沃也与“863”课题单位联合研发出燃料电池客车样车。

在燃料电池汽车技术研发方面，目前我国多家企业依然处于研发阶段。其中，上海新源动力、上海攀业为北京奥运会研发了 4 辆燃料电池轿车和 1 辆燃料电池大客车，为上海世博会研发了 40 辆燃料电池轿车和 2 辆燃料电池大客车。其母公司新源动力股份有限公司是“燃料电池及氢源技术国家工程研究中心”，专门从事燃料电池技术研发，是国内技术、人才、资金、实力各方面都较强的企业。2007 年，上汽集团正式入股新源动力股份有限公司，持股 40%，成为新源动力的第一大股东。

上海攀业氢能源是一家从事质子交换膜燃料电池原材料及电池系统相关产品开发、生产和销售的公司。上海攀业定位为中小型燃料电池开发，是国内将氢燃料电池商业应用最广泛的企业之一。此外，在质子交换膜燃料电池方面，上海神力的技术也已经接近国际领先水平。

我国经过“十五”、“十一五”和“十二五”期间对燃料电池汽车的持续研发和产业化，所研制样车的部分技术指标达到或接近国际先进水平。2008 年 4 月底，上海大众领驭燃料电池轿车、福田欧 V 燃料电池城市客车作为国内首批燃料电池轿车和客车产品已进入国家产品公告，并为 2008 年的北京奥运会提供了交通服务。2010 年，上海也应用了燃料电池汽车为世博会服务。

目前我国燃料电池汽车研发方面存在的问题包括：

1）在研发过程中，核心技术依靠国外合作伙伴，而技术门槛较低的零部件产业却呈现散、小、低的局面；

2）在燃料电池汽车整车开发，尤其是能够适应市场需求量产的整车开发方面，与世界先进水平的差距仍然很大；

3）对于燃料电池汽车开发而言，除了国家政策的扶持外，还需要冶金、石化、机械、电子、轻工、建材等相关行业共同努力。但从目前的情况看，这种合作和互补的发展格局并未完全形成。

虽然燃料电池具有大量的优点，但是它要取代内燃机成为主流车载发动机还需要很长一段时间。主要原因除了和燃料电池发动机相关的燃料供应、维修等服务行业的发展尚未完善以外，成本高，技术成熟度低，寿命短也是目前阻碍其成为主流车载发动机的主要因素。在业界，氧气供应的不足被认为是影响燃料电池功率输出的最大因素。当功

率需求发生突变时，过低的氧气压力不仅会降低燃料电池的电压和输出功率，还会减少燃料电池的寿命。造成这种情况的主要原因是阴极还原反应的速度要比阳极氧化反应的速度慢 100 倍以上。

5.2 燃料电池的构造和原理

5.2.1 燃料电池的组成

单独的燃料电池堆是不能发电并用于汽车的，它必须和燃料供给与循环系统、氧化剂供给系统、水/热管理系统及能使上述各系统协调工作的控制系统组成燃料电池发电系统，简称燃料电池系统。燃料电池系统主要由燃料电池组、辅助装置和关键设备组成，**辅助装置和关键设备包括：**

- 燃料和燃料储存器（包括碳氢化合物转化的重整器）；
- 氧化剂和氧化剂存储器；
- 供给管道系统和调节系统（包括气体输送泵、热交换器、气体分离和净化装置）；
- 水和热管理系统。

5.2.2 燃料电池的工作原理

燃料电池同普通电池概念完全不同，被称为燃料电池只是由于在结构形式上与电池类似，外观、特性像电池，但其随负荷的增加，输出电压会下降。作为发电装置，它没有传统发电装置上的原动机驱动发电装置，而是将燃料同氧化剂反应的化学能直接转化为电能。只要不中断供应燃料，它就可以不停地发电。

燃料电池与普通化学电池类似，两者都是通过化学反应将化学能转换成电能。然而，从实际应用角度看，两者之间也存在着较大差别。普通电池是将化学能储存在电池内部的化学物质中。当电池工作时，这些有限的物质发生反应，将储存的化学能转变成电能，直至这些物质全部发生反应。因此，实际上普通的电池只是一个有限的电能输出和储存装置。而燃料电池更类似于汽油机或柴油机。它的燃料（主要是氢气）和氧化剂（纯氧气或空气）不是储存在电池内，而是储存在电池外的储罐中。当电池发电时，需连续不断地向电池内送入燃料和氧化剂，排出反应生成物——水。燃料电池本身只决定输出功率的大小，其发出的能量由储罐内燃料与氧化剂的量来决定。因此，确切地说，燃料电池是一个适合车用的、环保的氢氧发电装置。它的最大特点是反应过程不涉及燃烧，因此其能量转换效率不受“卡诺循环”的限制，其能量转换效率可高达 80%，实际使用效率则是普通内燃机的 2 ~ 3 倍。

燃料电池可以使用多种燃料，包括氢气、一氧化碳以及碳氢化合物，氧化剂通常使用纯氧或空气。其基本原理相当于电解反应的可逆反应。图 5-9 为燃料电池结构与电化学反应原理。燃料及氧化剂在电池的阴极和阳极上借助催化剂的作用，电离成离子，离子能通过在两电极中间的电解质并在电极间迁移，在阴电极、阳电极间形成电压。在电极同外部负载构成回路时就可向外供电（发电）。

燃料电池的电极通常做成平板，再附上一层薄电解质，如图 5-10 所示。电极结构通常是多孔的，这种多孔结构保证了两侧的电解质和气体可以顺利通过，这样的结构使电极、电解质和气体之间有了最大程度的接触。

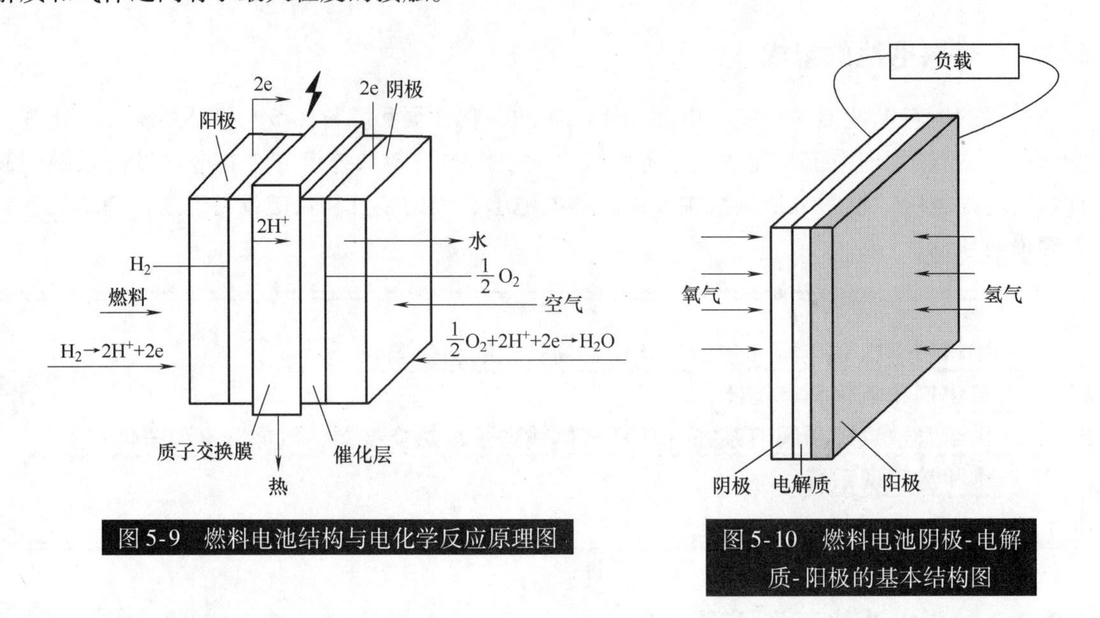

图 5-9 燃料电池结构与电化学反应原理图

图 5-10 燃料电池阴极-电解质-阳极的基本结构图

燃料电池是一种原电池，借助于电化学过程，其内部燃料的化学能直接转换为电能。燃料和氧化剂持续且独立地供给电池的两个电极，并在电极处进行反应。电解液用以将离子从一个电极传导至另一电极。

燃料供给阳极或正极，在该电极处，依靠催化剂，电子从燃料中释放。在两电极间的电位差作用下，电子经外电路流向阴极或负极，在阴极处，正离子和氧结合，产生反应物或废气。

燃料电池中的化学反应类似于蓄电池中的化学反应。燃料电池的热力学电压与反应中释放的能量和转移的电子数密切相关。原电池反应所释放的能量由吉布斯自由能的变化量给出，通常以 g/mol 分子量表达。

理想情况下，燃料电池化学反应所释放出来的最大电能量为反应过程中的吉布斯自由能变化量，燃料电池输出电压和吉布斯自由能存在一一对应关系。但在实际应用时，燃料电池的输出电压要低于上述对应值，并且随着工作状态的变化而变化，尤其会随着电流的增大而降低。造成燃料电池输出电压和理想状态存在较大差异的原因是燃料电池在电化学反应过程中存在以下几方面的能量损失，造成系统的不可逆性（又称为极化现象），分别为：活性极化、燃料的穿透和内部短路电流、欧姆极化、浓差极化。造成这些现象的原因各不相同，并且在不同的工作条件下，各种极化现象对系统的影响程度也不同。极化现象的影响机理如表 5-1 所示。

表 5-1　极化现象的影响机理

极化现象	影响机理
活性极化	指由于电化学反应过程中电极表面的反应速度过慢而导致的能量损失。在开路情况下已经存在，主要由燃料电池本身的特性决定 活性极化现象在小电流工况下比较明显
燃料的穿透和内部短路电流	尽管理论上电解质只允许质子通过，但事实上总会存在一定数量的燃料扩散，以及电子流通过电解质而造成的能量损失，这直接反映为开路电压的降低。也有观点认为该现象也属于活性极化
欧姆极化	指克服电子通过电极材料、各种连接部件及离子通过电解质的阻力引起的能量损失。欧姆极化在燃料电池正常工作情况下作用最为明显，输出电压的下降基本和电流密度呈线性关系变化，故又称阻抗损失 欧姆极化现象在比较宽的范围内作用都比较明显
浓差极化	指在电化学反应中，由于电极表面反应物被消耗，浓度下降，导致无法向电极表面提供足够的反应物而引起的电压损失。在正常的燃料电池中，要避免明显的浓差极化现象出现 浓差极化现象一般出现在电流密度较大的工况，会造成输出电压急剧下降

5.2.3　燃料电池的优缺点

燃料电池与蓄电池相比，具有以下优点。

1）洁净、安全。排放基本达到零，用碳氢化合物作为燃料的燃料电池主要生成物质为水、二氧化碳和一氧化碳等，属于“超低污染”，有害气体硫化物、氮氧化物排放低，噪声也小，规模及安装地点灵活，且燃料电池电站占地面积小，建设周期短。

2）节能、转换效率高。直接将燃料的化学能转化为电能，中间不经过燃烧过程。燃料电池在额定功率下的效率可以达到60%，而在部分功率输出条件下运转效率可以达到70%，在过载功率输出条件下运转效率可以达到50%～55%，而火力发电和核电的效率为30%～40%。燃料电池高效率随功率变化的范围很宽，在低功率下运转效率高，特别适合汽车动力性能的要求。燃料电池短时间的过载能力，可以达到额定功率的200%，非常符合汽车在加速和爬坡时动力性能的特征。

3）多燃料系统。可根据各种燃料电池的用途和条件选择使用最合适的燃料。

4）运行效率高。负荷响应快，运行质量高，燃料电池在数秒钟内就可以从最低功率变换到额定功率。

5）无振动和噪声且寿命长。燃料电池通过燃料和氧化剂分别在两个电极上发生反应，由电解液和外电路构成回路，将反应中的化学能直接转化为电能，所以在整个工作过程中，没有噪声和机械振动的产生，从而减少了机械器件的磨损，延长了使用寿命。

6）结构简单、运行平稳。燃料电池的能量转换是在静态下完成的，结构比较简单，构件的加工精度要求低，特别是质子交换膜燃料电池能量转换效率高，能够在－80℃的低温条件下起动和运转，对结构件的耐热性能要求也不高。由于无机械振动，所以运行时比较平稳。

目前燃料电池的主要缺点如下。

1）燃料种类单一。目前，不论是液态氢、气态氢，还是碳水化合物经过重整后转换的氢，都是燃料电池的唯一燃料。氢气的产生、储存、保管、运输、灌装或重整，都比较复杂，对安全性要求很高。

2）要求高质量的密封。燃料电池的单体电池所能产生的电压约为1V，不同种类的燃料电池的单体电池所能产生的电压略有不同。通常将多个单体电池按使用电压和电流的要求组合成为燃料电池发动机组，在组合时，单体电池间的电极连接时，必须要有严格的密封，因为密封不良的燃料电池，氢气会泄漏到燃料电池的外面，降低了氢的利用率并严重影响燃料电池发动机的效率，还会引起氢气燃烧事故。由于要求严格的密封，导致燃料电池发动机的制造工艺很复杂，并给使用和维护带来很多困难。

3）价格高。由于制造成本高，电池价格相对也较高。

4）需要配备辅助电池系统。燃料电池可以持续发电，但不能充电和回收燃料电池汽车再生制动的反馈能量。通常在燃料电池汽车上还要增加辅助电池，来储存燃料电池富裕的电能，并在燃料电池汽车减速时接收再生制动时的能量。

目前，车用燃料电池急需解决以下关键问题。

1）提高车用燃料电池单位质量（或体积）、电流密度及功率，提高车辆所必需的快速起动和动力响应的能力。

2）必须开发质量轻、体积小、能储存更多氢能的车载氢储存器，以便更有效地利用燃料能量，提高续驶里程和载质量。

3）必须解决好氢气的安全问题，在一定的条件下，氢气比汽油具有更大的危险性，所以无论采用什么储存方式，储存器及其安全措施都必须满足使用要求。

4）电池组件必须采用积木化设计，开发有效的制造工艺，并进行高效的自动化生产，从而降低材料和制造费用。

5）发展结构紧凑及性能可靠的质子交换膜燃料电池的同时，还要开发应用其他燃料，像甲烷、柴油等驱动的质子交换膜燃料电池，这将会拓宽质子交换膜燃料电池的应用范围。

5.3 燃料电池的分类方式

5.3.1 燃料电池的种类

燃料电池的分类有多种方法，可以依据其工作温度、燃料种类、电解质类型进行分类。

（1）按照工作温度分类　按照工作温度，燃料电池可分为低温型（低于200℃）、中温型（200～750℃）和高温型（高于750℃）三种。

（2）按照燃料的种类分类　按照燃料的种类，燃料电池也可分为三类。

1）直接式燃料电池，即燃料直接使用氢气；

2）间接式燃料电池，其燃料通过某种方法把甲烷、甲醇或其他类化合物转变成氢气或富含氢的混合气后再供给燃料电池；

3）再生燃料电池，是指把电池生成的水经适当方法分解成氢气和氧气，再重新输送给燃料电池。

（3）按电解质类型分类　按电解质类型分类，可分为如下五类：碱性燃料电池（AFC）、磷酸燃料电池（PAFC）、熔融碳酸盐燃料电池（MCFC）、固体氧化物燃料电池（SOFC）、质子交换膜燃料电池（PEMFC）。在此分类下，不同类型燃料电池的主要区别见表 5-2。

表 5-2　不同类型燃料电池的主要区别

燃料电池	碱性（AFC）	磷酸（PAFC）	熔融碳酸盐（MCFC）	固体氧化物（SOFC）	质子交换膜（PEMFC）
电解质	KOH	H_3PO_4	Li_2CO_3-K_2CO_3	Y_2O_3-ZrO_2	含氟质子交换膜
工作温度	65～220℃	180～220℃	约 650℃	500～1000℃	室温与 80℃之间
质量功率/（W/kg）	35～105	100～200	30～40	15～20	300～1000
输出功率密度/（W/cm^2）	0.5	0.1	0.2	0.3	1～2
燃料种类	H_2	天然气、甲醇、液化石油气	天然气、液化石油气	H_2、CO、H_2C	H_2
氧电极的氧化物种类	O_2	空气	空气	空气	空气
特性	1）需使用高纯度氢气作为燃料 2）低腐蚀性，极低温，较易选择材料	1）进气中含 CO 会导致触媒中毒 2）废热可再利用	1）不受进气 CO 影响 2）反应时需循环使用 CO_2 3）废热可利用	1）不受进气 CO 影响 2）高温反应，不需依赖触媒的特殊作用 3）废热可利用	1）功率密度高，体积小，质量轻 2）低腐蚀性及低温，较易选择材料
优点	1）起动快 2）室温常压下工作	1）对 CO_2 不敏感 2）成本相对较低	1）可利用空气作氧化剂 2）可用天然气或甲烷作燃料	1）可用空气作氧化剂 2）可用天然气或甲烷作燃料	1）可用空气作氧化剂 2）固体电解质 3）室温工作 4）起动迅速
缺点	1）需以纯氧作氧化剂 2）成本高	1）对 CO 敏感 2）起动慢 3）成本高	工作温度较高	工作温度较高	1）对 CO 非常敏感 2）反应物需要加湿
发电效率	45%～60%	35%～60%	45%～60%	50%～60%	30%～40%
应用情况	主要用于宇航器	发电、航天器等	可用于大型发电	可用于大型发电	电动汽车

（4）按照燃料电池运行机理分类　根据燃料电池运行机理，可分为酸性燃料电池和碱性燃料电池。

（5）按照燃料电池的燃料状态不同分类　根据燃料电池的燃料状态不同，可分为液体型燃料电池和气体型燃料电池。

5.3.2 几种典型的燃料电池

(1) 质子交换膜燃料电池　质子交换膜燃料电池的关键材料与部件包括电催化剂、电极(阴极与阳极)、质子交换膜和双极板。目前最常见的是氢-氧型质子交换膜燃料电池,基本原理是氢氧反应产生的吉布斯自由能直接转化为电能。其工作过程包括:

1) 氢气通过管道或导气板到达阳极。

2) 在阳极催化剂的作用下,1个氢分子解离为2个氢质子,并释放出2个电子。

阳极反应为

$$2H_2 \rightarrow 4H^+ + 4e^-$$

3) 在电池的另一端,氧气(或空气)通过管道或导气板到达阴极。在阴极催化剂的作用下,氧分子和氢离子与通过外电路到达阴极的电子发生反应生成水。阴极反应为

$$O_2 + 4H^+ + 4e^- \rightarrow 2H_2O$$

总的化学反应为

$$2H_2 + O_2 \rightarrow 2H_2O$$

电子在外电路形成直流电。因此,只要源源不断地向燃料电池阳极和阴极供给氢气和氧气,就可以向外电路的负载连续地输出电能。

理想的燃料电池系统是可逆热力学系统,在不同的工作温度、工作压力条件下,可通过热力学计算得出在理想可逆情况下燃料电池发电效率及单电池电压的变化规律。

实际上,开始反应产生电流时,燃料电池的工作电压会降低很多。其原因主要有以下三点:

① 在电极上,活化氢气和氧气的能量要消耗一部分电动势。

② 电极发生反应后,电池内部的物质移动扩散,所需能量要消耗一部分电动势。

③ 由于电极与电解质之间有接触阻抗,电极和电解质本身也有电阻,因此也要消耗与电流大小成正比的电动势。

由于活化阻抗、扩散阻抗和电阻的综合作用,燃料电池单体的实际工作电压一般为0.6~0.8V。

质子交换膜燃料电池的工作温度约为-80℃。在这样的低温下,电化学反应能正常地缓慢进行,通常用每个电极上的一层薄的铂金进行催化。

质子交换膜燃料电池以固态聚合物膜为电解质。该聚合物膜为全氟磺酸膜,它也称为Nafion(美国杜邦公司),是酸性的,因此迁移的离子为氢离子H^+或质子。质子交换膜燃料电池是由纯氢和作为氧化剂的氧或空气一起供给燃料的。

聚合物电解质膜被碳基催化剂所覆盖,催化剂直接与扩散层和电解质两者接触以求达到最大的相互作用面。催化剂构成电极,在其之上直接为扩散层。电解质、催化剂层和气体扩散层的组合称为膜片-电极组件。

质子交换膜燃料电池中的催化剂是关键性因素。在早期实践中,为了使燃料电池稳定运行,需要很可观的铂载量。在催化剂技术方面现已取得了巨大进展,使铂载量从28mg/cm²减少到0.2mg/cm²。由于燃料电池的低运行温度,以及电解质酸性的本质,因此应用的催化剂层需要贵金属。因氧的催化还原作用比氢的催化氧化作用更为困难,所以阴极是最关键的电极。

在质子交换膜燃料电池中,另一关键性问题是水的管理。为了使燃料电池稳定运行,聚

合物膜必须保持湿润。事实上，是聚合物膜中离子的导电性需要湿度。若聚合物膜过于干燥，就没有足够的酸离子去承载质子；若聚合物膜过于湿润，则扩散层的细孔将被阻断，从而使反应气体不能扩展触及催化剂。

水在质子交换膜燃料电池中的阴极生成。通过将燃料电池保持在某一温度下，并靠流动促使水蒸发，即可令其迁移，并以水蒸气态移出燃料电池。然而，由于误差范围很窄，故这一方法是较难实现的。某些燃料电池堆运行在空气远远过量的状态。这时应正常地干燥燃料电池，并同时采用外部增湿器由阳极供水。

质子交换膜燃料电池中最后的关键问题是其毒化问题。铂催化剂极富活性，与氧相比其对一氧化碳和硫的生成物有较高的亲合力。毒化效应强烈地约束了催化剂，并阻碍了扩展到其中的氢或氧，导致电极反应不能在毒化部位发生，而使燃料电池性能递减。假若氢由重整装置提供，则气流中将含有一些一氧化碳；同样，若吸入的空气来自于被污染城市中的大气，则一氧化碳也可从空气的气流中进入燃料电池。由一氧化碳引起的毒化是可逆的，但它增加了成本，且各个燃料电池需要单独处理。

（2）碱性燃料电池　碱性燃料电池以古水氢氧化钾（KOH）溶剂为电解液，来传导电极之间的离子。因为电解液为碱性，故离子传导机理不同于质子交换膜燃料电池。被碱性电解液迁移的离子是氢氧离子（OH^-），这会对燃料电池的其他方面产生影响。

其半反应式如下

阳极：$2H_2 + 4OH^- \rightarrow 4H_2O + 4e^-$

阴极：$O_2 + 4e^- + 2H_2O \rightarrow 4OH^-$

不同于酸性燃料电池，碱性燃料电池的水是在氢电极处生成的。此外，在阴极处，由于氧的还原需要水，因此水的管理问题往往按电极防水性和在电解液中保持含水量的需求予以分解。阴极反应从电解液中消耗水，而其中阳极反应则排出其水生成物。过量的水（每次反应2mol）在燃料电池堆外汽化。

碱性燃料电池可以运行在一个宽温度（80～230℃）和压力（2.2～45atm）范围内。高温的碱性燃料电池也可使用高浓度电解液，该高浓度致使离子迁移机理从水溶剂转换成熔融盐状态。

由氢氧电解液所提供的快速动力学效应，使碱性燃料电池可获得很高的效率。尤其是氧的反应（$O_2 \rightarrow OH^-$）比酸性燃料电池中氧的还原反应容易得多，因此，其活性损耗非常低。碱性燃料电池中的快速动力学效应使银或镍可用以替代铂作为催化剂。这使碱性燃料电池堆的成本显著下降。

通过电解液的完全循环，使碱性燃料电池动力学特性得到了进一步的改善。当电解液循环时，燃料电池被称为“动态电解液的燃料电池”。

这类结构的优点是：由于电解液被用作冷却介质，因此易于热管理；更为均匀的电解液集聚，解决了阴极周围电解液浓度分布问题；提供了利用电解液进行水管理的可能性；如果电解液已被二氧化碳过度污染，则有替换电解液的可能性；最终，当燃料电池难以关闭，且其具有可显著延长使用寿命的潜能时，提供了从燃料电池内移置电解液的可能性。

碱性燃料电池最大的问题在于二氧化碳的毒化，二氧化碳与反应气一起进入电池，碱性电解液对二氧化碳具有显著的化合力，它们共同作用形成碳酸离子 CO^{2-}。其生成物为 K_2CO_3，因为 K_2CO_3 的水溶液电导远低于 KOH 溶液，所以会导致电池欧姆极化增加，性能下降。且 K_2CO_3 水溶液的蒸汽压高，K_2CO_3 的生成会导致隔膜失水，盐结晶析出，严重时使隔膜失去阻气性能，氢、氧互窜而导致电池失效，碳酸沉积并阻塞电极也将是一种可能的风险，但这一问题可通过电解液的循环予以处理。使用二氧化碳除气器会增加成本和复杂度，它能从空气流中排除二氧化碳气体。

碱性燃料电池优点在于，其所需的是廉价的催化剂、电解液，且能以高效率在低温下运行。但是，它的缺点也较明显，例如具有腐蚀性的电解液，在其电极上生成水，再加上二氧化碳的毒化，缩短了电池的延续工作时间。

（3）磷酸燃料电池　磷酸燃料电池与碱性燃料电池一样，依靠酸性电解液传导氢离子。其阳极和阴极反应与碱性燃料电池的反应相同。磷酸（H_3PO_4）是一种粘滞液体，它在燃料电池中通过多孔硅碳化物基体内的毛细管作用予以储存。

磷酸燃料电池是最早商品化的燃料电池。许多医院、宾馆和军事基地使用磷酸燃料电池覆盖了部分或总体所需的电力和热供应。但因其温度问题，这一技术在车辆中的应用很少。

磷酸电解液的温度必须保持在42℃（其冰点）以上。冻结的和再解冻的酸将难以使燃料电池堆激化。保持燃料电池堆在该温度之上，需要额外的设备，这就需增加成本、复杂性、重量和体积。大多数问题就固定式应用而言是次要的，但对车辆应用来说是不相容的。

另一关于高运行温度（150℃以上）的问题是与燃料电池堆升温相伴随的能量损耗。每当燃料电池起动时，一些能量（即燃料）必须消耗在加热燃料电池直至其运行温度的过程中，而每当燃料电池关闭时，相应的热量（即能量）即被耗损。对于市区内的短时运行，该损耗是显著的。然而，在公共交通运输情况下，如公共汽车，这一问题又是次要的。

> **磷酸燃料电池的优点是其应用了廉价的电解液，低温运行特性，及合理的启动时间，其缺点是采用了昂贵的催化剂（铂），且酸性电解液具有腐蚀性，另外二氧化碳的毒化也会降低效率。**

（4）熔融碳酸盐燃料电池，熔融碳酸盐燃料电池为高温燃料电池（运行温度为500～800℃），它依靠熔融碳酸盐（通常为锂-钾碳酸盐或锂-钠碳酸盐）传导离子。被传导的离子是碳酸离子（CO_3^{2-}），离子传导机理类似于磷酸燃料电池或高浓度的碱性燃料电池中熔盐的相应机理。

熔融碳酸盐燃料电池的电极反应不同于其他的燃料电池。

其反应式如下

阳极：$H_2 + CO_3^{2-} \rightarrow H_2O + CO_2 + 2e^-$

阴极：$\frac{1}{2}O_2 + CO_2 + 2e^- \rightarrow CO_3^{2-}$

其主要差异在于阴极处必须供给二氧化碳。因二氧化碳可从阳极中回收，故不需要外部的二氧化碳供应源。熔融碳酸盐燃料电池从来不用纯氢，而是使用碳氢化合物。

高温燃料电池的主要优点是其有直接处理碳氢化合物燃料的能力。这是由于高运行温度使其在电极处能分解碳氢化合物制氢。这是其应用于汽车的极大优点，因为当今碳氢化合物燃料已经获得了有效应用。此外，高运行温度使其能采用廉价催化剂。

但是，熔融碳酸盐燃料电池也存在许多问题。碳酸盐是碱性物质，特别在高温下腐蚀性极强。这不仅不安全，也会对电极造成腐蚀。在汽车里安装一个温度为 500 ~ 800℃ 的大设备，显然是不安全的。与燃料电池升温相伴随的燃料消耗也是一个问题，它因很高的运行温度，以及为熔融电解液所必需的潜热而变得更为严重。这些问题可能约束熔融碳酸盐燃料电池应用于固定式或恒定功率需求的场合，如船舶上的应用。

> 熔融碳酸盐燃料电池的主要优点是可加注碳氢化合物燃料，低价格的催化剂，因快速动力学效应所具有的完善的效率以及毒化的低敏感性。其主要缺点是起动缓慢，因高温减少了材料的可选性，起因于 CO_2 循环的燃料电池系统的复杂性，电极的腐蚀以及缓慢的功率响应。

（5）无氢燃料电池　无氢燃料电池可直接处理除氢之外的燃料，如直接甲醇质子交换膜燃料电池、氨碱性燃料电池、直接碳氢化合物熔融碳酸盐或固态氧化物燃料电池等。其中，氨碱性燃料电池是替换氨热裂化的可供选择的方案。氨气直接供给燃料电池，并在阳极催化裂解。氨碱性燃料电池反应给出了稍低些的热力学电压，且与氢碱性燃料电池相比，其活性损耗较高。这一活性损耗可通过改进催化剂层予以减小。熔融碳酸盐燃料电池（MCFCs）和固态氧化物燃料电池（SOFCs）因其工作温度高，故有直接裂化碳氢化合物在其内部提取氢。

5.3.3 质子交换膜燃料电池系统

燃料电池实际上是一个大的发电系统。对于质子交换膜燃料电池，需要有燃料供应系统、氧化剂系统、发电系统、水管理系统、热管理系统、电力系统以及控制系统等。

质子交换膜燃料电池（PEMFC）采用可传导离子的聚合膜作为电解质，所以也叫聚合物电解质燃料电池（PEFC）、固体聚合物燃料电池（SPFC）或固体聚合物电解质燃料电池（SPEFC）。

（1）系统组成　质子交换膜燃料电池是在电动汽车上最有应用前景的电力能源之一。组成质子交换膜燃料电池的基本单元是单体燃料电池。如前所述，单体电池的电化学电动势大约 1V 左右，其电流密度约为 100mA/cm²。因此，一个实用化的质子交换膜燃料电池系统，必须通过单体电池的串联和并联形成具有一定功率的电池组，才能满足绝大多数用电负载的需求。此外，还要为系统配置氢燃料储存单元，空气（氧化剂）供给单元，电池组温度、湿度调节单元，功率变换单元及系统控制单元等，将燃料电池组成为一个连续、稳定的供电电源。

1）燃料电池组（堆）。质子交换膜燃料电池的单体电池，其化学电动势为 1.0 ~ 1.2V，负载时的输出端电压为 0.6 ~ 0.8V。为满足负载的额定工作电压，必须将单体电池串联起来构成具有较高电压的电池组。由于受到材料（如质子交换膜等）及工艺水平的限制，目前单体电池的输出电流密度约为 300 ~ 600mA/cm²。因此，欲提高燃料电池的输出电流能力，只能将若干串联的电池组并联，组成具有较大输出能力的燃料电池堆。由于燃料电池堆是由大量的单体电池串并联而成的，因而，存在着向每个单体电池供给燃料与氧化剂的均匀性和电池组热管理问题。

2）燃料及氧化剂的储存与供给单元。为使质子交换膜燃料电池实现连续稳定的运行发电，必须配置燃料（H_2）及氧化剂（O_2 或空气）的储存与供给单元，以便不间断地向燃料电池提供电化学反应所需的氢和氧。燃料供给部分由储氢器及减压阀组成；氧化剂供给部分由储氧器、减压阀或空气泵组成。

3）燃料电池湿度与温度调节单元。在质子交换膜燃料电池运行过程中，随着负载功率的变化，电池组内部的工况也要相应改变，以保持电池内部电化学反应的正常进行。对质子交换膜燃料电池运行影响最大的两个因素是电池内部的湿度与温度。因此，在电池系统中需要配置燃料电池湿度与温度调节单元，以便使质子交换膜燃料电池在负荷变化时仍工作在最佳工况下。

4）功率变换单元。质子交换膜燃料电池所产生的电能为直流电，其输出电压因受内阻的影响会随负荷的变化而改变。基于上述原因，为满足大多数负载对交流供电和电压稳定度的要求，在燃料电池系统的输出端需要配置功率变换单元。当负载需要交流供电时，应采用 DC/AC 变流器；当负载要求直流供电时，也需要用 DC/DC 变流器实现燃料电池组输出电能的升压与稳压。

5）系统控制单元。由上述四个功能单元的配置和工作要求可知，质子交换膜燃料电池系统是一个涉及电化学、流体力学、热力学、电工学及自动控制等多学科的复杂系统。质子交换膜燃料电池系统在运转过程中，需要调节与控制的物理量和参数非常多，难以手动完成。为使质子交换膜燃料电池系统长时间安全、稳定地发电，必须配置系统控制单元，以实现燃料电池组与各个功能单元的协调工作。

（2）质子交换膜燃料电池系统的优点

1）排放生成物是水及水蒸气，为零污染；

2）能量转换效率可高达 60%～70%；

3）无机械振动，低噪声且低热辐射；

4）宇宙质量中有 75% 是氢，地球上的氢也几乎是无处不在。氢还是化学元素中质量最轻、导热性和燃烧性最好的元素；

5）氢的热值很高，1kg 氢和 3.8L 汽油的热值相当。

5.4 燃料电池汽车的类型与结构原理

5.4.1 燃料电池汽车的类型

采用燃料电池作为电源的电动汽车称为燃料电池汽车（Fuel Cell Electric Vehicle, FCEV）。燃料电池汽车一般以质子交换膜燃料电池（PEMFC）作为车载能量源。

燃料电池汽车按燃料特点可分为直接燃料电池汽车和重整燃料电池汽车。直接燃料电池汽车的燃料主要是氢气。直接燃料电池汽车排放无污染，被认为是最理想的汽车，但存在氢的制取和存储困难等问题。重整燃料电池汽车的燃料主要有汽油、天然气、甲醇、甲烷、液化石油气等。其结构比氢燃料电池汽车复杂得多。

燃料电池汽车按燃料氢的存储方式可分为压缩氢燃料电池汽车、液氢燃料电池汽车和合金（碳纳米管）吸附氢燃料电池汽车。

燃料电池汽车按“多电源”的配置不同，可分为纯燃料电池驱动（PFC）的燃料电池汽车，燃料电池与辅助蓄电池联合驱动（FC + B）的燃料电池汽车，燃料电池与超级电容联合驱动（FC + C）的燃料电池汽车以及燃料电池与辅助蓄电池和超级电容联合驱动（FC + B + C）的燃料电池汽车。

（1）纯燃料电池驱动（PFC）的燃料电池汽车　纯燃料电池驱动的电动汽车只有燃料电池一个动力源，汽车的所有功率负荷都由燃料电池承担。纯燃料电池驱动的电动汽车的动力系统如图5-11所示。

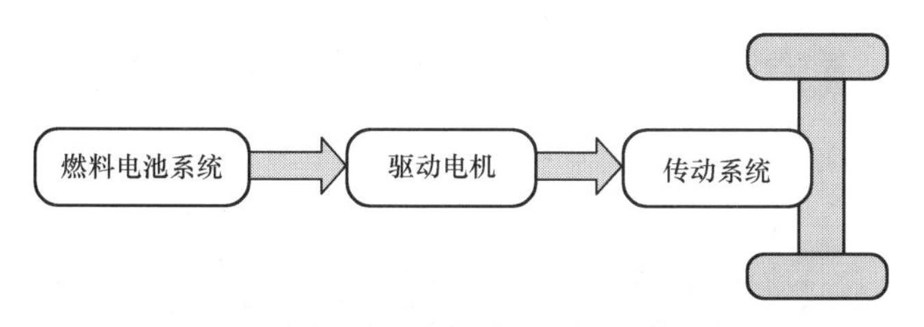

图5-11　纯燃料电池驱动动力系统结构

纯燃料电池驱动系统将氢气与氧气反应产生的电能通过总线传给驱动电机，驱动电机将电能转化为机械能再传给传动系，从而驱动汽车行驶。

这种系统的优点在于：

1）结构简单，系统控制和整体布置容易；
2）系统部件少，有利于整车的轻量化；
3）整体的能量传递效率高，从而提高了整车的燃料经济性。

但也存在以下问题：

1）燃料电池功率大、成本高；
2）对燃料电池系统的动态性能和可靠性要求很高；
3）不能进行制动能量回收。

因此，为了有效解决上述问题，必须使用辅助能量存储系统作为燃料电池系统的辅助动力源，和燃料电池联合工作，组成混合驱动系统共同驱动汽车。从本质上来讲，这种结构的燃料电池汽车采用的是混合动力结构。它与传统意义上的混合动力结构的差别仅在于发动机是燃料电池而不是内燃机。在燃料电池混合动力结构汽车中，燃料电池和辅助能量存储装置共同向电机提供电能，通过变速机构来驱动汽车。

（2）燃料电池与辅助蓄电池联合驱动（FC + B）的燃料电池汽车　燃料电池与辅助蓄电池联合驱动的燃料电池汽车的动力系统如图 5-12 所示。该结构是一个典型的串联式混合动力结构。在该动力系统中，燃料电池和蓄电池一起为驱动电机提供能量，驱动电机将电能转化成机械能传给传动系，从而驱动汽车行驶；在汽车制动时，驱动电机变成发电机，蓄电池用来储存回馈的能量。在燃料电池和蓄电池联合供能时，燃料电池的能量输出变化较为平缓，随时间变化波动较小，而能量需求变化的高频部分由蓄电池分担。

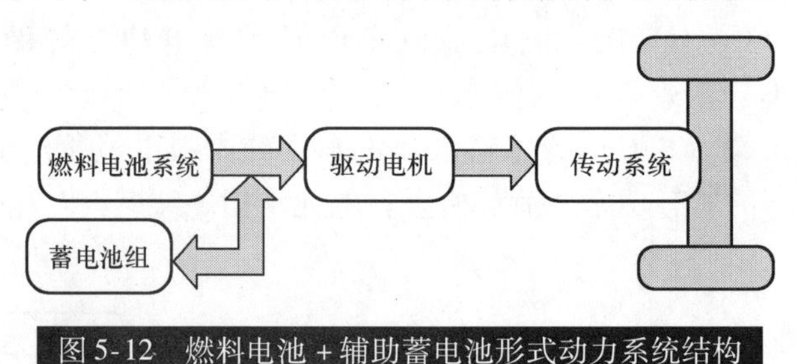

图 5-12　燃料电池 + 辅助蓄电池形式动力系统结构

这种结构的优点在于：

1）增加了比功率价格相对低廉得多的蓄电池组，系统对燃料电池的功率要求较纯燃料电池结构形式有很大的降低，从而大大地降低了整车成本；

2）燃料电池可以在比较好的设定工作条件下工作，工作时燃料电池的效率较高；

3）系统对燃料电池的动态响应性能要求较低；

4）汽车的冷起动性能较好；

5）制动能量回馈的采用可以回收汽车制动时的部分动能，该措施可能会增加整车的能量效率。

但这种结构形式也存在以下问题：

1）蓄电池使整车质量增加，动力性能和经济性受到影响；

2）蓄电池充放电过程会有能量损耗；

3）系统控制和整体布置难度增加。

（3）燃料电池与超级电容联合驱动（FC + C）的燃料电池汽车　燃料电池 + 超级电容的结构与燃料电池 + 蓄电池的结构相似，只是把蓄电池换成超级电容，如图 5-13 所示。相对于蓄电池，超级电容充放电效率高，能量损失小，功率密度大，在回收制动能量方面比蓄电池有优势，循环寿命长，但是超级电容的能量密度较小。随着超级电容技术的不断进步，这种结构将成为一种新的重要研究方向。

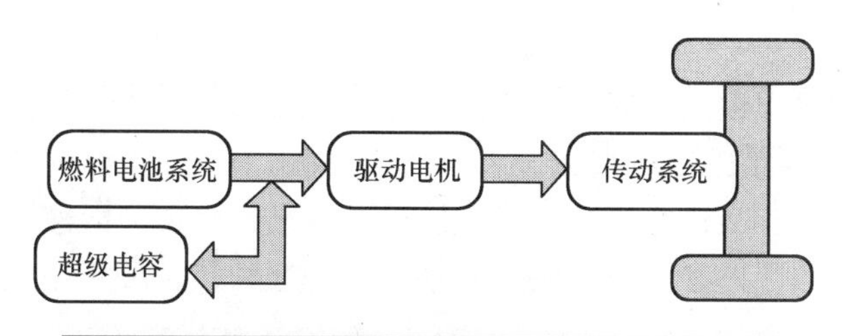

图 5-13　燃料电池 + 超级电容形式动力系统结构

（4）燃料电池与辅助蓄电池和超级电容联合驱动（FC + B + C）的燃料电池汽车　燃料电池与蓄电池和超级电容联合驱动的电动汽车的动力系统如图 5-14 所示，该结构也为串联式混合动力结构。在该动力系统结构中，燃料电池、蓄电池和超级电容一起为驱动电机提供能量，驱动电机将电能转化成机械能传给传动系统，从而驱动汽车行驶；在汽车制动时，驱动电机变成发电机，蓄电池和超级电容用来储存回馈的能量。

在燃料电池、蓄电池和超级电容联合供能时，燃料电池的能量输出较为平缓，随时间变化波动较小，而能量需求变化的低频部分由蓄电池承担，能量需求变化的高频部分由超级电容承担。在这种结构中，各动力源的分工更加明细，因此它们的优势也得到更好的发挥。

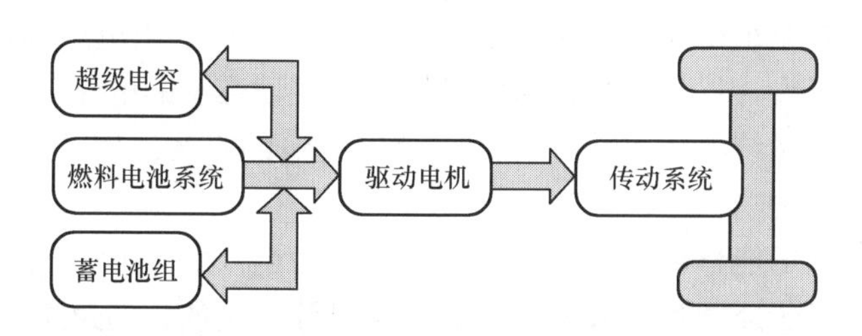

图 5-14　燃料电池 + 蓄电池 + 超级电容形式动力系统结构

这种结构的优点在于：相比燃料电池 + 蓄电池的结构形式，在部件效率、动态特性、制动能量回馈等方面性能更为优越。

这种结构的缺点也一样明显，由于增加了超级电容，整车质量增加；同时，系统更加复杂化，系统控制和整体布置的难度也随之增大。

总的来说，如果能够对系统进行很好的匹配和优化，这种结构给汽车带来的良好性能具有很大的吸引力。

在 3 种混合驱动形式中，FC + B + C 组合被认为能够最大限度满足整车的起动、加速、制动动力和效率需求，但成本最高，结构和控制也最为复杂。目前燃料电池汽车动力系统的一般结构是 FC + B 组合，这是因为它具有以下特点。

1）燃料电池单独或与动力电池共同提供持续功率，且在车辆起动、爬坡和加速等峰值功率需求时，动力电池提供峰值功率。

2）在车辆起步时和功率需求不大时，蓄电池可以单独输出能量。

3）蓄电池技术比较成熟，可以在一定程度上弥补燃料电池技术上的不足。

可用于电动汽车的蓄电池包括铅酸电池、镍镉电池、镍锌电池、锌空气电池、铝空气电池、钠硫电池、钠镍氯化物电池、锂聚合物电池和锂离子电池等多种类型。

目前，FC+B混合驱动系统主要有燃料电池直接混合系统和动力电池直接混合系统两种结构形式。

燃料电池直接混合系统将燃料电池直接接入直流母线，因此**驱动系统的电压必须设计在燃料电池可以调节的范围内，**由于动力电池需要向驱动系统传输能量，并从燃料电池与车辆系统取得能量，所以必须安装双向DC/DC变流器，且必须有响应速度快的特点。燃料电池和动力蓄电池之间的功率平衡由DC/DC变流器和燃料电池管理系统共同实现。该结构形式对于燃料电池的输出电压达到了最优化设计。但是对燃料电池的要求比较高，同时，DC/DC变流器要实现双向快速控制，成本较高，整个系统的控制也比较复杂。

动力电池直接混合系统中，DC/DC变流器将燃料电池的输出电压和系统电压分开。

驱动系统电压可以设计得比较高，这样可以降低驱动系统的电流值，有利于延长各电器元件的寿命，同时高的系统电压可以充分满足动力电池的需要。DC/DC变流器还负责燃料电池和动力蓄电池之间的功率平衡。

但是由于燃料电池的能量输出需要通过DC/DC变流器才能进入直流母线，导致系统的效率比较低，特别是对于连续负载来说不是最优化设计。例如，匀速工况下，系统功率需求较小，需由燃料电池单独提供车辆行驶所需的功率。两种结构形式的主要差别在于DC/DC变流器的使用方式。DC/DC变流器的位置和结构决定了动力系统的构型。DC/DC变流器的位置主要取决于电机及其控制器特性和燃料电池特性，另一个重要的因素是混合度。

5.4.2　燃料电池汽车的结构原理

目前燃料电池汽车绝大多数采用的是混合式燃料电池驱动系统，将燃料电池与辅助动力源相结合，燃料电池可以只满足持续功率需求，借助辅助动力源提供加速、爬坡等所需的峰值功率，而且在制动时可以将回馈的能量存储在辅助动力源中。混合式燃料电池驱动系统有并联式和串联式两种，如图5-15所示。

混合式燃料电池汽车的动力系统主要由燃料电池发动机、辅助动力源、DC/DC变流器、DC/AC逆变器、电动机和动力电控系统等组成。

（1）燃料电池发动机　**在燃料电池汽车所采用的燃料电池发动机中，为保证质子交换膜燃料电池组的正常工作，除以质子交换膜燃料电池组为核心外，还装有氢气供给系统、氧气供给系统、气体加湿系统、反应生成物处理系统、冷却系统和电能转换系统等。只有这些辅助系统匹配恰当和正常运转，才能保证燃料电池发动机正常运转。**

1）氢气供应、管理和回收系统。气态氢的储存装置通常用高压储气瓶来装载，对高压

储气瓶的品质要求很高，为保证燃料电池汽车一次充气有足够的行驶里程，就需要多个高压储气瓶来储存气态氢气。一般轿车需要 2 ~ 4 个高压储气瓶，大客车上需要 5 ~ 10 个高压储气瓶。液态氢气虽然比能量高于气态氢，但由于液态氢气处于高压状态，它不仅需要用高压储气瓶储存，还要用低温保温装置来保持低温。

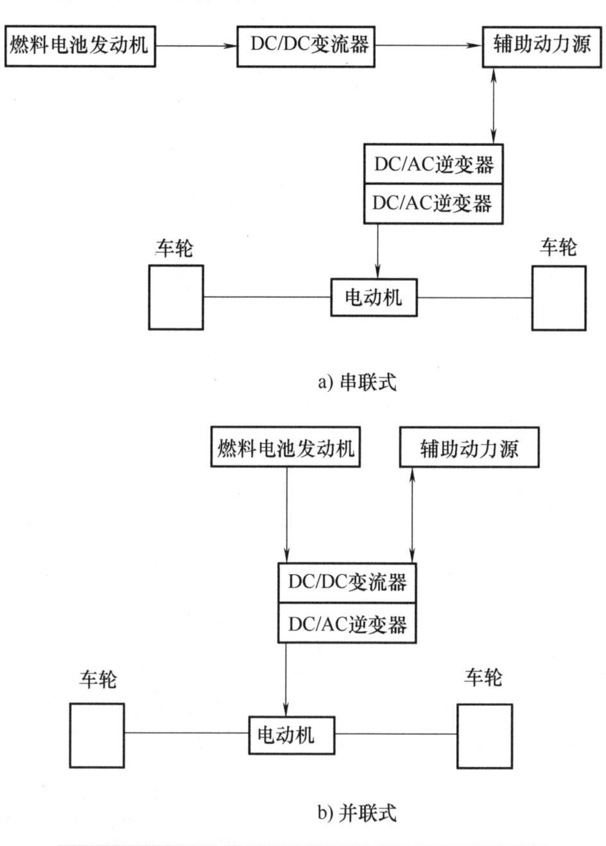

图 5-15　混合式燃料电池汽车驱动系统框图

在使用不同压力的氢气（高压气态氢气和高压低温液态氢气）时，就需要用不同的氢气储存容器，不同的减压阀、调压阀、安全阀、压力表、流量表、热量交换器和传感器等来进行控制，并对各种管道、阀和仪表等的接头采取严格的防泄漏措施。从燃料电池中排出的水，含有未发生反应的少量氢气。正常情况下，从燃料电池排出的少量氢气应低于 1%，可用氢气循环泵将其回收。

2）氧气供应和管理系统。氧气可从空气中获取或从氧气罐中获取，空气则需要用压缩机来提高压力，以增加燃料电池反应的速度。在燃料电池系统中，配套压缩机的性能有特定的要求，压缩机质量和体积会增加燃料电池发动机系统的质量、体积和成本，压缩机所消耗的功率会使燃料电池的效率降低。空气供应系统的各种阀、压力表、流量表等的接头要采取防泄漏措施。在空气供应系统中还要对空气进行加湿处理，保证空气有一定的湿度。

3）水循环系统。燃料电池发动机在反应过程中将产生水和热量，在水循环系统中用冷凝器、气水分离器和水泵等对反应生成的水和热量进行处理。其中一部分水可以用于空气的加湿。另外还需要装配一套冷却系统，以保证燃料电池的正常运作。

4）电力管理系统。燃料电池所产生的是直流电，需要经过 DC/DC 变流器进行调压，在采用交流电动机的驱动系统中，还需要用逆变器将直流电转换为三相交流电。

以氢气为燃料的燃料电池发动机的各种外围装置的体积和质量约占燃料电池发动机总体积和质量的1/3～1/2。

（2）辅助动力源　在 FCEV 上，燃料电池发动机是主要电源，另外还配备有辅助动力源。根据 FCEV 的设计方案不同，其所采用的辅助动力源也有所不同，可以用蓄电池组、飞轮储能器或超大容量电容器等共同组成双电源系统。

在具有双电源系统的 FCEV 上，驱动电机的电源可以出现以下驱动模式。

1）在 FCEV 起动时，由辅助动力源提供电能带动燃料电池发动机起动，或带动车辆起步。

2）车辆行驶时，由燃料电池发动机提供驱动所需的全部电能，剩余的电能储存到辅助动力装置中。

3）在加速和爬坡时，若燃料电池发动机提供的电能还不足以满足 FCEV 驱动功率要求，则由辅助动力源提供额外的电能，使驱动电机的功率或转矩达到最大，形成燃料电池发动机与辅助动力源同时供电的双电源的供电模式。

4）储存制动时反馈的电能，以及向车辆的各种电子、电器设备提供所其需要的电能。随着燃料电池发动机的比功率和比能量在不断改进和提高，现代燃料电池汽车逐步向加大燃料电池发动机功率的方向发展，可以由燃料电池发动机提供驱动所需的全部电能。

另外采用42V 蓄电池来储存制动时反馈的电能，并为车载电子、电器系统提供电能，可以取消用于辅助驱动的动力电池组，减轻辅助电池组和整车的质量。

（3）DC/DC 变流器　**FCEV 采用的电源有各自的特性，燃料电池只提供直流电，电压和电流随输出电流的变化而变化。燃料电池不可能接受外电源的充电，电流的方向只是单向的。燃料电池汽车采用的辅助电源（蓄电池和超级电容器）在充电和放电时，也是以直流电的形式流动，但电流的方向是可逆性流动。FCEV 上的各种电源的电压和电流受工况变化的影响呈不稳定状态。**

为了满足驱动电机对电压和电流的要求及对多电源电力系统的控制，在电源与驱动电机之间，用计算机控制以实现对燃料电池汽车的多电源综合控制，保证燃料电池汽车的正常运行。燃料电池汽车的燃料电池需要装配单向 DC/DC 变流器，蓄电池和超级电容器需要装配双向 DC/DC 变流器。

燃料电池轿车中的 DC/DC 变流器的主要功能概括起来包括以下 3 点。

1）调节燃料电池的输出电压。由于燃料电池的输出电压会随负载的变化而变化，轻载时输出电压偏高，重载时输出电压偏低，难以满足驱动电机控制器的需求，所以要借助DC/DC变流器对燃料电池的输出电压进行调节。

2）调节整车能量分配。燃料电池汽车也可以说是一种混合动力汽车，具有燃料电池和动力蓄电池两种能源，控制燃料电池的输出能量就可以控制整车能量的分配。如果燃料电池的输出能量不足以驱动电机，缺口能量就由动力蓄电池来补充；当燃料电池输出的能量超出电机的需求时，多余的能量可以进入蓄电池中，补充蓄电池的能量。DC/DC 变流器用于控制燃料电池的能量输出。

3）稳定整车直流母线电压。燃料电池的输出电压经过 DC/DC 变流器后能稳定整车直

流母线电压。

> **DC/DC 变流器在燃料电池汽车中起着重要的作用，它的性能必须满足以下要求。**
>
> **1）变流器是能量传递部件，因此需要转换效率高，以便提高能源的利用率。**
>
> **2）为了降低对燃料电池的输出电压要求，变流器应具有升压功能。**
>
> **3）燃料电池输出电压的不稳定，需要变流器闭环运行进行稳压，为了给驱动器稳定的输入，需要变流器有较好的动态调节能力。**
>
> **4）体积小、重量轻。**

（4）驱动电机　燃料电池汽车用的驱动电机主要有直流电机、交流电机、永磁电机和开关磁阻电机等。燃料电池汽车驱动电机的选型必须结合整车开发目标，综合考虑电机的特点。

（5）动力电控系统　燃料电池汽车的动力电控系统主要由燃料电池发动机管理系统、蓄电池管理系统、动力控制系统及整车控制系统组成。

1）发动机管理系统。燃料电池发动机管理系统按整车控制器的功率设定值控制燃料电池发动机的功率输出，监测发动机的工作状态，保证发动机稳定可靠地运行时，可进行故障诊断及管理。其具体组成包括供氢系统、供氧系统、水循环及冷却系统。

2）蓄电池管理系统。蓄电池管理系统分上下两级，下级 LECU 负责蓄电池组电压、温度等物理参数的测量，进行过充过放保护及组内组间均衡；上级 CECU 负责动力蓄电池组的电流检测及 SOC 估算，以及相关的故障诊断，同时运行高压漏电保护策略。

3）动力控制系统。动力控制系统包含 DC/DC 变流器、DC/AC 逆变器、DCL 和空调控制器及空调压缩机变频器，以及电机冷却系统控制器。DC/DC 变流器和 DC/AC 逆变器的作用如前所述，DCL 负责将高压电源转换为系统零部件所需的 12V/24V 低压电源，电机冷却系统控制器负责电机及 PCU 的水冷却系统控制。

4）整车控制系统。整车控制系统的核心是多能源控制策略（包括制动能量回馈功能），它一方面接收来自驾驶人的需求信息（如点火开关、加速踏板、制动踏板、变速信息等）实现整车工况控制；另一方面基于反馈的实际工况（如车速、制动、电机转速等）以及动力系统的状况（燃料电池及动力蓄电池的电压、电流等），根据预先匹配好的多能源控制策略进行能量分配调节控制。当然，整车的故障诊断及管理也由它负责。

上述各系统都通过高速 CAN- Bus 进行信息交换。在上述基本动力系统架构基础上，可以根据混合度的不同，把燃料电池混合动力汽车分为电量消耗型和电量维持型。所谓混合度，是指燃料电池额定输出功率与驱动电机额定功率之比。前者的混合度较低，蓄电池是主要的能量源，燃料电池只作为里程延长器来使用；后者的混合度较高，在行驶过程中蓄电池的荷电状态基本保持在一个合理的范围，目前我国及大部分国家全部采用该方案。

5.4.3　国内外燃料电池汽车车型

（1）雪佛兰 Equinox 氢燃料电池汽车　**雪佛兰 Equinox 氢燃料电池汽车是通用汽车在燃料电池技术领域的一个里程碑，它配备了通用汽车最先进的第四代氢燃料电池技术，是一款真正意义上“零油耗、零污染”的全功能跨界车。**

通用汽车在美国、欧洲以及亚洲市场提供了超过100辆雪佛兰Equinox氢燃料电池汽车，供超过8万名志愿者进行日常测试，累积行驶里程已经超过160万km。通过“车行道计划”这一全球规模最大的氢燃料电池汽车市场示范运行活动，通用汽车不断从用户的日常使用中收集数据和反馈。雪佛兰Equinox氢燃料电池汽车如图5-16所示。

图5-16　雪佛兰Equinox氢燃料电池汽车

（2）奔驰B级F-Cell燃料电池汽车　奔驰B级F-Cell燃料电池汽车的核心技术是结构紧凑的高性能燃料电池系统F-Cell，气态氢在700bar的压力下与空气中的氧气发生反应释放出驱动电机的电能。一次充满燃料的时间仅需3min，但却能实现400km的续驶里程。同时，这也是一套混合动力系统，与燃料电池系统一同使用的还有输出功率35kW、容量1.4kW·h的锂离子电池，它能够在动力输出和制动能量回收时发挥额外的作用，同时锂离子电池也具有比传统电池更小的尺寸、更高的效能和更长的使用寿命。

F-Cell系统最大的特点是具有很好的冷起动性能，即便是在-25℃的低温环境下也能够顺利起动。从开始研发至今，F-Cell系统共拥有超过100辆测试车型和450万km以上的测试里程，可靠而高效。奔驰B级F-Cell燃料电池汽车如图5-17所示。

图5-17　奔驰B级F-Cell燃料电池汽车

（3）“上海”牌燃料电池汽车　“上海”牌燃料电池汽车以荣威汽车为载体，集成了新一代燃料电池汽车动力系统和燃料电池发动机、动力蓄电池、变流器、驱动电机以及嵌入式控制系统等关键零部件，使得系统动力更强劲、高效，集成化程度更高。

“上海”牌燃料电池汽车配备了氢燃料储量4.2kg的55kW燃料电池，8A·h的锂离子电池，90kW的永磁同步电机，最高车速为150km/h，0~100km加速时间为15s，续驶里程为300km。“上海”牌燃料电池汽车真正意义上实现了汽车的零排放。“上海”牌燃料电池汽车如图5-18所示。

（4）帕萨特领驭氢燃料电池汽车　帕萨特领驭氢燃料电池汽车是以帕萨特领驭汽车整车为载体，集成了新一代燃料电池汽车的动力系统平台，其基本性能进一步优化，燃料利用效率更高，动力性更加强劲；可靠性与安全性显著提高；动力系统关键零部件通过采用扁平化设计、集成设计和合理分散布置，使整车布置、空间利用及轴荷分配更加合理，更适合在不同整车车型上推广应用。

帕萨特领驭氢燃料电池汽车搭载了55kW燃料电池，容量154L的氢瓶，8A·h的锂离子电池，90kW的永磁同步电机，最高车速达到150km/h，0～100km/h加速时间为15s，最大爬坡能力20%，一次加注氢燃料续驶里程达到300km，城市工况的氢气燃料消耗率小于1.2kg/100km。帕萨特领驭燃料电池汽车如图5-19所示。

图5-18 “上海”牌燃料电池汽车

图5-19 帕萨特领驭氢燃料电池汽车

（5）奇瑞燃料电池汽车 奇瑞燃料电池汽车SQR7000以东方之子车型为基础平台，动力系统架构采用氢燃料电池系统和大容量动力蓄电池，既能以纯燃料电池电动模式行驶，又能以燃料电池-锂蓄电池混合模式行驶，是目前国内相当成熟和先进的燃料电池汽车整车技术方案。奇瑞燃料电池汽车SQR7000如图5-20所示。

（6）长安志翔燃料电池汽车 长安志翔燃料电池汽车是以成熟的志翔中级汽车为平台，集成了先进燃料电池系统、锂离子电池系统、电机驱动系统，以及电动空调、电动制动、电动转向等辅助系统，其动力系统采用电-电混合的动力系统方案，同时采用回馈制动、负载均衡、故障处理控制策略，最大限度地回收利用了能量，同时保证了车辆的性能，该车实现了耗氢1.2kg/100km，最高车速为150km/h，最大续驶里程可达350km，其各项指标已经达到国际先进水平。长安志翔燃料电池汽车如图5-21所示。

图5-20 奇瑞燃料电池汽车SQR7000

图5-21 长安志翔燃料电池电动汽车

5.5 燃料电池汽车电驱动系统及控制策略

典型的燃料电池混合动力汽车驱动系的构造如图5-22所示，其主要由作为基本电源的燃料电池系统、峰值电源（PPS）、电机驱动装置、车辆控制器以及燃料电池系统与峰值电源之间的电子接口设备组成。

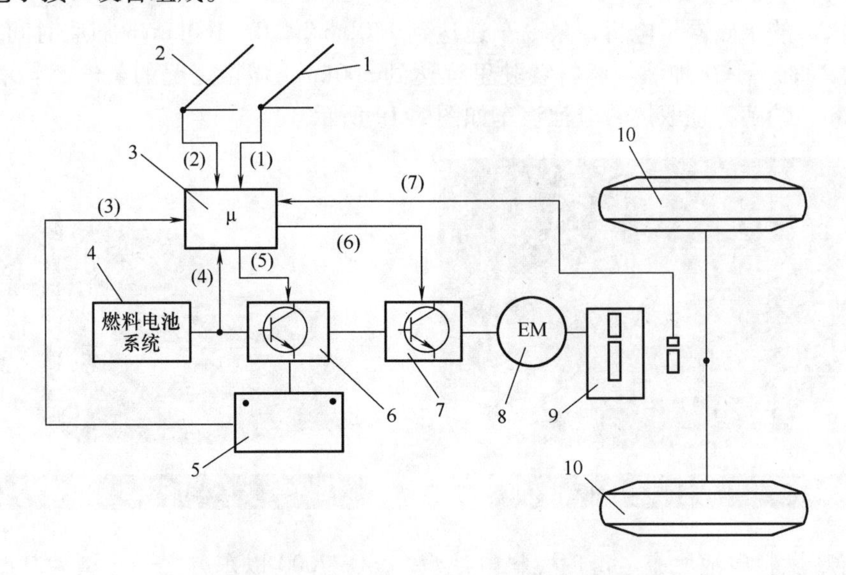

图 5-22　典型燃料电池混合动力驱动系的结构

1—加速踏板　2—制动踏板　3—车辆控制器　4—燃料电池系统　5—峰值电源　6—电子接口设备
7—电机控制器　8—驱动电机　9—传动装置　10—车轮
（1）—驱动指令信号　（2）—制动指令信号　（3）—峰值电源的能量信号　（4）—燃料电池功率信号
（5）—电子接口设备的控制信号　（6）—电机控制信号　（7）—转速

在车辆控制器中预置的控制策略，控制燃料电池系统、峰值电源和驱动系统之间的功率流，它应确保以下功能。

1）电机的输出功率始终满足功率要求。

2）峰值电源的能级始终维持在其最佳范围。

3）燃料电池系统运行在其最佳运行区。

由驾驶人通过加速踏板或制动踏板给出的驱动指令或制动指令，对整车进行控制。

其工作分为停顿模式、制动模式和驱动模式，下面分别阐述：

1）停顿模式。燃料电池系统和峰值电源都不向驱动系供给功率，燃料电池系统可运行在空载状态。

2）制动模式。燃料电池系统可运行在空载状态，而峰值电源依据制动系统运行特性，吸收再生制动能量。

3）驱动模式。如电机输入功率大于燃料电池系统的额定功率，应用混合驱动模式，燃料电池系统运行在其额定功率状态；如电机输入功率小于燃料电池系统的额定功率，由燃料电池系统供电，同时根据情况可给峰值电源充电；如电机输入功率小于燃料电池系统的额定功率且燃料电池不需要充电，根据情况可以由燃料电池单独供电或峰值电源单独供电。

5.6　燃料电池系统的失效分析

5.6.1　燃料电池系统失效方式

燃料电池系统失效包括本质失效和误用失效。本质失效是指燃料电池系统自身故障引起的失效；后者则是由于外部原因（外部能量使用或其他因素）引起的失效。

（1）本质失效　燃料电池系统的本质失效包括电堆功能失效和辅助系统（含控制系统）失效。电堆功能失效主要是**燃料电池电堆本身组成部件的失效，包括：**

1）质子交换膜失效。主要是膜出现腐蚀、老化、脱水等情况后造成的导电能力下降，以及温度或者压力差过高造成的膜穿孔，氢气和空气直接混合等原因造成的失效状况。

2）电极失效。主要是由于催化剂活性下降以及水淹、脱落、杂质阻塞等原因导致电极的导电性、扩散层的疏水性和气体扩散性下降，进而造成的电堆性能下降等失效状况。

3）双极板失效。主要是由于气体流场被液态水或杂质阻塞，引起燃料或空气供应不足，造成电堆性能下降等失效状况。

辅助系统失效主要是执行机构失效和控制器的失效，包括：

1）老化失效。由于阀门、电机、管道以及系统安装固定等机构老化造成设备工作异常或性能下降等导致的系统失效；

2）辅助系统匹配失效。主要是由于辅助设备的选择或使用不能满足燃料电池堆工作的相关需求引起的系统失效；

3）控制品质失效。主要是控制算法本身或者硬件电路设计的不完善引起的系统参数控制精度和响应速度不足等导致的系统失效；

4）控制系统误动作。主要是控制系统受到干扰引起的控制软件失效、通信错误等导致控制系统发出错误的指令，从而引起的系统失效。

电堆失效和辅助系统失效是息息相关的两个因素，一方面辅助系统失效会导致电堆失效，另一方面电堆失效也会引起辅助系统的失效，如：在输出相同功率的条件下，当电堆性能下降时，就会要求发动机输出更大的电流，引起风机负荷过大，甚至长期超负荷运行，导致风机加速老化甚至故障；相同的输出功率条件下，如果风机出现故障引起氧气供应不足，必然导致燃料电池极化程度加深，发热量急剧上升，极有可能导致双极板烧坏、变形，从而导致电堆失效。为了避免本质失效以及减小失效情况给系统带来的负面影响，就要求控制系统必须具备完善的功能以及抗干扰的能力。

（2）误用失效　本文讨论的误用失效是指：由于控制系统和外部设备之间的能量管理协调不当引起的燃料电池系统失效。**误用失效主要存在以下几种情况：**

1）在燃料电池发动机工作状态未达到相应输出功率的条件下，外部设备强行增加输出功率，造成输出电流急剧上升，导致系统失效；

2）在未向燃料电池发动机发出指令的条件下，外部设备急剧降低输出功率，造成系统压力波动过大，导致系统失效；

3）此外，在外部能量需求较小的情况下，要求燃料电池发动机长期运行在满负荷的状态引起的燃料电池发动机效率降低甚至失效的情况。

尽管本质失效和误用失效按照不同的原因进行了划分，但是失效的最终表现还是本质失效，即由外部原因导致的系统本质失效。减少外部原因导致的系统本质失效的主要办法，就是提高包含燃料电池发动机的整体系统的能量管理策略和提高燃料电池发动机控制系统的故障监测能力。

5.6.2 燃料电池系统控制系统

燃料电池系统控制系统器负责控制燃料电池系统工作在良好状态，尽量避免本质失效情况的出现，即保证系统的可靠性、安全性、动力性和效率处于良好的状态。其具体功能为：根据传感器提供的信息（空气、氢气和循环水各节点的温度和压力以及单电池电压值）控制当前燃料电池工作状态，达到快速准确地响应外界功率需求的目标，并且实时进行系统保护和故障诊断工作，确保燃料电池系统的正常高效工作。按照燃料电池控制系统的功能，具体可分为控制、通信和故障诊断及保护三个方面。

（1）控制功能　控制系统不仅要确保燃料电池系统的辅助系统按照适合的工作流程进行工作，还要根据功率输出目标调整电堆的工作温度和供应气体的温度、湿度、压力和流量。**控制功能的设计目标是：快速性、稳定性和鲁棒性。控制对象分别为：空气供应系统、氢气供应系统、水热平衡系统以及能量输出管理控制。**

（2）通信功能　燃料电池系统通过通信功能和上级管理系统进行信息交流，一方面汇报当前的工作状态和相关的工作参数，另一方面接受操作指令并获取当前功率需求的信息。通信是燃料电池系统和上级管理系统联系的纽带，其可靠性是避免误用失效的关键。通信功能的设计目标是实时性和可靠性，不仅需要具备足够的通信速率和数据处理的能力，还要具备高度的抗干扰性。

（3）故障诊断及保护功能　控制系统对燃料电池系统的相关工作参数、执行机构和环境参数进行检测，确定燃料电池系统的工作状态，并对潜在和既有的故障进行相应的处理。工作参数的检测包括对供应气体的温度、湿度、流量和压力，以及冷却液的温度、电导率等参数的采样。执行机构的检测包括离心风机、电磁阀、水泵等执行机构状态的检测。环境参数的检测包括测量环境空气的温度、压力和湿度。故障诊断功能是降低系统失效概率的重要手段，并且为调整燃料电池系统控制提供必要的参数。

第 6 章

轨道交通行业混合动力技术

6.1 轨道交通行业节能减排技术

6.1.1 发展新能源轨道交通车辆的背景及意义

（1）国家政策的需要 《国家中长期科学和技术发展规划纲要（2006—2020 年）》、《产业结构调整指导目录》等政策文件，均将轨道交通行业列为鼓励类产业并且扶持企业自主创新。现阶段，我国经济正处于快速发展时期，城市发展向城市群（带、圈）扩张，城市交通拥堵整体处于上升趋势，急需加快发展轨道交通。2012 年 10 月 10 日，国务院常务会议研究部署在城市优先发展公共交通的举措，提出未来将公共交通放在城市交通发展的首要位置。

（2）城市发展的需要 随着经济的发展和物质的提高，人们对城市交通的要求，不仅仅满足于能够准时地到达目的地点，还要求安全，舒适，快捷以及更多的人文关怀等。因此发展绿色、智能、人文一体化的城市交通势在必行。因此，发展高效、便捷、环保、节能的轨道交通运输方式已经成为世界各国的共识。

（3）技术发展的需要 传统的城市轨道交通占地空间巨大，且需架设电网或铺设带高压电的第三轨，成本高且存在安全隐患。近年来飞速发展的新能源轨道车辆，如超级电容/动力电池＋内燃机混合动力车、超级电容混合动力车、动力电池混合动力车、超级电容＋动力电池混合动力车等（部分区段架设电网，或是全线无网、站点设置充电装置），很好地解决了与汽车共享路权、优化城市交通、维护城市景观的问题，是世界各国大力提倡的新型交通运输方式。

本章所讲的混合动力轨道车辆包括采用内燃机＋超级电容或动力电池供电技术、电网供电＋超级电容或动力电池供电技术以及纯粹用超级电容或动力电池供电技术的轨道车辆。

6.1.2 国内外混合动力轨道车辆

在新能源技术应用方面，目前国外轨道交通车辆采用的地面供电技术有 APS（地面受流，Alstom 公司）、TRAMWAVE（地面受流，Ansaldo 公司）、PRIMOVE（感应受电技术，

Bombardier 公司）等，这些技术受天气影响较大，且线路成本较高。而近年发展最快的是由供电电网和动力电池、超级电容联合供电的混合动力列车，在技术研究和产品的市场开发方面，德国、法国、日本、西班牙等国已成熟掌握电网＋超级电容（动力电池）、电网＋动力电池＋超级电容、内燃机＋超级电容（动力电池）等多种混合动力技术及产品开发技术。目前国际各大公司都有相关的产品研发，如庞巴迪的 MITRAC 项目，是采用超级电容的节能装置。西门子的 Sitras-HES 项目和 CAF 公司的 ACR 项目，是采用超级电容和动力电池的供电模式。

几种混合动力方案的对比如表 6-1 所示。受限于目前动力电池的技术水平，仅方案二、方案三具备可实施性。

表 6-1　几种混合动力方案的对比

无网区	储能部件方案	可行性
方案一：全程无网	超级电容＋蓄电池	低
方案二：站间无网	超级电容＋蓄电池	高
方案三：平交道口无网	超级电容	高

早在 20 世纪初，德国就已经采用以蓄电池为动力源的电力机车（电力火车）用于人员和货物的长途运输。到 1979 年，大约 20% 的德国长途轨道车辆都为电力机车拖动，这些车辆由沿途的 100 个充电站提供能源。车上使用的是 VARTA AG 公司制造的铅酸蓄电池。每列机车的电池系统由 220 块电池单体组成，重 21t，存储能量 650kW · h，单日运行 250 ~ 400km。动力电池的平均寿命为 4 年。**根据德国的实践经验，电力机车的优点包括：可靠性高、噪声低、无污染、使用成本低、便于操作和维修。**

以蓄电池为动力源的电力机车多年来也广泛应用于采矿业中的矿石运输。由于采矿环境的潜在危险比较大，可能存在各种易燃、易爆的气体。同时，在封闭矿井或作业空间内应用，内燃机机车容易造成严重的空气污染，不利于作业。为了保证矿用机车的安全性，各国都制定了严格的法规甚至法律，以保证电力机车蓄电池以及电气辅助设备（如充电器）能够达到防爆、防火要求。

近年来，随着超级电容和蓄电池技术的飞速发展，世界各国都加紧了混合动力列车的开发工作。**2002 年，美国 Vehicle Projects LLC 公司和 Fuel cell Propulsion 协会联合开发了世界第一辆燃料电池动力拖运机车，清洁、节能、低噪声、高安全性是这辆燃料电池动力拖运机车的特点。**该车是在以铅酸电池作为动力源的原型机基础上改造完成的，采用两个质子交换膜燃料电池堆串联组成动力源，并设有附加其他电能存储设备作为驱动电源。储氢系统的容量可以使该车在 14kW 的功率下连续运行 8h，它同时装备有增湿器和热交换器等设备。

为降低环境负担及提高列车性能，从 2000 年起，东日本铁路公司的研发中心一直致力于进行新能源（New Energy，NE）列车的开发，以减少铁路动车对环境的负面影响。自 2003 年起，进行柴油机混合式列车的开发，确立了实用化目标；2006 年开始实施 NE 列车的第 2 步计划，即世界首创的燃料电池混合式铁道列车的开发。

2007 年 7 月 31 日，东日本铁路公司正式将混合动力列车 Kiha E200 投入运营，在日本本州中部长野县山地度假区的一条山地短途路线运行。这也是世界上首列用于商业运营的混合动力火车。这一混合动力火车能把能源效率提高 20%，同时将二氧化碳排放率降低近

60%。该列车配有一台柴油发动机，每节车厢下分别装有两台电机，车厢顶层有多个锂离子电池。上山坡或电机的电力不足时，起动柴油发动机；减速时，柴油发动机会渐渐停止工作，其因惯性作用产生的动能正好可以用来为电池充电，从而达到降低能量消耗的目的。混合动力列车还为驾驶人配备了触碰式控制面板。驾驶人可以在驾驶过程中，通过面板上指针所显示的能量流动方向，及时在柴油发动机、发电机、电动机和蓄电池间组合切换使能量达到平衡。

目前，在采用供电电网和动力电池、超级电容联合供电的混合动力列车的技术研究以及产品和市场开发方面，做得最好的是欧洲诸国。其中，德国、法国等国已成熟掌握电网+动力电池、电网+超级电容、电网+动力电池+超级电容等多种混合动力技术及产品开发技术。他们在世界上已占据低地板车市场的大部分份额。目前各大国际公司都有相关的产品研发，如庞巴迪的MITRAC项目，为采用内燃机+超级电容的供电模式。西门子的Sitras-HES系统、CAF公司的ACR系统、Alstom公司的STEEM系统，都为采用超级电容+动力电池的供电模式。

（1）庞巴迪的MITRAC项目　庞巴迪的MITRAC列车如图6-1所示。MITRAC每个单元重450kg，长1900mm，宽950mm，高455mm。充足电时容量为300kW，可以利用的能量为60%，装置的总重为477kg。该车能以26km/h的速度离开架空线行驶500m。40m长的有轨电车配备3套装置。该车已经在德国的曼海姆完成了试验。

图6-1　MITRAC列车

（2）西门子Sitras-HES系统　Sitras-HES系统由两个储能装置组成，如图6-2所示。由750V的DC/DC变流器充电超级电容器外加一组牵引蓄电池，形成类似混合动力的方式。

西门子Sitras-HES参数如表6-2所示。西门子Sitras-HES采用空气冷却Maxwell 0.85kW·h超级电容器，工作电压为190～480V DC，组成2套144kW的装置，总重820kg。蓄电池为水冷SAFT NiMH，容量为18kW·h、105kW，重量为826kg。所有设备重量约2.2t，且具备功能可扩展性。

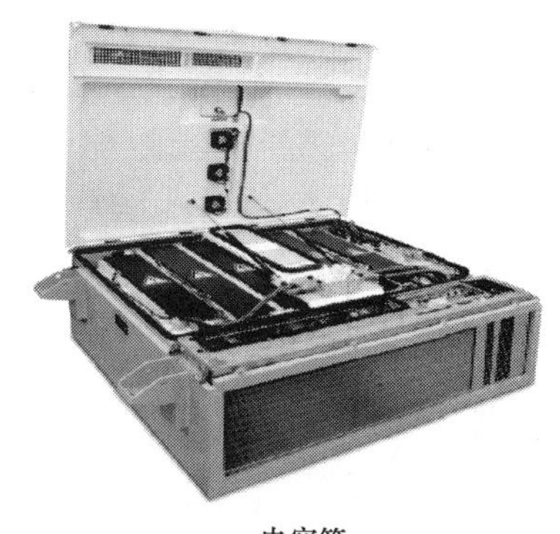

电容箱

电池箱

图6-2　西门子Sitras-HES电容箱和电池箱

试验结果表明，在正常制动的情况下，再生的电能有1/3反馈到架空线，1/3被超级电容器吸收，1/3用于车上的辅助设备，或消耗在制动电阻器中。如果将超级电容器的容量增加一倍，则可消除制动电阻器的损耗。储能装置充满电后，正常线路条件下车辆可独立行驶2.5km，正常充电时间仅需20s，该车已经在葡萄牙的Almada完成试验。

表6-2 西门子Sitras-HES参数

参　　数	电池参数	电容参数
所选产品	Maxwell	NiMH（SAFT）
容量	0.85kW·h	18kW·h
最大功率	2×144kW	105kW
电压范围	190～480V	400～528V
冷却方式	强迫风冷	水冷
尺寸/mm	2000×1520×630	1670×1025×517
重量	820kg	826kg

（3）CAF公司ACR有轨电车　CAF公司的ACR有轨电车配备了两个混合动力模块，可实现全程无接触网供电运行，如图6-3所示。该车型于2011年11月在zaragasa（萨拉戈萨）正式运营（整条线路设两段无网区），至今运转良好。

图6-3　CAF公司的ACR车辆

ACR有轨电车混合动力系统的技术参数如表6-3所示。ACR系统能够实现1000m无供电区运行，商业运行在辅助用电系统工作的情况下可保证500m运行距离。

超级电容只需在车辆停靠站充电20s即可全部充满。超级电容失效时配备的镍氢蓄电池可充当备用电源。系统可实现再生制动能量的回收。

表6-3　ACR有轨电车混合动力系统的技术参数

额定功率	226kW
最大功率	400kW
能量	18.1kW（最多5个独立电池或电容的支路串并联）
电容每个支路	0.775kW·h（正常）/1kW·h（总）
电池每个支路	15kW·h
电压（额定/运行）	750V/500～900V
ACR箱子尺寸	不大于2455mm×1600mm×750mm
ACR箱子重量	
1个支路	800kg
2个支路	1150kg
3个支路	1500kg

（续）

4个支路	1850kg
5个支路	2200kg
工作温度	-25~50℃
冷却	强迫风冷
通信接口	
车辆网络	TCN-MVB
维修网络	Ethernet

此外，CAF公司研制的超级电容车于2010年在西班牙的Vélez-Málaga进行了为期一年的测试，并于次年在西班牙的Seville投入了商业运营。

（4）Alstom 公司的STEEM系统 Alstom公司开发的STEEM（Maximal Energy Efficiency Tramway System）应用在法国巴黎T3线的Citadis有轨电车上。其车顶安装的1.4t超级电容由48个模块组成。通过接触网、地面充电站充电20s，在300个乘客的情况下可行驶300m，速度可达23km/h。该超级电容模块可实现再生制动能量的吸收，充电容量达到设计容量的30%，车辆就能行驶到下一站。

国外各公司开展混合动力轨道车辆研究工作的技术研究现状如表6-4所示。

表6-4 各大公司的技术研究现状

代表产品	西班牙-CAF	阿尔斯通	日本川崎重工		西门子	庞巴迪	德国福斯罗	日本
	ACR	STEEM	SWIMO轻轨车	新能源列车	Avenio	Primove系统	Vossloh	
混动储能装置	高速充电超级电容，以及ACR系统	高速充电超级电容	镍氢电池	燃料电池	双层电容器和驱动电池	无接触网应用技术-超级电容储能	油电混合动力	以蓄电池作为动力
开始运行时间	2010年	2010年	2007年	2007年	2015年	2010年	2014年出车	2014年出车

国内开展轨道交通行业混合动力技术研究工作的单位主要有浦镇（与庞巴迪合作）、株洲（与西门子合作）、大连（与安萨尔多合作）、唐山轨道客车有限责任公司，它们均完成了样车研制工作。

目前国内已成功研制超级电容供电的轻轨车。株洲于2012年推出超级电容车，长客的超级电容车也已在2013年沈阳浑南线投入使用。这种超级电容车站间距不能超过2km，需要停站时充满电方可继续运行。

唐车公司研制的动力电池+超级电容混合动力车在此基础上更进一步，引入能量更高的动力电池，该车可以在超过2km的平直道上持续运行，无需在此线路上架设电网或设置充电站。唐车公司于2013年6月在贵州六盘水进行了线路试验，试验结果令人满意。

国内市场方面，广州和沈阳分别采用了株洲和长客的超级电容轻轨车，而北京、泉州、深圳等地也在考虑采用混合动力车辆。

6.1.3 混合动力轨道车辆技术分析

(1) 混合动力轨道车辆上超级电容和蓄电池的优缺点　综合近年国内外混合动力轨道车辆采用的超级电容和蓄电池的应用情况，总结得出超级电容和蓄电池的优缺点如表6-5所示。

表6-5 超级电容和蓄电池应用于混合动力轨道车辆的优缺点

	优　点	缺　点
蓄电池	1）维修性好，电池进行了模块化封装，利于维修人员进行更换 2）采用蓄电池的车辆密封性好，因为采用了电池驱动，免掉了与外界高压结构的接触，因此整车的密封和防水性能更高 3）噪声低，舒适度高，避免了高压设备的高频率开关，电池充放电无噪声状态，因此系统舒适度更高 4）节省接触网、支撑杆等基础设施建设等，同时美化城市环境	1）电池的功率密度低，同样容量的电池所需空间大 2）电池在低温和高温情况下无法正常工作，受温度影响大 3）采用电池驱动车辆只能运行在低速情况下 4）电池的寿命普遍较短，大概2~3年更换一次 5）电池的快速充电性能差，不允许深度放电，深度充放电对其性能和寿命有很大的影响 6）部分电池含有重金属，对环境有极大的污染 7）电池的循环使用寿命短（200~1000次），且易损坏 8）电池的充电时间长，一般要0.5~10h 9）化学电池功率密度低（300W/kg） 10）化学电池的效率低（70%） 11）制动时，化学电池能量回收效率仅为5%
超级电容	1）电容循环使用寿命长（约10万次） 2）电容的充电速度快（0.3s~15min） 3）电容的充放电效率高（98%） 4）电容的功率密度高（1000~10000W/kg） 5）超级电容器彻底免维护，工作温度范围宽（-40~70℃），容量变化小 6）超级电容器制动时再生能量回收效率高，常规制动时回收率高达70%，相对成本低 7）超级电容器的价格比铅酸电池高一倍，但由于超级电容器的寿命比化学电池高10~100倍，所以超级电容器电动车的综合运营成本大大低于化学电池电动车	1）超级电容器能量密度低，续航里程较短 2）车辆体积和重量增加较大 3）需要不间断充电

混合动力车辆的优缺点如表 6-6 所示。

表 6-6　混合动力车辆的优缺点

	优　点	缺　点
城市环境	不需要安装接触网等基础设施，可美化城市环境	
车辆方面	不需要受电弓等接触受流器件，杜绝摩擦损耗	此类型车速度都小于 60km/h，受电池和电容技术限制，续航能力较小，一般小于 5km。因此暂时不能实现真正意义的无弓受流 电容或者电池体积大，环境适应性差，重量重，且电池寿命较短，如采用高性能电池，则成本较高
节能环保	噪声低，舒适度高	采用柴油机发电驱动技术的车辆效率低，且柴油机重量重，不环保

（2）典型混合动力系统分析　根据目前的发展，存在两种主流的混合动力方式，如图 6-4 所示。

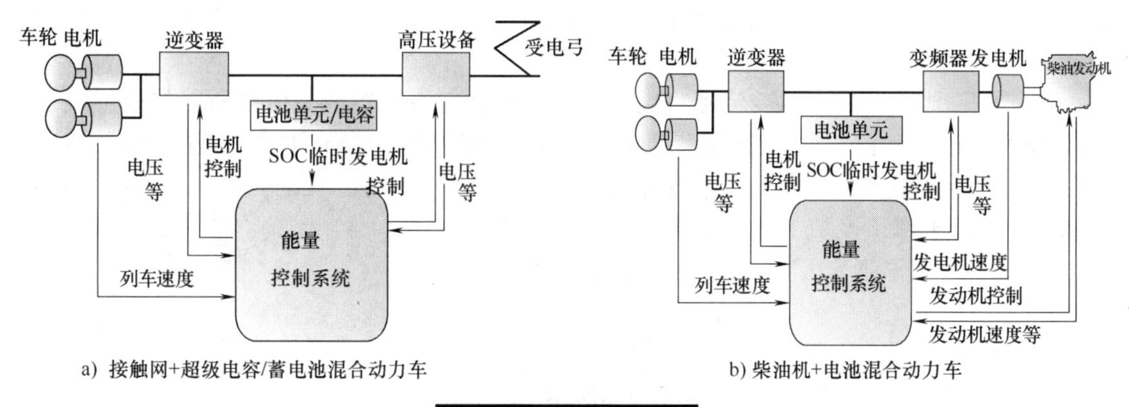

图 6-4　混合动力方式

图 6-4a 所示的车上同时装有受电弓和储能装置（如蓄电池、超级电容或二者兼有），此类车辆一般能够运行在两种区域，既可以在架设接触网的区域运行，如城市郊区，也能够在无法架设接触网的区域运行，如城市的闹市区。在郊区运行时，通过接触网受流驱动列车前进，同时给车载蓄电池充电，在闹市区无接触网区域，蓄电池放电驱动列车前进。

接触网 + 超级电容/蓄电池混合动力车辆由牵引变流器、DC/DC 变流器、超级电容箱/动力电池箱、辅助电源箱和控制系统组成。该系统能够完成接触网和车载储能装置共同供电驱动驱动电机的功能。在接触网有电时，由接触网为牵引变流器供电；在脱离接触网或接触网无电时，由超级电容或动力电池通过 DC/DC 变流器分别向牵引变流器提供电源，用以驱动驱动电机。

混合动力车辆主电路电气原理如图 6-5 所示。

其中，750V DC 为直流电网供电电源，蓄电池和充电电路及超级电容和充电电路将供电电网电压转换成电池组能接收的电压，且其充电电流可控，牵引逆变器将直流电压转换成电压和频率变化的交流电压，用于牵引驱动电机。

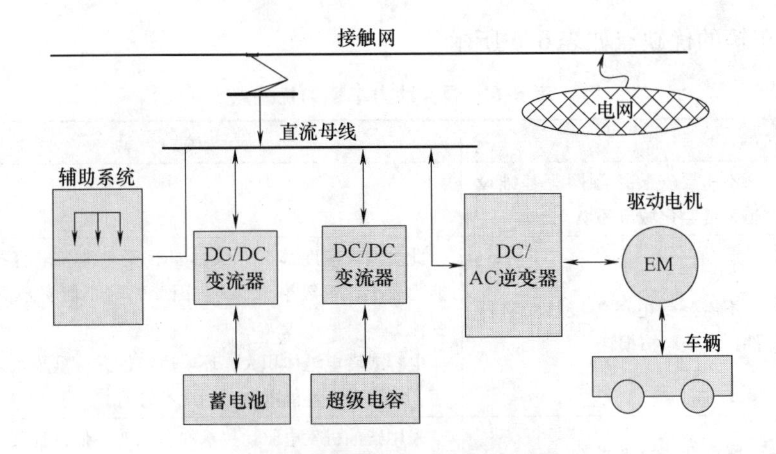

图 6-5　混合动力主电路框图

DC/DC 变流器在有电网且电网有电的情况下向超级电容组和动力电池充电；在无电网或电网无电的情况下，由超级电容和动力电池组通过 DC/DC 变流器为牵引变流器供电。

在充电工况时，DC/DC 变流器将电网电压转化成超级电容或蓄电池所能接收的电压，同时其充电电流可控，电池组有专用的充电电流传感器，当充电电流超过其限值时，DC/DC变流器电压将自动降低，将充电电流控制在限值以内。由于牵引变流器不需要电气隔离，电路结构简单，控制方便，因此工作效率能达到 90% 以上。

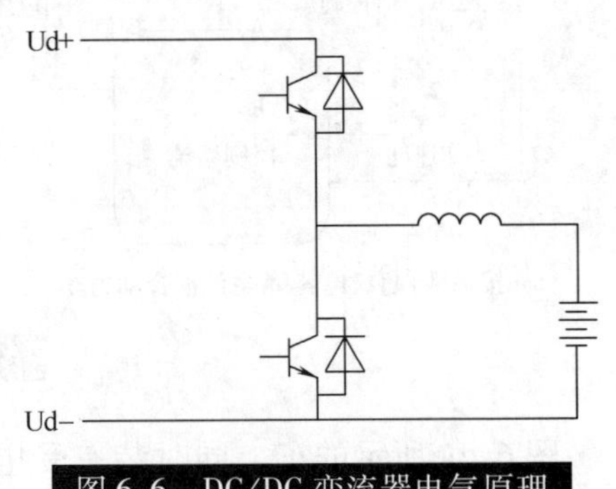

图 6-6　DC/DC 变流器电气原理

在放电工况时，由蓄电池供电并将电压升至 750V 左右，能量实现了反向流动，如图6-6所示。

图 6-4b 所示的车上同时装有内燃机和储能装置（如蓄电池、超级电容或二者兼有）。在城市郊区，内燃机驱动车辆前进，同时给车载超级电容/蓄电池充电。在城市闹市区，由超级电容/蓄电池放电驱动列车前进。

6.1.4　混合动力轨道车辆应用前景分析

资源节约型、环境友好型、技术创新型和安全便捷型的轨道交通系统是未来交通的发展方向。城市轨道交通是解决城市交通最为有效的交通方式，其中，地铁交通已经在国内外很多城市投入使用，但地铁施工成本高、难度大。另外，轻轨交通在很多城市也有应用，如国内的武汉、长春、大连、重庆等城市应用情况良好。

研制混合动力车辆的目的是为了减少车辆的能耗，城轨车辆的特点是站间距短，车辆起停频繁，其运行轨迹基本上是加速——滑行——制动减速，且制动减速时间与加速时间相当多，常规城轨车辆制动时基本采用能耗制动方式，能量损失严重。

与仅由电网供电的城轨车相比，混合动力轨道车辆具有以下优势：

➢ 其线路条件与既有线路兼容，可在既有铁路线上运行；
➢ 该变流器能运用于不便建设牵引供变电系统和接触网系统的城郊及隧道等区域；
➢ 减少了牵引供电系统及弓网系统的投资，并可减小隧道截面，大大降低工程造价；
➢ 避免了牵引供电系统和弓网故障引起的事故，提高了列车运行的可靠性；
➢ 能回收大部分制动时的能量，基本杜绝能耗制动，提高了能量的利用效率；
➢ 受气候条件影响小，尤其是在遇紧急情况时，具有快速、高效的应急作用；
➢ 在不影响市容的情况下可以极大地减轻城市交通压力，绿色环保，适合现在城市发展的需要。

综合估计，采用混合动力模式，运行能耗至少能减少 20%。

混合动力轨道车辆可提供较强的无电网续航能力，使城市内某些拥挤地域可以不用架设电网，既使环境更加美观，又减少了成本投入。因此，混合动力技术及车辆的研究有良好的经济和社会效益。作为城轨交通的重要组成部分，研究轻轨的低碳化应用非常有意义，尤其是带电网供电的轻轨列车的低碳化研究，在城市轨道交通研究中可能更受欢迎。

目前，世界各国都在加紧研发更加安全可靠且节能环保的新一代轨道交通系统。混合动力列车是未来列车发展的趋势，混合动力源供给和能量回收系统则是列车的核心。作为一种高效、环保、节能的新型列车，混合动力列车是一种潜力巨大的新型轨道交通工具，将极大地促进轨道交通系统的重大改革和发展。

图 6-7　100% 低地板轻轨车

6.2　混合动力系统组成及技术参数

100% 低地板轻轨车因其便利、能耗低且环保的特点，近年已进入蓬勃发展阶段。混合动力技术是唐车公司设计研发的 100% 低地板轻轨车的关键技术之一，具备低噪声，低能耗，能量可回收，城区无网运行，维护城市景观等优良特性。设置有超级电容和动力电池，使用超级电容和牵引动力电池组作为能量回收装置。车辆制动时，优先将制动能量存储在超级电容中，以备车辆牵引或者辅助设备用电使用，待超级电容和牵引动力电池充电完成后，再将能量反馈到电网当中，以减少制动能量损耗。当列车通过无电区时，车辆使用超级电容和动力电池作为车辆驱动电源。车辆可以 25km/h 的速度运行 20min 以上。

该混合动力系统主要包括牵引逆变器、驱动电机、DC/DC 变流器、超级电容和动力电池。该混合动力系统能够完成接触网和车载储能装置（包括超级电容和动力电池）共同供电并牵引驱动电机的功能。其主电路原理框图如图 6-8 所示。

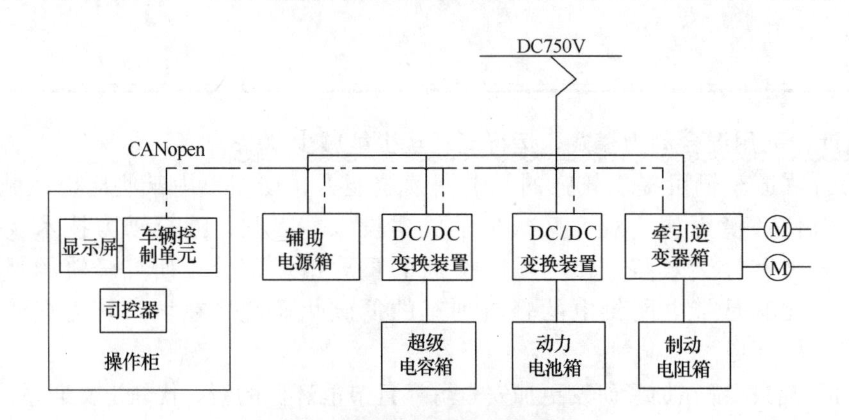

图 6-8　主电路原理框图

混合动力电源箱采用模块化设计，包括 1 个 DC/DC 电源箱（含 2 个双向 DC/DC 斩波器）、1 个超级电容箱（含 2 组超级电容及能量管理系统）和 1 个动力电池箱（含 1 组动力电池及能量管理系统）。当电网有电时，混合动力电源箱将 DC750V 网压转换成两路 DC480V 的电压分别给超级电容、动力电池充电。当电网断电时，混合动力电源箱可通过 DC/DC 变流器，将超级电容、动力电池的电压转换成 DC750V 的电压并分别向牵引逆变器提供电源，用以牵引驱动电机，保证车辆的正常运行。

6.2.1　DC/DC 变流器主要技术参数

➢ 当 DC/DC 变流器作为充电机对动力电池充电时

主电压：	DC750V（范围 DC500 ~ 950V，来自电网）
控制电压：	DC24V（范围 DC17 ~ 30V，来自电池）
输出特性：	
输出电压：	DC480V（范围 DC340 ~ 518V）
输出电流：	80A
输出电压纹波系数	≤1%（接动力电池负载）

充电机有充电特性管理功能（含温度补偿），能根据动力电池的状态来控制充电电流和充电电压，使动力电池的使用寿命增加。

➢ 当动力电池将 DC/DC 变流器作为供电电源对外放电时

主电压：	DC480V（范围 DC340 ~ 518V）

输入最大电流：　200A
控制电压：　DC24V（范围 DC17～30V，来自动力电池）
输出特性：　DC750V（1±5%）

➢ 当 DC/DC 变流器作为充电机对超级电容充电时

主电压：　DC750V（范围 DC500～950V，来自电网）
控制电压：　DC24V（范围 DC17～30V，来自动力电池）
输出特性：
输出电压：　DC480V（范围 DC340～518V）
输出最大电流：　400A

➢ 当超级电容将 DC/DC 变流器作为供电电源对外放电时

主电压：　DC480V（范围 DC288～518V）
输入最大电流：　700A
控制电压：　DC24V（范围 DC17～30V，来自动力电池）
输出特性：　DC750V（1±5%）

6.2.2　混合动力电源箱主要技术参数

安装方式：　车顶安装
环境温度：　-25～+50℃
存储温度：　-40～+70℃
相对湿度：　≤95%
海拔高度：　<2500m
冷却：　强迫风冷（外部供 DC24V，自带风扇）
是否隔离：　否
外形尺寸：　≤2000mm×2000mm×600mm（长×宽×高）
重量要求：　≤1500kg
保护功能：　输入过、欠压保护，输出过流保护、输出路保护、内部散热器过温保护
通信方式：　采用标准 CANopen
防护等级：　IP65
坡道运行要求：　不小于 50‰

6.2.3　牵引逆变器

牵引逆变器主要包括线路接触器组、IGBT 逆变器、斩波器功率单元、逻辑控制单元及滤波电容器等部件，其作用是将直流电压变换成可变电压可变频率的三相交流电，驱动驱动电机带动车辆运行（牵引工况），将驱动电机发出的三相交流电变换成直流电回馈到电网或其他储能设备（再生制动工况），或通过斩波器将发出的直流电能消耗在制动电阻上（电阻制动工况）。

牵引逆变器的功能包括：

- 列车运行状态、运行模式的判别和控制，至少包括：运行方向、驱动、制动、滑行、快速制动、紧急制动、紧急牵引；
- 牵引力、制动力的计算和控制；
- 对牵引逆变器实际值的检测、计算和对牵引逆变器的控制；
- 负载补偿，判别负载信号的大小，调节牵引力、制动力的大小；
- 防空转/防滑；
- 冲动极限控制，对牵引加速度和制动减速度的变化率进行限制；
- 牵引逆变器、制动电阻、驱动电机各种参数的监控和保护；
- 同控制系统时钟同步功能；
- 实际粘着系数的检测，利用最大的粘着力，以充分利用电制动；
- 列车超速保护；
- 控制系统自诊断（包括硬件与软件）；
- 故障评估、储存、处理功能。

6.2.4 制动电阻

制动电阻在牵引逆变器的电阻制动工况下使用，用于消耗制动工况下驱动电机产生的能量，制动电阻的设计经过与牵引逆变器的电气参数匹配。

一个牵引逆变器配1套制动电阻，每套制动电阻内部包含了2组制动电阻模块。

制动电阻采用强迫风冷进行冷却，进风口设网罩，以防止落叶或纸片等杂物吸入。网罩便于快速拆卸与清洗。制动电阻冷却系统采取降噪控制，并根据制动电阻的工作状态对冷却系统进行分级控制，以降低噪声。

集中控制单元对制动电阻的温度、电流和冷却系统的风量进行监控，配备独立的温度传感器监测温度。

制动电阻箱内的电阻元件及安装架、绝缘子等要安装牢固、稳定且有良好的耐热性，又有足够的电气间隙和爬电距离。

电阻元件及安装架、绝缘子等容易清洁，容易更换。电阻元件能在制动电阻箱不落车的前提下由维修人员方便地拆卸。

6.2.5 驱动电机

驱动电机采用三相鼠笼式异步驱动电机。驱动电机用于车辆牵引和制动，牵引工况由牵引逆变器供电，驱动电机通过齿轮传动装置为车轴提供动力，制动工况由驱动电机发电，对电网进行反馈（再生制动），或将能量消耗在制动电阻上（电阻制动）。

电机的保护：电机过流、过压、过热、超速时由牵引控制单元监测并保护。

6.2.6 控制系统

控制系统包含主处理单元 VCU、显示屏单元 IDU 和司控器。

6.3　混合动力系统性能参数估算

储能部件是混合动力列车电源系统的能量来源，储能部件的特性直接影响列车的动力性能。常用的储能部件有动力电池、超级电容、燃料电池等，这些储能部件参数均不一致。此外，由于产品充放电过程中的众多非线性因素，相同型号产品间的参数也经常存在较大的差异。混合动力系统需要大数量的储能部件，若仅仅按照产品的额定参数进行计算和组合应用，可能无法保证混合动力系统性能最优。

因此，混合动力系统参数匹配计算是一个多目标、多变量的优化问题，需要通过合理确定混合动力系统中各动力部件的参数和整车控制策略，来实现整车动力性、经济性的优化。

6.3.1　混合动力系统相关参数

（1）列车配置　列车布局图如图 6-9 所示。列车由四个模块编组，其中三个模块装有动车转向架，另一个模块装有拖车转向架，两个中间车车顶布置混合动力电源箱。

编组方式：－Mc＋M*Tp＋Mc－

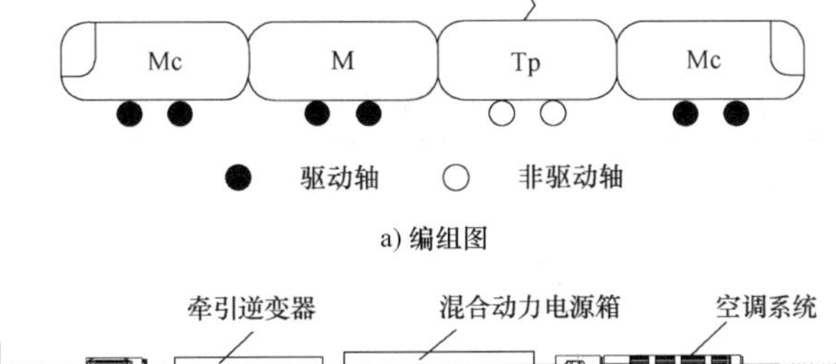

a) 编组图

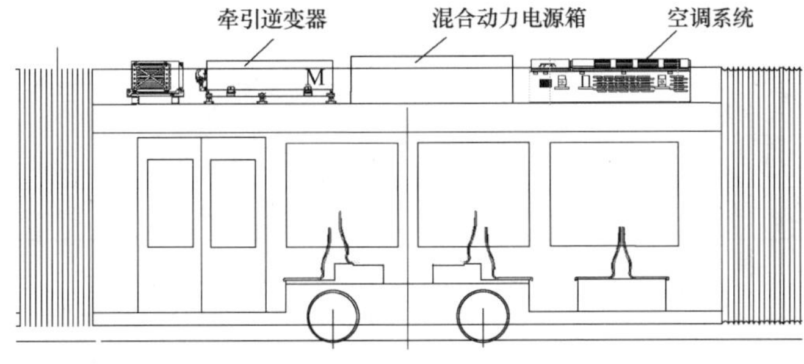

b) M 车车顶设备布置图1

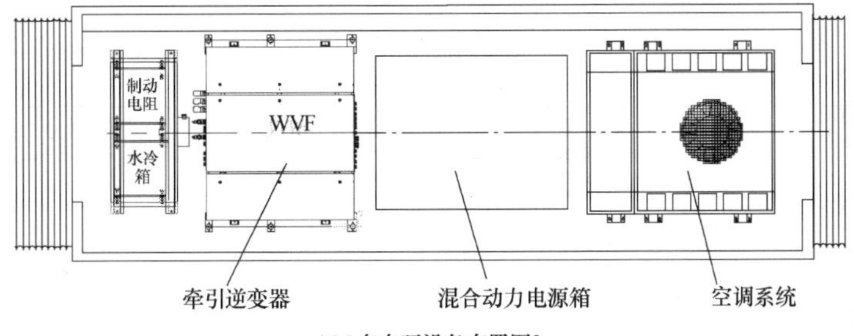

c) M 车车顶设备布置图2

图 6-9　列车布局图

Mc—安装动力转向架和驾驶室的动车模块　M—安装动力转向架的动车模块

Tp—安装受电弓和拖车转向架的拖车模块　＋—风窗铰接结构　＊—风窗双铰结构　－—前端车钩

（2）车体主要尺寸　Mc 车 9200mm，M 车 7800mm，Tp 车 7200mm，列车长度 37340mm，车辆高度 3500mm，车体宽度 2650mm，客室地板面距走行轨顶面高度 350mm，客室内净高（中间站立区/最低处）2160mm。

（3）重量配置　列车自重：52t；轴重：车辆动力转向架每根动轴实际测得的轴重与该车各动轴平均轴重之差，不超过实际平均轴重的 2%；车辆载荷能力：载客能力如表 6-7 所示，乘客人均重量按 60kg/人计算。

表 6-7　载客能力表

工况	列车载员
AW0	0
AW1	80
AW2	316
AW3	394

（4）混合动力系统设计参数　列车基本参数、电气设备参数以及动力性能指标分别见表 6-8、表 6-9 和表 6-10。列车编组采用“3 动 1 拖”结构，每节动车由 4 个驱动电机提供动力，整车共 12 个驱动电机。

表 6-8　列车基本参数

参　数		符　号	取　值	单　位
整车质量	AW0（载员 0 人）	m_{aw0}	52	t
	AW1（载员 0 人）	m_{aw1}	65	t
	AW2（载员 336 人）	m_{aw2}	79	t
	AW3（载员 474 人）	m_{aw3}	84	t
车轮滚动半径（半磨耗）		r	0.315	m
迎风面积		A	9	m^2
风阻系数		C_w	0.5	-
机械传动系统效率		η	0.97	-
传动系统的传动比		i_0	6.0	-
惯性质量系数		γ	0.09	-

表 6-9　电气设备参数

参　数	含　义	取　值	单　位
P_n	驱动电机的额定功率	60	kW
P_m	驱动电机的最大功率	150	kW
n_n	驱动电机的额定转速	1800	r/min
n_m	驱动电机的最高转速	4377	r/min
N_m	整车电机数量	12	-
λ	电机过载系数	1.23	-
η_0	电机效率	0.85	-

（续）

参　数	含　义	取　值	单　位
η_1	牵引逆变器的效率	0.90	—
η_2	DC/DC 变流器的效率	0.92	—
P_a	整车辅助功率	40	kW

表 6-10　动力性能指标（无电区）

参　数	符　号	取　值	单　位
持续运行车速	v_c	25	km/h
持续运行里程	t_c	10	km
最大驱动加速度	a_{dmax}	1.2	m/s^2
最大制动减速度	a_{bmax}	2.5	m/s^2
最大爬坡度	i_{max}	70	‰
持续运行车速匀速行驶的续驶里程	s_{max}	10	km

6.3.2　车辆纵向动力学分析模型

（1）列车纵向动力学模型　以一节车辆为例，车辆前后轮轴在同一个平面上并且与地面平行。假设列车行驶在一个倾角为 β 的坡道上，图 6-10 为车辆动力学模型。

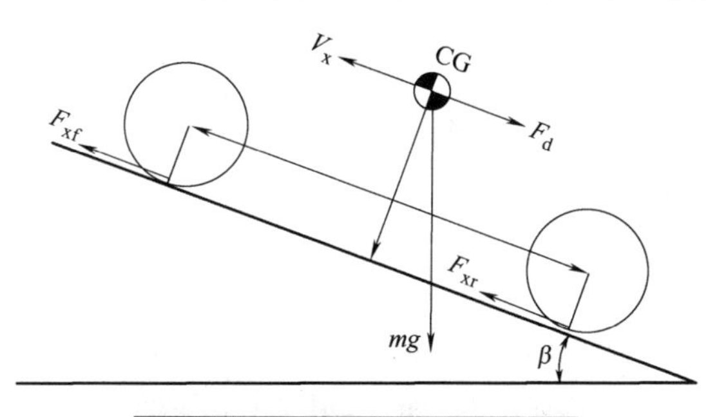

图 6-10　车辆纵向动力学模型

图 6-10 中，$g=9.81m/s^2$ 为重力加速度，m 为列车质量，V_x 为列车纵向速度，F_{xf}与 F_{xr}分别为前后轮的轮周与地面接触点处的纵向牵引力。

列车运动是列车受到的力与转矩共同作用的结果。轮周的纵向力使其前进或后退。

列车的重力始终作用在车身重心（CG）上。车辆动力学方程为

$$m\dot{V}_x = F_x - F_d - mg\sin\beta \tag{6-1}$$

纵向牵引力为前后轮轴力之和

$$F_x = F_{xf} + F_{xr} \tag{6-2}$$

阻力 F_d分为基本阻力和附加阻力，在后文中将详细介绍。

列车的位移为

$$x = \int V_x \mathrm{d}t \tag{6-3}$$

（2）列车阻力的计算　阻力分为基本阻力和附加阻力，二者之和为列车受到的总阻力。

1）基本阻力。常用单位基本阻力公式为

$$\omega_0' = A + BV_x(t) + CV_x^2(t) \tag{6-4}$$

列车受到的基本阻力为

$$f_{bz} = \omega_0' mg \tag{6-5}$$

式中，质量 m 的单位为 t。

公式（6-4）中的常数项“A”与速度无关，可认为是与最大静摩擦力有关。当列车的速度为 0 时，列车受到的最大静摩擦力为

$$f_{sz} = Amg \tag{6-6}$$

根据以上分析，可得列车静止与运动时的通用基本阻力公式为

$$\boldsymbol{f_z = \begin{cases} \mathrm{sat}_A(f_t(t)) & V_x(t)=0 \\ [A+B|V_x(t)|+CV_x^2(t)]mg\,\mathrm{sgn}(V_x(t)) & V_x(t)\neq 0 \end{cases}} \tag{6-7}$$

式中，sgn（·）为标准符号函数，sat_A（·）中的饱和函数。

$$\mathrm{sat}_A(f_t(t)) = \begin{cases} Amg, & f_t(t) > Amg \\ f_t(t), & -Amg \leqslant f_t(t) \leqslant Amg \\ -Amg, & f_t(t) < -Amg \end{cases} \tag{6-8}$$

列车的基本阻力是经验公式，它包含了各种因素造成的阻力。

2）附加阻力

① 风阻。正面迎风时列车受到的阻力为

$$\boldsymbol{f_{wd} = -\frac{1}{2}C_D\rho v_a^2 A\,\mathrm{sgn}(v_x)} \tag{6-9}$$

式中 C_D——风阻系数；

ρ——空气密度，在 20℃以及一个标准大气压下的值大约为 1.205kg/m^3；

A——列车正面投影面积（m^2）；

v_a——风速在垂直指向列车正面方向的分量（m/s）。

② 坡道阻力。列车在坡道上时，重力沿坡道下坡方向的分力形成坡道阻力。根据上、下坡情况的不同，坡道阻力有正负之分。理论上来说负坡道阻力实际上起牵引力的作用。

当列车位于坡度角为 β 的斜坡上时，重力 G 可以分为两个分量：垂直分量 $G\cos\beta$ 与平行分量 $G\sin\beta$。垂直分量垂直于轨道，并被轨道的反作用力所抵消；平行分量与列车运行方向平行，成为由坡道产生的附加阻力。

由于坡道阻力 $mg\sin\beta$ 已经在列车运动方程（6-1）中有描述，因此附加阻力的计算中去除了坡道阻力项。

工程上一般用“坡度”来定义坡道的倾斜程度。通常把坡面的铅直高度和水平宽度的比值叫做坡度，通常用百分数表示。比如，坡度 **30%** 是指水平距离上前进了 **100m** 的情况下，垂直高度上升了 **30m**。

坡度角与坡度的关系是

$$\beta = \arctan(\theta) \tag{6-10}$$

式中 β——坡度角（°）；

θ——坡度（%）。

（3）传动系统 列车采用变频控制策略，驱动电机与轮轴的齿轮齿数比（变速器传动比）为一固定常数。牵引力与驱动电机转矩的关系为

$$F_t = \frac{i_0}{r} T_{motor} \tag{6-11}$$

式中 F_t——列车轮周牵引力（N）；

T_{motor}——驱动电机转矩（N·m）；

i_0——变速器传动比；

r——列车轮周半径（m）。

（4）速度控制器 速度控制器的作用是控制驱动电机的转速。它的输入是期望转速和实测转速，通过 PI 调节器调节，输出驱动电机的期望转矩指令值。电机控制系统作为执行机构根据期望转矩指令值输出相应的牵引转矩，牵引转矩作用于列车，列车开始运行。

速度控制器的输出期望转矩指令值由 PI 控制器获得

$$T_e^* = K_P(\omega_r^* - \omega_r) + K_I \int (\omega_r^* - \omega_r) dt \tag{6-12}$$

式中 K_P、K_I——PI 参数；

ω_r^*、ω_r——分别为期望转速和实测转速（r/min）。

期望转速按照列车自动控制系统计算得到的运行曲线查表得到。由运行曲线得到的速度为列车速度（km/h），而速度控制器中的输入速度为电机转速。它们之间的关系为

$$\omega_r^* = \frac{3.6 V_x^* i_0}{0.377 r} \tag{6-13}$$

式中，V_x^* 为列车期望速度（km/h）。

列车电力牵引系统的电气装置有一定的功率限制，当功率达到最高限制 $\bar{P}$ 时，列车功率将不能再升高。功率等于驱动电机转速与转矩的乘积，此时列车如果仍需加速，则需要降低转矩。于是输出转矩为

$$T_e = \mathrm{sat}_T(T_e^*) \tag{6-14}$$

式中，

$$\mathrm{sat}_T(T_e^*) = \begin{cases} |\bar{P}/\omega_r|, & T_e^* > |\bar{P}/\omega_r| \\ T_e^*, & -|\bar{P}/\omega_r| \leqslant T_e^* \leqslant |\bar{P}/\omega_r| \\ -|\bar{P}/\omega_r|, & T_e^* < -|\bar{P}/\omega_r| \end{cases} \tag{6-15}$$

图 6-11 所示为驱动电机转矩随时间的变化情况，图 6-12 所示为转矩与列车速度的对应关系。由图中可以看出，列车速度在 36km/h 左右时进入恒功区，随着列车行驶速度的增加，牵引转矩开始减小。

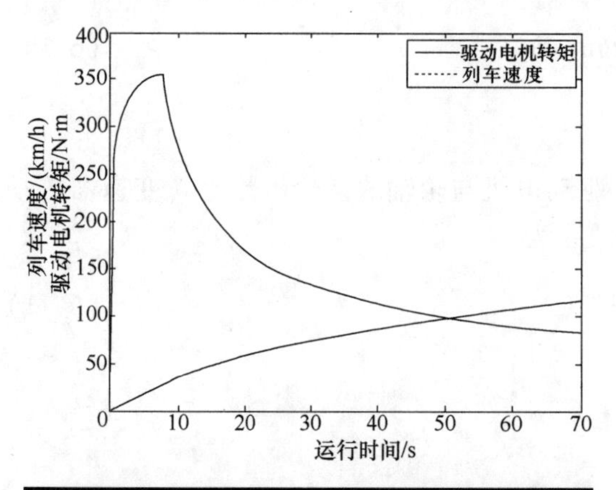

图 6-11　驱动电机转矩与列车速度的响应曲线

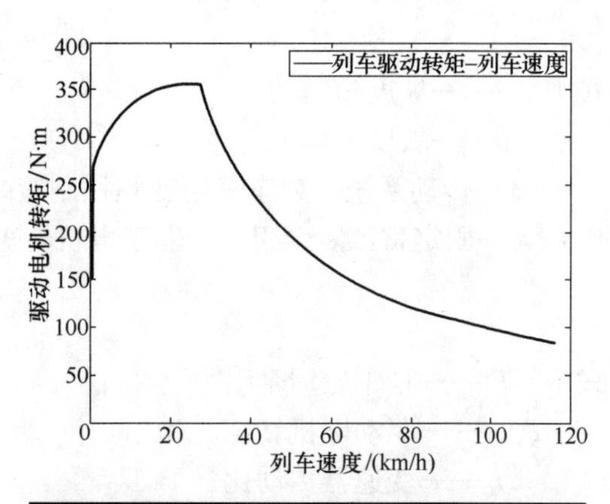

图 6-12　驱动电机转矩-列车速度关系曲线

6.3.3　系统参数匹配计算方法

为了下文描述方便，给出一些符号的定义说明，如表 6-11 所示。

表 6-11　相关符号定义

参数	含义	单位
w_0	单位基本阻力	N/kN
m	列车整车质量	t
G_d	包含回转质量在内的列车总质量	t
v	列车车速	km/h
a	列车加速度	m/s^2
α	坡度角	rad
F_t	列车驱动轮的驱动力	kN
F_b	列车基本阻力	kN
F_g	列车爬坡阻力	kN
F_f	由大风引起的附加阻力	kN
P_t	整车轮周功率	kW
P	全部驱动电机总输出功率	kW

（1）牵引系统特性计算　根据列车牵引理论，整车驱动轮的驱动力 F_t（kN）可由式（6-16）计算

$$F_t = F_b + F_g + F_f + \frac{G_d \mathrm{d}v}{3.6\mathrm{d}t} \tag{6-16}$$

式中，$F_b = \frac{mgw_0}{1000}$，$F_g = mg\sin\alpha$。

整车轮周功率 P_t 为

$$P_t = F_t \frac{v}{3.6} \tag{6-17}$$

驱动电机总输出功率 P（含整车全部电机的总功率）为

$$P = P_t/\eta \tag{6-18}$$

式中，η 为传动系统的效率。

驱动电机总输出转矩 T_t（kN · m）为

$$T_t = \frac{F_t r}{i_0 \eta} \tag{6-19}$$

驱动电机转速 n（r/min）为

$$n = \frac{v i_0}{0.377 r} \tag{6-20}$$

电机的牵引特性曲线如图 6-13 所示。当驱动电机进入恒功率区后，列车为了进一步提速，必须降低驱动电机转矩，列车的加速度会持续降低。列车会以逐渐减小的加速度提速，在牵引力曲线与基本阻力曲线相交处，列车达到最高速度。若两条曲线在驱动电机达到最大转速前无交点，则列车的最高速度由电机的最高转速决定。

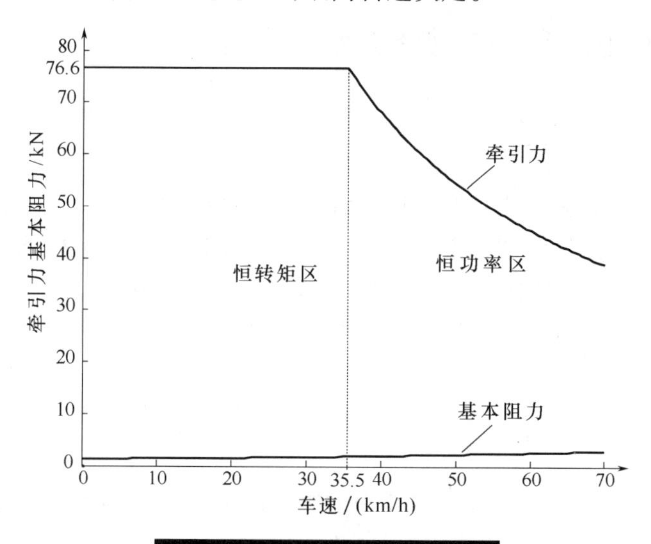

图 6-13　牵引特性曲线示意图

驱动电机总输入功率 P_0 可由式（6-21）计算

$$P_0 = P/\eta_0 \tag{6-21}$$

式中，η_0 为电机效率。

驱动电机可以提供的额定转矩 T_n 为

$$T_n = 9.550 \frac{P_n}{n} \tag{6-22}$$

牵引逆变器所需输入功率 P_1 为

$$P_1 = P_0/\eta_1 \tag{6-23}$$

式中，η_1 为牵引逆变器的效率。

DC/DC 变流器所需输入功率 P_2（即储能设备所需输出功率）为

$$P_2 = (P_1 + P_a)/\eta_2 \tag{6-24}$$

式中 P_1——DC/DC 变流器所需输出功率，即为牵引逆变器所需输入功率（W）；

P_a——列车照明、空调等除驱动电机之外的电气设备所需的辅助功率（W）；

η_2——DC/DC 变流器的效率。

（2）混合动力系统性能指标　通过动力性能指标可以确定列车的各种动力参数。常用的指标有最高车速、最大爬坡度和加速性能。确定了这些指标的具体值，就可以确定驱动电机的动力需求，为驱动电机选型提供依据，进而得到电源的功率和能量需求。

为简化计算，一般可以将 $\sin\alpha$ 近似为坡度 i，即 $i \approx \sin\alpha$，此时牵引力为

$$F_t = mgi + \frac{mgw_0}{1000} \tag{6-25}$$

将最大坡度值 i_{max} 代入式（6-25），即可求出满足最大爬坡度要求所需的牵引力。将求得的牵引力代入式（6-17）和式（6-18）中就可进一步求得电机所需峰值功率的一个最小值。

车辆在平直轨道匀加速行驶时，加速度 a 可表示为

$$a = \frac{dv}{3.6dt} = \frac{1}{G_d}\left(F_t - \frac{mgw_0}{1000}\right) = \frac{1}{G_d}\left(\frac{3.6P_x\eta}{v_a} - \frac{mgw_0}{1000}\right) \tag{6-26}$$

式中，P_x 为加速时电机对应车速 v_a 的实际输出功率（W）。

根据驱动电机工作的外特性，得到恒转矩区每一车速对应的电机输出功率 P_x 以及恒功率区的电机输出功率 P_3，进而得到电机所需峰值功率的最小值。

综合以上三个方面就可初步选择电机，确定电机的额定功率、峰值功率、额定转矩和额定转速等相关参数。

6.3.4 储能设备能力计算

（1）电池电容数量计算　电池电容数量的确定需遵循表 6-12 中的原则。

表 6-12　电池电容数量确定原则

约束条件	动力电池	超级电容
功率约束（最大功率需求）	由最高速度决定电池最大输出功率，确定满足此功率的最小电池数量	由车辆以指定加速度均匀加速到指定速度过程中的峰值功率，确定满足该功率需求的电容数量
能量约束（最大能量需求）	由最大续驶里程决定的动力电池总输出能量，可以确定一个满足此总能量需求的最小电池数量	由车辆以指定加速度均匀加速到指定速度过程中所需总能量，确定满足该能量需求的电容数量
串联电压约束（总输出电压需求）	由动力电池相连器件（DC/DC）的工作电压决定动力电池组串联总电压，确定动力电池的串联数	由超级电容相连器件（DC/DC）的工作电压决定超级电容组串联总电压，确定超级电容的串联数

（2）超级电容器的参数　选用 MAXWELL 超级电容能量储存模块 BMOD0165，其基本参数如表 6-13 所示。

表 6-13　Maxwell 超级电容模块 BMOD0615 详细参数

超级电容参数	
额定电容量/F	165
电容量容差（%）	-0.2 ~ +0.2
额定电压/V	48
最低工作电压/V	28.8
浪涌电压/V	50.4
可用比功率密度/（W/kg）	3300
最大电流/A	98A（持续）；1900A（1s）
最大储存能量/W·h	52.8
比能量密度/（W·h/kg）	3.9
最大漏电流/mA	5.2
重量/kg	13.9
体积/L	14.515
外形尺寸/mm（长×宽×高）	418×194×179
运行温度/℃	-40 ~ +70
寿命/年	10
内阻/mΩ	6.3

（3）电池的参数　假定采用苏州星恒电源有限公司型号为 IFP33/101/192-40HAl 的锂电池电芯，详细参数如表 6-14 所示，其放电特性曲线如图 6-14 所示。

表 6-14　IFP33/101/192-40HAl 的锂电池电芯参数

型号	IFP32/101/192-40HAl	
长×宽×高	33mm×100mm×192mm	
额定电压	3.2V	
额定容量	40A·h	
内阻	≤2mΩ	
放电截止电压	2.5V	
最大充电电压	3.8V	
持续放电电流	120A	
最大放电电流	200A	
充电方法	CC/CV（恒流恒压）	
重量	<1200g	
工作温度	充电	0 ~ 45℃
	放电	-20 ~ 45℃
常温容量 C_1	≥40Ah	
倍率放电	3C	>85% C_1
循环寿命	2000 次 （常温 1C 循环至 70%，100% DOD）	

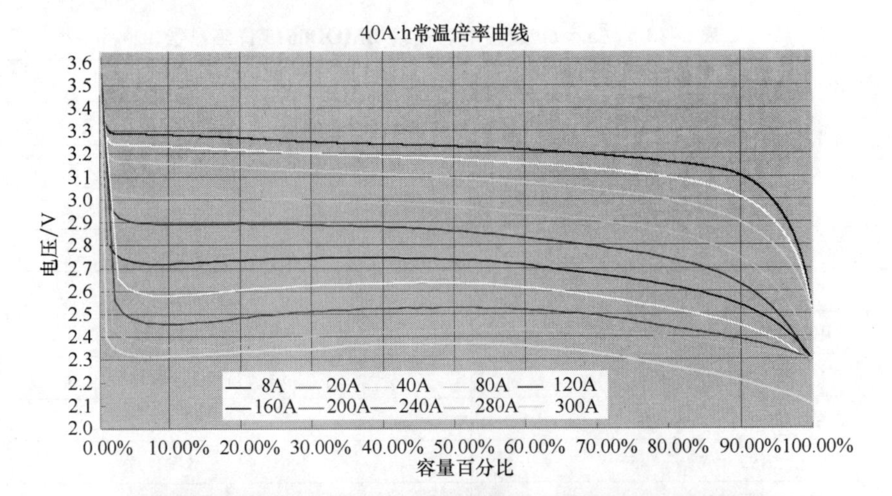

图 6-14 IFP33/101/192-40HAl 的锂电池电芯放电特性曲线

单体动力电池能够提供的最大输出能量为

$$E_{bmax}=U_{b\_imax}C_bD_bK_b \tag{6-27}$$

式中 U_{b_imax}——电池以最大持续放电电流工作时的电压（V）；

C_b——单体电池容量（Ah）；

D_b——电池放电深度；

K_b——电池容量冗余系数。

根据星恒公司提供的数据，$D_b=0.8$，$K_b=0.7695$。

由图 6-13 中的放电特性曲线可知，当电池以最大持续电流 120A 放电时，其工作电压约为 2.8V，取 $U_{b\_imax}=2.8V$。由式（6-27）即可计算出单体电池能提供的能量约为 245950J，约合 0.0683kW·h。

单体动力电池能够提供的最大输出功率为

$$P_{bmax}=I_{max}U_{b\_imax} \tag{6-28}$$

式中 I_{max}——电池最大持续放电电流（A）；

U_{b_imax}——电池以电流 I_{max} 放电时的对应工作电压（V）。

本文取 $I_{max}=120A$，$U_{b\_imax}=2.8V$，由式（6-28）可计算得出：

$$P_{bmax}=336W=0.336kW。$$

单体超级电容模块可利用的有效能量为

$$E_{cmax}=\frac{1}{2}C_c(U_{cmax}^2-U_{cmin}^2) \tag{6-29}$$

式中 C_c——超级电容模块的额定容量（F）；

U_{cmax}——超级电容的最高工作电压（V）；

U_{cmin}——超级电容的最低工作电压（V）。

一般取超级电容额定电压 60% 以上的电压范围为有效工作范围，故取 $U_{cmax}=48V$，$U_{cmin}=48V\times0.6=28.8V$，$C_c=165F$，由式（6-29）可计算得出：

$$E_{cmax}=109490J=0.0304kW·h。$$

单体超级电容模块的最大输出功率为

$$P_{\mathrm{cmax}} = P_{\mathrm{c\_spe}} m_{\mathrm{c}} \tag{6-30}$$

式中 P_{spe}——超级电容模块的可用比功率密度；

m_{c}——超级电容模块的质量。

由式（6-30）计算，可得

$$P_{\mathrm{cmax}} = 3300\mathrm{W/kg} \times 13.9\mathrm{kg} = 45.87\mathrm{kW}。$$

6.3.5 动力电池及超级电容数量的确定

动力电池及超级电容数量的计算思路如图6-15所示。根据持续运行车速、加速度、爬坡度等性能指标，可计算出不同工况下的电机输出功率，由电机效率、牵引逆变器的效率、DC/DC变流器的效率等计算出电源输出功率，然后得出相应的所需电池或电容的数量。

（1）持续运行车速对动力电池数量的要求　列车在平直轨道上匀速运行时，对电源的输出功率要求相对较低，而对电源的输出能量要求较高。动力电池比能量高、比功率低，而超级电容比能量低、比功率高。因此只考虑用动力电池做持续运行动力电源，用超级电容做加速、坡道运行等工况下的高功率电源。

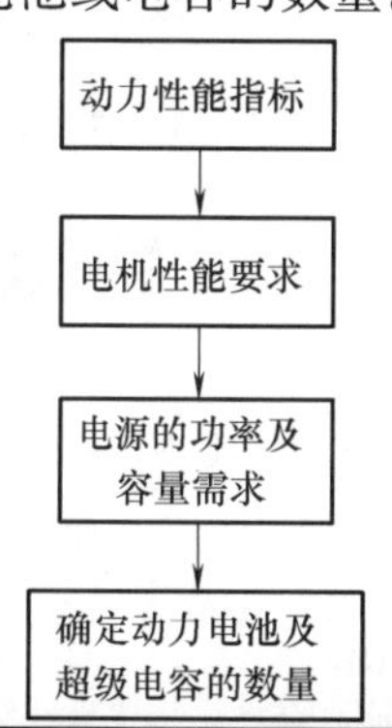

图6-15　动力电池及超级电容数量的计算思路

功率约束：对平直轨道上匀速行驶的列车，车速越高，电源需要输出的功率越大，相应需要的电池数量也越多，如图6-16a所示。其中曲线节点处的数字代表不同车速下电源输出功率对最小动力电池数量的要求。

能量约束：图6-16b的曲线分别为不同速度级别下行驶5km、10km、15km所需要的总能量。其中曲线节点处的数字代表不同车速下行驶相应里程所需能量对动力电池数量的最低要求。

串联电压约束：若DC/DC变流器输出的最高端电压为480V，为保证电池能充满，选择136节串联，每节平均电压3.53V（480/136=3.53），最低保护电压2.5V。136节串联电池的工作电压范围为340~480V，其额定工作电压是435V（额定电压3.2V×136=435.2V）。按此串联方案，136个蓄电池能够提供的最大输出功率理论值为0.336kW×136=45.7kW，最大输出能量理论值为0.0683kW·h×136=9.29kW·h。

列车在平直轨道上以25km/h匀速行驶时：

从功率约束角度考虑：牵引力为1.556kN，电机转矩为0.0842kN·m，电源输出功率59.3kW（其中，牵引功率15.8kW，辅助功率43.5kW），对应需要的电池数量为177个（每个电池提供0.336kW），考虑30%的设计冗余为230个。

从能量约束角度考虑：每个电池提供的能量为0.068kW·h，持续运行24min（10km）电源输出能量为23.72kW·h，需要的电池数量为348个。

（2）起动加速度对超级电容参数的影响　当列车加速到一定车速时，电机的输出功率达到额定功率后将进入一个恒功率区。图6-17a为不同加速度下车速与驱动电机输出功率的关系曲线。图6-17b为不同加速度下由静止加速到指定车速过程中总能量的需求对应关系。图6-17中曲线节点处的数字代表从静止加速到相应车速所需的超级电容的最小数量。

由图6-17可以看出，加速需要的超级电容数量随着功率需求的增大而增大；每节动车

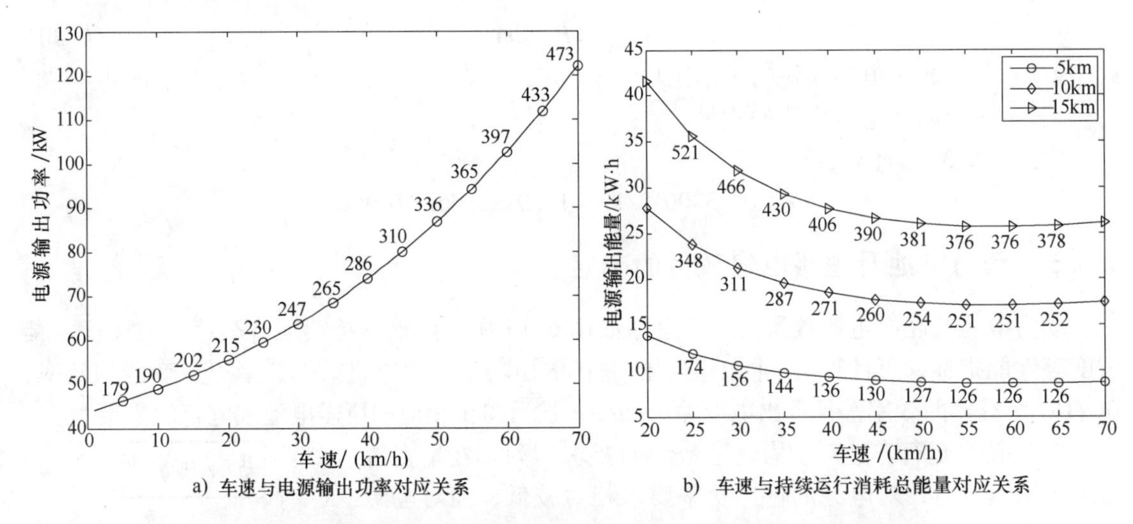

a) 车速与电源输出功率对应关系　　b) 车速与持续运行消耗总能量对应关系

图 6-16　车速对电源功率和能耗的影响及对应的最小电池数量需求

配置 2 并联 10 串联的 Maxwell BMOD0615 超级电容模块，能够满足列车以 0.2～1.2m/s² 等不同加速度从静止加速到 25km/h 的要求（最大可达到 32km/h）。

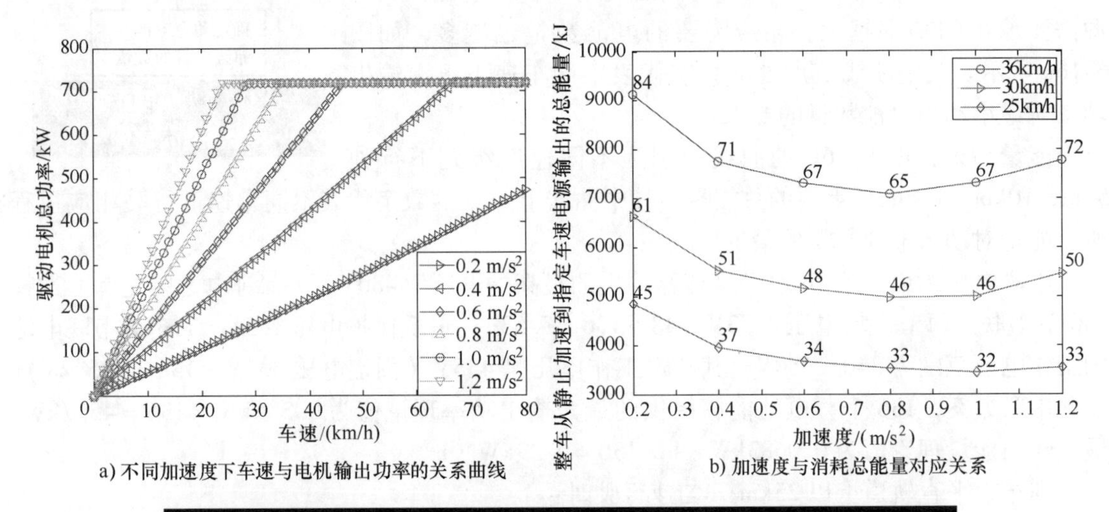

a) 不同加速度下车速与电机输出功率的关系曲线　　b) 加速度与消耗总能量对应关系

图 6-17　加速度对电源功率和能耗的影响及对应的超级电容最小数量需求

（3）最大爬坡度对超级电容参数的影响　本文假定坡道运行时完全由超级电容提供驱动电能。

1）功率约束：假定在爬坡工况下，完全由超级电容组提供驱动能源。在不同坡度的坡道上以不同车速爬坡时对应所需的牵引功率和超级电容数量由图 6-18a 所示。由图可见，坡度的大小对牵引功率的大小影响也很大，但超级电容可以满足功率需求。若动车均配置 10 串联 2 并联的超级电容模块，则可满足 7% 坡度的爬坡功率需求。

2）能量约束：若爬坡完全由超级电容供电，以整车 10 串联 6 并联共 60 个超级电容为例，计算了一组在满足功率前提下对应的续驶里程，标注在图 6-18b。可见，超级电容仅能满足较短距离的爬坡需求。若坡道长度过大，则完全由超级电容供电难以满足整个爬坡过程

的能量需求。

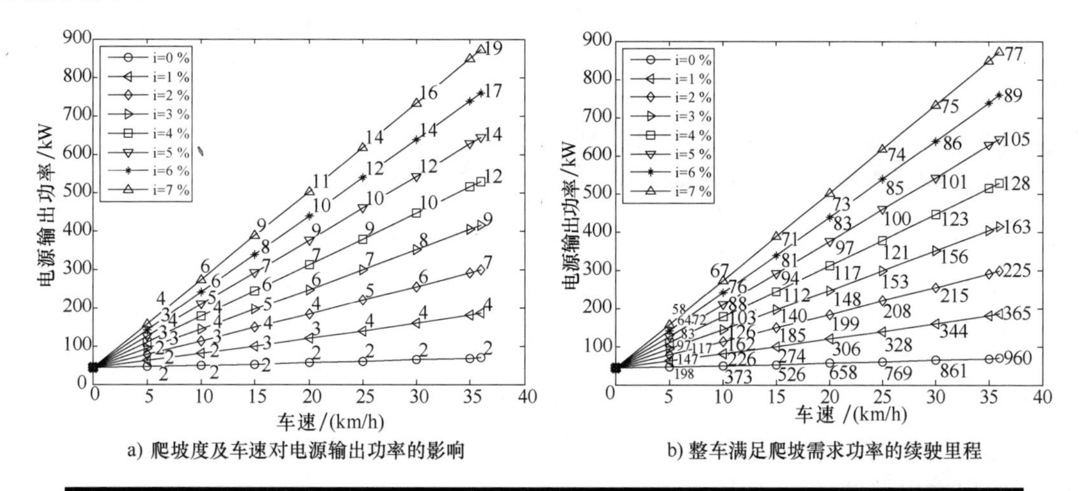

a) 爬坡度及车速对电源输出功率的影响　　b) 整车满足爬坡需求功率的续驶里程

图6-18　在不同坡度的坡道上以不同车速爬坡时对应所需的电源输出功率和超级电容数量

由不同坡度对应的功率、能量需求来看，不论是只用动力电池还是只用超级电容驱动列车在坡度上行驶，均需要较大的数量。其原因在于，在坡度较大时，列车爬坡时对功率和能量的要求都非常大。动力电池组能够提供足够大的能量需求，而不能提供足够大的功率需求；相反，超级电容组能够提供足够大的功率需求，却不能提供足够大的能量需求。因此，**需要对动力电池组和超级电容组的功率和能量分配控制进行研究，同时发挥两者能力上的优势，互相弥补各自的功能瓶颈。**

6.3.6　混合动力列车的制动能量回收

混合动力列车的制动能量回收系统是一种能量回收装置，其目的在于通过将列车的动能转化为其他形式的能量，使列车或者其他对象减速，而转化的能量可以进行再利用或者储存。

具有制动能量回收功能的混合动力列车，可充分地将制动能量储存回收，大大降低能量消耗；储存的回收能量又可在电网断电时驱动列车，维持列车的正常运行，节约能源，并增加城市轨道交通系统的可靠性。此外，具有一定续航能力的混合动力列车使得在某些特定区域可以取消供电电网，减少了建设投入，保证了安全性的同时，维持了城市的美观。这种新型混合动力列车具有可靠、高效、环保、节能的优点，将是未来城市轨道交通发展的方向。

在混合动力列车系统中，能量供给和制动能量回收是通过能量管理系统实现的，该系统负责采集储能设备、能量传递电路、机电系统等的信息，通过某种机制的决策进行车辆加减速、储能设备充放电控制等各种控制。因此能量管理系统是极为重要的，它关系到列车的稳定高效运行和储能设备的能源平衡。

东日本铁路公司针对其研制的燃料电池混合动力列车，开发了符合燃料电池特性的能量管理系统：停车时，燃料电池向蓄电池充电；高速运行时，所需能量由燃料电池和蓄电池同时提供；慢行时，燃料电池在提供驱动能量的同时向蓄电池充电；制动时，将再生制动电力回收到蓄电池。

西门子、卡福等公司的车辆则优先采用超级电容吸收制动能量，试验证明，利用超级电容吸收制动能量，效率更高，节能效果更好。

目前，国内外新能源列车也在研究采用超级电容为主、蓄电池为辅的制动能量吸收策略。

6.4 双向 DC/DC 变流器工作原理

双向 DC/DC 变流器在混合动力列车的电源系统与驱动系统之间起着双向能量转换的重要作用，可以根据系统的运行需求完成相应的功能。双向 DC/DC 变流器具有多种形式的拓扑结构，其中部分电路仅适用于千瓦级以下的小功率场合，另有部分电路尚处于理论研究阶段。本节主要根据混合动力列车的大功率应用场合，以超级电容和蓄电池作为储能元器件，研究对比各种适用的非隔离型拓扑结构，主要通过电路中功率器件数量和电气应力等方面的比较，着手选择适合混合动力列车的双向 DC/DC 变流器，并给出主电路的参数设计。

6.4.1 混合动力列车双向 DC/DC 变流器的工作要求

在混合动力列车系统中，通过加入超级电容和双向 DC/DC 变流器可以增加瞬时功率，从而优化列车的加速和减速性能。如何选择高效率的双向变流器拓扑以及合理控制策略是决定混合动力列车性能的关键因素之一。

根据列车的实际应用情况，双向 DC/DC 变流器应满足以下工作要求：

- **列车用于安装双向 DC/DC 变流器及其储能元件的体积十分有限，在输出功率一定的条件下选用的双向 DC/DC 变流器应具有很高的功率体积比；**
- **混合动力列车采用超级电容和动力电池组合作为储能模块以满足列车停车-起动的运行，但随着频繁的充放电过程，超级电容的端电压变化范围很大，这要求双向 DC/DC 变流器具有稳定输出电压的功能，再生能量回馈时能快速安全地将机械能送到复合电源系统储存起来；**
- **混合动力车用储能模块输出功率受车辆体积、重量的限制无法设计得太大，所以双向 DC/DC 变流器要具有很高的工作效率，以有效延长车辆行驶里程。**

6.4.2 混合动力列车双向 DC/DC 变流器拓扑结构的选择

双向 DC/DC 变流器主要可以分为两类：变压器隔离型双向 DC/DC 变流器和非隔离型双向 DC/DC 变流器。其中隔离型双向 DC/DC 变流器是在非隔离型双向变流器中插入高频变压器，构成隔离型拓扑，变压器的原副边可以由全桥、半桥、推挽等电路拓扑构成。

隔离型双向 DC/DC 变流器拓扑主要有：双反激拓扑、双推挽拓扑、双半桥拓扑、双全桥拓扑。

典型非隔离型的单向 DC/DC 变流器有六种基本拓扑：BUCK、BOOST、BUCK-BOOST、

CUK、SEPIC、ZETA，把它们当中的二极管替换为开关，可以组成五种双向 DC/DC 变流器拓扑结构（BUCK 和 BOOST 替换后为同一种拓扑）。

混合动力列车选用的是超级电容和动力电池构成的复合电源，从超级电容储能体积及成本上考虑，其端电压值一般低于电机驱动逆变器的工作电压。要求双向 DC/DC 变流器在正向工作时具有升压斩波能力，在电机处于再生发电状态时，通过降压电路将制动回馈能量转换为电能储存在超级电容中。根据此条件，混合动力列车所用的双向 DC/DC 变流器仅需单方向工作时具有一种变换功能即可。

隔离型与非隔离型变流器都能满足以上要求，但是隔离型变流器的控制方式和结构都比较复杂，所用的元器件数量和种类比较多，功率密度和性价比都不太高，体积也无法得到最优化，所以应从非隔离型变流器中选择适合的拓扑结构。

考虑到实际应用中功能的需要，选择了如图 6-19 所示的双向 DC/DC 变流器。其中左端是低压端，接动力电池或超级电容等储能装置；右端是高压端，接直流母线。当储能装置放电时，DC/DC 变流器升压，将电压从低压端 V_1 升压至高压端 V_2，此时储能装置向负载传送其功率；当车辆进行能量回馈时，DC/DC 变流器降压，将电压从高压端 V_2 降至低压端 V_1，以便使储能装置吸收回馈的能量。

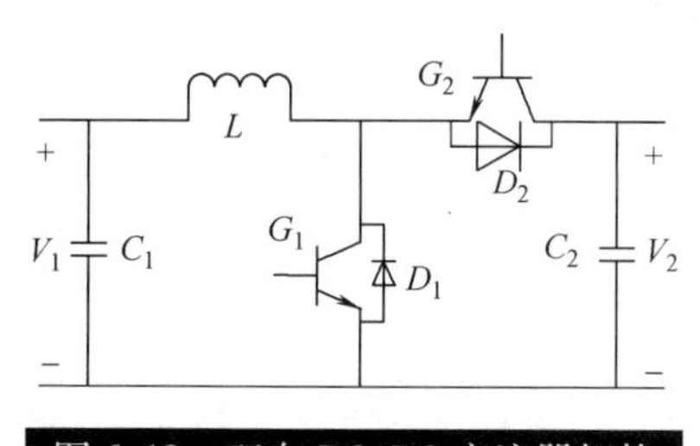

图 6-19　双向 DC/DC 变流器拓扑

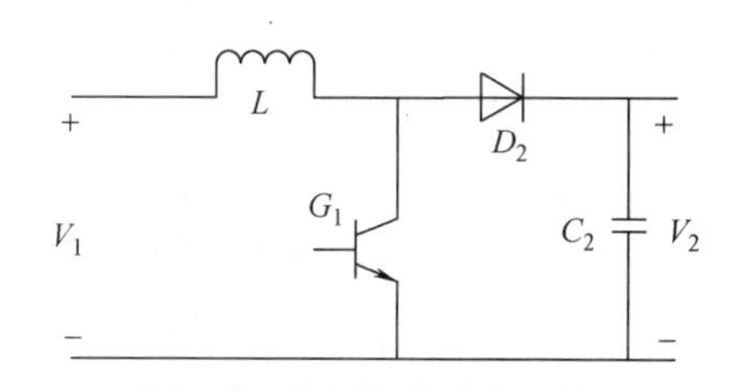

图 6-20　正向 Boost 电路

变流器正向工作时，G_1 作为 PWM 开关管工作，G_2 截止，储能电感 L、开关管 G_1、二极管 D_1/D_2、滤波电容 C_2，组成一个 Boost 电路，其等效电路如图 6-20 所示。

在实际应用中，开关频率比较高，所以本文只考虑电感电流连续的情况。设一个周期内开关的开通时间为 $t_{on}=DT$，关断时间为 $t_{off}=(1-D)T$，那么输入与输出电压的关系为：$V_2=\frac{V_1}{1-D}$，根据输入电压 V_1，调节占空比 D，就可以得到期望的输出电压 V_2，且 $V_2>V_1$，所以达到了电源放电时升压的目的。

变流器反向工作时，G_2 作为 PWM 开关管工作，G_1 截止，储能电感 L、开关管 G_2、二极管 D_1/D_2、滤波电容 C_1，组成一个 Buck 电路，其等效电路如图 6-21 所示。

设一个周期内开关的开通时间为 $t_{on}=DT$，关断时间为 $t_{off}=(1-D)T$，那么输入与输出电压的关系为：$V_1=DV_2$，根据输入电压 V_2，调节占空比 D，就可以得到期望的输出电压 V_1，且 $V_1<V_2$，所以达到了给电源充电时降压的目的。

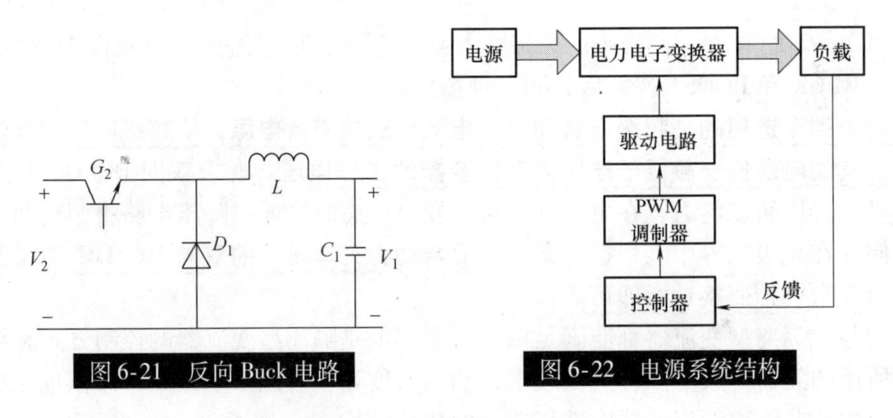

图 6-21　反向 Buck 电路　　图 6-22　电源系统结构

6.4.3　混合动力列车双向 DC/DC 变流器模型

混合电源系统由电力电子变流器、PWM 调制器、驱动电路和反馈控制单元构成，如图 6-22 所示。由控制理论可知，混合电源系统的静态和动态性能的好坏与反馈控制设计密切相关。要进行反馈控制设计，首先要了解被控对象的动态模型。图 6-22 中，在进行反馈控制设计前，首先需要获得电力电子变流器的动态模型，从而得到其传递函数。一旦获得被控对象的传递函数，就可以利用自动控制理论的知识来进行反馈控制设计。

（1）大信号模型　由于 DC/DC 变流器中包含功率开关器件或二极管等非线性元件，因此是一个非线性系统。采用小信号分析法在工作点附近线性化建模，则系统在工作点附近运行可能是稳定的，但受到较大的扰动时，却有可能不稳定。因此，在较大的干扰或较大的参数变化时，建立大信号模型是十分必要的。

在复合电源释能时，双向 DC/DC 变流器相当于图 6-23 所示的常规 BOOST 变流器。电感电流连续，一个开关周期可以分为两个阶段。在阶段 1，开关 G_1 闭合，电感处于充磁阶段；阶段 2，开关 G_1 打开时，电感处于放磁阶段，相应时段的等效电路见图 6-23。

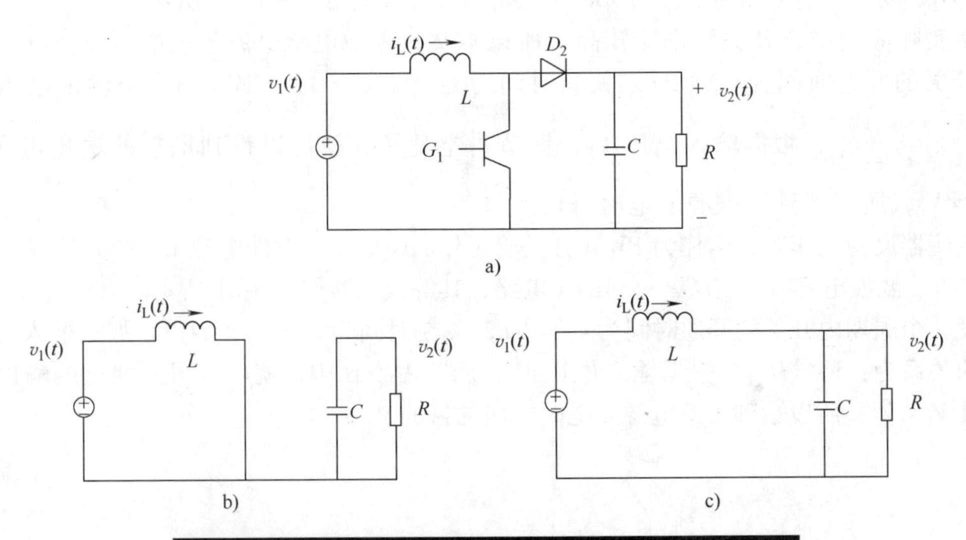

图 6-23　双向 DC/DC 变流器 BOOST 运行模态等效电路图

互补驱动方式下电感电流连续，则相应的分段状态微分方程如下：

开关 G_1 导通状态（$0 \leqslant t \leqslant t_{on}$）

$$\begin{cases} L\dfrac{di_L(t)}{dt} = v_1(t) \\ C\dfrac{dv_2(t)}{dt} = -\dfrac{v_2(t)}{R} \end{cases} \tag{6-31}$$

开关 G_1 关断状态（$t_{on} \leqslant t \leqslant T$）

$$\begin{cases} L\dfrac{di_L(t)}{dt} = v_1(t) - v_2(t) \\ C\dfrac{dv_2(t)}{dt} = i_L(t) - \dfrac{v_2(t)}{R} \end{cases} \tag{6-32}$$

根据基本的状态空间平均方法，对以上两式进行综合得到大信号平均方程：

$$\begin{cases} L\dfrac{d<i_L(t)>_{T_s}}{dt} = <v_1(t)>_{T_s} - d'(t)<v_2(t)>_{T_s} \\ C\dfrac{d<v_2(t)>_{T_s}}{dt} = d'(t)<i_L(t)>_{T_s} - \dfrac{<v_2(t)>_{T_s}}{R} \end{cases} \tag{6-33}$$

式中，$d(t) = t_{on}/T$，表示占空比；$d'(t) = 1 - d(t)$。

在复合电源储能时，双向 DC/DC 变流器相当于图 6-24 所示的常规 BUCK 变流器。电感电流连续，一个开关周期可以分为两个阶段。

在阶段 1，开关 G_2 闭合，电感处于充磁阶段；阶段 2，开关 G_2 打开时，电感处于放磁阶段，相应时段的等效电路见图 6-24。

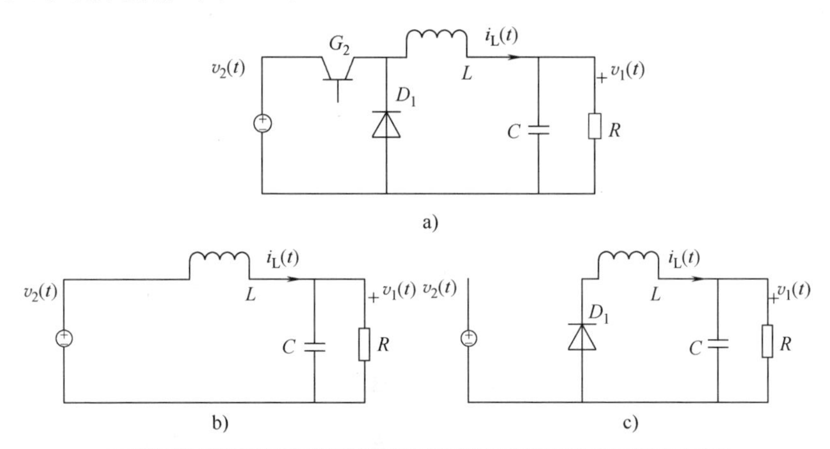

图 6-24　双向 DC/DC 变流器 BUCK 运行模态等效电路图

互补驱动方式下电感电流连续，则相应的分段状态微分方程如下：

开关 G_2 导通状态（$0 \leqslant t \leqslant t_{on}$）

$$\begin{cases} L\dfrac{di_L(t)}{dt} = v_2(t) - v_1(t) \\ C\dfrac{dv_1(t)}{dt} = i_L(t) - \dfrac{v_1(t)}{R} \end{cases} \tag{6-34}$$

开关 G_2 关断状态（$t_{on} \leqslant t \leqslant T$）

$$\begin{cases} L\dfrac{di_L(t)}{dt} = -v_1(t) \\ C\dfrac{dv_1(t)}{dt} = i_L(t) - \dfrac{v_1(t)}{R} \end{cases} \tag{6-35}$$

根据基本的状态空间平均方法，对以上两式进行综合，得到大信号平均方程：

$$\begin{cases} L\dfrac{d<i_L(t)>_{T_s}}{dt} = d(t)<v_2(t)>_{T_s} - <v_1(t)>_{T_s} \\ C\dfrac{d<v_1(T)>_{T_s}}{dt} = <i_L(t)>_{T_s} - \dfrac{<v_1(t)>_{T_s}}{R} \end{cases} \tag{6-36}$$

（2）小信号模型　为了使电源系统的输入输出值达到所需的指标，需要引入反馈控制。自动控制理论中关于控制器的设计方法只适用于线性系统。由于 DC/DC 变流器中包含功率开关器件或二极管等非线性元件，因此属于非线性系统。但当其运行在某一稳态工作点附近时，电路状态变量的小信号扰动量之间的关系呈线性系统的特性。尽管电源系统为非线性电路，但在研究它在某一稳态工作点附近的动态特性时，仍可以近似把它当做线性系统。因此，建立 DC/DC 变流器线性化小信号模型是反馈控制设计的基础。

在大信号模型的基础上，叠加较小的干扰信号，即可获得小信号模型。**采用灵活的小信号分析方法，可以转化变流器的非线性，使其成为一个简单的等效线性电路。小信号分析法既保持了变流器运行性能不变，又便于采用制动控制理论对变流器进行分析，设计控制器。**

双向 DC/DC 变流器运行于 BOOST 模态时的线性化小信号模型如下：

$$\begin{cases} L\dfrac{d\hat{i}_L(t)}{dt} = \hat{v}_1(t) - D'\hat{v}_2(t) + V_2\hat{d}(t) \\ C\dfrac{d\hat{v}_2(t)}{dt} = D'\hat{i}_L(t) - \dfrac{\hat{v}_2(t)}{R} - I_L\hat{d}(t) \end{cases} \tag{6-37}$$

式中　D——稳态占空比，$D' = 1 - D$；

V_2——高压侧稳态电压（V）；

I_L——稳态电感电流（A）。

由以上小信号模型可得输入至输出的传递函数为

$$\begin{cases} \left.\dfrac{\hat{v}_2(s)}{\hat{v}_1(s)}\right|_{\hat{d}(s)=0} = \dfrac{D'}{LCs^2 + \dfrac{L}{R}s + D'^2} \\ \left.\dfrac{\hat{i}_L(s)}{\hat{v}_1(s)}\right|_{\hat{d}(s)=0} = \dfrac{Cs + \dfrac{1}{R}}{LCs^2 + \dfrac{L}{R}s + D'^2} \end{cases} \tag{6-38}$$

控制至输出的传递函数为

$$\begin{cases} \left.\dfrac{\hat{v}_2(s)}{\hat{d}(s)}\right|_{\hat{v}_1(s)=0} = \dfrac{V_2\left(D' - \dfrac{Ls}{RD'}\right)}{LCs^2 + \dfrac{Ls}{R} + D'^2} \\ \left.\dfrac{\hat{i}_L(s)}{\hat{d}(s)}\right|_{\hat{v}_1(s)=0} = \dfrac{V_2\left(Cs + \dfrac{2}{R}\right)}{LCs^2 + \dfrac{L}{R}s + D'^2} \end{cases} \tag{6-39}$$

双向 DC/DC 变流器运行于 BUCK 模态时的线性化小信号模型如下：

$$\begin{cases} L\dfrac{d\hat{i}_L(t)}{dt} = D\hat{v}_2(t) + V_2\hat{d}(t) - \hat{v}_1(t) \\ C\dfrac{d\hat{v}_1(t)}{dt} = \hat{i}_L(t) - \dfrac{\hat{v}_1(t)}{R} \end{cases} \tag{6-40}$$

由以上小信号模型可得到，输入至输出的传递函数为

$$\begin{cases} \left.\dfrac{\hat{v}_1(s)}{\hat{v}_2(s)}\right|_{\hat{d}(s)=0} = \dfrac{D}{LCs^2 + \dfrac{L}{R}s + 1} \\ \left.\dfrac{\hat{i}_L(s)}{\hat{v}_2(s)}\right|_{\hat{d}(s)=0} = \dfrac{D\left(Cs + \dfrac{1}{R}\right)}{LCs^2 + \dfrac{L}{R}s + 1} \end{cases} \tag{6-41}$$

控制至输出的传递函数为

$$\begin{cases} \left.\dfrac{\hat{v}_1(s)}{\hat{d}(s)}\right|_{\hat{v}_2(s)=0} = \dfrac{V_2}{LCs^2 + \dfrac{L}{R}s + 1} \\ \left.\dfrac{\hat{i}_L(s)}{\hat{d}(s)}\right|_{\hat{v}_2(s)=0} = \dfrac{V_2\left(Cs + \dfrac{1}{R}\right)}{LCs^2 + \dfrac{L}{R}s + 1} \end{cases} \tag{6-42}$$

6.5 复合电源系统工作原理及仿真研究

混合动力列车的车载电源是由蓄电池与超级电容组成的，并通过双向 DC/DC 变流器升压后与直流母线相连。DC/DC 变流器除了升压给母线供电的功能，还具有反向给电池电容充电的功能。

图6-25 所示为复合电源的结构，这种结构的优势在于，通过对 DC/DC 变流器的控制可以间接控制蓄电池组和超级电容，并且通过控制使得两种电源各自的不足得到弥补，更好地发挥出各自的优势。

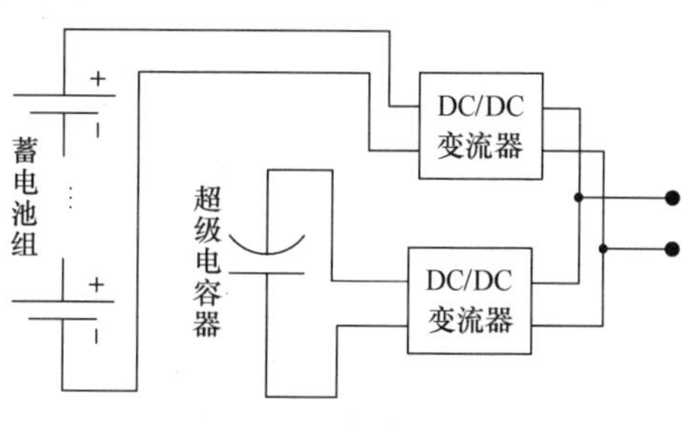

图6-25 复合电源结构

复合电源系统将两个或多个不同类型的能量储存装置组合在一起，以使每一种能量储存装置分别发挥其优点，并使其缺点可由其他的能量储存装置予以补偿。例如，动力电池与超级电容组成的混合电源可同时克服动力电池低比功率和超级电容低比能量的缺点，从而获得高比能量和高比功率。本质上，复合电源系统由两个基本的能量储存装置组成：一个具有高比能量，而另一个具有高比功率。该系统运行状态如图 6-26 所示。

通过对 DC/DC 变流器电压和电流的控制，能够控制蓄电池和超级电容的输入输出功率。基于此功能，根据复合电源系统功率流分配的方法，能量管理系统能够对蓄电池和超级电容进行协调控制，使其在工作中发挥出各自的优势。

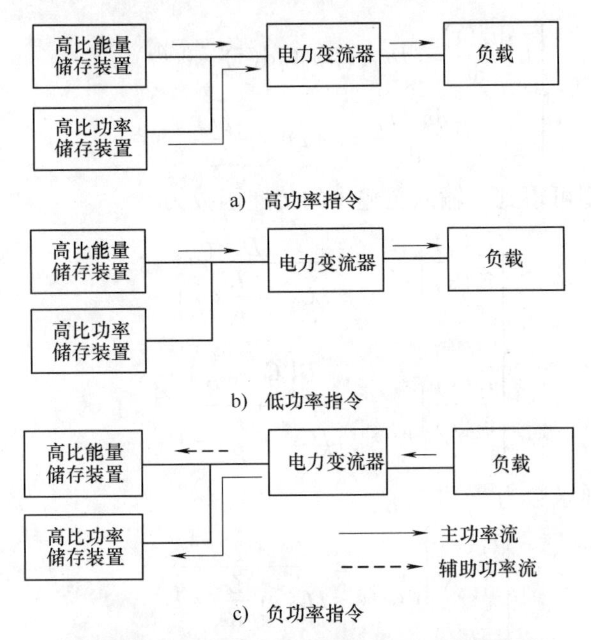

图 6-26 复合电源系统基本运行状态示意图

在高功率指令控制下，例如加速和爬坡，这两个能量储存装置都向负载传送其功率，如图 6-26a 所示。

另一个方面，在低功率指令控制下，例如恒速运行，高比能量的能量储存装置将向负载传送其功率，高比功率的储能装置不工作，如图 6-26b 所示。

在再生制动系统运行时，峰值功率将由高比功率的能量储存装置吸收，而仅有少部分由高比能量的能量储存装置所吸收，如图 6-26c 所示。以这样的方式，整个系统将比其他任何一者单独作为能量储存装置时的重量和体积都小得多。

基于各种能量储存装置的可用技术，可用于混合动力车辆的复合电源系统有多种，最典型的即为由动力电池与超级电容组成的复合电源。因为超级电容比动力电池有高得多的比功率，而且能与各种动力电池相协调，构成动力电池与超级电容的复合电源系统。

6.5.1 超级电容与蓄电池模型

功率流分配完毕后，根据能量传递效率的估算，超级电容与蓄电池的输出电流 i_c 和 i_b 可知。通过电源模型的计算，可以得出储能设备的端电压、SOE 和 SOC 等值。

（1）超级电容模型 超级电容的简化模型如图6-27所示。图中，超级电容器等效为一个理想电容器C与一个较小阻值的电阻（等效串联阻抗R_S，一般为几毫欧）串联，同时与一个较大阻值的电阻（等效并联阻抗R_L）相并联的结构。R_S模拟热损失和充放电过程中电压的损失，R_L模拟自放电的渗漏损失。

在超级电容器中给出三个参数：电容量（其电位V_C）；串联电阻R_S；绝缘材料的漏电阻R_L。

超级电容的输出电压

$$V_T = V_C + R_S i \tag{6-43}$$

超级电容的荷电状态SOE

$$SOE = 100\left(\frac{V_C}{V_{max}}\right)^2 \tag{6-44}$$

式中 V_{max}——超级电容的最高电压（V）。

超级电容的电容量V_C为

$$V_C = \sqrt{\frac{2Q}{C}} \tag{6-45}$$

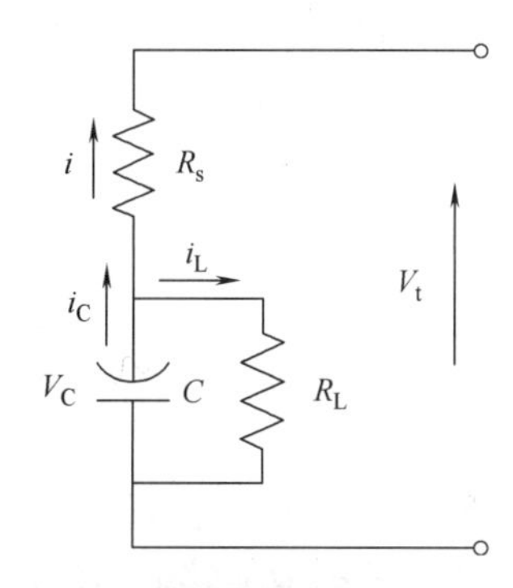

图6-27 超级电容简化模型

式中

$$Q = \begin{cases} 0.5CV_{max}^2 & Q > 0.5CV_{max}^2 \\ 0.5CV_{C0}^2 - \int i_C V_C dt & 0 \leqslant Q \leqslant 0.5CV_{max}^2 \\ 0 & Q < 0 \end{cases} \tag{6-46}$$

根据图6-27可知

$$i_C = i + i_L \tag{6-47}$$

式中

$$i_L = \left|\frac{V_C}{R_L}\right| sgn(i) \tag{6-48}$$

（2）蓄电池组模型 蓄电池的结构由图6-28所示。

蓄电池输出电压为

$$V_{batt} = E - iR_S \tag{6-49}$$

式（6-49）中

$$E = E_0 - K\frac{Q}{Q - it} + A\exp(-Bit) \tag{6-50}$$

式中 E_0——固定电压（V）；

K——极化电压（V）；

Q——电池容量（A·h）；

A——指数电压（V）；

B——指数容量（A·h）。

$$it = \frac{1}{3600}\left[\left(\frac{1 - SOC_0}{100}\right)Q3600 + \int i dt\right] \tag{6-51}$$

it的上下界限为电池容量Q和0。

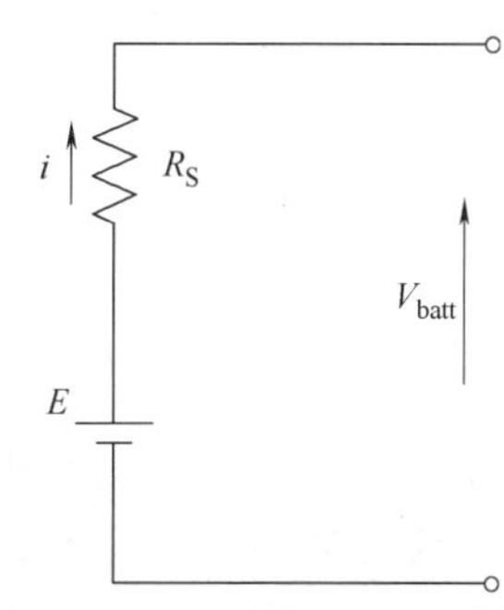

图6-28 蓄电池简化模型
E—无负载电压（V） R_S—蓄电池串联内阻（Ω） V_{batt}—蓄电池输出电压（V） i—蓄电池输出电流（A）。

蓄电池的 SOC 为

$$SOC = 100\frac{1 - it}{Q} \tag{6-52}$$

（3）混合电源能够输出的最大功率　列车运行时驱动电机所能输出的最大功率受到两方面的限制，一个是电力驱动系统的最大功率限制（恒功区），另一个是混合电源能够输出的最大功率。其中，牵引系统的最大功率限制是在系统设置阶段确定的，而混合电源能够输出的最大功率与其运行状态有着紧密联系。

假设蓄电池的输出功率截止状态为

$$SOC \leqslant \overline{SOC} \tag{6-53}$$

超级电容的输出截止状态为

$$SOE \leqslant \overline{SOE} \tag{6-54}$$

式（6-53）和式（6-54）中，$\overline{SOC}$、$\overline{SOE}$分别为蓄电池和超级电容工作截止状态的阈值。

假设蓄电池能够输出的最大功率为

$$\overline{P}_b = v_b i_{b\_up} \tag{6-55}$$

超级电容能够输出的最大功率为

$$\overline{P}_c = v_c i_{c\_max} \tag{6-56}$$

混合动力电源箱能够输出的最大功率见表 6-15。

表 6-15　混合电源最大输出功率

SOC \ SOE	$\geqslant \overline{SOE}$	$< \overline{SOE}$
$\geqslant \overline{SOC}$	$\overline{P}_b + \overline{P}_c$	$\overline{P}_b$
$< \overline{SOC}$	$\overline{P}_c$	0

表 6-15 中 SOE、SOC 分别表示超级电容的能量状态和蓄电池的荷电状态，第一行与第一列为混合电源的状态信息，对应的内容是混合电源能够输出的最大功率。

设混合电源能够输出的最大功率为

$$\overline{P}' = \overline{P}_b + \overline{P}_c \tag{6-57}$$

电力驱动系统的最大功率限制为 $\overline{P}''$，则**在列车运行过程中，驱动电机能够输出的最大功率为**

$$\boldsymbol{\overline{P} = \min(\overline{P}', \overline{P}'')} \tag{6-58}$$

在仿真分析中，功率限制的目的在于限制某一速度级别下的驱动转矩正输出。在制动回馈时，电源能够回收的最大功率对驱动转矩的负输出也有限制。由于电力驱动系统通常都配备有制动电阻，因此它能够消耗掉无法吸收的回馈能量，从而保证回馈制动中制动力不受电源功率吸收能力的限制。因此，本文仿真时只设置了电源输出功率对驱动力大小的限制。

6.5.2　复合电源系统控制方式

（1）直接并联连接方式　最简单的复合方式就是将超级电容和动力电池直接并联，如图 6-29 所示。在这一结构形式中，超级电容简单地相当于一个电流滤波器，它能显著地使电池的峰值电流均匀化，并减小电池的电压降。这一结构形式的主要缺点在于其功率流不能

主动控制，而且超级电容的能量不能充分利用。

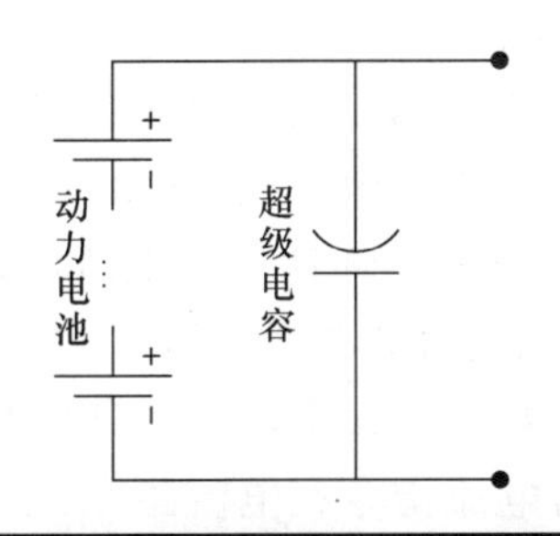

图6-29 动力电池与超级电容的直接并联连接

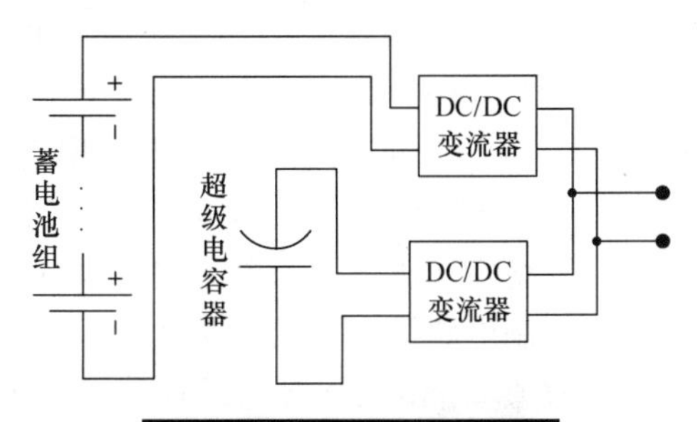

图6-30 具有主动控制的复合电源系统

(2) 采用双向DC/DC变流器控制方式 图6-30展示了另一种复合电源结构，其中一个DC/DC变流器配置于动力电池与牵引变流器之间，另一个DC/DC变流器配置于超级电容与牵引变流器之间。这一设计使动力电池和超级电容可具有不同的电压，两者之间的功率流能够主动地加以控制和分配，而且超级电容的能量可以充分地予以利用。本报告所研究的混合动力系统即采用此复合电源结构。

(3) 动力电池和超级电容的量值设计 **假设该复合电源系统的整体能量和功率容量恰好满足车辆的能量和功率需求，那么车辆对能量储存装置的能量和功率需求可由能量功率比予以描述。能量功率比 $R_{e/p}$ 定义为**

$$R_{e/p}=\frac{E_r}{P_r} \tag{6-59}$$

式中 E_r——车辆所需的能量(J)；

P_r——车辆所需的功率(W)。

能量和功率需求主要取决于车辆驱动系的设计及其控制策略。当 $R_{e/p}$ 给定时，可设计复合电源系统中的动力电池和超级电容，使该复合电源系统的能量/功率比等于 $R_{e/p}$，即应有

$$\frac{W_bE_b+W_cE_c}{W_bP_b+W_cP_c}=R_{e/p} \tag{6-60}$$

式中 W_b和W_c——动力电池和超级电容的重量(kg)；

E_b和E_c——动力电池和超级电容的比能量(W·h/kg)；

P_b和P_c——动力电池和超级电容的比功率(W/kg)。

进而式(6-60)可写为

$$W_c=kW_b \tag{6-61}$$

式(6-61)中

$$k=\frac{E_b-R_{e/p}P_b}{R_{e/p}-E_c} \tag{6-62}$$

因而，复合电源系统的比能量为

$$E_{spe}=\frac{W_bE_b+W_cE_c}{W_b+W_c}=\frac{E_b+kE_c}{1+k} \tag{6-63}$$

而复合电源系统的比功率为

$$P_{spe}=\frac{W_bP_b+W_cP_c}{W_b+W_c}=\frac{P_b+kP_c}{1+k} \tag{6-64}$$

（4）双向 DC/DC 变流器的控制方法　双向 DC/DC 变流器各桥臂的上下两功率管采用互补方式驱动，通过不同的占空比实现电流的双向流动，因此两个方向电流可统一控制。DC/DC 变流器的控制系统采用的是双闭环结构，由一个电压外环和一个电流内环组成。电压外环用于稳定输出电压，电流内环具有限制输出电流和改善动态性能的作用。

双向控制电路结构如图 6-31 所示，基本的工作原理如下：每个模块的高压侧电压 U_1 反馈并与参考值 U_{ref} 相减，误差经补偿调节器后输出作为电流指令；电流指令经过最大电流 i_{max} 和最小电流 i_{min} 限幅，作为电流闭环的输入。

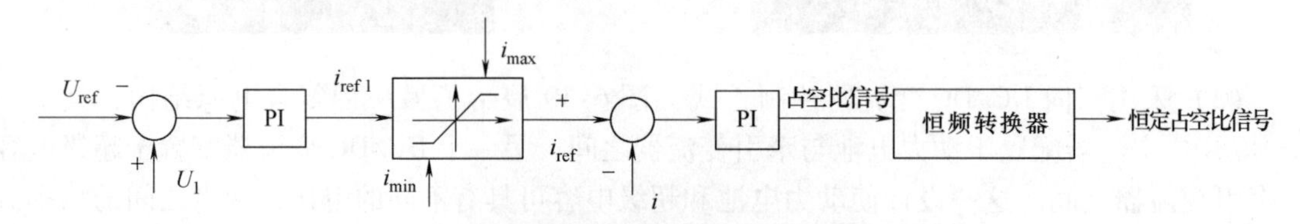

图 6-31　双向控制电路结构

变流器的闭环控制可以分三种情况来讨论：

1）当高压侧电压 U_1 高于参考电压 U_{ref} 时，电流指令值为正，变流器工作在 BUCK 模式，复合电源系统充电储能，电流指令经过最大、最小电流限幅后，得到参考电流，再与高压侧电流比较，误差经过 PI 调节器调节，得到占空比信号输出。

2）当高压侧电压 U_1 低于参考电压 U_{ref} 时，电流指令值为负，变流器工作在 BOOST 模式，复合电源系统放电释放能量，电流指令经过最大、最小电流限幅后，得到参考电流，再与高压侧电流比较，误差经过 PI 调节器调节，得到占空比信号输出。

3）当高压侧电压 U_1 与参考电压 U_{ref} 相等时，电流指令值为 0，变流器不工作，复合电源既不释放能量也不吸收能量。

该控制方法为本文混合动力系统的设计所采用。

6.5.3　复合电源功率分配控制策略

复合电源功率分配控制策略是一种规则，它预设在列车的控制器中，根据列车当前状态进行决策，并将决策信息作为指令发出。驱动系统再根据指令控制 DC/DC 模块功率开关的开闭合状态，以达到控制动力电源的目的。根据目标的不同，可以有不同的控制策略。这里着重考虑以下两种供电策略：

➢ **动力电池和超级电容混合供电**。如图 6-32 所示，在该策略下，分别通过两个双向 DC/DC 变流器将动力电池和超级电容连接到直流母线上。电池和电容可以同时工作，其各自输出或输入的功率大小通过控制两个 DC/DC 变流器即可实现。

➢ **动力电池和超级电容切换供电**。如图 6-33，在该策略下，动力电池和超级电容不能同时工作，它们共用一个 DC/DC 变流器，只能通过切换 DC/DC 变流器与它们之间的连接来决定某一时刻是由动力电池还是超级电容来供电。

（1）电池、电容混合供电功率分配控制策略　该控制策略的执行建立在 DC/DC 变流器

同时具有变压和变流能力的基础上，采用规则控制算法，通过将列车的运行模式进行分类，根据不同的工况（平直轨道匀速运行、爬坡、加速、制动），选择不同的功率分配策略。

为描述方便，经调研、比较，考虑一种较合适的策略：低功率指令时，以动力电池作为能量来源；高功率指令时，电池与电容同时作为能量来源，超级电容作为主要能量来源。根据驾驶指令及列车状态，可以得到不同工况下的电源功率需求。具体的分配策略是：

1）**当列车在匀速运行、爬坡、加速等工况下时，电源功率需求为正值。**

① 通过动力电池 SOC 估计可以得到一个此时动力电池可提供的最大输出功率，若该功率能满足需求功率，则通过控制 DC/DC 变流器来使动力电池输出需求功率。

② 超级电容作为能量的主要来源，和电池同时提供能量。

③ 若动力电池与超级电容同时供能的情况下仍无法满足功率需求，则动力电池和超级电容以最大能力输出功率，列车降低动力性能要求。

2）**当列车在制动或下坡等工况下可进行能量回馈时，需求功率为负功率。**

① 若动力电池能吸收全部回馈功率，则优先将能量分配给动力电池吸收。

② 超级电容与动力电池同时吸收回馈功率。

③ 若动力电池和超级电容同时吸收功率的情况下仍无法吸收全部回馈功率，则超级电容以最大能力吸收回馈能量，控制制动电阻吸收多余功率。

电池、电容功率分配控制策略描述于图 6-32 中。图中，横坐标为车速，纵坐标为驱动（制动）功率。$P_{d\text{-}max}$为驱动电机最大驱动功率；$P_{c\text{-}dmax}$为电容能够提供的最大驱动功率；$P_{b\text{-}dmax}$为电池能够提供的最大驱动功率；P_{com}为指令功率，即期望输出（输入）功率；$P_{b\text{-}out}$为电池实际输出功率；$P_{c\text{-}out}$为电容实际输出功率。$P_{b\text{-}max}$为驱动电机最大制动功率；$P_{c\text{-}bmax}$为电容的最大制动吸收功率；$P_{b\text{-}bmax}$为电池的最大制动吸收功率；$P_{b\text{-}in}$为电池实际吸收功率，电池的吸收功率要小于电池的驱动功率；$P_{c\text{-}in}$为电容实际吸收功率；P_{mech}为机械制动功率。

A、B、C、D 点表述了该策略的四种功率需求情况。

A 点表示指令功率大于电池能够输出的最大功率，此时可以利用电容对电池功率进行补偿，$P_{com}=P_{b\text{-}out}+P_{c\text{-}out}$。

B 点表示此时功率需求很小，电池完全可以满足其功率需求，而满足驱动功率需求后多余的功率可以选择给电容充电，$P_{b\text{-}out}=P_{com}+P_{c\text{-}in}$。

C 点表示此时为联合制动模式（回馈＋辅助），制动功率需求超过了电池和电容的最大制动吸收功率总和，此时就需要其他制动方式进行制动功率补充（这里为机械制动），$P_{com}=P_{b\text{-}in}+P_{c\text{-}in}+P_{mech}$。

D 点表示回馈制动完全可以满足制动功率的要求，控制电池和电容共同吸收制动能量即可完成回馈制动。

（2）电池、电容切换供电控制策略 图 6-33 描述了另一种供电策略：电池、电容在同一时刻只能单独工作以提供能量。该策略需要 DC/DC 变流器对电池、电容具有切换控制能力和升压降压功能，而不存在功率分配的问题。其基本的控制策略是：低功率需求时使用动力电池供电（平直轨道直线运行等工况），而高功率需求时使用超级电容供电（加速、驱动等工况）。图 6-33 中的参数意义与图 6-32 中的相同。可以看出，在 A、B、C、D 四种情况下，动力电池和超级电容均单独工作。

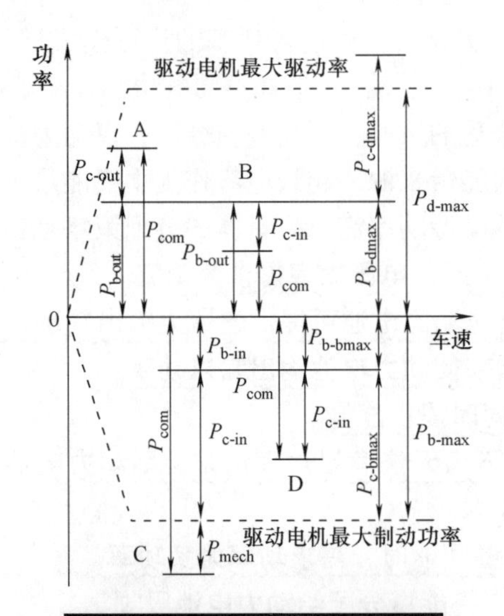

图6-32　电池、超级电容功率分配控制策略图解

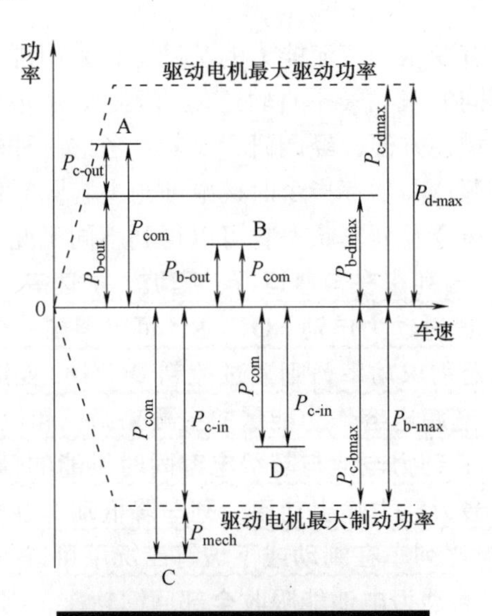

图6-33　电池、超级电容切换供电控制策略

图6-32与图6-33描述了两种控制策略。**混合供电的功率分配控制策略（策略1），能够完全发挥混合电源的高比能量和高比功率优势互补，并且可以减少动力电池和超级电容的数量，真正意义上形成了“混合动力”，但控制相对复杂，对DC/DC变流器要求较高。而切换供电控制策略（策略2），使得动力电池和超级电容的数量更大，不能形成高比能和高比功的优势互补，但控制简单，对DC/DC的要求相对较低。控制策略的选取需要根据多方面的综合考虑来决定。**

根据混合动力列车的实际情况，需考虑以下方面：

1）由于电源箱空间有限，必须压缩动力电池和超级电容的数量。策略1有利于减少电池和电容数量。经计算，策略2需要的电池、电容数量约为策略1所需要数量的1.5倍，相应地，策略2需要的电池和电容数量给电源箱的设计提出了很大的挑战。

2）DC/DC变流器的最大电流限制下，采用策略1能将电流分担到两个DC/DC变流器上，从而有效地降低单个DC/DC变流器的输出电流，从而最大程度地发挥DC/DC变流器的能力。

3）采用策略1时，在大部分情况下超级电容的SOE保持在较高的状态，这样有利于延长突发大功率需求情况下的工作时间。

综合以上分析，首选策略1作为功率分配策略。

6.5.4　功率流分配策略算法

高功率指令与低功率指令是根据蓄电池组的最大充放电能力来界定的。假设i_b为蓄电池组的输出电流，v_b为蓄电池组的输出电压，i_{db}为连接蓄电池组的DC/DC输出端电流；i_c为超级电容的输出电流，v_c为超级电容输出电压，i_{dc}为连接超级电容组的DC/DC输出端电流；i_{bus}、v_{bus}分别为母线电流和母线电压。i_{b_up}为蓄电池最大放电电流，i_{b_low}为蓄电池最大充电电流。根据DC/DC的变压比可以得到i_{db}的最大输出电流i_{db_up}和输入电流i_{db_low}

$$\begin{cases} i_{db\_up} = \dfrac{v_b}{v_{bus}} i_{b\_up} \\ i_{db\_low} = \dfrac{v_b}{v_{bus}} i_{b\_low} \end{cases} \tag{6-65}$$

混合电源参数变量定义如图6-34所示。

功率流分配策略算法如下：

步骤1：当输入参数“net” =1时，电网有电，此时电池电容均以其最大能力充电，蓄电池的最大充电电流为 i_{b_low}，超级电容为 i_{c_max} = 400A。（理论上超级电容的充电电流可达2000A，但考虑到电网容量非无穷大，遂限定超级电容的充电电流为400A）。

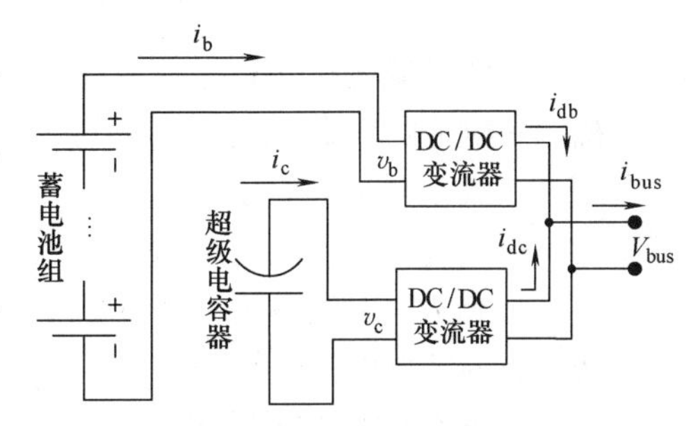

图6-34　混合电源参数定义

于是可得：$i_b = i_{b\_low}$，$i_c = -i_{c\_max}$。当输入参数“net”=0时，电网没电，需要由车载混合电源为列车供电。

步骤2：界定此时的功率需求为高功率指令或低功率指令。

根据式（6-64）得到 i_{db_up} 和 i_{db_low}。

当功率需求

$$\begin{cases} P_n \geqslant v_{bus} i_{db\_low} \\ P_n \leqslant v_{bus} i_{db\_up} \end{cases} \tag{6-66}$$

成立时，为低功率指令，表示蓄电池组能够单独满足功率需求。

于是可得：

$$i_{db} = \frac{P_n}{v_{bus}},\quad i_b = \frac{v_{bus}}{v_b} i_{db},\quad i_c = 0。$$

当式（6-66）不成立时，进入步骤3。

步骤3：进行功率流分配。

判断功率需求的正负。当前功率需求下的母线电流值为：

$$i_{bus} = \frac{P_n}{v_{bus}} \tag{6-67}$$

当 $i_{bus} > i_{db\_up}$ 时，则认为当前功率需求为正，否则认为当前功率需求为负。

设置中间变量

$$middle = \begin{cases} i_{db\_up}, & i_{bus} > i_{db\_up} \\ i_{db\_low}, & i_{bus} \leqslant i_{db\_up} \end{cases} \tag{6-68}$$

于是可得：

$$i_b = \frac{v_{bus}}{v_b} middle,\quad i_{dc} = \frac{P_n}{v_{bus}} - middle,\quad i_c = \frac{v_{bus}}{v_c} i_{dc}。$$

功率流分配算法完毕。

6.5.5 复合电源供电能力仿真分析

（1）混合动力列车复合电源系统建模　根据列车动力性能的需求，取动力电池组的设计容量为40A·h，额定电压480V。电池的端电压可以描述为

$$E = E_0 - K\frac{Q}{Q - it} + A\exp(-Bit) \quad (6\text{-}69)$$

式中　E——电池端电压（V）；

E_0——电池的额定电压（V）；

K——极化电压（V）；

Q——电池额定容量（A·h）；

A——充满电时的电池电压（V）；

B——额定放电电流倍率；

it——电流对时间的积分，即电池释放的电量（A·h）。

通过选取适当的参数，得到额定电流3C（120A）的放电曲线，以及不同电流大小的放电曲线，见图6-35。该特性曲线与苏州星恒公司提供的特性曲线基本吻合，验证了选用的电池模型是恰当且可靠的。

由此给定超级电容的参数 $C = 165\text{F}$，$U = 480\text{V}$，画出图6-36所示的超级电容的SOE与电压对应关系曲线。可以看出，超级电容电压下降50%时，60%以上的总能量已经得到应用。

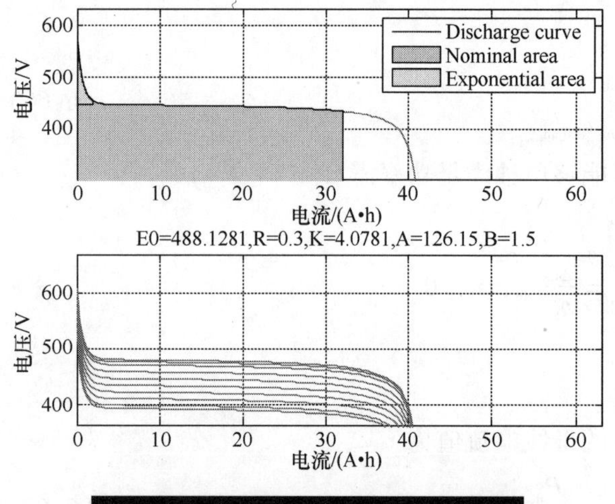

图6-35　蓄电池组放电特性仿真曲线

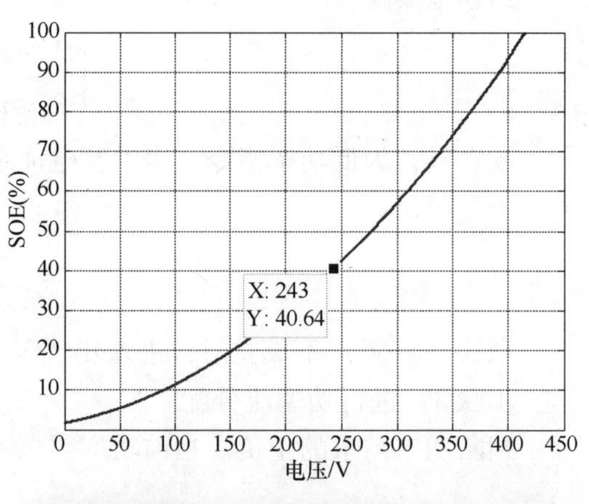

图6-36　超级电容组SOE与电压对应关系

（2）混合动力列车双向DC/DC变流器建模　由于接触网的额定电压为直流750V，且接触网电能容量远大于混合动力系统的电能容量。因此在仿真分析时，假设接触网为理想直流电源，即网压恒定750V，容量无限大。基于此，当接触网工作状态正常时，车载电源充电只需将DC/DC变流器高压侧期望电压调整至低于750V，便可进行充电，并且充电造成的目前功率消耗不影响列车的正常工作。

双向DC/DC变流器仿真模型模块，由双向DC/DC变流器电路（图6-37中的DC/DC converter）和双闭环控制器（图6-37中的Double PI controller）两个子功能模块组成，如图6-37所示。

利用单相二桥臂的桥式电路（图6-38中虚线标注部分）和LC滤波电路（图6-38中实线标注部分）组合，组成双向BOOST/BUCK电路。电路的左端为高压端，与直流母线直接并联；右端为低压端，与动力蓄电池组或者超级电容组相连。图中的“Duty Cycle”是对于桥式电路上下桥臂的开关信号，共有两个。为了避免短路，上下桥臂的开关信号在逻辑上互相“取反”。

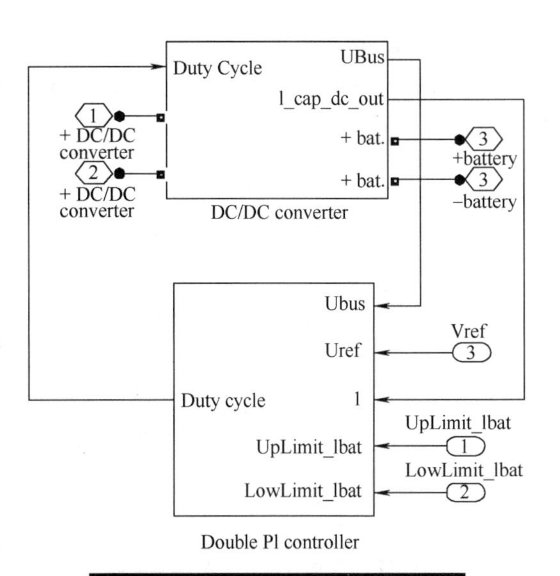

图6-37　双向DC/DC仿真结构图

双向DC/DC变流器为双闭环结构，如图6-39所示。外环为“电压环”（虚线标记），采集DC/DC变流器高压侧（直流母线）电压信号为电压环反馈信号。将该信号与“期望电压”信号做差，偏差值通过第一个PI环节进行调节，其输出作为内环的输入信号，可看“期望电流”。内环为“电流环”（实线标记），采集DC/DC变流器高压侧输出电流信号为反馈信号，与期望电流做差，偏差值通过第二个PI环节进行调节，调整参数令其输出的范围在（-1，+1）内。为了使占空比值转换为PWM信号，需进一步对内环的输出进行坐标平移，使其输出范围在（0，+1）之间。将其看作是上桥臂的逻辑开关信号，则对其取“反”，得到下桥臂的开关信号。

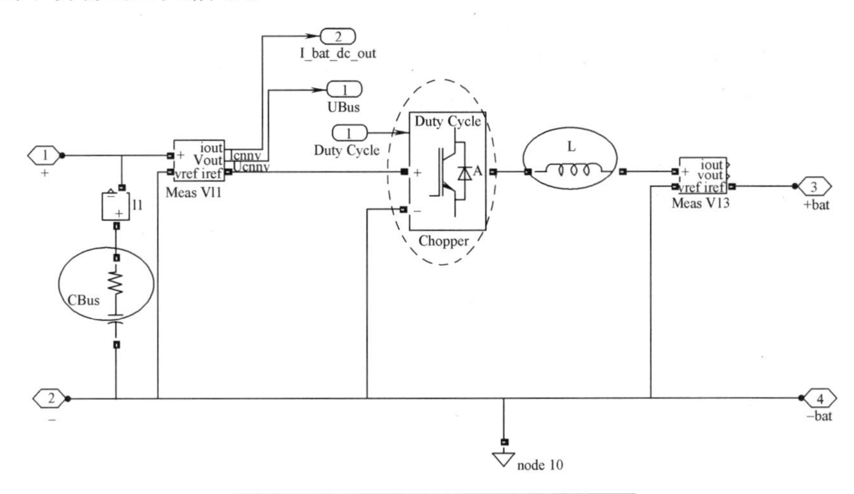

图6-38　双向DC/DC电路仿真模块

由图6-39可以看出，双闭环控制结构的DC/DC变流器比一般的开关电源多了电流“内环”，其作用在于能够对期望电流的范围进行调节，从而达到功率限制的目的。“UpLimit_ Ibat”与“LowLimit_Ibat”分别是参考电流“Iref”的上下界，用来限制电源（电池或电容）的输出电流大小。

根据LC滤波电路参数的分析和选取方法，取DC/DC变流器的LC滤波电路参数为：$L=0.3\times10^{-3}$H，$C=3.5\times10^{-4}$H。控制器内环 **PI** 调节器参数为：$K_p=0.005$，$K_i=0.1$；外环 PI 调节器参数为：$K_p=10$，$K_i=100$。

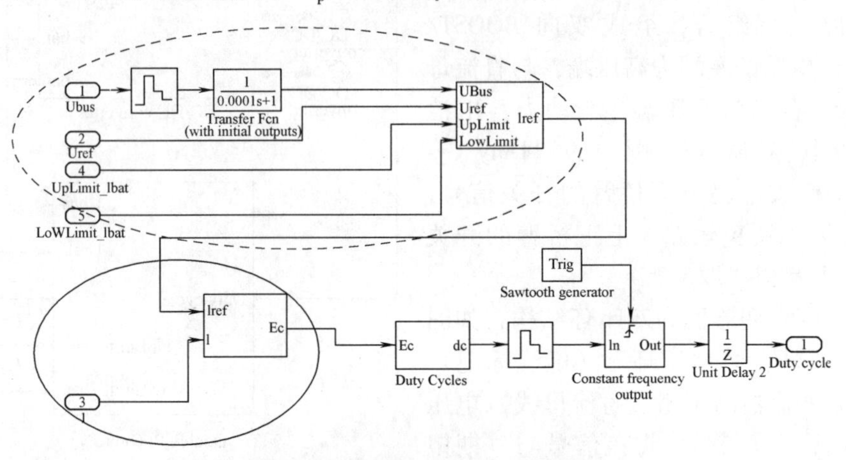

图 6-39　双闭环控制器仿真模型

图 6-40 和图 6-41 的计算结果表明了调节器参数的选取是合理的。图 6-40 为 DC/DC 变流器电路控制器的外环电压对比图，红色为参考电压，蓝色为实际母线电压。在 0s 至 2.5s 时间段内，电网正常工作，因此母线电压稳定在 750V，而 DC/DC 变流器参考电压指令值为 740V。此时，DC/DC 变流器工作在 BUCK 模式下，即给电源充电。在 2.5s 时，电网断电，由备用电源系统给负载提供能量，此时参考电压指令值变为 750V，大于母线电压，因此 DC/DC 变流器工作在 BOOST 模式下，即给直流母线输送能量。在 7s 时刻，负载电流突变，进入制动回馈工况。回馈能量升高了母线电压，使得其值超过参考电压 750V，因此 DC/DC 变流器重新工作在 BUCK 模式下，电源吸收回馈能量。

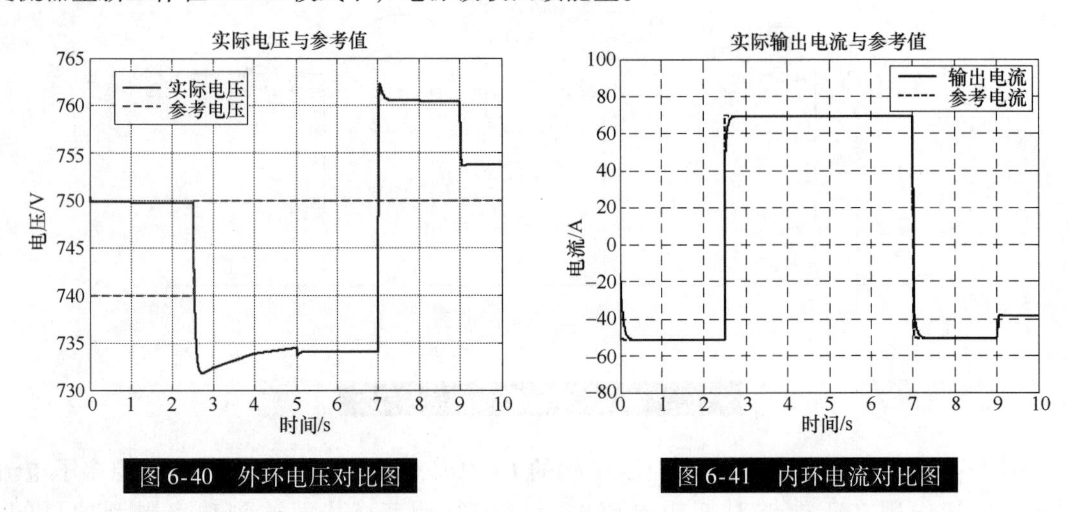

图 6-40　外环电压对比图

图 6-41　内环电流对比图

在电压相对稳定的情况下，电流的大小在更大程度上决定了输出和输入功率的大小。电流环的作用主要在于对 DC/DC 变流器输出电流进行限制，以此来达到间接限制功率的作用。这也是能量管理系统进行功率分配控制的基础。由图 6-41 可以看出，除了系统启动时造成的冲击外，输出电流很好地被限制在了参考电流以内（上限和下限之间）。说明 DC/DC 变

流器达到了限制电流的预期目标，只要对参考电流的上下界进行实时调制，便可达到调整 DC/DC 变流器输入和输出功率的目的。

（3）仿真分析　为测试复合电源系统的功能，需进行包含各种工况的仿真分析。仿真时间共计 10s 时间，并使模拟负载突变以测试控制器性能。在仿真的前 2.5s 内，电网正常运行，在 2.5s 时刻电网断电。设蓄电池模块能够输出的最大电流约为 120A，能够吸收的最大电流约为 40A。而超级电容模块能够吸收和输出的最大电流均为 600A。

仿真分析依次分以下阶段：

- **在 0s 时刻，系统的功率需求为 1kW；**
- **在 1s 时刻，功率需求突变为 40kW；**
- **在 2s 时刻，功率需求突变为 50kW；**
- **在 2.5s 时刻前，电网提供全部的电源需求，并给蓄电池组和超级电容充电；2.5s 时刻电网断电，之后全部由蓄电池和超级电容共同提供电力供应；**
- **在 5s 时刻，功率需求突变至 110kW，超过蓄电池组的能力范围；**
- **在 7s 时刻，功率需求突变为 −80kW，进入制动能量回收阶段，制动功率超过蓄电池组能力；**
- **在 9s 时刻，制动功率降为 −30kW，蓄电池组能够全部吸收该部分功率。**

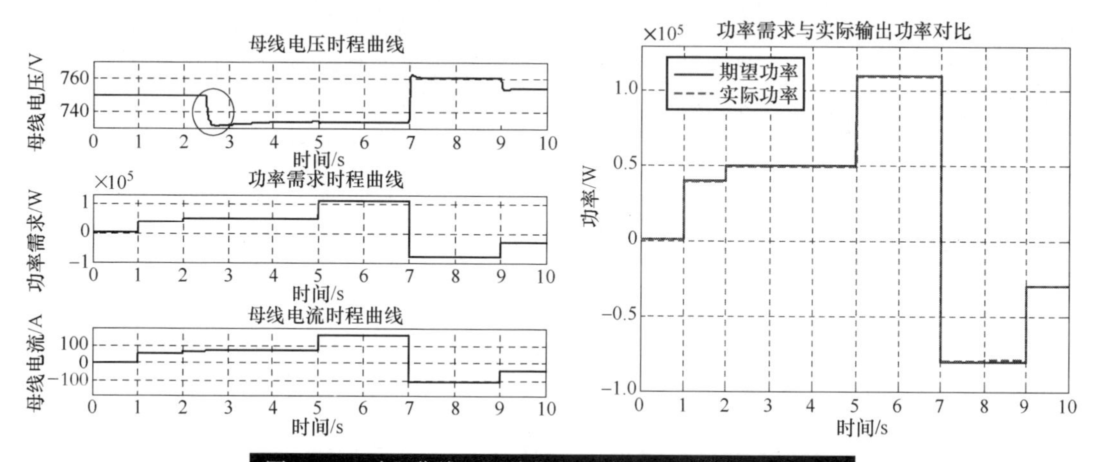

图 6-42　时程曲线、母线期望功率与实际输出功率对比

由图 6-42 的计算结果可见，母线电压始终保持在 750V 附近。2.5s 时刻，电网断电，造成母线电压下跌 20V 左右。为了补偿母线电压下跌对功率造成的影响，控制器做出反应令 DC/DC 变流器增加输出电流。2.5s 处，下图中母线电流的上升抵消了上图中的母线电压下降对功率造成的影响，由图 6-42 可以看出，实际功率与期望功率时间只有微小的差距。电网的突然断电，也未给直流母线的输出功率造成波动。

图 6-43 中，虚线条是蓄电池模块的电流限制曲线，它与蓄电池模块的功率限制相对应，其上界代表能够输出的最大电流，而下界则代表能够回收的最大电流。实线条则是蓄电池真实输出电流。由图中可看出，除一些负载突变时引起的波动外，真实输出电流被限制在了电

流限制曲线内。

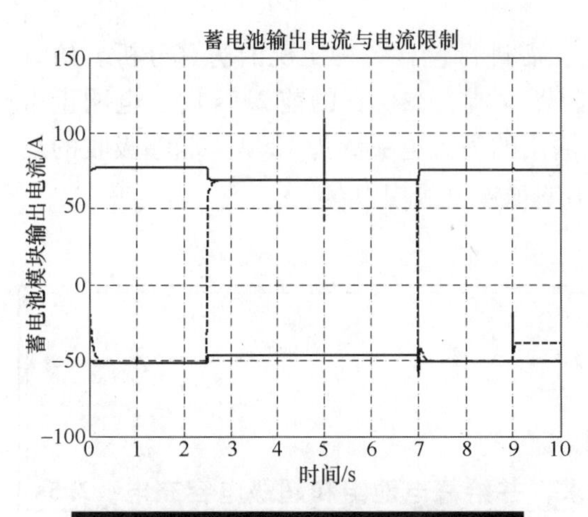

图 6-43 蓄电池输出电流与电流限制

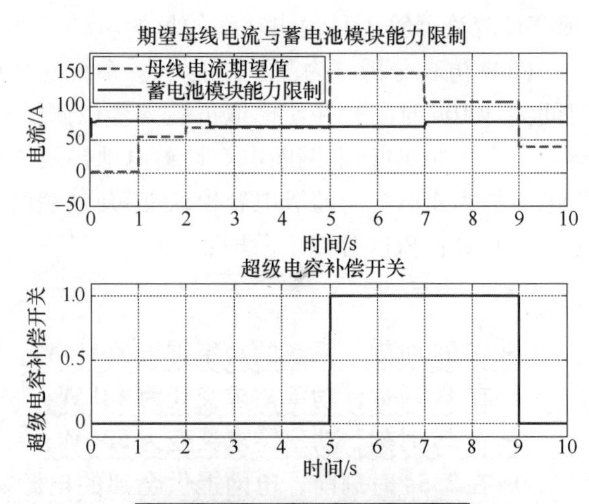

图 6-44 超级电容补偿开关

图 6-44 的上图，反映了蓄电池模块能力与期望能力的对比。在 5 ~ 9s 内，母线电流的期望超过了蓄电池模块的能力限制，因此需要超级电容补偿。下图是超级电容补偿开关，其中 5 ~ 7s 超级电容用来补偿蓄电池输出功率，7 ~ 9s 用来补偿蓄电池的吸收功率。

图 6-45 也能够反映这一点。在 2.5s 之前，由电网来输出功率，可以看出电网输出电流很大，而蓄电池和超级电容都工作在充电模式下。2.5 ~ 5s 之间，电网断电，但蓄电池模块能够提供相应的功率，不需要超级电容来补偿，因此电网电流和超级电容输出电流均为 0 左右。而在 5 ~ 7s 之间，蓄电池输出能力不能够达到功率需求，超级电容给予了相应的输出补偿，此时，蓄电池和超级电容的输出电流均为正值，表明两者均在输出功率。而在 7 ~ 9s 之间，蓄电池吸收功率的能力不足，于是超级电容也给予了相应的补偿，

可以看出，蓄电池和超级电容的输出功率均为负值，表明两者均在回收能量。在 9 ~ 10s 之间，蓄电池的吸收能力能够满足回收功率的要求，因此超级电容停止回收能量，可以看出超级电容的输出电流为 0。这与图 6-44 中超级电容补偿开关的值相一致。

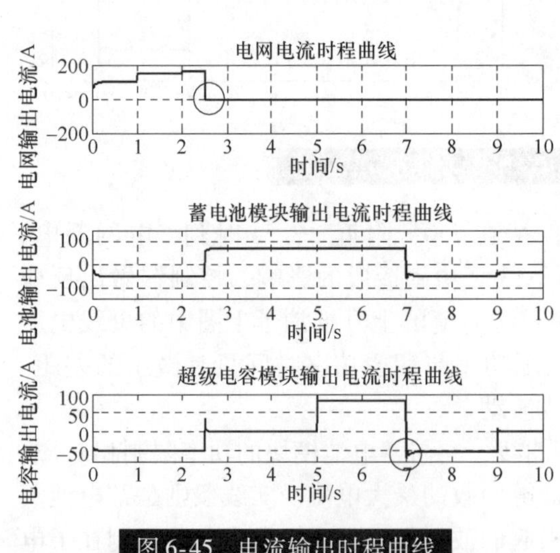

图 6-45 电流输出时程曲线

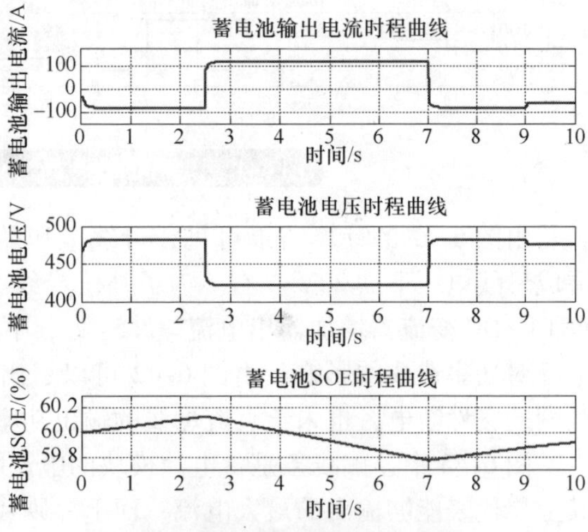

图 6-46 蓄电池时程曲线

图 6-46 反映了蓄电池的状态，上图为蓄电池的输出电流，中图为蓄电池电压的变化，下图为蓄电池 SOC 变化曲线。

图 6-47 反映了超级电容的状态，上图为超级电容的输出电流，中图为超级电容电压的变化，下图为超级电容 SOE 的变化曲线。

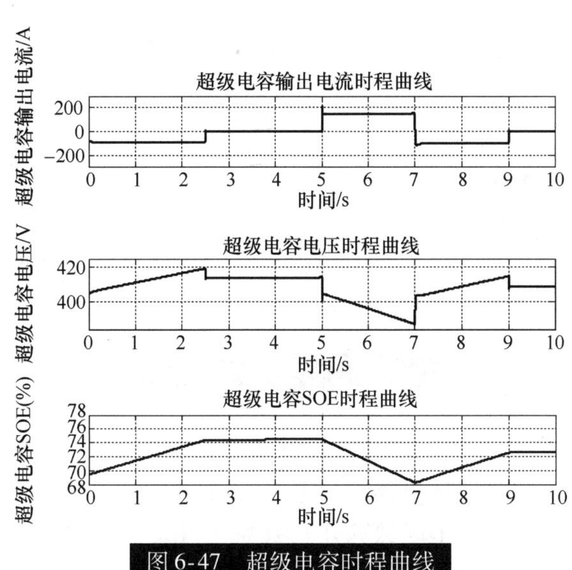

图 6-47 超级电容时程曲线

6.6 混合动力列车运行仿真研究

6.6.1 混合动力仿真软件

根据前文所述的模型，编制混合动力仿真软件系统，其功能主要分为车辆参数、电源设置、线路数据、ATC 生成、运行仿真等五个部分，如图 6-48 所示。

车辆参数模块如图 6-49 所示。该模块可以设置列车基本参数、电气设备参数、阻力参数和速度控制器参数。列车的基本参数包括整车质量、车轮滚动半径、机械传动系统效率、变速器传动比和惯性质量系数。电气设备参数包括电机额定功率、整车电机数量、电机效率、逆变器效率、DC/DC 变流器效率和整车辅助功率。阻力参数是单位基本阻力公式中的三个经验常数。速度控制器参数是 PI 参数。可以将设置好的参数保存为列车数据文件，以便下次可以直接调用。

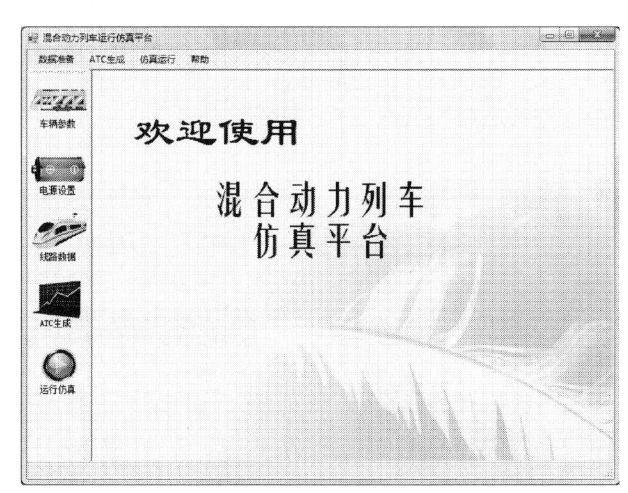

图 6-48 系统主界面

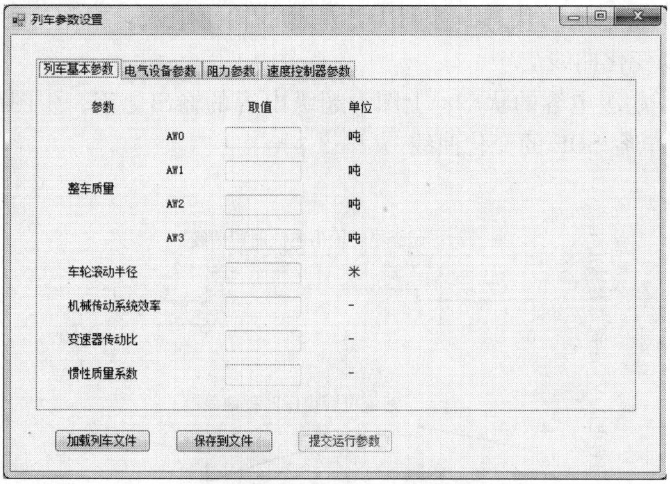

图 6-49　列车参数设置界面

电源参数模块如图 6-50 所示。该模块可以设置动力电池参数、超级电容参数、电网参数和电源控制参数。动力电池参数包括单体动力电池的额定电压、额定容量、初始 SOC、满电荷电压、额定放电倍率串联内阻、串联数和并联数等。超级电容参数包括单体超级电容的额定容量、额定电压、初始 SOE、截止工作 SOE、最大放电电流、最大充电电流和串并联数等。电网参数包括母线电压和母线最大电流。电源控制参数用于选择供电方式，包括单 DC/DC 变流器切换供电和双 DC/DC 变流器混合供电。

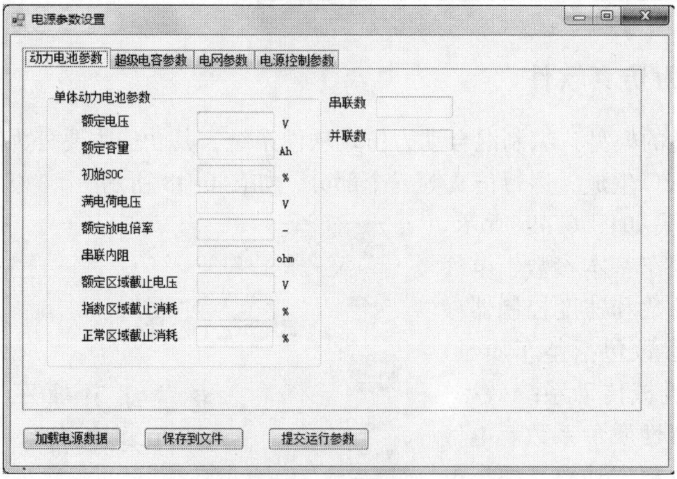

图 6-50　电源参数设置界面

线路数据模块如图 6-51 所示。该模块采用直接加载线路数据文件的方式。线路数据文件包括线路概览数据、车站数据、坡道数据、曲线数据的文本格式文件，方便使用者编辑。

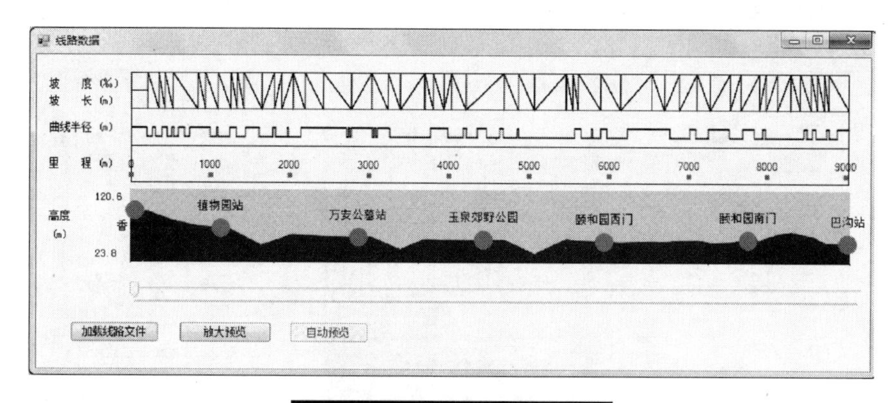

图 6-51　线路数据加载界面

ATC 曲线模块如图 6-52 所示。该模块生成需要设置列车的期望行驶车速、期望驱动加速度和期望制动加速度。设置好保存以后就可以生成列车运行的 ATC 曲线。

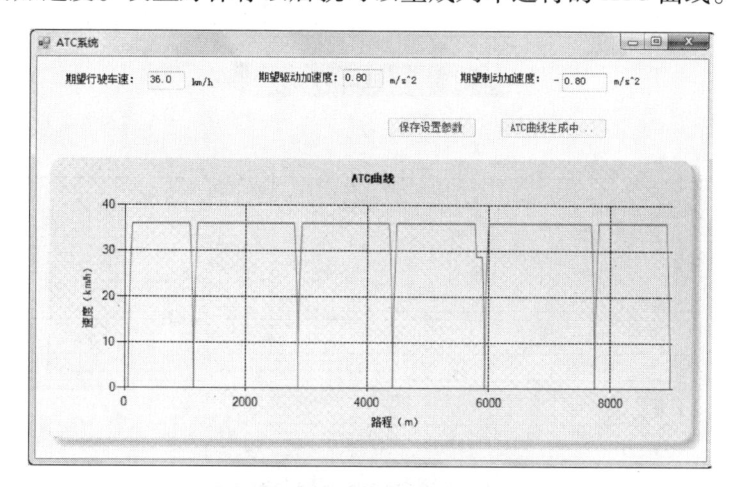

图 6-52　ATC 生成设置界面

运行仿真模块如图 6-53 所示。设置好仿真步长、仿真时长及 PI 迭代步长后可以进行列车运行仿真。仿真结果以曲线图的形式显示。结果包括列车位移时程曲线、列车牵引力时程曲线、列车速度时程曲线、列车加速度时程曲线、需求功率时程曲线、动力电池 SOC 时程曲线和超级电容 SOE 时程曲线七种曲线，七种曲线同时显示时，每个曲线图都可以局部放大显示。

运行仿真完成后，通过点击菜单“仿真运行”-“回放线路运行”打开线路仿真回放窗口，即可查看运行结果的详细数据动画回放，如图 6-54 所示。

6.6.2　国内某线路的混合动力方案设计

1. 线路信息及列车参数

（1）线路信息　北京西郊线全线共 7 个停靠站（不包括起点端和终点端），分别是“香山站”、“植物园站”、“万安公墓站”、“玉泉郊野公园站”、“颐和园西门站”、“颐和园南门站”、“巴沟站”。线路平面走向示意图如图 6-55 所示。

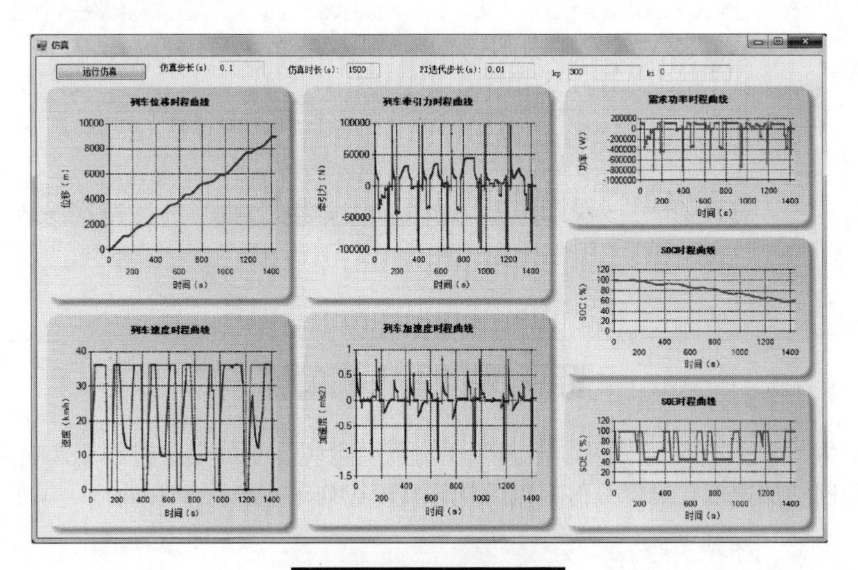

图 6-53　运行仿真界面

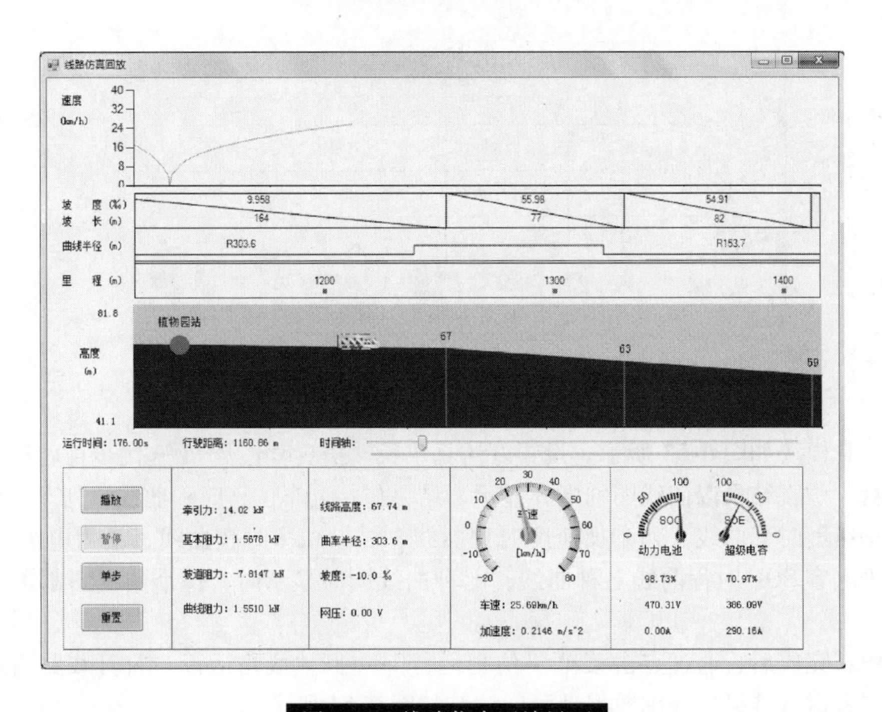

图 6-54　线路仿真回放界面

设左线（上行线）中香山站为始发站，巴沟站为终点站。右线（下行线）中巴沟站为始发站，香山站为终点站。其中植物园站，左线与右线的公里标不同，其余站点公里标均相同。在停靠站内架设电网，为列车的车载电源充电，列车停车时间 30s。列车进入站台后即刻开始充电，在启动出站台前的一段距离由电网供电，出站后由车载电源供电。

线路中的坡度信息和弯道信息的具体数据见表 6-16 至表 6-21。

图 6-55　北京西郊线平面走向示意图

表 6-16　北京西郊线（左）线路停靠站位置信息

出 发 站	到 达 站	出发站位置/m	站间距/m
香山站	植物园站	59.5	1080.989
植物园站	万安公墓站	1140	1780.541
万安公墓站	玉泉郊野公园站	2918	1491.663
玉泉郊野公园站	颐和园西门站	4420	1507.686
颐和园西门站	颐和园南门站	5925	1823.062
颐和园南门站	巴沟站	7745	1261.011
巴沟站		9012	

表 6-17　北京西郊线（左）线路坡度信息

位置/m	坡度（‰）	位置/m	坡度（‰）	位置/m	坡度（‰）
59.5	0	4013	3	7007	-2
193	0	4263	-2.42	7148	-1.99
368	-35	4388	2	7299	-17.89
515	-46	4680	2	7489	3
858	-23	4862	-49	7662	18.72
1253	-10	5061	-50	7900	3
1663	-56	5458	50	8128	35.55
1990	50	5607	-16	8296	12.19
2470	-7	5777	-4	8559	-20
3063	-3	6140	-3.5	8728	-50
3393	-45	6481	3	9012	-4
3693	45	6681	-3		
3878	-4	6845	12		

表6-18 北京西郊线（左）线路弯道信息

位置/m	曲线半径/m	位置/m	曲线半径/m	位置/m	曲线半径/m
0	inf	2138.287	996.4	5773.072	603.6
191.303	inf	2761.546	inf	5789.43	inf
260.726	800	2811.526	2003.6	5891.829	63.7
298.791	inf	2834.647	inf	5968.895	inf
385.142	353.6	2884.627	2003.6	6228.475	753.6
449.608	inf	3034.447	inf	6758.155	inf
505.46	396.4	3084.426	2003.6	7008.373	226.3
533.808	inf	3107.548	inf	7085.038	inf
590.76	403.6	3157.527	2003.6	7245.927	303.6
668.027	inf	3258.351	inf	7515.553	inf
732.625	396.4	3763.339	386.4	7683.754	153.7
987.709	inf	3982.321	inf	7832.471	inf
1073.172	296.4	4174.824	303.6	7942.159	500
1088.386	inf	4211.639	inf	7973.552	inf
1239.402	303.6	4347.111	296.4	8465.605	300
1320.877	inf	4462.853	inf	8502.235	inf
1433.772	153.7	4624.103	496.4	8570.663	1004.8
1604.22	inf	4670.872	inf	8618.503	inf
1780.764	303.6	4846.897	153.7	8761.033	195.2
1816.283	inf	4866.848	inf	8789.317	inf
1964.285	996.4	5560.004	446.4	8907.208	150
1981.31	inf	5640.75	inf	9012	inf

注：表中的inf表示无穷大，曲线半径为无穷大，即为直线。

表6-19 北京西郊线（右）线路停靠站位置信息

出发站	到达站	出发站位置/m	站间距/m
巴沟站	颐和园南门站	9012	1267
颐和园南门站	颐和园西门站	7745	1820.659
颐和园西门站	玉泉郊野公园站	5925	1505
玉泉郊野公园站	万安公墓站	4420	1495.165
万安公墓站	植物园站	2918	1965.5
植物园站	香山站	952.5	893
香山站		59.5	

表 6-20　北京西郊线（右）线路坡度信息

位置/m	坡度（‰）	位置/m	坡度（‰）	位置/m	坡度（‰）
9012	0	6480	3	3393	-45
8737	4	6140	-3	3063	45
8565	50	5891	3.4	2470	3
8300	20	5610	4	1990	7
8130	-12	5460	15.87	1663	-50
7900	-35	5060	-50	1253	56
7660	-3	4680	50	858	10
7490	-19.04	4388	-2	515	23
7300	-3	4263	-2	368	46
7150	18	4013	2.42	193	35
6845	2	3878	-3	59.5	0
6680	-12	3693	4		

表 6-21　北京西郊线（右）线路弯道信息

位置/m	曲线半径/m	位置/m	曲线半径/m	位置/m	曲线半径/m
9012	inf	5643.404	600	1978.285	1000
8914.997	inf	5562.707	inf	1961.305	inf
8797.106	150	4864.193	450	1812.8	1000
8769.737	inf	4846.272	inf	1777.127	inf
8624.185	200	4669.702	150	1602.31	300
8576.564	inf	4624.949	inf	1433.593	inf
8508.417	1000	4462.743	500	1318.633	150
8471.998	inf	4350.798	inf	1238.888	inf
7972.562	304.8	4214.036	300	1089.297	300
7935.11	inf	4177.23	inf	1073.984	inf
7825.422	500	3986.645	300	987.634	300
7683.257	inf	3767.627	inf	732.191	inf
7514.322	150	3258.211	390	667.122	400
7246.496	inf	3157.459	inf	589.865	inf
7087.307	300	3107.553	2000	533.331	400
7007.536	inf	3084.358	inf	504.983	inf
6759.989	230	3034.452	2000	448.715	400
6227.287	inf	2882.081	inf	384.219	inf
5968.915	750	2832.174	2000	298.59	350
5890.542	inf	2808.98	inf	273.813	inf
5790.119	60	2759.073	2000	204.39	800
5775.085	inf	2135.771	inf	0	inf

本报告考虑了列车运行时的曲线阻力和坡道阻力，坡道阻力这里不再赘述。采用的曲线阻力计算公式如下

$$\omega_r = \frac{A}{R}(\text{N/kN}) \tag{6-70}$$

式中 A——经验常数，取 $A=600$；

R——曲线半径（m）。

为保证列车安全通过曲线，列车在曲线运行时需有速度限制。曲线限速的计算公式为

$$V_{max} = 4.3\sqrt{R} \tag{6-71}$$

式中 V_{max}——列车最大速度值（m/s）；

R——曲线半径（m）。

本节主要研究混合动力列车在北京西郊线运行时，车载电源配置是否满足要求。

（2）列车相关参数 仿真所用车型为唐山轨道客车有限公司设计的100%低地板轻轨车，编组采用“3动1拖”结构，整车质量为84t（AW3，载员474人）。每辆动车配有4个驱动电机，全车总共12个驱动电机，每辆动车安装4台驱动电机，驱动电机额定功率50kW。每辆车的辅助功率为10kW。

单辆动车配有一套电源箱，超级电容与蓄电池的配置为“2C1B”，即混合动力电源箱由两组超级电容（Maxwell_ 165F）和一组蓄电池（苏州星恒40A·h）组成。混合电源系统由超级电容、蓄电池和DC/DC变流器组成。蓄电池选取深圳沃特玛电池有限公司的锂电池电芯。混合电源输出电压为750V（与电网母线电压相同）。蓄电池初始输出电压为480V，最大放电电流200A，最大充电电流为40A，设定为当SOC（荷电状态）下降至30%时停止工作。超级电容初始输出电压为480V，最大放电电流设定为700A，最大充电电流为300A，设定为当SOE（能量状态）下降至45%时停止工作。

DC/DC变流器的低压侧接电源，高压侧接直流母线，直流母线的电压为750V。轮周功率通过传动系统、驱动电机、牵引变流器、DC/DC变流器到电源的功率传递效率约为0.68。功率分配策略为：低功率指令时蓄电池为主要能量提供者，高功率指令时超级电容为主要能量提供者。

2. 设计工况一的计算分析

针对原方案进行分析计算。部分设计输入条件如表6-22所示。

表6-22 参数表

电机功率	50kW	额定行驶速度	36km/h
蓄电池最大放电电流	200A	混合电源配置	2C1B
蓄电池充电电流	40A	列车质量	80t
超级电容最大放电电流	700A	列车启动加速度	0.8m/s^2
超级电容充电电流	160A	列车制动加速度	−1.2m/s^2

蓄电池为136个40A·h的锂电池，站台长度64m。

（1）列车下行（右线行驶） 由巴沟站出发，最终到达香山站。仿真结果如下：

从图6-56和图6-57中可以看出，蓄电池SOC下降很快，未到终点站蓄电池SOC已经下降到原有的30%，无法再放电，导致列车无法行驶至终点站。

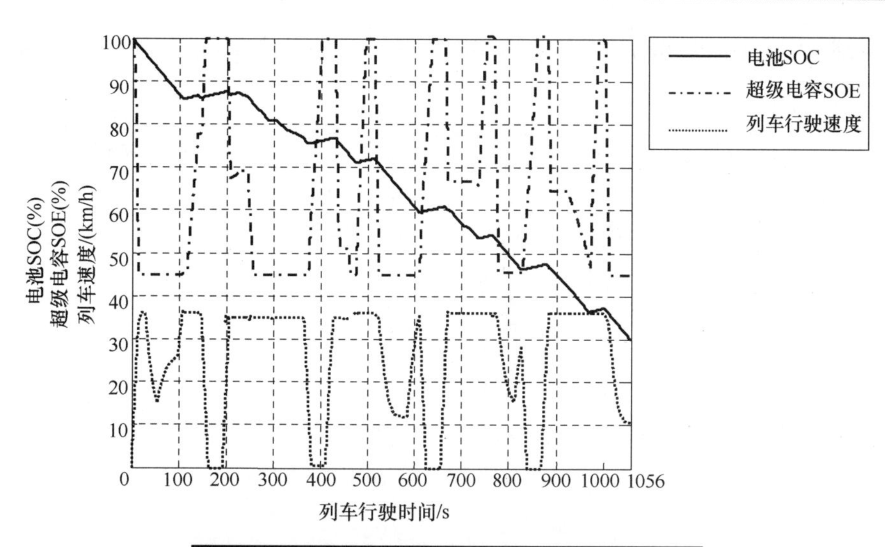

图 6-56　电源能量状态、车速与时间关系曲线

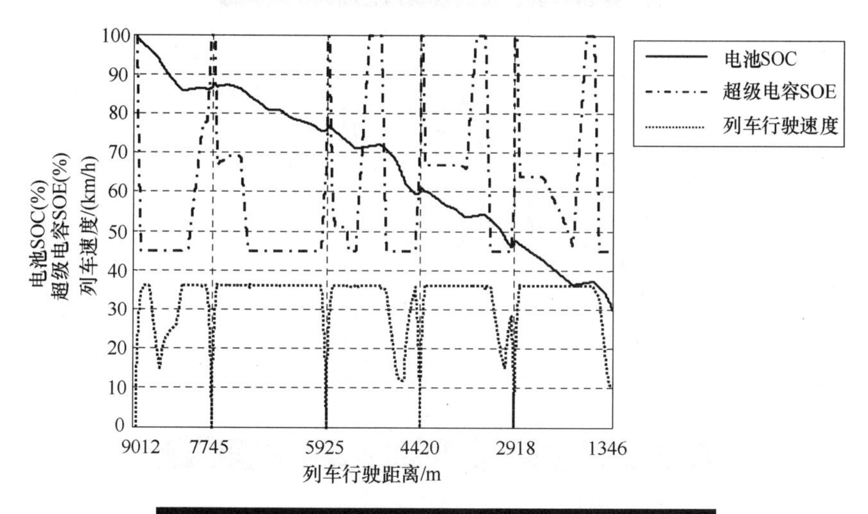

图 6-57　电源能量状态、车速与行驶距离关系曲线

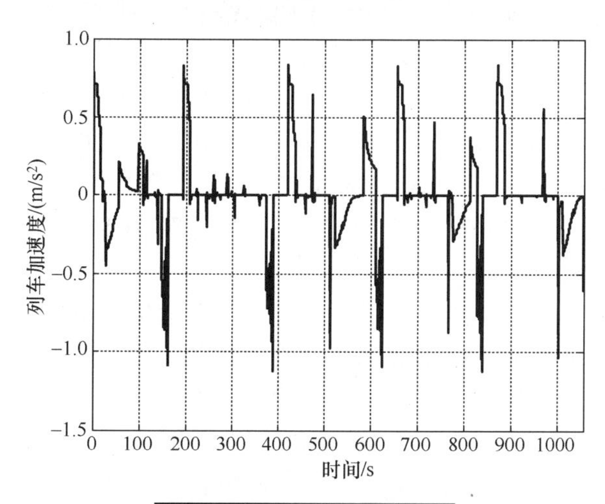

图 6-58　列车加速度曲线

由图6-58得，列车的起动加速度在0.8m/s^{2}左右，制动加速度达到-1.2m/s^2。

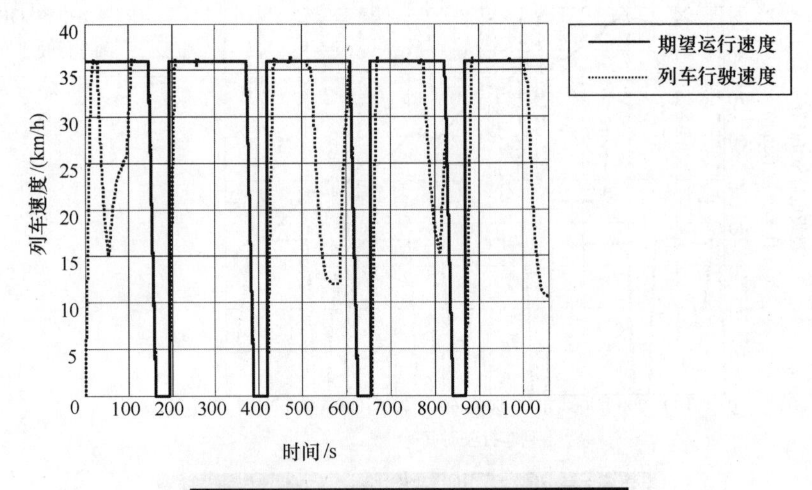

图6-59 列车速度与期望速度关系曲线

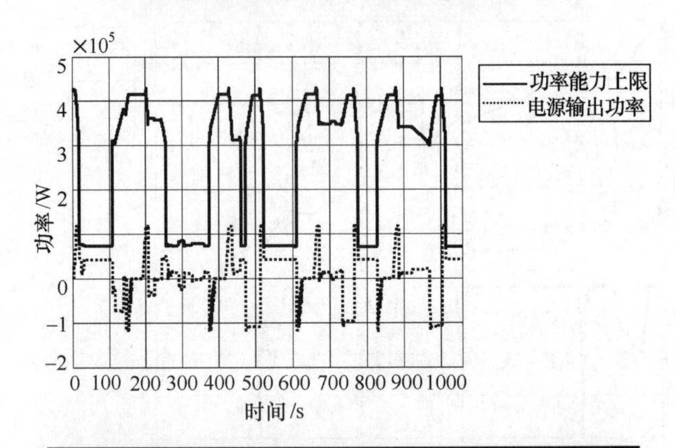

图6-60 电源功率能力、输出功率与时间关系曲线

由图6-59和图6-60可以看出，列车运行时，这种配置的电源已经不能满足正常运行的能量需求，在运行过程中出现了由于电源能力下降而引起的性能下降。

(2) 列车上行（左线行驶） 由香山站出发，最终到达巴沟站。仿真结果如下：

由图6-61和图6-62可以看出，列车在左线行驶可以行驶完全程，但是到达终点站时蓄电池SOC下降到原有的46%左右。蓄电池的最大放电电流从120A改成200A后，SOC下降更厉害，列车性能提升不明显。列车运行时间1200s。

由图6-63可以看出，列车起动加速度最大达到0.8m/s^2，制动加速度最大达到-1.2m/s^2。

由图6-64可以看出，列车速度不能很好地跟踪期望速度，电源能力不足。

该线路中曲线半径最小是在“颐和园西门站”西侧右线85m处，半径为60m。根据曲线限速计算公式可得，此处限速为33.3km/h。而线路中的其他曲线半径第二小值为150m，限速为42km/h，其余曲线半径均远大于150m。因此只需要在“颐和园西门站”西侧85m处左右（K5+840）做限速处理，但该限速设置对列车整体能量变化情况不构成质的影响。

由图6-65可见，列车在进入弯道时，速度已经降到限速范围内，列车可安全通过曲线。

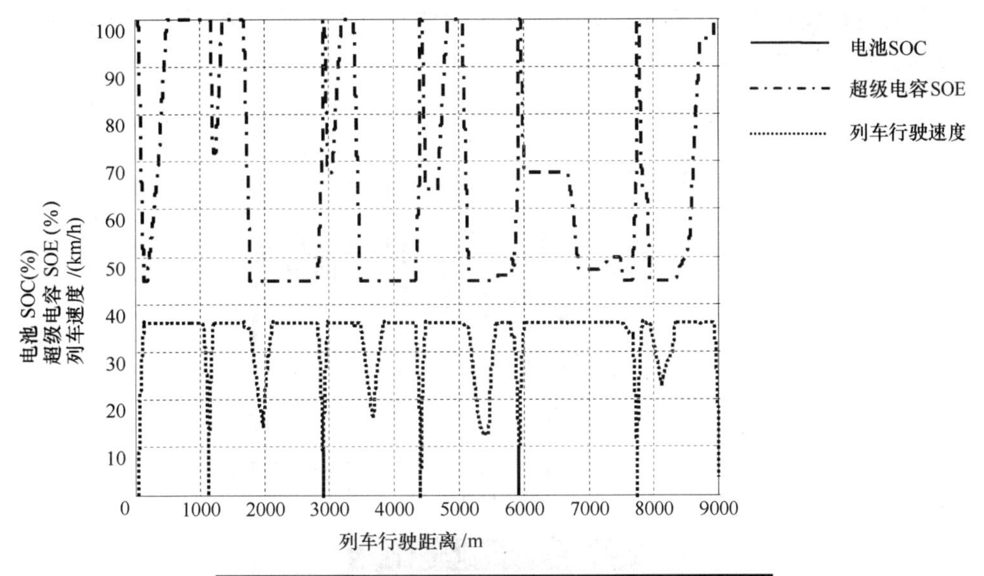

图6-61　电源能量状态、车速与行驶距离关系曲线

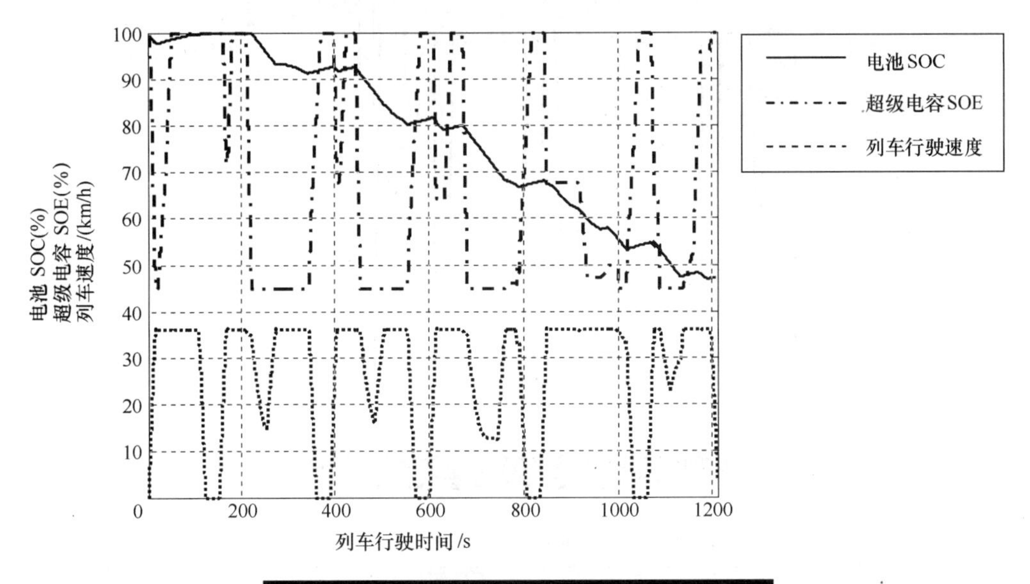

图6-62　电源能量状态、车速与时间关系曲线

3. 设计工况二的计算分析

北京西郊线有三段地下线，一段高架线和一个与公路相交的交叉路口。地下线相应的公里标为：①植物园站与万安公墓站之间的地下线。左线至起点1384.382m，终点1825.457m。右线至起点1822m，终点1383m。②玉泉郊野公园站与颐和园西门站之间的地下线。左线至起点4827.418m，终点5294.323m。右线至起点5295m，终点4825m。③万安公墓站与玉泉郊野公园站之间的地下线。左线至起点3171m，终点3527.768m。右线至起点3530m，终点3171m。高架线相应的公里标为：颐和园南门站与巴沟站间的高架线。左线至起点7939.307m，终点8654.237m。右线至起点8660.492m，终点7938.552m。交叉路口的公里

标为：左线—4203m，右线—4215m。

本工况要进行设计改进，即考虑地下线和高架线架设接触网，交叉路口停车60s等情况并进行仿真。其他仿真参数如表6-23所示。

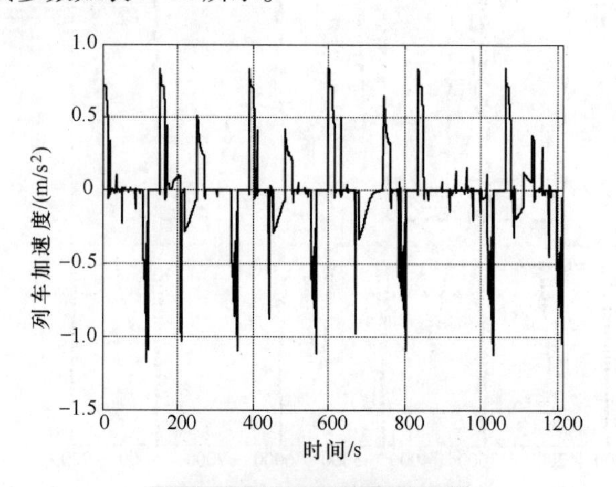

图6-63　列车加速度曲线

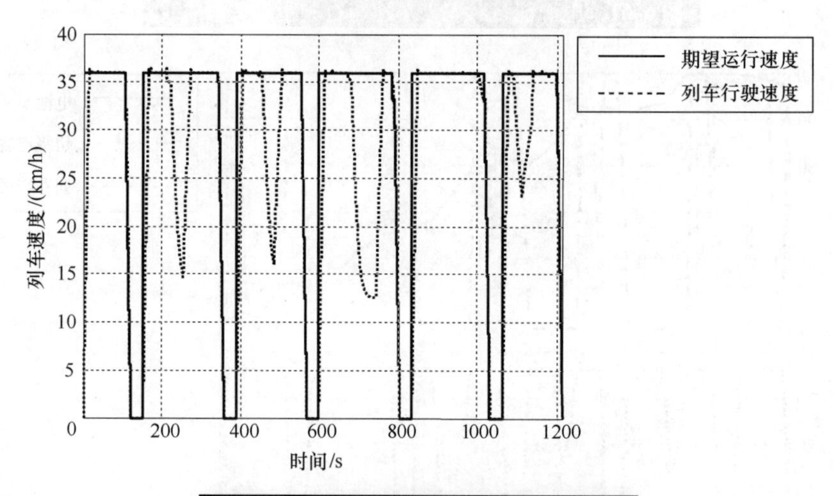

图6-64　列车速度与期望速度关系曲线

表6-23　参数表

电 机 功 率	50kW	额定行驶速度	36km/h
蓄电池最大放电电流	120A	混合电源配置	2C1B
蓄电池充电电流	40A	列车质量	80t
超级电容最大放电电流	700A	列车启动加速度	$0.8m/s^2$
超级电容充电电流	160A	列车制动加速度	$-1.2m/s^2$

混合电源配置是2C1B，1B为135个50Ah的锂电池。站台长度为72m。

（1）列车下行（右线行驶）　由巴沟站出发，最终到达香山站。仿真结果如下：

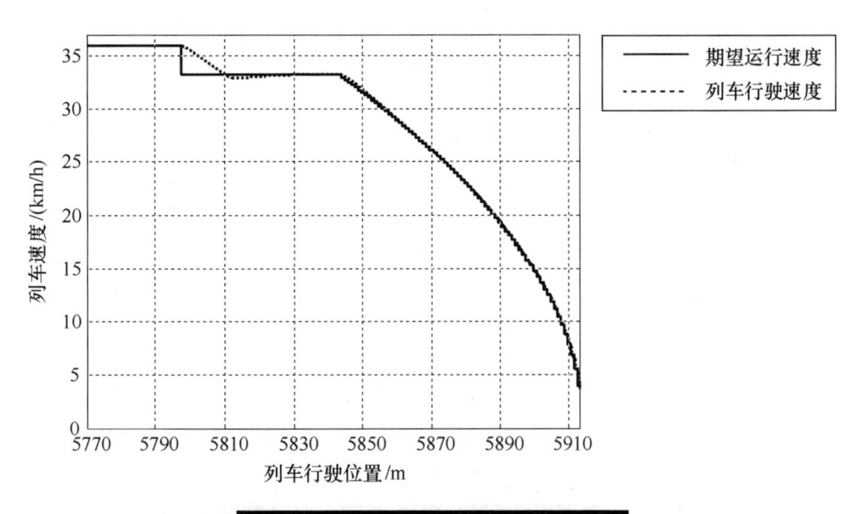

图 6-65　曲线限速段列车速度曲线

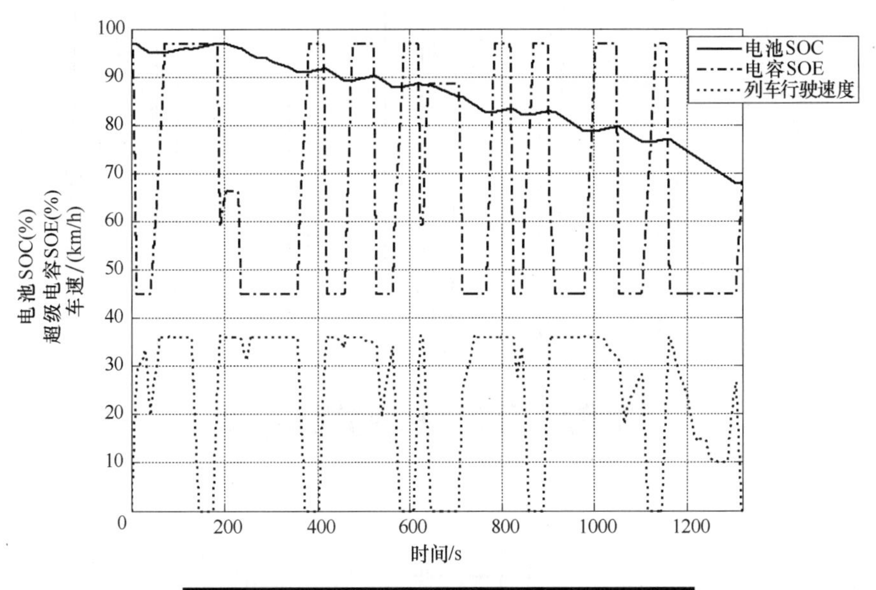

图 6-66　电源能量状态、车速与时间关系曲线

图 6-66 和图 6-67 中，实线代表蓄电池 SOC，点划线代表超级电容 SOE，虚线代表列车车速。从图 6-66 和图 6-67 中可以看出，到终点站时蓄电池 SOC 下降到原有容量的约 68%。列车顺利驶完全程，运行时间约为 1318s。

从图 6-68 中可以看出，在一些上坡区段，列车速度下降，不能以期望速度运行。但相较于前面没有接触网的工况，列车速度下降得较少。除了在终点站前的那个坡道速度下降到约 10km/h，其他坡道由于有接触网速度最低也达 20km/h 左右。

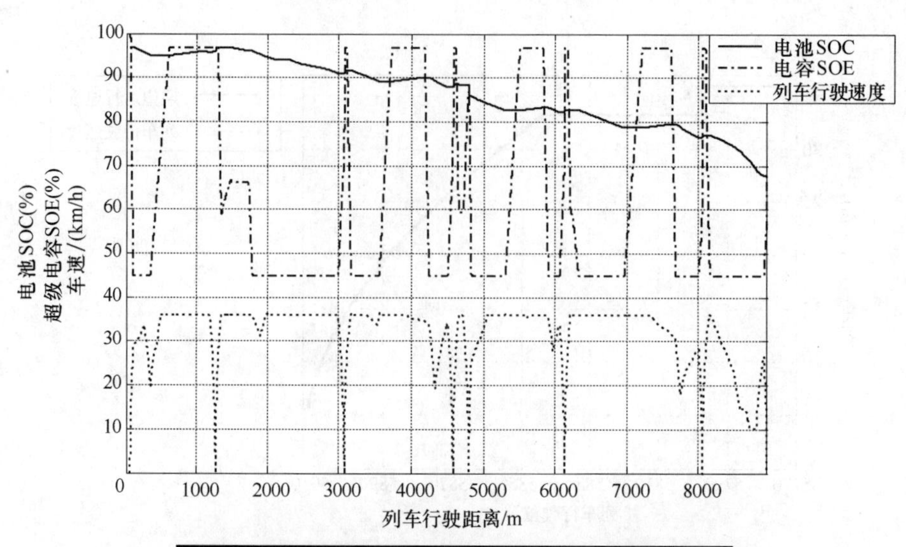

图 6-67　电源能量状态、车速与行驶距离关系曲线

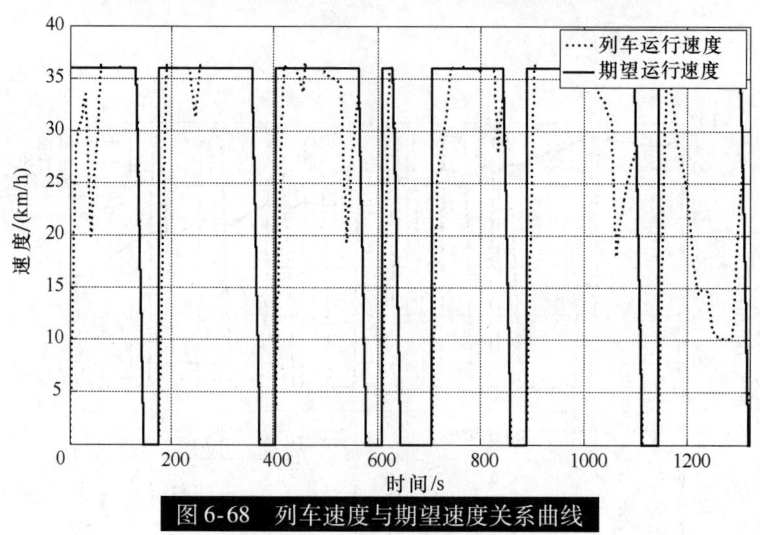

图 6-68　列车速度与期望速度关系曲线

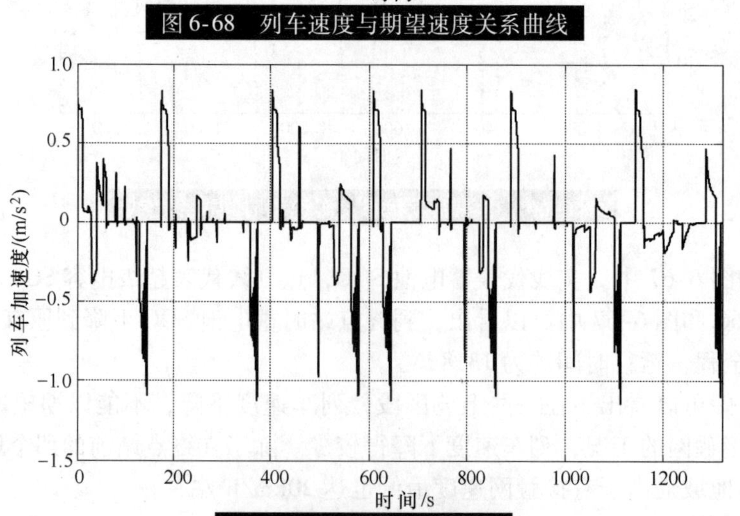

图 6-69　列车加速度曲线

由图 6-69 得，列车的起动加速度在 0.8m/s² 左右，制动加速度达到 -1.2m/s²，加减速性能良好。超级电容可以满足列车加速时的能量需求。

由图 6-70 可以看出，列车准确地停到了每一站，停车时间都是 30s。在交叉路口的停车时间为 60s。

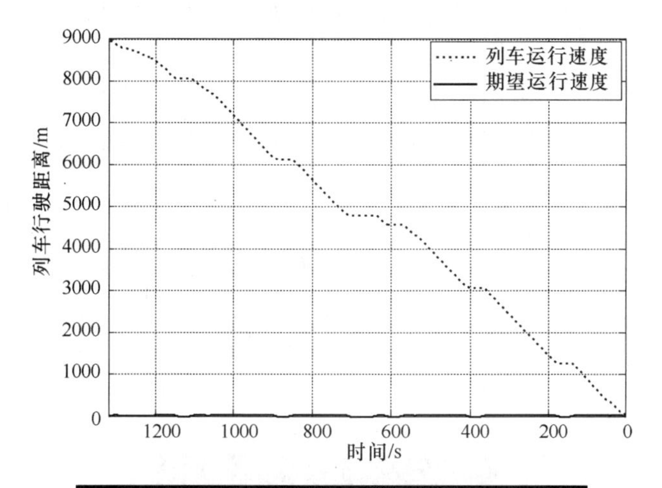

图 6-70　列车行驶距离、速度与时间关系曲线

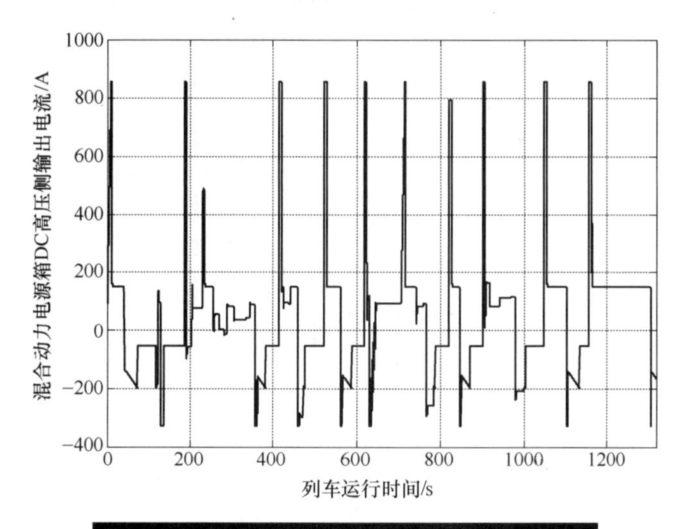

图 6-71　混合电源箱 DC 高压侧输出电流曲线

图 6-71 至图 6-73 是列车运行过程中，电源箱、蓄电池及超级电容各自的输出电流大小变化情况。从图中可以看出，蓄电池的最大输出电流接近 120A，超级电容的最大输出电流达到约 700A，都在允许范围之内。

从图 6-74 可以看出，列车运行过程中弯道阻力和坡道阻力对列车速度的影响。列车的续航速度为 36km/h，在线路曲线限速范围内，因此弯道对列车速度的影响不大。坡道对列车速度影响比较大，在坡度大的地方，列车速度降低。由于地下线和高架线架设了接触网，所以列车在有接触网的坡道行驶时性能下降较少，在没有接触网的坡道上行驶时性能下降较大。

（2）列车上行（左线行驶） 由香山站出发，最终到达巴沟站。仿真结果如下：

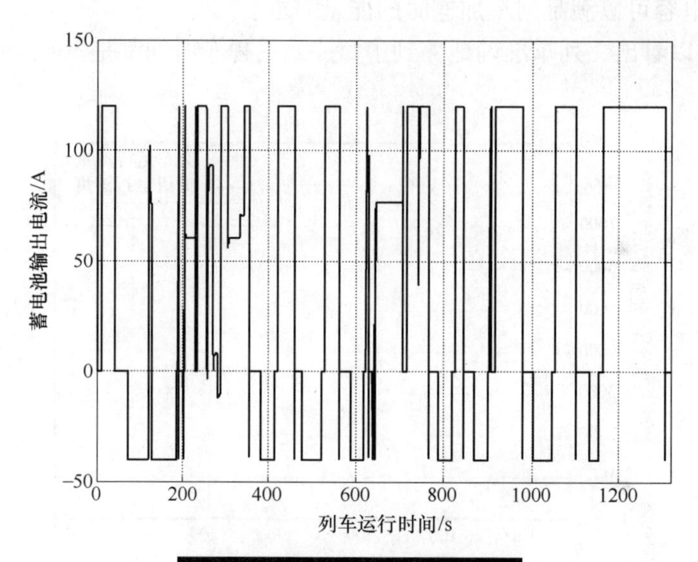

图 6-72 蓄电池输出电流曲线

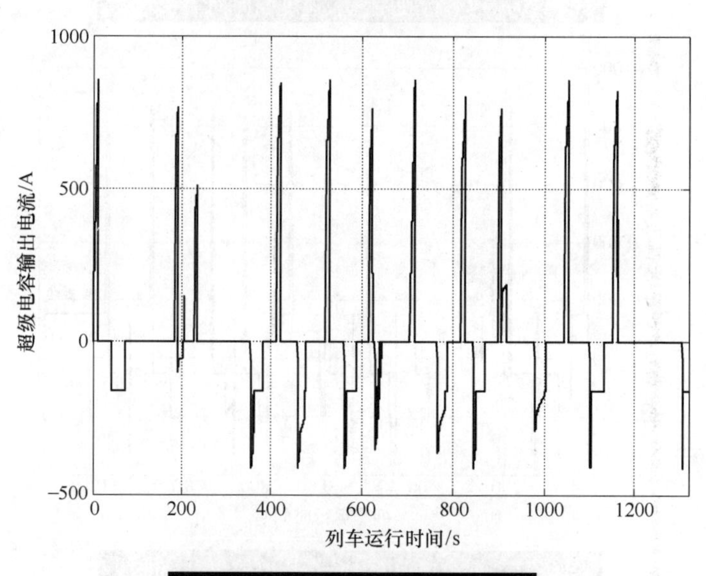

图 6-73 超级电容输出电流曲线

由图 6-75 和图 6-76 可以看出，列车在左线行驶到达终点站时，蓄电池 SOC 下降到原有的 78% 左右，列车运行时间大约为 1218s。地下线和高架线架设接触网后，减少了蓄电池的能量消耗，蓄电池 SOC 在到达终点时仍保持较高状态，列车运行性能有所提高，运行时间变短。

从图 6-77 中可以看出，在一些上坡区段，列车速度下降，不能以期望速度运行。但较之前面没有接触网的工况，列车速度下降得较少，最低时大约在 20km/h。

由图 6-78 得，列车的起动加速度在 $0.8m/s^2$ 左右，制动加速度达到 $-1.2m/s^2$，加减速性能良好。超级电容可以满足列车加速时的能量需求。

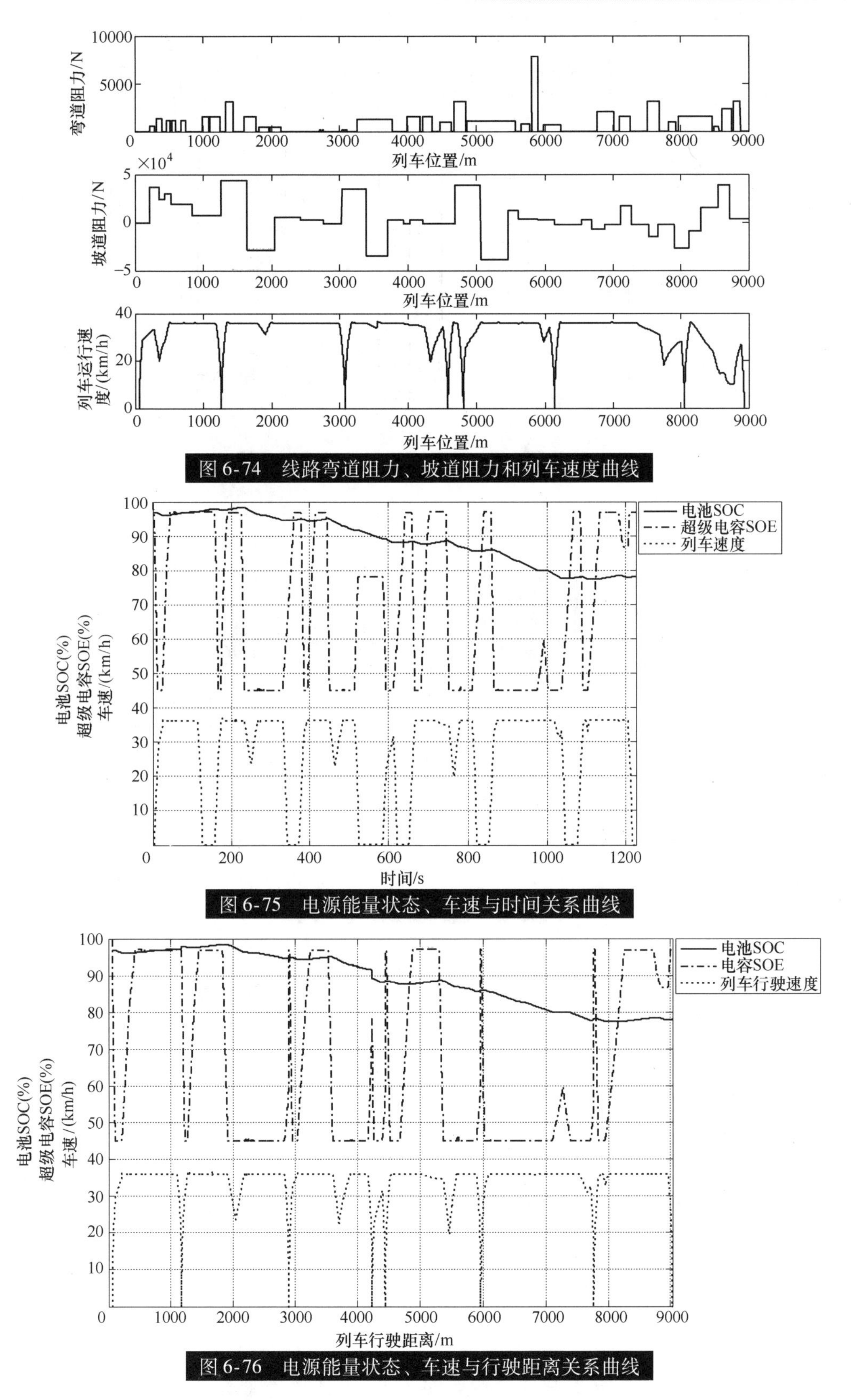

图 6-74　线路弯道阻力、坡道阻力和列车速度曲线

图 6-75　电源能量状态、车速与时间关系曲线

图 6-76　电源能量状态、车速与行驶距离关系曲线

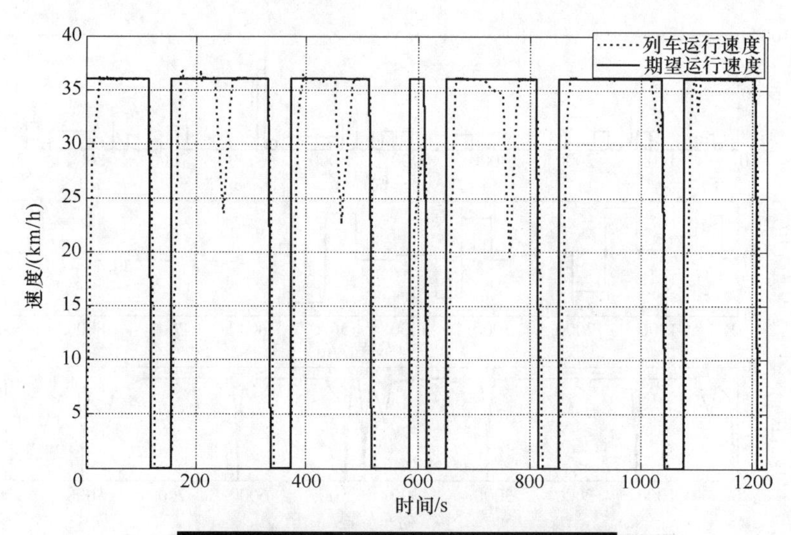

图 6-77　列车速度与期望速度关系曲线

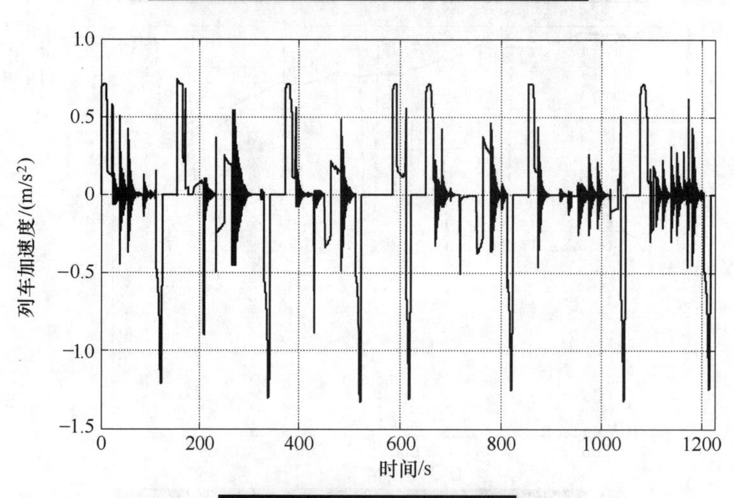

图 6-78　列车加速度曲线

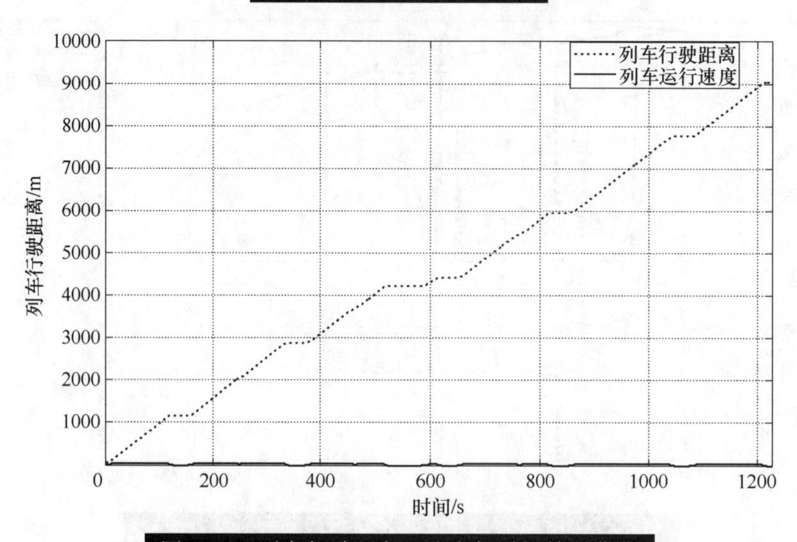

图 6-79　列车行驶距离、速度与时间关系曲线

由图6-79可以看出，列车准确地停到了每一站，停车时间都是30s。在交叉路口停车时间为60s。

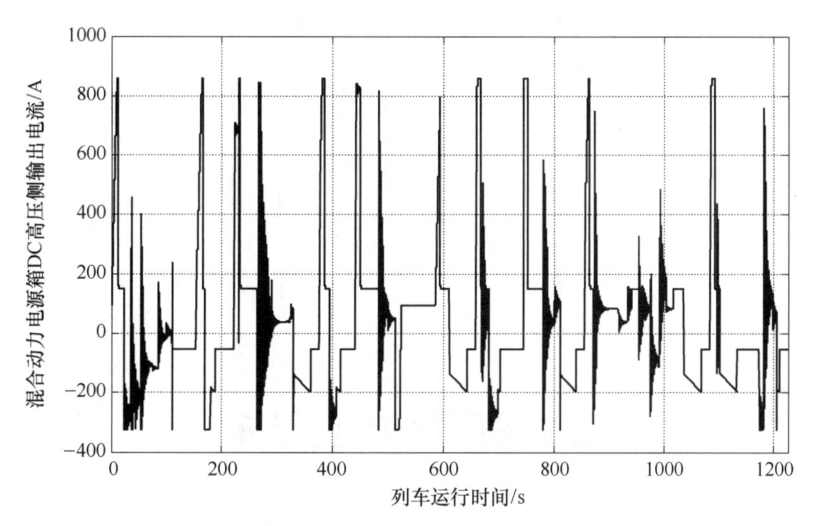

图6-80 混合电源箱DC高压侧输出电流曲线

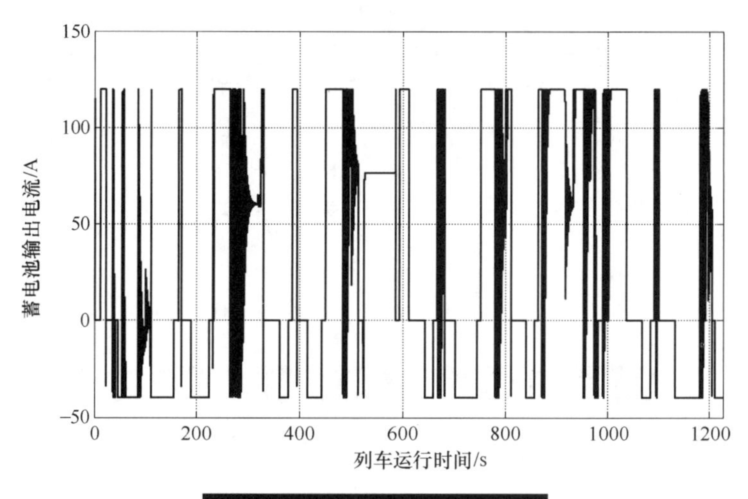

图6-81 蓄电池输出电流曲线

图6-80至图6-82是列车运行过程中，电源箱、蓄电池及超级电容各自的输出电流大小变化情况。从图中可以看出，蓄电池的最大输出电流接近120A，超级电容的最大输出电流达到约700A，都在允许范围之内。

从图6-83可以看出，列车运行过程中弯道阻力和坡道阻力对列车速度的影响。列车的续航速度为36km/h，在线路曲线限速范围内，所以弯道对列车速度影响不大。坡道对列车速度影响比较大，在坡度大的地方列车速度降低。由于地下线和高架线架设了接触网，因此列车在上坡时性能下降较少。

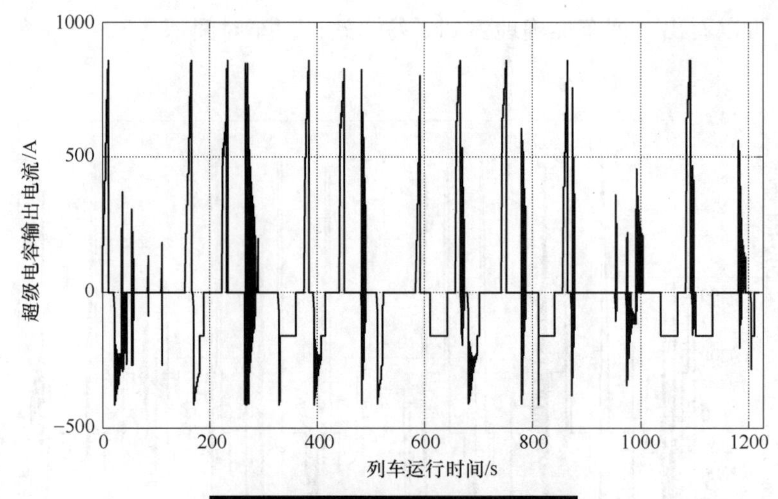

图 6-82　超级电容输出电流曲线

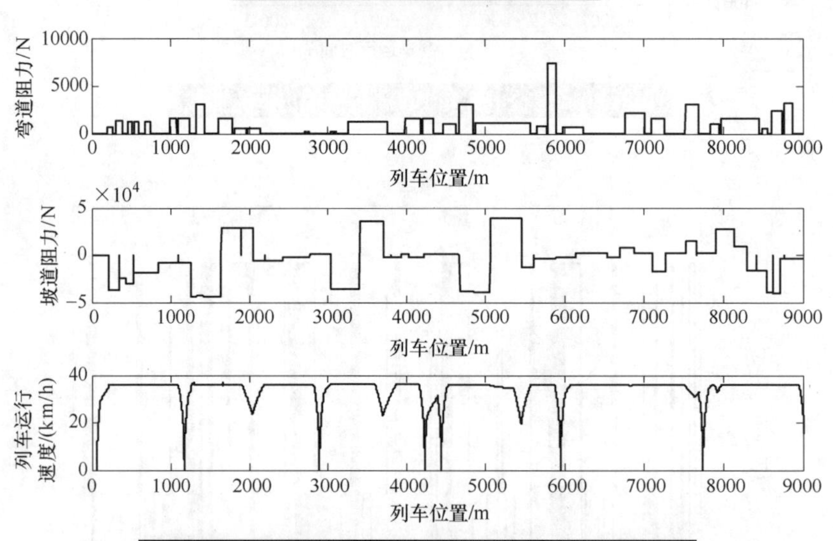

图 6-83　线路弯道阻力、坡道阻力和列车速度曲线

6.6.3　结论

在没有架设接触网且站台长度为 **64m** 的情况下，全车两个“**2C1B**”电源箱（1B 为 136 个 40A · h 的蓄电池）能力不足，无法满足列车在北京西郊线的正常运行。

在地下线和高架线架设接触网的情况下，全车两个“**2C1B**”电源箱（1B 为 135 个 40A · h 的蓄电池），蓄电池最大放电电流 120A，蓄电池最大充电电流 40A，超级电容最大放电电流 700A，超级电容最大充电电流 160A，列车续航速度 36km/h，起动最大加速度 0.8m/s^2，制动最大减速度 −1.2m/s^2，电机额定功率 50kW，站台长度 72m，停靠时间 30s，这样的配置可以满足列车在北京西郊线的正常行驶，运行状况良好。

第7章

动力电池基础知识及应用技术

电池一般分为储能电池与动力电池两种。其中，储能电池指能量密度高的电池，动力电池指功率密度高的电池，但两者之间也没有非常严格的区分界限。一般而言，储能电池的充、放电倍率较小（如小于1C），而动力电池的充、放电倍率较大，一般动力电池可实现2～3C以上的放电，某些电动汽车和轨道车辆用的动力电池可承受10C甚至是30C的放电倍率。

电池产业的发展经历了一个由最早的铅酸电池到镍镉电池，再到镍氢电池、锂电池、太阳能电池、燃料电池的历程。**目前，新能源车辆正朝着“镍氢——锂电——燃料电池”的产业化路径发展，**随着磷酸铁锂电池技术的日益成熟，锂电池的市场正在逐渐壮大。可以车用的动力电池组主要包括铅酸电池、镍氢电池、锂离子电池、镍镉电池、锌空电池、锌镍电池等，其中前三种的研究和应用最广泛。目前我国已有多家企业拥有相关核心技术，并形成了相关产品系列。

我国的动力电池基本上形成了以珠三角、长三角、京津唐和东北地区为主的生产格局，其中珠三角产能约7亿A·h，占全国总产能的1/3左右；长三角、东三省和京津唐产能均在3亿～4亿A·h。四大区域基本形成了包括原材料、整车应用和电池集成在内的电池行业全产业链。

目前国内研究和生产铅酸电池的企业主要有保定风帆、长沙丰日、北京远望、山东圣阳、江苏双登等。在混合动力汽车和电动车中，铅酸电池的使用量已经逐步减少，但在低速电动汽车上，依然大量使用，甚至成为企业降低成本和制造适合市场需求的电动车的重要途径。

我国研究和生产镍氢电池的企业主要有北京有色金属研究总院、比亚迪公司、北京理工大学、春兰集团、湖南神舟、天津和平海湾等。

锂离子动力电池是目前应用最广，发展势头最好的动力电池。锂离子动力电池一般由电池盖、正极、隔膜、负极、有机电解液或电解质以及电池壳六大部分构成，分为高容量和高功率两种类型，高功率动力电池主要用于混合动力汽车或电动车领域。我国研发和生产锂离子电池的企业约有600多家，其中生产大容量电池的主要有：比亚迪、湖州微宏、中航理电、苏州星恒、清华大学核研院、中科院有色研究院、中科院物理所、天津力神等。

2010年，我国锂电池组的生产成本为3400～5000元。C级电动汽车一般需要配备25kW·h电池，电池成本为8.5万～12.5万元，这导致电动汽车成本高于同级别汽油发动机汽车的成本。预计到2020年，我国电池制造成本将降低50%～60%，即1300～2000元/kW·h。

除电池本身的质量外，电池管理系统（BMS）也是影响电池性能和寿命的重要因素。BMS占电池系统总成本的20%～30%，其成本会随着电池产量的扩张而快速下降。BMS不仅通过电池充放电管理使续驶里程和电池循环次数实现最大化，还可以依据温度、环境等变化对电池工作进行适应性调整。目前，世界各国的BMS技术处于发展初期，尚未形成技术格局，这对于我国汽车行业是一个良好的发展机遇。

7.1 电池的基本构成及性能指标

7.1.1 电池的类型

电池是电动汽车的动力源，是能量的存储装置，其分类方式如下所示。

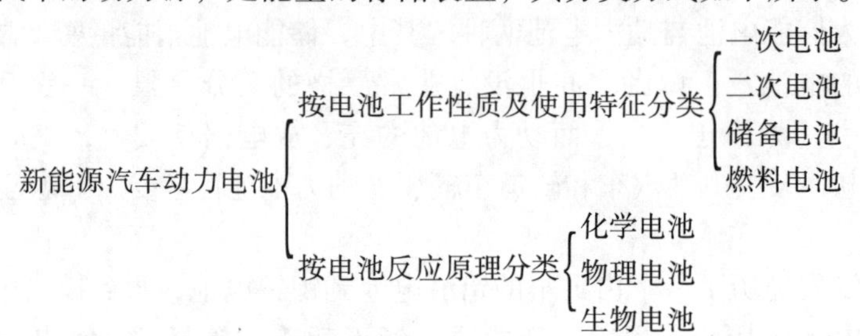

（1）按电池工作性质及使用特征分类

1）一次电池。又称原电池（俗称干电池），即放电后不能再充电复原的电池，如锌锰电池、碱性锌锰电池等。电池由正极、负极电解液、容器和隔膜等组成。

2）二次电池。又称蓄电池，指在放电后可以通过充电的方法使活性物质复原而继续使用的电池，这种电池的充放电次数可以达数十次到上千次，如铅酸电池、镍镉电池、镍氢电池、锂离子电池、锂聚合物电池和锂铁电池等。

3）燃料电池。又称连续电池，指参加反应的活性物质从电池外部连续不断地输入电池，电池就连续不断地工作并提供电能，如质子交换膜燃料电池、碱性燃料电池、磷酸燃料电池、熔融碳酸盐燃料电池、固体氧化物燃料电池等。

4）储备电池。指正负极与电解质在储存期间不直接接触，使用前注入电解液或使用其他方法使电解液与正负极接触，此后进入待放电状态的电池，如镁电池、热电池等。

（2）按电池反应原理分类

1）化学电池。化学电池是利用物质的化学反应发电的电池。按工作性质不同，分为原电池、蓄电池、燃料电池和储备电池；按电解质不同，分为酸性电池、碱性电池、中性电池、有机电解质电池、非水无机电解质电池、固体电解质电池等；按电池的特性不同，分为高容量电池、密封电池、高功率电池、免维护电池、防爆电池等；按正负极材料不同，分为锌锰电池系列、镍镉镍氢电池系列、铅酸电池系列、锂电池系列等。

2）物理电池。物理电池是利用光、热、物理吸附等物理能量发电的电池，如太阳能电池、超级电容器、飞轮电池等。

3）生物电池。生物电池是利用生物化学反应发电的电池，如微生物电池、酶电池、生物太阳能电池等。

迄今已经实用化的车用动力电池有传统的铅酸电池、镍镉电池、镍氢电池和锂离子电池。在物理电池领域中，超级电容器已应用在电动汽车中。生物燃料电池在车用动力中应用前景也十分广阔，以氢为燃料的燃料电池和氧化物燃料电池的研发已进入重要发展阶段。

7.1.2　电池的基本构成

电池是一种把化学反应所释放的能量直接转变成直流电能的装置。要实现化学能转变成电能的过程，必须满足如下条件：

- 必须使化学反应中失去电子的氧化过程（在负极进行）和得到电子的还原过程（在正极进行），分别在两个区域进行，这与一般的氧化还原反应存在区别。
- 两电极间必须有具有离子导电性的物质。
- 化学变化过程中电子的传递必须经过外线路。

为了满足构成条件，电池需包含以下基本组成部分：

1）电解质。电解质拥有很高的具有选择性的离子电导率，作为电池内部的离子导电介质。大多数电解质为无机电解质水溶液，也有固体电解质、熔融盐电解质、非水溶液电解质和有机电解质。有的电解质也参加电极反应而被消耗。电解质对于电子来说必须是非导体，否则将会产生电池单体的自放电现象。

2）正极活性物质。正极活性物质具有较高的电极电位，电池工作（即放电时），进行还原反应或阴极过程。为了与电解槽的阳极、阴极区别开，在电池中称作正极。

3）负极活性物质。负极活性物质具有较低的电极电位，电池工作时，进行氧化反应或阳极过程。为了与电解槽的阳极、阴极区别开，在电池中称作负极。

4）隔膜。为了保证正、负极活性物质绝对不直接接触导致短路，又要保持正负极之间尽可能小的距离，以使电池具有较小的内阻，因此在正、负极之间必须设置隔膜。隔膜材料本身都是绝缘良好的材料，如橡胶、玻璃丝、聚丙烯、聚乙烯、聚氯乙烯等，以防止正负极间的电子传递和接触。同时隔膜材料要求能耐电解质的腐蚀和正极活性物质的氧化，并且还要有足够的孔隙率和吸收电解质溶液的能力，以保证离子运动。

5）外壳。作为电池的容器，外壳材料必须能经受电解质的腐蚀，而且应该具有一定的机械强度。铅酸电池一般采用硬橡胶。碱性蓄电池一般采用镀镍钢材。近年来由于塑料工业的发展，各种工程塑料诸如尼龙、ABS、聚丙烯、聚苯乙烯等已成为电池壳体常用的材料。

除了上述主要组成部分外，电池还常常需要导电栅、汇流体、端子、安全阀等零件。

此外，电池本身可以制成各种形状和结构，如圆柱形、扣式、扁平形和方形。

7.1.3　电池及电池组的相关概念

（1）电池单体（Ce11）　电池单体指直接将化学能转化为电能的基本装置和基本单元。电池单体是构成电池的基本元件，包括电极、隔膜、电解质和外壳等。

（2）电池（Battery）　电池指由一个以上的电池单体并联或串联而成，封装在一个物理上独立的电池壳体内，具有独立的正极和负极输出的装置。

（3）电池组（Battery Pack）　电池组也称电池包，是由多块电池通过串联或并联构成的一个存储电能或对外输出电能的部件。通常意义上的电池组还包括动力电池管理系统、电池箱等元器件。不包含完整电池管理功能的电池组，通常称为电池模块（Battery Module）。

（4）电池系统（Battery System） 电池系统指由一个以上电池组通过串联或并联构成的具备完善电池管理系统的电能供给系统。

7.1.4 电池的性能指标

电池作为电动汽车的储能装置，在电动汽车上发挥着非常重要的作用，要评定电池的实际效应，主要是看电池的性能指标。**电池的性能指标主要有电压、容量、内阻、能量、功率、输出效率、自放电率、放电倍率、使用寿命等，**根据电池种类不同，其性能指标也有差异。

（1）电压 **电压分为电动势、端电压、额定电压、开路电压、工作电压、充电电压、充电终止电压、放电终止电压和电压效率等。**电池电压各项性能指标的描述如表7-1所示。

表7-1 电池电压各项性能指标的描述

性能指标	概念	备注
电动势	又称电池标准电压或理论电压，为组成电池的两个电极的平衡电位之差	电动势是根据热力学函数计算而得到的。电动势是电池在理论上输出能量大小的量度之一。如果其他条件相同，电动势越高的电池，理论上能输出的能量就越大，使用价值就越高。 对于各种电池的电动势，充电后的铅酸电池的电动势一般为2.1V，银锌电池的电动势为1.85V，锂离子电池的电动势为4.25V，镍氢电池的电动势为1.5V
端电压	指电池正极与负极之间的电位差	由于电池内阻的存在，端电压一般低于电动势
额定电压	指电池在规定条件下工作时应达到的标准电压	额定电压是该电化学体系的电池工作时公认的标准电压。如锌锰干电池为1.5V，镍镉电池和镍氢电池为1.2V，铅酸电池为2V，锂离子电池的额定电压为3.6V
开路电压	指电池在没有负载的情况下的端电压	电池的开路电压是实际测量出来的，开路电压不等于电动势
工作电压	电池在某负载下实际的放电电压	铅酸蓄电池的工作电压为1.8～2V；镍氢电池的工作电压为1.1～1.5V；锂离子电池的工作电压为2.75～3.6V
充电电压	指外电路直流电压对电池充电的电压	一般的充电电压要高于电池的开路电压，通常在一定的范围内。例如，镍镉电池的充电电压为1.45～1.5V，锂离子电池的充电电压为4.1～4.2V，铅酸电池的充电电压为2.25～2.7V
充电终止电压	蓄电池充足电时，极板上的活性物质已达到饱和状态，再继续充电，电池的电压也不会上升，此时的电压称为充电终止电压	例如，镍镉电池的充电终止电压为1.75～1.8V，镍氢电池的充电终止电压为1.5V，锂离子电池的充电终止电压为4.25V
放电终止电压	指电池放电时允许的最低电压	如果电压低于放电终止电压后电池继续放电，则电池两端电压会迅速下降，形成深度放电，这样，极板上形成的生成物在正常充电时就不易再恢复，从而影响电池的寿命。放电终止电压和放电率有关，放电电流直接影响放电终止电压。在规定的放电终止电压下，放电电流越大，电池的容量越小 例如，镍镉电池的放电终止电压一般为1.0～1.1V，镍氢电池的放电终止电压一般规定为1V，锂离子电池的放电终止电压为3.0V

（续）

性能指标	概　念	备　注
电压效率	指电池的工作电压与电池电动势的比值	电池放电，由于存在电化学极化、浓差极化和欧姆压降，使电池的工作电压低于电动势。改进电极结构（包括真实表面积、孔率、孔径分布、活性物质粒子的大小等）和加入添加剂（包括导电物质、膨胀剂、催化剂、疏水剂、掺杂剂等）是提高电池电压效率的两个重要途径

> 实际运用过程中，应注意电池各性能指标对应的数值。以铅酸电池为例，电动势为 2.1V，额定电压为 2V，开路电压接近 2.1V，工作电压为 1.8～2V，放电终止电压为 1.5～1.8V。在放电过程中，电压还将逐渐降低，如图 7-1 所示。

（2）容量　**电池在一定的放电条件下所能放出的电量称为电池的容量。**常用单位为“A·h”，它等于放电电流与放电时间的乘积。

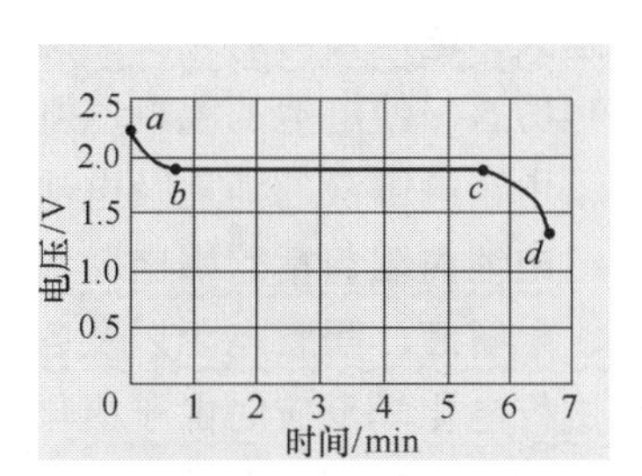

图 7-1　铅酸电池放电特性

电池的容量可以分为理论容量、实际容量、标称容量和额定容量等。

理论容量指假设电极活性物质全部参加电池的化学反应所能提供的电量，是按法拉第定律计算而得到的最高理论值。为了比较不同系列的电池，常用比容量的概念，即单位体积或单位质量电池所能给出的理论电量，单位为 A·h/L 或 A·h/kg。

实际容量指电池在一定条件下所能输出的电量，它等于放电电流与放电时间的乘积，单位为 A·h，其值小于理论容量。**电池的实际容量主要与电池正、负极活性物质的数量及其利用的程度（利用率）有关，而活性物质利用率主要受放电制度、电极结构和制造工艺的影响。**放电制度指放电速率、放电形式、终止电压和温度。高速率即大电流。**低温条件下放电时，将减少电池输出的容量。**电极的结构包括电极高宽比例、厚度、孔隙率以及导电栅网的形式。**实际容量反映了电池实际存储电量的大小，对电动汽车而言，电池容量越大，续驶里程就越远。**

在使用过程中，电池的实际容量会逐步衰减。国家标准规定新出厂的电池实际容量大于额定容量值为合格电池。

标称容量用来鉴别电池的近似安时值。在指定放电条件时，一般指以 0.2C 放电时的放电容量。

额定容量也称保证容量，是按国家或有关部门颁布的标准，保证电流在一定的放电条件下应该放出的最低限度的容量。

按照 IEC 标准和国标，镍镉电池和镍氢电池在（20±5）℃条件下，以 0.1C 充电 16h 后再以 0.2C 放电至 1.0V 时所放出的电量为电池的额定容量，以 C 表示；锂离子电池在常温、恒流（1C）、恒压（4.2V）条件下充电3h后，再以0.2C放电至2.75V时所放出的电量为电池的额定容量。

荷电状态（SOC）是电池在一定放电倍率下，剩余电量与相同条件下额定容量的比值，它反映了电池容量的变化。SOC=1即表示电池充满状态。随着电池放电过程的开始，电池的电荷逐渐减少，此时可以用SOC百分数的相对量来表示电池中电荷的变化状态。一般电池的放电高效率区为50%~80%SOC。

（3）内阻　**电流通过电池内部时受到阻力，使电池电压降低，此阻力称为电池的内阻。**电池的内阻不是常数，会在放电过程中随时间不断变化。活性物质的组成、电解液浓度和温度都在不断地改变，因此需要用专门的仪器才可以测量到比较准确的结果。

一般所指的电池内阻是充电态内阻，即电池充满电时的内阻（与之对应的是放电态内阻，指电池充分放电后的内阻。放电态内阻一般比充电态内阻大，并且不太稳定）。**电池内阻越大，电池自身消耗掉的能量越多，电池的使用效率就越低。**内阻很大的电池在充电时发热很厉害，使电池的温度急剧上升，对电池和充电器的影响都很大。随着电池使用次数的增多，由于电解液的消耗及电池内部化学物质活性的降低，电池的内阻会有不同程度的升高。

电池内阻包括欧姆电阻和极化电阻，二者之和为电池的全内阻。欧姆电阻主要由电极材料、电解液、隔膜电阻以及各部分零件的接触电阻组成。极化电阻是化学电源的正极、负极在进行电化学反应时由于极化而引起的内阻。极化内阻与活性物质的本性、电极的结构、电池的制造工艺有关，尤其与电池的工作条件有关，放电电流和温度对其影响很大。在大电流密度下放电时，电化学极化和浓差极化均增加，甚至可能引起负极的极化，使极化内阻增加。低温对电化学极化和离子扩散均有不利影响，故在低温条件下电池的极化内阻也会增加。因此，极化内阻并非是一个常数，而会随放电率、温度等条件的改变而改变。

由于内阻的存在，使电池放电时的端电压低于电池电动势和开路电压，充电时端电压高于电动势和开路电压。

各种规格和型号的蓄电池内阻各不相同，一般说来，大型电池内阻小。通常，生产厂家不进行内阻测定。在低倍率放电时，内阻对电池性能的影响不显著；但在高倍率放电时，电池全内阻明显增大，电压降损失可达数百毫伏，需要仔细考察电池各个部件对电压降损失的影响程度，然后予以解决。

（4）能量　电池的能量指在一定放电制度下，电池所能输出的电能，单位是W·h或kW·h。它会影响电动汽车或轨道车辆的行驶距离。能量分为理论能量、实际能量、比能量和能量密度。

理论能量是电池的理论容量与额定电压的乘积，指一定标准所规定的放电条件下（即假设电池在放电过程中始终处于平衡状态），其放电电压保持电动势的数值，而且活性物质的利用率为100%时，电池所输出的放电容量。

实际能量是电池实际容量与平均工作电压的乘积，表示在一定条件下电池所能输出的

能量。

比能量也称质量比能量，指电池单位质量所能输出的电能，单位是W·h/kg，常用比能量来比较不同的电池系统。

能量密度也称体积比能量，指电池单位体积所能输出的电能，单位是W·h/L。

> 电池的比能量是综合性指标，它反映了电池的质量水平。电池的比能量影响电动汽车的整车质量和续驶里程，是评价电动汽车的动力电池是否满足预定续驶里程的重要指标。

（5）功率　电池的功率指电池在一定放电制度下，单位时间内所输出能量的大小，单位为W或kW。电池的功率决定了电动汽车的加速性能和爬坡能力。功率分为比功率和功率密度。比功率指单位质量电池所能输出的功率，也称质量比功率，单位为W/kg或kW/kg；功率密度指单位体积电池所能输出的功率，也称体积比功率，单位为W/L或kW/L。

> 电池的比功率影响电动汽车的加速性能和坡道运行能力，是评价电动汽车的动力电池是否满足预定起动加速度和坡道运行能力的重要指标。

（6）输出效率　动力电池作为能量存储器，充电时把电能转化为化学能储存起来，放电时把化学能转化为电能释放出来。在这个可逆的电化学转换过程中，有一定的能量损耗，这通常用电池的容量效率和能量效率来表示。

容量效率指电池放电时输出的容量与充电时输入的容量之比。影响电池容量效率的主要因素是副反应。当电池充电时，有一部分电量消耗在水的分解上。此外，自放电以及电极活性物质的脱落、结块、孔率收缩等也会降低容量效率。

能量效率指电池放电时输出的能量与充电时输入的能量之比。影响能量效率的重要目标是电池的内阻，它使电池充电电压增加，放电电压下降。内阻的能量损耗以电池发热的形式消耗掉。

（7）自放电率　电池的自放电指电池在存储期间容量降低的现象。自放电率指电池在存放期间容量的下降率，即电池无负荷时自身放电使容量损失的速度。自放电率用单位时间容量降低的百分数表示。

电池无负荷时会因自行放电使容量损失。蓄电池能用充电方法恢复容量。自放电通常主要在负极，因为负极活性物质多为活泼的金属粉末，在水溶液中可发生置换氢气的反应。若在电极中存在着电势低的金属杂质，这些负极和负极活性物质就能组成腐蚀微电池，导致负极金属自溶解，并伴有氢气析出，从而使容量减少。在电解液中，杂质同样起着有害作用。一般正极的自放电不大。正极为强氧化剂，若在电解液中或隔膜上存在易于被氧化的杂质，则也会引起正极活性物质的还原反应，从而减少容量。

自放电率用单位时间容量降低的百分数表示。

$$\text{自放电率}=\frac{C_a-C_b}{C_aT} \tag{7-1}$$

式中 C_a——电池存储前的容量（A·h）；

C_b——电池存储后的容量（A·h）；

T——电池储存的时间，常用天、月计算。

（8）放电倍率　电池放电电流的大小常用放电倍率表示，而电池的放电倍率常用放电时间表示或以一定的放电电流放完额定容量所需的小时数来表示。放电时间越短，即放电倍率越高，则放电电流越大。放电倍率等于额定容量与放电电流之比。根据放电倍率的大小，可分为低倍率（<0.5C）、中倍率（0.5~3.5C）、高倍率（3.5~7.0C）和超高倍率（>7.0C）。例如，某电池的额定容量为40A·h，若用8A电流放电，则放完40 A·h的额定容量需用5h，也就是说以0.2的放电倍率放电，用符号C/5或0.2C表示，为低倍率放电。

（9）放电深度　放电深度指放电容量与总放电容量的百分比，简称DOD（Depth of Discharge）。放电深度表示放电程度的一种量度，其高低跟二次电池的充电寿命有很深的关系。二次电池放电深度越大，其充电寿命就越短，因此在使用时应尽量避免深度放电。

（10）寿命　电池的寿命分储存寿命和使用寿命。储存寿命又可分为干储存寿命和湿储存寿命。对于在使用时才加入电解液的电池储存寿命，一般称作干储存寿命。干储存寿命可以很长。对于出厂前已加入电解液的电池储存寿命，一般称作湿储存寿命。湿储存时自放电严重，寿命较短。使用寿命指电池在规定条件下的有效寿命期限。电池发生内部短路或损坏而不能使用，以及容量达不到规范要求时，电池使用失效，这时电池的使用寿命终止。

对于一次电池，其寿命是表征给出额定容量的工作时间（与放电倍率大小有关）。对于二次电池，其寿命分充放电循环寿命和湿搁置使用寿命两种。充放电循环寿命指在一定的充放电制度下，电池容量降至某一规定值之前，电池能耐受的充放电次数。充放电循环寿命越长，电池的性能越好。充放电循环寿命与放电深度、温度、充放电制式等条件有关。降低放电深度，即浅放电，可以有效延长二次电池的充放电循环寿命。

随着充放电次数的增加，二次电池容量衰减现象较为明显。这是因为在充放电循环过程中，电池内部会发生一些不可逆的反应，引起电池放电容量的衰减，这些不可逆的因素主要包括：

- 电极活性表面积在充放电循环过程中不断减小，使工作电流密度上升，极化增大；
- 电极上活性物质脱落或转移；
- 电池工作过程中，某些电极材料发生腐蚀；
- 隔膜的老化和损耗；
- 在循环过程中电极上生成枝晶，造成电池内部微短路；
- 活性物质在充放电过程中发生不可逆晶形改变，使得活性降低。

电池使用寿命包括使用期限和使用周期。使用期限指电池可供使用的时间，包括电池的存放时间。使用周期指电池可供重复使用的次数。

人们也常用电池的循环使用寿命作为电池使用寿命的一项重要评价指标。电池的循环使用寿命指电池以充放电一次为一个循环过程，在一定测试标准下，当电池容量下降到某一规定值以前，电池所经历的充放电循环总次数。

我国规定为达到额定容量的 80%，在实际的应用中常用使用年限和电池 SOH 反映电池使用寿命。

除此之外，成本也是一个重要的指标，电动汽车发展的瓶颈之一就是电池价格过高。

7.1.5　常用蓄电池

(1) 铅酸电池　铅酸电池自 1859 年发明以来，已有 150 余年的应用历史。铅酸电池广泛用作内燃机汽车的起动动力源，也是成熟的电动汽车蓄电池。由于其比能量、深放电循环寿命、快速充电等方面均比镍氢电池和锂离子电池差，不适合用于电动汽车。然而，由于其价格低廉，国内外往往将它应用在速度不高、路线固定且充电站容易规划的车辆上。铅酸电池的主要发展方向是提高比能量，增大循环使用寿命。

铅酸蓄电池分为免维护铅酸蓄电池和阀控密封式铅酸电池。免维护铅酸电池具有自身结构上的优势，其电解液的消耗量非常小，在使用寿命内基本不需要补充蒸馏水。它具有耐振、耐高温、体积小、自放电小的特点，使用寿命一般为普通铅酸电池的两倍。市场上的免维护铅酸电池有两种：一种在购买时一次性加电解液以后，使用中不需要添加补充液；另一种是电池本身出厂时就已经加好电解液并封死，用户根本就不能添加补充液。

阀控密封式铅酸电池在使用期间不用加酸和加水维护，电池为密封结构，不会漏酸，也不会排酸雾，电池盖上设有溢气阀（也叫安全阀），该阀的作用是当电池内部气体量超过一定值，即当电池内部气压升高到一定值时，溢气阀自动打开，排出气体，然后自动关闭，防止空气进入电池内部。

铅酸电池正负电极分别为二氧化铅和铅，电解液为硫酸。铅酸电池又可以分为两类，即注水式铅酸电池和阀控式铅酸电池。前者价廉，但需要经常维护，补充电解液；后者通过安全控制阀自动调节密封电池体内因充电或工作异常而产生的多余气体，免维护，更符合电动汽车的要求。

铅酸蓄电池具有以下优点：

- 除锂离子电池外，在常用电池中，铅酸电池的电压最高，为 2.0V。
- 价格低廉。
- 可制成小至 1A·h，大至几千 A·h 的各种尺寸和结构的蓄电池。
- 高倍率放电性能良好，可用于发动机起动。
- 高低温性能良好，可在 −40 ~ 60℃条件下工作。
- 电能效率高达 60%。
- 易于浮充使用，没有“记忆”效应。
- 易于识别荷电状态。

同时，铅酸蓄电池也具有以下缺点。

- 比能量低，在电动汽车中所占的质量和体积较大，一次充电行驶里程短。
- 使用寿命短，使用成本过高。
- 充电时间长。
- 铅是重金属，存在污染。

总体上说，由于铅酸电池具有可靠性好、原材料易得、价格便宜、技术比较成熟等优点，因此，经过进一步改进后的铅酸电池仍将是近期电动汽车的主要电源。

小型铅酸电池主要用作便携式家用电器、计算机等的小型不间断电源。中型铅酸电池多用于起动、照明、点火等。而大型铅酸电池也广泛应用于邮电通讯、瞬时备用电源、大型UPS电源、太阳能和风能发电系统的配套能源，在负载调峰用电方面也有较多应用。同时，铅酸电池在国内主要应用于电动自行车、电动客车等。

目前正在开发的电动汽车用铅酸蓄电池主要有水平密封铅酸蓄电池、双极型密封铅酸蓄电池、卷式电极铅酸蓄电池等。近年来，铅酸蓄电池的性能大大提高：容量为1～20kA·h，质量比能量为30～45W·h/kg，体积比能量为80W·h/L，循环使用寿命约为250～1600次，无记忆效应。铅酸电池作为车载动力，占有主要的市场。

今后铅酸电池应由少维护向免维护方向发展，应向提高产品的综合性能、绿色环保方向发展，特别要提高密封铅酸蓄电池的可靠性。

（2）镍镉电池　目前在电动汽车上使用的镍金属电池主要有镍镉电池和氢镍电池两种。镍镉电池是一种碱性蓄电池，其比能量比铅酸电池更高，比功率超过190W/kg，可快速充电，循环使用寿命较长，可达到2000多次。

镍镉电池的性能在不断地提高，它作为空间飞行器电源系统主要的储能装置，占据着空间储能电源的主导地位。镍镉电池的应用仅次于铅酸电池，主要应用于通信工具、电动工具、数码仪器等。航空碱性镍镉电池是飞机、直升机的机载应急电源。

> **目前镍镉电池正向两个方向发展：**
> **1）向高比容量方向发展，与镍氢电池和锂电池争夺市场；**
> **2）向低成本方向发展。**
> **但其含有重金属镉，使用中要注意做好回收工作，以免重金属镉污染环境。**

（3）镍氢电池　镍氢电池是20世纪90年代发展起来的一种新型电池。镍氢电池是一种碱性蓄电池，其正极活性物质主要由镍制成，负极活性物质主要由储氢合金制成。镍氢电池按照外形分为方形镍氢电池和圆形镍氢电池。镍氢电池具有高比能量和高功率，适合大电流放电，可循环充放电，可密封设计，且无污染，被誉为“绿色环保电源”。

镍氢电池应用较为广泛，凡是应用镍镉电池的领域均可使用镍氢电池。镍氢电池可装配成多种电池组，可以满足电子设备日益增长的便携性需求。其应用前景限定在不严格计较重量的重负载应用领域，如混合电动车辆、电动车辆、抗灾现场用电等方面。

目前，在电动汽车领域，镍氢电池是商用化的主流，包括全球销量最高的丰田普锐斯在内的混合动力汽车都普遍使用了镍氢电池。**从产业周期来看，镍氢电池已经进入成熟期，**形成了规模化生产，具有价格上的优势。**它也是目前混合动力汽车所用电池体系中唯一被实际验证并被商业化、规模化生产的动力电池。**

镍氢电池具有如下优点。

1）比功率高。目前商业化的镍氢功率型电池能做到1350W/kg。

2）循环次数多。目前应用在电动汽车上的镍氢电池，80%放电深度（DOD）循环可以达1000次以上，为铅酸电池的3倍以上，100%DOD循环寿命也在500次以上，在混合动力

汽车中可使用 5 年以上。

3）无污染。镍氢电池不含铅、镉等对人体有害的金属。

4）耐过充过放。

5）无记忆效应。

6）使用温度范围宽。正常使用温度范围 -30 ~55℃；储存温度范围 -40 ~70℃。

7）安全可靠。经过短路、挤压、针刺、安全阀工作能力、跌落、加热、耐振动等安全性及可靠性试验，证明其无爆炸、燃烧现象。

镍氢电池的基本单元是单体电池，单体电压为 1.2V，按使用要求组合成不同电压和不同电荷量的镍氢电池总成。

（4）锂离子电池　锂离子电池是 20 世纪 90 年代发展起来的高容量可充电电池，它能够比镍氢电池存储更多的能量，且比能量大，循环寿命长，自放电率小，无记忆效应和环境污染，是当今各国能量存储技术研究的热点。锂离子电池的研究主要集中在大容量、长寿命和安全性三个方面。目前，锂离子电池的发展势头极为迅猛，在电动汽车、航空航天、航海和军事领域对锂离子电池的应用研究也正在积极开展。目前，锂离子电池最热门的应用是电动汽车。

锂离子电池的优点主要包括：

1）工作电压高。锂离子电池工作电压为 3.6V，是镍氢电池工作电压的 3 倍。

2）比能量高。锂离子电池比能量已达到 150W · h/kg，是镍氢电池的 1.5 倍以上。

3）循环寿命长。目前，锂离子电池循环寿命已达到 1000 次以上，在浅充浅放条件下可达几万次。

4）自放电率低。锂离子电池月自放电率仅为 6% ~8%，远低于镍氢电池（15% ~20%）。

5）无记忆性。可以根据要求随时充电，而不会降低电池性能。

6）对环境无污染。锂离子电池中不存在有害物质，是名副其实的“绿色电池”。

7）能够制造成任意形状。

锂离子电池的缺点主要包括：

1）成本高，主要是正极材料 $LiCoO_2$ 的价格高，但按单位瓦时的价格来计算，已经低于镍氢电池，与镍镉电池持平，但高于铅酸电池。

2）必须有特殊的保护电路，以防止过充。

（5）锌空气电池　锌空气电池是以空气中的氧气为正极活性物质，以金属锌为负极活性物质的一种新型化学电源。它是一种半电池半燃料电池。首先，负极活性物质同铅酸电池一样封装在电池内部，具有电池的特点；其次，正极活性物质来自电池外部的空气中所含的氧，理论上有无限容量，这又是燃料电池的典型特征。

锌空气电池具有高比能量（200W · h/kg）、价格低、性能稳定、放电平稳、储存寿命长、清洁安全可靠、无污染等优点，但是其比功率较小（90W/kg），不能存储再生制动的能量，使用寿命较短，不能输出大电流，难以充电。为了弥补它的不足，使用锌空气电池的电动汽车还会装有其它电池以帮助起动和加速。

表 7-2 为几款主流电池的技术参数对比情况。可以看出，锂离子电池具有工作电压高、比能量大、循环寿命长、自放电率低、无记忆效应、无污染等优点，已成为电动车辆厂家的首选。

表 7-2 几款主流电池的技术参数

技术参数	铅酸电池	镍镉电池	镍氢电池	锂离子电池	磷酸铁锂电池
单体电压/V	2	1.2	1.2	3.6~3.7	3.6
电压工作范围/V	1.7~2.2	1.0~1.4	1.0~1.4	3.0~4.2	3.0~3.3
比能量/（W·h/kg）	40	30~50	50~80	100~125	105~140
能量密度/（W·h/L）	70	150	200	240~300	300
循环寿命	400	500	500	1000	1500
高温特性	差	好	差	好	好
低温特性	差	好	好	好	差
自放电率（月）	5%	15%~30%	25%~35%	5%~8%	10%
记忆效应	有	有	有	无	无
环保性	有毒	有毒	略有污染	无毒	无毒
安全性	良好	优秀	好	差	优秀

表 7-3 为各款电池的价格对比及发展趋势。

表 7-3 电池价格对比及发展趋势

电池类别	价格	未来价格	备注（不含 BMS）
镍氢电池	10~13 元/W·h	目前价格的一半或更低	混合动力汽车
锂离子电池	7~9 元/W·h	目前价格的一半或更低	混合动力汽车
锂离子电池	3~5 元/W·h	目前价格的一半或更低	纯电动汽车

7.1.6 电动车辆对动力电池的要求

（1）电动车辆驱动力的主要影响因素　电动车辆（这里指混合动力、纯电动汽车和混合动力轻轨列车）由动力电池组输出电能给驱动电机，驱动电机输出功率，这些功率用于克服电动车辆本身的机械装置的内阻力以及由行驶条件决定的外阻力，以实现能量的转换和车辆驱动。

电动车辆机械传动装置指与驱动电机输出轴有运动学联系的减速齿轮传动器、变速器、传动轴以及主减速器等机械装置。机械传动链中的功率损失主要有：齿轮啮合处的摩擦损失、轴承中的摩擦损失、旋转零件与密封装置之间的摩擦损失以及搅动润滑油的损失等。

电动车辆行驶方程式为

$$F_t = F_f + F_w + F_i + F_j \tag{7-2}$$

式中　F_t——驱动力（N）；

F_f——滚动阻力（N）；

F_w——空气阻力（N）；

F_i——坡度阻力（N）；

F_j——加速阻力（N）。

可见，车辆的驱动力应与其行驶阻力平衡。

电动车辆的滚动阻力为

$$F_f = mf \tag{7-3}$$

式中　m——汽车质量（kg）；

f——滚动阻力系数。

电动车辆的空气阻力为

$$F_w = \frac{C_D A u_a^2}{21.15} \tag{7-4}$$

式中　C_D——空气阻力系数；

A——迎风面积（m^2）；

u_a——电动车辆的行驶速度（m/s）。

电动车辆的坡度阻力为

$$F_i = G\sin\alpha \tag{7-5}$$

式中　α——坡角（°）。

电动车辆的加速阻力为

$$F_j = \delta m \frac{\mathrm{d}u}{\mathrm{d}t} \tag{7-6}$$

式中　δ——电动车辆的旋转质量换算系数；

m——电动车辆的质量（kg）；

$\frac{\mathrm{d}u}{\mathrm{d}t}$——行驶加速度（$m/s^2$）。

（2）电动车辆对动力电池的能量和功率需求

驱动车辆所需要的功率为

$$P_v = u_a(F_f + F_w + F_i + F_j) \tag{7-7}$$

动力电池组所需提供的功率为

$$P_B = P_v / \varepsilon_M \varepsilon_E \tag{7-8}$$

式中　ε_M——电动车辆传动系统机械效率；

ε_E——电动车辆电气部件效率。

纯电动车辆行驶完全依赖动力电池组的能量，动力电池组能量越大，可以实现的续驶里程就越长，但动力电池组的体积和重量也越大。纯电动道路车辆要根据设计目标、道路情况和运行工况的不同来选配动力电池。具体要求归纳如下：

1）动力电池组要有足够的能量和容量，以保证典型的连续放电不超过1C，典型峰值放电一般不超过3C；如果电动车辆上安装了回馈制动装置，则动力电池组必须能够接受高达5C以上的脉冲电流充电。

2）动力电池要能够实现深度放电（如80% DOD）而不影响其使用寿命，在必要时能实现满负荷功率和全放电。

3）需要安装电池管理系统和热管理系统，表显示动力电池组的剩余容量并实现温度控制。

4）由于动力电池组的体积和质量大，因此电池箱的设计、动力电池的空间布置和安装问题都需要根据整车的空间、前后轴荷的配比进行具体的设计。

（3）电动汽车对动力电池的能量和功率需求　与纯电动汽车相比，混合动力电动汽车对动力电池的能量要求有所降低，但也要求其能够根据整车要求实时提供更大的瞬时功率，即要实现“小电池提供大电流”。混合动力电动汽车构型的不同，串联式和并联式混合动力汽车对电池的要求也有差别。

1）串联式混合动力汽车完全由电动机驱动，内燃机-发电机与电池组一起提供电动机需要的电能，电池SOC处于较高的水平，对电池的要求与纯电动汽车相似，但容量要求小，功率特性要求根据整车需求与电池容量确定。**总体而言，动力电池容量越小，对其大功率放电的要求越高。**

2）并联式混合动力汽车的内燃机和电动机可直接给车轮提供驱动力，整车的驾驶需求可以通过不同的动力组合来满足。动力电池的容量可以更小，但是电池组瞬时提供的功率要满足汽车加速或爬坡的要求，电池的最大放电电流有时可能高达20C以上。

在不同构型的混合动力汽车上，由于工作环境、汽车构型、工作模式的复杂性，因此对**混合动力汽车用动力电池**提出统一的要求是比较困难的，但一些**典型和共性的要求可以归纳如下：**

1）动力电池的峰值功率要大，可短时、大功率充放电。

2）循环寿命要长，至少要满足5年以上的电池使用寿命，最佳设计是与电动汽车整车同寿命。

3）电池的SOC应尽可能保持在50%～85%的范围内工作。

4）需要配备电池管理系统，包括热管理系统。

可外接充电式混合动力汽车（PHEV）在应用上期望纯电动汽车工作模式的续驶里程达到40km以上，并且兼具混合动力驱动的功能，因此要求动力电池要兼顾纯电动和混合动力两种模式。同时，由于在应用模式上是在纯电动汽车行驶到电量不足时，启动混合动力驱动工况，因此需要动力电池组在低SOC时也能提供很高的功率。

现有的燃料电池电动汽车由于燃料电池功率密度较低，一般采用与动力电池共同驱动的方式对外输出电能。在燃料电池与动力电池连接方式上也有并联和串联两种形式，在该类车型上对动力电池性能要求与混合动力电动车辆相似。

（4）新能源汽车用动力电池的评价参数　**新能源汽车对动力电池组的要求主要有如下几点。**

1）比能量高。高能量对于电动车辆而言，意味着更长的纯电动续驶里程。作为交通工具，延长续驶里程可有效提升车辆应用的方便性和适用范围。为了提高电动汽车的续驶里程，要求电动汽车上的动力电池组尽可能多地储存能量。但电动汽车又不能太重，其安装电池组的空间也有限，这就要求电池组具有高的比能量。

2）比功率大。为了使电动汽车在加速行驶、爬坡行驶和负载行驶等方面能与燃油汽车竞争，就要求电池组具有高的比功率。长期大电流、高功率放电对于电池组的使用寿命和充放电效率会产生负面影响，甚至影响电池组使用的安全性，因此还需要一定的功率储备，避免让动力电池组在全功率工况下工作。

3）充放电效率高，循环寿命长。电池组中能量的循环必须经过充电——放电——充电

的快速充放电循环过程，高的充放电效率对保证整车效率具有至关重要的作用。要求充电技术成熟，充电时间短，且电池组的循环寿命不低于 1000 次。

4）使用成本低。 除了降低电池组的初始购买成本外，还要提高电池组的使用寿命以延长其更换周期。

5）安全性好。 电池组应不会引起自燃或燃烧，在发生碰撞等事故时，不会对乘员造成伤害。

6）工作温度适应性强。电动车辆应用一般不应受地域的限制。在不同的空间和时间应用，需要电动车辆适应不同的温度，仅以北京地区的车辆应用为例，北京夏季地表温度可达 50℃以上，冬季可低至 -15℃以下，在该温度变化范围内，动力电池应可以正常工作。这就需要动力电池具有良好的温度适应性。在进行动力电池系统设计时，一般都需要设计相应的冷却系统或加热系统来保证动力电池的最佳工作温度，以解决电池的温度适应性问题。

7）可回收性好。 按照动力电池使用寿命的标准定义，电池在其容量衰减到额定容量的 80% 时，确定为动力电池的寿命终结。随着电动车辆的大量应用，必然出现大量废旧动力电池的回收问题。这就要求电池正负极及电解液等材料无毒，对环境无污染，电池内部各种材料可回收再利用。对于动力电池的再利用，还存在梯次利用问题，即将因寿命标准达到额定容量 80% 以下而被淘汰的电池组转移到对电池容量和功率要求相对较低的领域继续应用。

目前，虽然有些电池组的性能参数已经超过了开发目标，但要大规模推广应用还有很多问题需要解决，新能源汽车动力电池普遍存在安全性得不到保障，电池容量满足不了续驶里程的需要，电池循环寿命短，电池质量和尺寸较大，电池价格昂贵等问题，这些问题都有待进一步解决。

动力电池最重要的特点就是高功率和高能量。高功率意味着更大的充放电强度，高能量表示更高的质量比能量和体积比能量。这两个指标的要求其实是矛盾的，为了提高功率也就要提高充放电电流，电池结构要求设计为增大等效的反应面积和减少接触阻抗，要求增大体积和质量，从而导致比能量降低。动力电池系统设计需要按照最优化的整车设计应用指标，表设计电池系统。

2010 年，工业和信息化部颁发了先进动力电池系统的规格和等级：

- **工作温度为 -20 ~ 55℃；**
- **储存和运输温度为 -40 ~ 80℃；**
- **比能量≥90W · h/kg（以电池组总体计）；**
- **最大放电倍率≥5C；**
- **最大充电倍率≥3C；**
- **循环寿命≥2000 次（单体），1200 次（系统）。**

美国能源部（DOE）和新生代汽车联合体（PNGV）对混合动力车用电池的性能要求见表 7-4。

表 7-4　美国能源部（DOE）和新生代汽车联合体（PNGV）对混合动力车用电池的性能要求

性　　能	并联式（最小值）	串联式（最小值）
脉冲放电功率（18s）/kW	25	65
充电脉冲功率(10s)/kW	30	70
总能量/(kW·h)	0.3	3.0
最低效率/(%)	90	95
使用年限	10	10
最大质量/kg	40	65
操作电压范围/V	300~400	300~400
操作温度范围/℃	-40~52	-40~52
最大允许自放电/(kW·h/天)	50	50

7.2　锂电池结构与工作原理

自锂离子电池问世以来，围绕它的研究、开发工作便一直没有中断。由于相比铅酸电池、镍氢电池等其他电池，锂电池在比功率和比能量上有明显的优势，因此它是动力电池的首选。继 20 世纪 90 年代末科研人员开发出锂聚合物电池以来，2002 年又推出了磷酸铁锂动力电池。

7.2.1　锂离子电池的种类与特点

(1) 锂离子电池的种类　根据锂离子电池所用电解质材料不同，可以将其分为液态锂离子电池（Lithium Ion Battery，LIB）和聚合物锂离子电池（Polymer Lithium Ion Battery，LIP）两大类。

液态锂离子电池和聚合物锂离子电池所用的正负极材料都是相同的，工作原理也基本一致。一般正极使用 $LiCoO_2$，负极使用各种碳材料，如石墨，同时使用铝、铜作集流体。表 7-5 进行了两种锂离子电池结构的对比分析。

表 7-5　锂离子电池结构比较

类　型	电　解　质	壳体/包装	隔　膜	电　流　体
液态锂离子电池	液态	不锈钢、铝	25μPE	铜箔和铝箔
聚合物锂离子电池	胶体聚合物	铝/PP 复合膜	没有隔膜或 μPE	铜箔和铝箔

液态锂离子电池与聚合物锂离子电池的主要区别在于电解质的不同，液态锂离子电池使用的是液体电解质，而聚合物锂离子电池则以固体聚合物电解质来代替，这种聚合物可以是“干态”的，也可以是“胶态”的，目前大部分采用聚合物胶体电解质。其中，液态锂离子电池指 Li^+ 嵌入化合物为正、负极的二次电池。正极采用锂化合物 $LiCoO_2$，$LNiO_2$ 或 $LiMn_2O_4$，负极采用锂-碳层间化合物 Li_xC_6。

锂聚合物电池（Li-polymer，又称高分子锂电池），具有能量密度高、小型化、超薄化、轻量化和高安全性等多种明显优势。在形状上，锂聚合物电池具有超薄化特征，可以配合各

种产品的需要，制作成任何形状与容量；在安全性上，其外包装为铝塑包装，有别于液态锂电的金属外壳，内部质量隐患可立即通过外包装变形而显示出来，一旦发生安全问题，它不会爆炸，只会膨胀。

由于聚合物锂离子电池使用了胶体电解质，不会像液体电液那样泄漏，因此装配很容易，使得整体电池很轻、很薄，也不会产生漏液与燃烧爆炸等安全上的问题。它使用铝塑复合薄膜制造电池外壳，可以提高整个电池的比容量。聚合物锂离子电池还可以采用高分子材料做正极材料，其能量密度将会比目前的液态锂离子电池提高 50% 以上。此外，聚合物锂离子电池在工作电压、充放电循环寿命等方面都比液态锂离子电池有所提高。

聚合物锂离子电池主要的构造包括正极、负极与电解质三项要素。在这三种要素中，至少有一项或一项以上使用高分子材料作为主要的电池系统。而目前所开发的聚合物锂离子电池系统，正极及电解质主要采用高分子材料。正极材料包括导电高分子聚合物或一般锂离子电池所采用的无机化合物，电解质则可以使用固态或胶态高分子电解质，或是有机电解液。一般的锂离子电池使用液体或胶体电解液，因此需要坚固的二次包装来容纳可燃的活性成分，这就增加了重量，另外也限制了尺寸的灵活性。而聚合物锂离子电池的工艺中没有多余的电解液，因此它更稳定，也不易因电池的过量充电、碰撞或其他损害以及过量使用而引发危险情况。

新一代的聚合物锂离子电池在形状上可做到薄形化、任意面积化和任意形状化，大大提高了电池造型设计的灵活性，从而可以配合产品需求，做成任何形状与容量的电池，为应用设备开发商在电源解决方案上提供了高度的设计灵活性和适应性，以最大化地优化其产品性能。同时，聚合物锂离子电池的容量、充放电特性、安全性、工作温度范围、循环寿命（超过 500 次）与环保性能等方面都较锂离子电池有了大幅度的提高。

（2）聚合物锂离子电池的优势和劣势　聚合物锂离子电池可分为三类：

1）固体聚合物电解质锂离子电池。电解质为聚合物与盐的混合物，这种电池在常温下的离子电导率低，适于高温使用。

2）凝胶聚合物电解质锂离子电池。即在固体聚合物电解质中加入增塑剂等添加剂，从而提高离子电导率，使电池可在常温下使用。

3）导电聚合物锂离子电池。采用导电聚合物作为正极材料，其比能量是现有锂离子电池的 3 倍，是最新一代的锂离子电池。

聚合物锂离子电池的优势在于：
- 超薄，电池能够组装进信用卡中；
- 质量轻，采用聚合物电解质的电池无须金属壳作为保护外包装；
- 外形灵活，制造商不用局限于标准外形，能够经济地做成合适的尺寸；
- 安全性能提升，过充更稳定，电解液泄漏的几率更低。

聚合物锂离子电池的局限在于：
- 和锂离子电池相比能量密度和循环次数都有下降；
- 制造成本很高；
- 没有标准外形，大多数电池为高容量消费市场而制造，价格/能量比较高。

（3）磷酸铁锂动力电池　磷酸铁锂电池的全名是磷酸铁锂锂离子电池，指正极材料为磷酸铁锂（$LiFePO_4$）的锂离子电池，属于锂离子电池中的新兴产品。与较早应用的 $LiCoO_2$、$LiMnO_4$、$LiNiMO_2$ 等锂电池相比，磷酸铁锂电池在循环寿命和安全性等方面具有明显优势，目前已成为电动汽车行业和轨道交通行业应用较多的电池产品。由于它的性能特别适于作动力方面的应用，因此人们在其名称中加入了“动力”两字，即磷酸铁锂动力电池，也有人把它称为“锂铁动力电池”。

$LiFePO_4$ 在自然界以磷铁锂矿的形式存在，属于橄榄石型结构。$LiFePO_4$ 实际最大放电容量可高达165mA h/g，非常接近其理论容量，工作电压范围为3.2V左右。$LiFePO_4$ 中的强共价键作用使其在充放电过程中能保持晶体结构的高度稳定性，因此它具有比其他正极材料更高的安全性能和更长的循环寿命。另外，$LiFePO_4$ 的原材料来源广泛、价格低廉、无环境污染且比容量高，这使其成为现阶段各国竞相研究的热点之一。

$LiFePO_4$ 正极材料常用的合成方法有高温固相法和水热法。高温固相法工艺简单，易实现产业化，但产物粒径不易控制，形貌也不规则，并且在合成过程中需要惰性气体保护。水热法可以在水热条件下直接合成 $LiFePO_4$，由于氧气在水热体系中的溶解度很小，因此水热合成不再需要惰性气体保护，而且产物的粒径和形貌易于控制。目前 $LiFePO_4$ 正极材料的缺点主要是低电导率问题，有效的改进方法主要有表面包覆碳膜法和掺杂法。

目前，我国国内建设的大型锂离子动力电池生产厂，如杭州万向、苏州星恒、天津力神、深圳沃特玛等，均以磷酸铁锂电池的产业化为主要目标。在国内装车示范的电动汽车中，该类型电池也已经成为主流产品之一。

7.2.2　锂离子电池的结构与工作原理

锂离子电池是分别用二个能可逆地嵌入与脱嵌锂离子的化合物作为正负极构成的二次电池。由于锂离子电池靠锂离子在正负极之间的转移来完成电池充放电工作，因此又被人们形象地称为“摇椅式电池”，俗称“锂电”。图7-2为锂离子电池原理图。图7-3为锂离子充放电过程。

锂离子电池在原理上实际是一种锂离子浓差电池，正、负电极由两种不同的锂离子嵌入化合物组成，通过 Li^+ 在正负极间的往返嵌入和脱嵌形成电池的充电和放电过程。从充放电的可逆性看，锂离子电池反应是一种理想的可逆反应。锂离子电池的电极反应表达式分别为：

正极反应式为

$$LiMO_2 \rightarrow Li_{1-x}MO_2 + xLi^+ + xe \tag{7-9}$$

负极反应式为

$$nC + xLi^+ + xe \rightarrow Li_xC_n \tag{7-10}$$

电池反应式为

$$LiMO_2 + nC \rightarrow Li_{1-x}MO_2 + Li_xC_n \tag{7-11}$$

式中　M——Co、Ni、W、Mn 等金属元素。

锂离子电池的工作原理主要包括以下几点：

1）当电池充电时，锂离子从正极中脱嵌，在负极中嵌入，放电时则相反。这就需要一个电极在组装前处于嵌锂状态，一般选择电位大于3V且在空气中稳定的嵌锂过渡金属氧化物作正极，如 Li_xCoO_2、Li_xNiO_2、$Li_xMn_2O_4$。

2）作为负极的材料则选择电位尽可能接近锂电位的可嵌入锂化合物，如各种锂碳层间化合物 Li_xC_6，包括天然石墨、合成石墨、碳纤维、中间相小球碳素等，以及金属氧化物，包括 S_nO、S_nO_2、$S_nB_xP_yO_z$ 等。

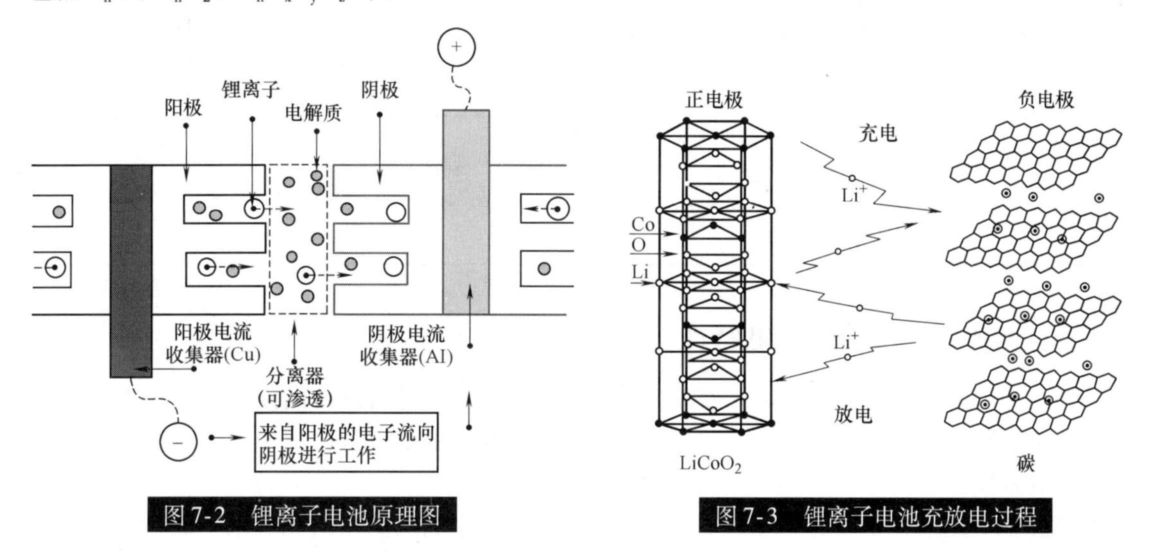

图 7-2　锂离子电池原理图

图 7-3　锂离子电池充放电过程

3）电解质采用 $LiPF_6$ 的乙烯碳酸酯（EC）、丙烯碳酸酯（PC）和低黏度二乙基碳酸酯（DEC）等烷基碳酸酯搭配的混合溶剂体系。

4）充电过程中，Li^+ 正极脱嵌经过电解质嵌入负极，负极处于富锂态，正极处于贫锂态，同时电子的补偿电荷从外电路供给到碳负极，保持负极的电平衡。

5）放电过程则相反，Li^+ 从负极脱嵌，经过电解质嵌入到正极，正极处于富锂态，负极处于贫锂态。放电过程中，负极材料的化学结构基本不变。

6）隔膜采用聚烯微多孔膜，如 PE、PP 或它们的复合膜，尤其是 PP/PE/PP 三层隔膜不仅熔点较低，而且具有较高的抗穿刺强度，起到了热保险的作用。

7）外壳采用钢或铝材料，盖体组件具有防爆断电的功能。

随着移动电子设备的迅速发展和能源需求的不断增大，人们对锂离子电池的需求也越来越大。锂离子电池的容量高，电压适中，来源广泛，且循环寿命长，成本低，性能好，对环境无污染，这使它不仅可以用于移动通信工具，还可以成为现在正迅速发展的电动车辆的动力电源。锂离子电池的使用类别见表 7-6。

表 7-6　锂离子电池的使用类别

电池类型	应用领域	特点	电池性能要求
便携式电器电池（高能量）	小型电器、信息、通信、办公、教学、数字娱乐	电器更新快，2～3 年寿命周期，恒功率工作，对电池倍率性能，工作温度，成本、循环性能要求不高	电池能量密度高于 150W·h/kg，100% DOD200～300 次
储能电池（长寿命）	小型储能电源、UPS、太阳能、燃料电池、风力发电等独立电源系统储能	对电池功率和能量密度要求不高，体积和重量要求相对较低	20 年使用寿命，免维护，性能稳定，价格低，较好的温度特性和较低的自放电率

（续）

电池类型	应用领域	特点	电池性能要求
动力电池（高功率）	各种电动车辆、电动工具、大功率器具	要求高功率密度，安全性，温度特性，低成本，自放电方面有较高的要求	目前水平：800 ~ 1500W/kg，目标水平：2000W/kg 以上
微型电器	无线传感器、微型无人飞机、植入式医疗装置、智能芯片、微型机器人、集成电器	电器维护困难，对稳定性和寿命要求很高	要求寿命长，稳定性好

7.2.3　锂离子电池的充放电特性

锂离子电池充电从安全、可靠及充电效率等方面考虑，通常采用两段式充电方法。第一阶段为恒流限压，第二阶段为恒压限流。锂离子电池充电的最高限压值根据正极材料不同而有一定的差别。

锂离子电池基本充放电电压曲线如图 7-4 所示。图中曲线采用的充放电电流均为 0.3C。**对于不同的锂离子电池，区别主要有两点：**

1）第一阶段恒流值，根据电池正极材料和制造工艺不同，最佳值存在一定的差别。一般采用的电流范围为 0.2 ~ 0.3C；

2）不同锂离子电池在恒流时间上存在很大的差别，恒流可充入容量占总体容量的比例也存在很大差别。从电动汽车实际应用的角度，恒流时间越长，充电时间越短，越有利于应用。

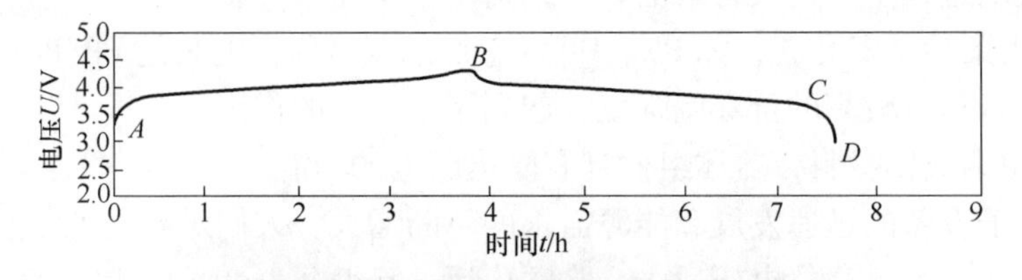

图 7-4　锂离子电池基本充放电电压曲线

锂离子电池放电在中前期电压稳定，下降缓慢，但在放电后期电压下降迅速。在此阶段必须进行有效控制，防止电池过放电，避免对电池造成不可逆性损害。

（1）充电特性的影响因素

1）充电电流对充电特性的影响。在电池允许的充电电流之内，增大充电电流，虽然可恒流充入的容量和能量将减少，但有助于总体充电时间的减少。在实际电池组应用中，可以以锂离子电池允许的最大充电电流充电，达到限压后，进行恒压充电，这样在减少充电时间的基础上，也保证了充电的安全性。但充电电流的增加，也将带来电池内阻能量损耗的增加。

大量试验证明，在充电过程中锂离子电池的内阻变化在 0.4mΩ 之内，电池内阻能耗与充电时间基本呈线性关系，而同充电电流成平方关系。在充电初期，充电电流将是内阻能耗

的主要影响因素，电流大的能耗大；在此之后，充电时间将是内阻能耗大小的主要影响因素，充电时间长的能耗大。对充电过程进行综合考虑，由于充电电流与内阻能耗成平方关系，是影响内阻能耗的主要因素，因此充电电流大的内阻能耗大。在实际电池应用中，应综合考虑充电时间和效率，选择适中的充电电流。

2）放电深度对充电特性的影响。大量试验证明：

① 随放电深度增加和充电所需时间增加，平均每单位容量所需的充电时间减少，即充电时间的增加同放电深度不成正比增加；

② 随放电深度增加和恒流充电时间所占总充电时间比例增加，恒流充电容量占所需充入容量的比重增加；

③ 随放电深度增加，等安时充放电效率降低，但降低幅度不大。

3）充电温度对充电特性的影响。随环境温度降低，电池的可充入容量明显降低，而充电时间明显增加。低温（－25℃）同室温（25℃）相比，相同的充电结束电流，可充入容量和能量降低约 25%～30%。若以 5A 为充电结束标准，则电池仅充入在此温度下可充入容量或能量的 75%～85%。但降低充电结束电流，就意味着充电时间的大幅增加。在冬季低温情况下，电池可充入容量低，因此，为了防止电池过放电，必须降低单次充电电池的可用容量。

（2）放电特性影响因素　在室温情况下对电池充电，在不同温度下放电，对电池可放出的能量的影响大于对电池放电容量的影响。在放出容量占可放出容量 40%～50% 时，单位安时放出的能量最多。在低温情况下，电池的放电电压较低，尤其在放电初期同样的放电电流下，电池电压将出现一个急剧的下降，所以放电能量偏低；在放电中期，放电消耗在电池内阻上的能量使得电池自身的温度升高，锂离子电池活性物质的活性增加，电池电压有所升高，因此可放出的能量增加；在放电后期，电池电压降低，单位时间放出的能量随之降低。

在同一温度，同样的放电终止电压下，不同的放电结束电流，可放出的容量和能量有一定的差别。电流越小，可放出容量和能量越多。如上述放电试验，0.05C 比 0.5C 可放出容量和能量增加约为 5%～7%。

7.2.4　锂离子电池的充放电方法

电池充电通常应该完成三个功能：

- 尽快使电池恢复额定容量，即在恢复电池容量的前提下，充电时间越短越好；
- 消除电池在放电使用过程中引起的不良后果，即修复由于深放电、极化等因素对电池性能的破坏；
- 对电池补充充电，克服电池自放电引起的不良影响。

20 世纪 60 年代中期，美国科学家马斯对开口蓄电池的充电过程做了大量的试验研究，并提出了以最低出气率为前提的蓄电池可接受的充电曲线，如图 7-5 所示。试验表明，如果充电电流按这条曲线变化，就可以大大缩短充电时间，并且对电池的容量和寿命也没有影响。原则上把这条曲线称为铅酸电池的最佳充电曲线。以此为基础，众多研究人员开展了各种电池的最佳充电曲线和方法方面的研究。

(1) 常规充电方法

1) 恒流充电法。恒流充电法是通过调整充电装置输出电压或改变与蓄电池串联电阻的方式使充电电流强度保持不变的充电方法。**该方法控制简单，但蓄电池的可接受电流能力是随着充电过程的进行而逐渐下降的，到充电后期，充电电流多用于电解水，并产生气体，此时电能不能有效转化为化学能，多变为热能消耗掉，因此实际运用中常选用分段电流充电法。**恒流充电曲线如图7-6所示。

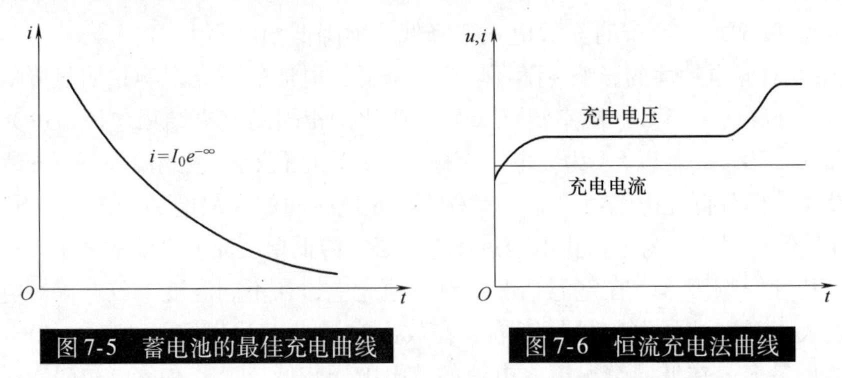

图7-5　蓄电池的最佳充电曲线　　图7-6　恒流充电法曲线

2) 恒压充电法。在蓄电池充电过程中，充电电源电压始终保持一定，叫做恒压充电。

$$I=\frac{U-E}{R} \tag{7-12}$$

式中　U——电池的端电压(V);

E——电池电动势(V);

I——充电电流(A);

R——充电电路中的内阻(Ω)。

由式(7-12)可知，充电开始时，电池电动势小，充电电流很大，对蓄电池的寿命造成很大影响，且容易使蓄电池极板弯曲，导致电池报废；充电中期和后期，由于电池极化作用的影响，正极电位变得更高，负极电位变得更低，电动势增大，充电电流过小，形成长期充电不足，会影响电池的使用寿命。鉴于这种缺点，**恒压充电法在实际运用中很少采用，只有在充电电源的电压低，且工作电流大时才采用。例如，汽车运行过程中，启动蓄电池就是以恒压充电法充电的。**恒压充电法曲线如图7-7所示。

3) 阶段充电法。该方法是多种充电方法的组合，如先恒流后恒压充电法、多段恒流充电法、先恒流再恒压最后恒流充电法等。**常用的为先恒流再恒压充电法，如铅酸电池、锂离子电池就常采用该种方式充电。**

(2) 快速充电法　为最大限度地加快电池的化学反应速度，缩短蓄电池达到充满电状态的时间，同时保证蓄电池正负极板的极化现象尽量减少或减轻，提高蓄电池使用效率，快速充电技术近年来得到了迅速发展。为了使充电曲线尽可能地逼近最佳充电曲线，研究者围绕着最佳充电曲线设计了多种电池的快速充电方法。

1) 脉冲式充电法。脉冲式充电指充电电流或电压以脉冲的形式加在蓄电池两端，如

图 7-8所示。脉冲快速充电法的理论基础是通过在充电电流中叠加一定频率、宽度和高度的负脉冲或短时间的中途停充电，降低蓄电池的浓差极化，允许加大充电电流，缩短充电时间。

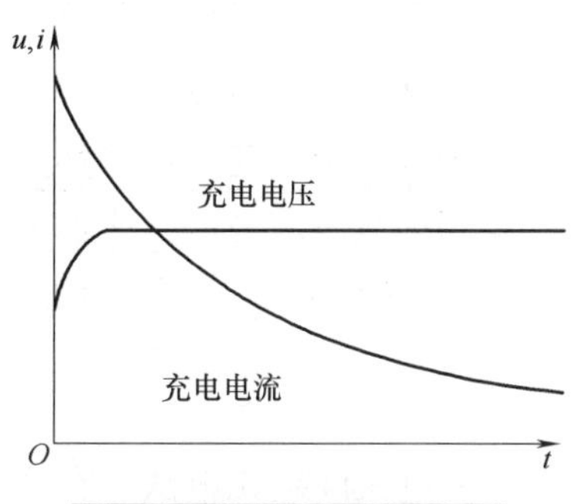

图 7-7　恒压充电法曲线

该方法首先用脉冲电流对电池充电，然后停充一段时间，再用脉冲电流对电池充电，如此循环。充电脉冲使电池充满电量，而间歇期使电池经化学反应产生的氧气和氢气有时间重新化合而被吸收，使浓差极化和欧姆极化自然而然地得到消除，从而减轻了电池的内压，使下一轮的恒流充电能够更加顺利地进行，并使电池可以吸收更多的电量。间歇脉冲使蓄电池有较充分的反应时间，减少了析气量，提高了电池的充电电流接受率。

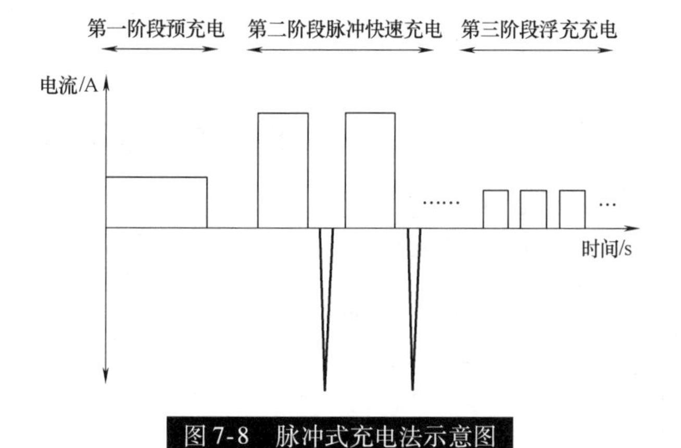

图 7-8　脉冲式充电法示意图

在充电初期，由于极化现象不明显，可以采用额定容量的大电流进行定流充电，使蓄电池在较短时间内充到额定容量的 50% ~60%。当蓄电池单体电压上升到一定的程度，水开始分解并有微量出气时停止充电。停充后，欧姆极化消失，浓差极化也会因扩散而部分消失。为了消除电化学极化的电荷积累，消除极板微孔中形成的气体，并帮助浓差极化进一步消失，停充后应采用放电或反充使蓄电池通过一个与充电方向相反的大电流脉冲，然后再停充（约 10ms）。脉冲深度为充电电流的 0.5 ~2 倍，脉冲宽度为 5 ~30ms。以后的充电过程就一直按正脉冲充电—停充—负脉冲瞬间放电—停充—正脉冲充电这种过程循环，直至充足电为止。这样就可以使极化程度显著减慢，解决快速充电影响蓄电池寿命的问题。

2）变电流间歇充电法。变电流间隙充电法在限定充电电压的条件下，采用变电流间歇方式加大充电电流，达到加快充电过程，缩短时间，充进更多电量的目的，如图 7-9 所示。

这种充电方法建立在恒流充电和脉冲充电的基础上，其特点是将恒流充电段改为限压变电流间歇充电段。充电前期的各段采用变电流间歇充电的方法，保证加大充电电流，获得绝大部分充电量。充电后期采用定电压充电段，获得过充电量，将电池恢复至完全充电状态。通过间歇停充，使电池经化学反应产生的氧气和氢气有时间重新化合而被吸收，使浓差极化和欧姆极化自然而然地得到消除，减轻了蓄电池的内压，使下一轮的恒流充电能够更加顺利地进行，使电池可以吸收更多的电量。

该方法有3个要点：

- **限定充电电压，保证加大充电电流不损害电池；**
- **用间歇分段充电方式加大充电电流值；**
- **为充进尽可能多的电量，应采用逐次减少充电电流值的变电流模式。**

3）变电压间歇充电法。在变电流间歇充电法的基础上又有人提出了变电压间歇充电法，如图7-10所示。变电压间歇充电法以变电流间歇充电法为基础，如图7-10所示。这种充电方法是把变流间歇充电中的变流改为变压，通过间歇停充，使蓄电池的化学反应中产生的氧气有时间被重新化合吸收，从而减轻蓄电池的内压，使蓄电池可以吸收更多的电量。变电压间歇充电法与变电流间歇充电法的不同之处在于，第一阶段不是间歇恒流，而是间歇恒压。

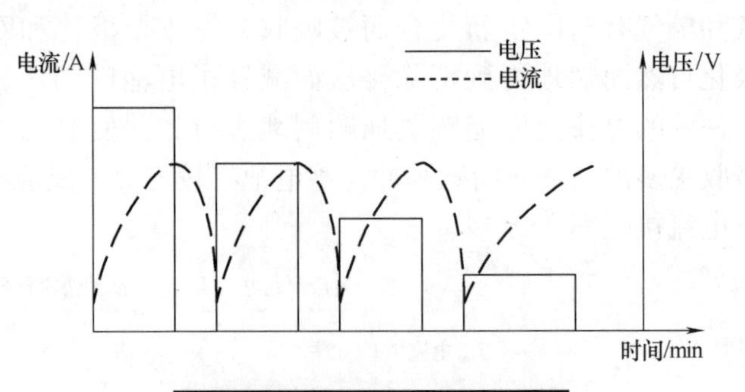

图7-9　变电流间歇充电曲线

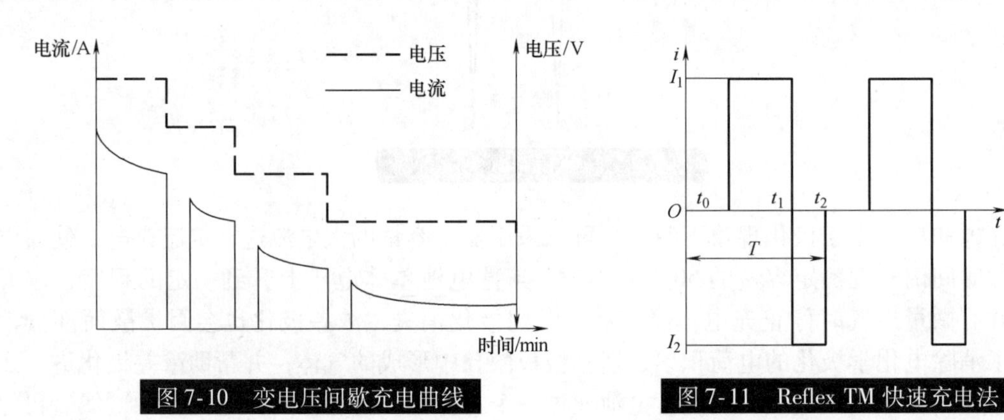

图7-10　变电压间歇充电曲线

图7-11　Reflex TM 快速充电法

比较图7-9和图7-10可以看出，图7-10更加符合最佳充电曲线。在每个恒电压充电阶段，充电电流自然按照指数规律下降，符合电池电流可接受率随着充电过程逐渐下降的特点。

4）Reflex TM 快速充电法。这是美国的一项专利技术，最早主要面对的充电对象是镍镉电池。这种充电方法缓解了镍镉电池的记忆效应问题，并大大降低了蓄电池快速充电的时间。如图7-11所示，Reflex TM 充电法的一个工作周期包括正向充电脉冲、反向瞬间放电脉冲和停充维持三个阶段。与脉冲式充电相比，加入了负脉冲。这种充电方法在其他类型电池上的应用近年来也大量展开，以提高充电速度并羽化充电过程中的极化现象。

5）变电压、变电流波浪式间歇正负零脉冲快速充电法。**变电压、变电流波浪式正负零**

脉冲间歇快速充电法综合了脉冲充电法、变电流间歇充电法、变电压间歇充电法及 Reflex TM 快速充电法的优点。脉冲充电法充电电路的控制一般有两种方式：①脉冲电流的幅值可变，而 PWM（驱动充放电开关管）信号的频率是固定的。②脉冲电流幅值固定不变，PWM 信号的频率可调。

图 7-12 采用了一种不同于这两者的控制模式，脉冲电流幅值和 PWM 信号的频率均固定，PWM 占空比可调，在此基础上加入间歇停充阶段，能够在较短的时间内充进更多的电量，提高蓄电池的充电接受能力。

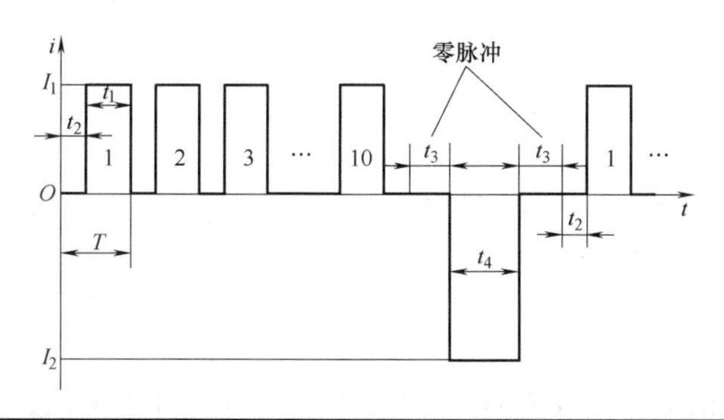

图 7-12　变电压、变电流波浪式间歇正负零脉冲快速充电法

（3）充电控制策略的选择原则　在充电控制策略上，成组电池与单体电池存在较大差异。现多采用电池管理系统与充电机通信的方式，实现根据电池组中电池单体的典型参数进行充电控制。其基本控制思想是在保证电池组安全的前提下，提高电池组的可利用能量。电池单体参数对于保证充电安全极为重要，因此，充电参数控制策略常采用基于极端单体进行充电参数调整的方法，即根据不同的电池类型，关注电池系统中极端单体电池的参数。**锂离子电池电动车辆充电常用参数的优先级原则，由高到低依次为单体最高端电压、单体最高温度、电池组端电压、充电电流，**针对不同的工况，需进行总体充电参数调整，将电池组中的极端参数控制在限定值范围内。

以锂离子电池为例，用限流恒压方法进行充电，在充电过程中，首先检测电池组中电池单体的电压，如发现有电池单体超过设定的最高允许电压（如 4.25V），则应降低总体充电限制电压，以控制单体电池电压上升。同时，间隔一定时间检测电池温度，如发现有电池单体温度超过电池组平均温度 5℃，则应降低充电限制电流，限制电池温度上升率。

在精细化管理和控制的前提下，还可根据电池的充电温度变化对电压上限进行调整。如电池温度在较低范围，则提高充电电压上限以提高电池组的可充电容量，如电池温度在较高的范围内，则降低充电电压上限以保证电池的安全。

7.2.5　锂离子电池的模型

电池建模的意义在于确定电池的环境因素与各特征量之间的数学关系，考虑的对象包括电动势、端电压、工作电流、温度、内阻、SOC 及 SOH 等，找到它们之间的联系对于电池管理系统的开发具有重要的意义。一方面，通过所建立的电池模型，可以对电池在工作中的

各种表现进行估计，并对各种电池管理策略（如能量控制策略、电池均衡策略等）进行仿真，从而通过软件的方法快速检验策略的有效性，这不仅节约了硬件成本，还缩短了验证的周期，节约了开发时间。另一方面，精确的电池模型对于剩余电量（SOC）评估算法具有重要的意义。建立较为精确的外特性模型，对于寻找 SOC 与各种可直接测量的物理量之间的数值联系极为有利，并能通过监测到的外部表现来评估内在的 SOC。

本节所讨论的动力电池模型属于外特性模型。从本质上来说，是要解决电池的伏安特性关系，即能够描述电池在工作过程中所表现出来的电压与电流之间的关系。这种关系既可以利用数值关系来表达，也可以把电池视作一个二端口的网络，而用一个电路网络来反映其伏安关系。从这个意义上来说，可以通过建立一个等效电路来描述动力电池在工作过程中的伏安关系。这种电路遵循 Thevenin 定律，因此也被称作 Thevenin 模型。以下列举几种具有代表性的等效电路模型。

（1）基于电子运动理论的等效电路模型　根据电池内阻和双电层理论，可以建立电池的等效电路模型，如图 7-13 所示。该等效电路模型较好地描述了电池的特点，但忽略了电池在工作过程中两个电极所表现出的不同的电位差（两个电极偏离平衡电位的程度不同）。另外，对于锂离子电池，该等效电路没有很好地表现出电池的回弹电压特性。

（2）PNGV 等效电路模型　PNGV 模型是《FreedomCAR 电池试验手册》中的标准电池性能模型，如图 7-14 所示。该电路模型虽然包括了电极的极化，电池的欧姆电阻等特性，但仍然没有体现电池的电压回弹特性，另外，PNGV 模型中的每个参数都会随电池 SOC 和温度的改变而改变，模型参数的辨识较困难，且不适合实时的 SOC 估算，实用性不强。

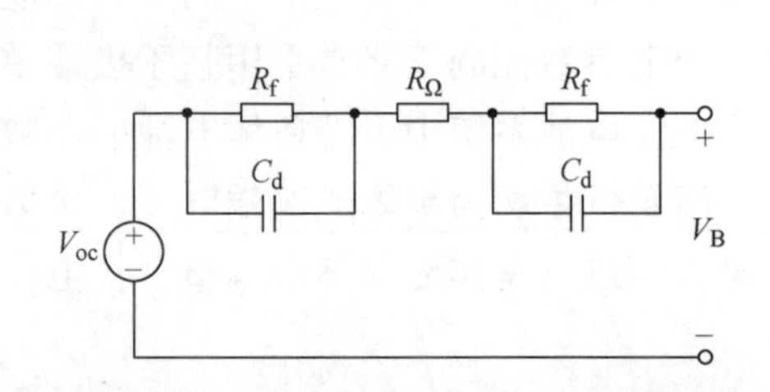

图 7-13　基于电子运动理论的电池等效电路

R_f—电池的极化内阻　R_Ω—电池的欧姆电阻　C_d—双电层电容；R_f 与 C_d 构成的两个 RC 回路代表电池的两个电极系统；R_Ω 代表电池本身存在的欧姆电压降

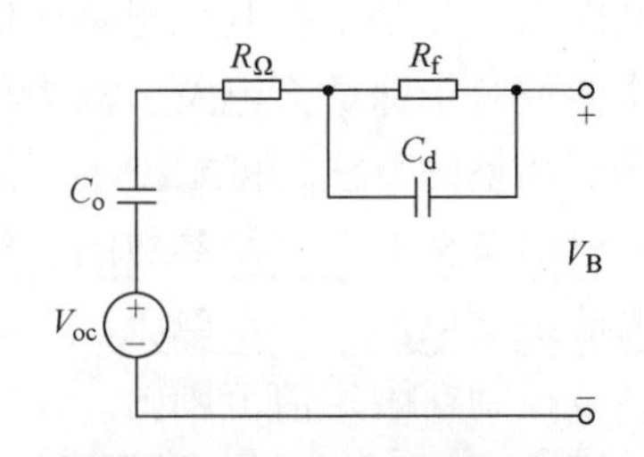

图 7-14　PNGV 等效电路模型

R_f—电池的极化内阻 R_Ω—电池的欧姆电阻　C_d—双电层等效电容　C_o—开路电压随着负载电流的时间累计而产生的变化

（3）带有滞回特性的电路模型　图 7-15 所示为考虑了电池的滞回电压的等效电路模型。该模型在阻容等效电路模型的基础上考虑了电池平衡电势，即用 V_h 表示电池的滞回电压，并作为电池平衡电势的一部分，这样能够比较准确地描述电池的电动势。但是韦伯阻抗参数值的求解，需要用到电池的内阻谱，而内阻谱的测定需要用特定电化学测量方法，而且此种测量方法所需要用到的仪器较难获得，这样就给模型的建立造成了一定的困难。另外，尽管该模型考虑到了电池的滞回电压的影响，但没有直接反映出电池的剩余电量 SOC，需要分析计算等效电路后才能得到电池的 SOC 值。

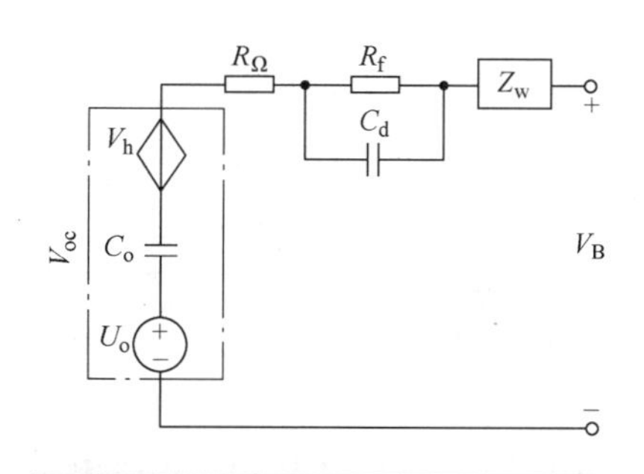

图 7-15　带有滞回特性的电路模型

图中虚线框部分表示电池的平衡电势 R_Ω—电池的欧姆电阻　R_f—电池的极化内阻　C_d—双电层等效电容 Z_w 称为韦伯阻抗，表示电池中带电粒子的扩散行为，为容性阻抗，类似表示电池回弹持性的并联 RC 网络。

综上所述，现有的几种常用电池模型存在以下不足：
- 电压源与 SOC 之间的关系不够明确；
- 有些模型过于简单，不能很好地描述电池的动态特性，如电压回弹特性；
- 某些模型未能反映某些电池的滞回效应。

因此，在针对动力电池建模之前，一定要通过特性测试，充分了解电池的特性，并研究模型参数的确定方法，不能过分强调模型的形式，而要相应地给出一套适合于该模型的参数估计的方法。

7.2.6　锂离子电池的热特性与冷却方法

（1）热特性

1）生热机制。锂离子电池内部产生的热量主要由四部分组成：反应热 Q_r、极化热 Q_p、焦耳热 Q_J 和分解热 Q_s。反应热 Q_r 是由于电池内部的化学反应而产生的热量，这部分热量在充电时为负值，在放电时为正值。极化热 Q_p 指电池在充放电过程中，负载电流通过电极并伴随有电化学反应时，电极发生极化，电池的平均电压与开路电压产生偏差，而产生的热量，这部分热量在充放电的时候均为正值。焦耳热 Q_J 是电池内阻产生的，在充放电的过程中这部分热量均为正值，其中，电池内阻包括电解质的离子内阻（含隔膜和电极）和电子内阻（包括活性物质、集流体、导电极耳以及活性物质与集流体之间的接触电阻），符合欧姆特性。分解热 Q_s 是电池电极自放电导致电极分解产生的热量，这部分热量在充放电的时候都很小，因而可以忽略不计。

反应热 Q_r 在充电时为负值，在放电时为正值，因此，电池在放电过程中的热生成率要大于充电过程中的热生成率，这导致放电时的电池温度比充电时的电池温度高。对于一个完全充满电状态下的锂离子电池，它在可逆放电过程的总反应中呈现了放热效应。更进一步来说，电池的正电极反应表现出较大的放热效应，同时，负电极反应表现出较小的吸热效应，综合正负电极反应热效应，锂离子电池充放电过程总体呈现放热效应。

对于单体电池内部而言，热辐射和热对流的影响很小，热量的传递主要是由热传导决定

的。电池自身吸热的多少是与其材料的比热有关，比热越大，吸热越多，电池的温升越小。如果散热量大于或等于其产生的热量，则电池温度不会升高。如果散热量小于其产生的热量，则热量将会在电池体内产生热积累，使电池温度升高。

基于传热学原理，电池传热问题模型可简化为：在不同边界条件下，单体电池在电化学反应过程中，根据工况以不同的生热速率生热。一部分热量经由电池外壳传到周围的空气中，传导至空气中的热量与单体电池表面的传热系数直接相关，另一部分热量导致单体电池自身加热升温。

2）放电温升特性。图7-16为常温下以0.3C倍率电流充满电，再在常温下分别以0.3C、0.5C和1C倍率放电时，某磷酸铁锂锂离子电池正极耳处的温升曲线，放电截止电压为2.5V。

由图7-16可以看出，电池放电电流越大时，正极耳处的温度上升越快，并且温度极值越高。这说明放电电流越大时，损耗的热能就越多，放电效率也随之降低。0.3C与1C倍率放电峰值温度相差18.9℃，在环境温度不变并且没有采用散热措施的情况下，要减小温度升高的幅度，就必须减少放电电流。因此，在环境温度较高，并且电池以大功率放电的情况下，必须采用散热措施，以避免安全问题。

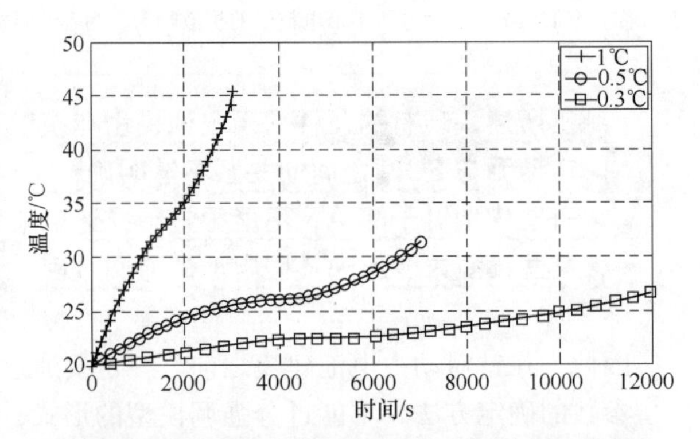

图7-16　不同放电倍率下正极耳处的温升曲线

3）充电温升特性。图7-17所示为在常温下以0.3C倍率电流放电结束后，再在常温下分别以0.3C、0.5C和1C倍率恒流及3.8V恒流限压方式充电时，某磷酸铁锂锂离子电池的正极耳处的温升曲线。

由图7-17可以看出，恒流充电开始阶段，电池正极耳处温升较快，这主要是因为SOC值较小，内阻较大，导致生热速率较大，温升较快。随后，恒流充电后期，温升速率放缓，这主要是因为温度和SOC值上升后，电池内阻值减小，导致生热速率减小，温升放缓。等到恒流充电结束时，电池正极耳温度达到峰值。

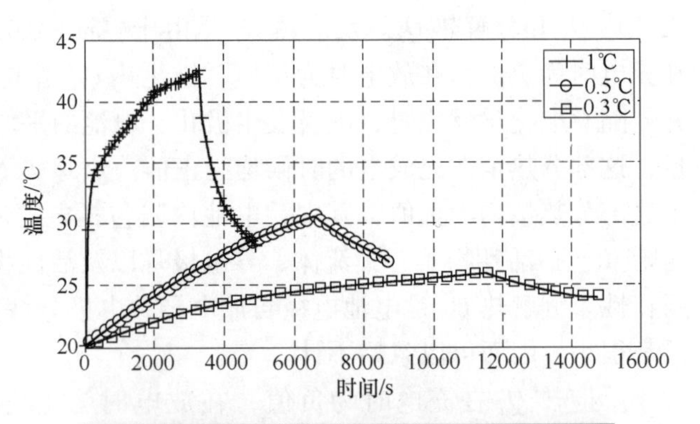

图7-17　不同充电倍率正极耳处的温升曲线

图7-17表明，充电倍率越大，电池温度上升越快，温度峰值也越大。到了恒压阶段，随着电流的下降，电池温度也开始下降，直到电流下降至涓流为止，但电池充电结束时的温度高于充电前。

4）温度对锂离子电池使用性能的影响

① 温度对可用容量比率的影响。正常应用温度范围内，锂离子电池温度越高，工作电

压平台越高，电池的可用容量越多。但长期在高温下工作会导致锂离子电池的容量迅速下降，从而影响电池的使用寿命，并极有可能造成电池热失控。

低温状态锂离子电池放电效率低，主要原因在于：

➢ 电池电解液的电导率增加，导致 Li^+ 传输性能变差；

➢ 负极表面 SEI 膜是锂离子传递过程中的主要阻力，表面膜阻抗 R_{SEI} 大于电解液本体阻抗 R_e，在 -20℃以下的温度范围内，R_{SEI} 随温度的降低骤增，与电池性能恶化相对应；

➢ 脱嵌 Li^+ 容量的不对称性是由 Li^+ 在不同嵌锂态石墨负极中的扩散速度不同引起的，低温时，Li^+ 在石墨负极中的扩散速度慢；

➢ 正极与负极表面的电荷传递阻抗增大；

➢ 正极/电解液界面或负极/电解液界面的阻抗增大；

➢ 电极的表面积、孔径、电极密度，电极与电解液的润湿性及隔膜等均影响着锂离子电池的低温性能。

② 温度对电池内阻的影响。直流内阻是表征动力电池性能和寿命状态的重要指标。电池内阻较小，在许多工况下常常忽略不计，但动力电池处于电流大、深放电的工作状态，内阻引起的压降较大，此时内阻的影响不能忽略。

电池直流内阻一般通过 HPPC（Hybrid Pulse Power Characterization）试验标定。

HPPC 是美国电动汽车动力电池检测手册（FreedomCAR Battery Test Manual）中推荐的复合脉冲功率特性测试工况试验，该试验的主要目的是测试电池工作范围（荷电状态、电压）内的动态功率特性，并根据电压响应曲线确定电池内阻和 SOC 的对应关系。

试验方法及步骤如下：

① 恒流 0.3C，限压 3.8V 将电池充满至额定容量；

② 用 1C 电流放电，放出额定容量 10% 的电量；

③ 静置 1h，以使电池在进行脉冲充放电之前恢复其电化学平衡和热平衡；

④ 进行脉冲测试，先以恒流放电 10s，停 40s，再以恒流充电 10s；

⑤ 重复 2～4 的步骤，直到 90% DOD 处再进行最后的脉冲试验；

⑥ 将电池放电至 100% DOD；

⑦ 静置 1h。其中充放电电流的大小取决于电池额定容量。

电池直流内阻遵循欧姆定律，可引起电池内部压降，并生热消耗放电能量。**试验表明，低温状态下整个放电过程中直流内阻变化量明显，而高温状态下变化量则小得多。但是，放电和充电直流内阻变化的趋势是相同的，均随温度的升高而降低，随 SOC 的增大而减小。**

(2) 冷却方法　冷却方法的选择对热管理系统的性能有很大影响，冷却方法要在设计热管理系统前确定。按照方法介质分类，热管理系统可分为空冷、液冷及相变材料冷却三种方式，其优缺点如表 7-7 所示。

表 7-7　三种冷却方式的优缺点

<table>
<tr><th colspan="2">冷却方法</th><th>优　点</th><th>缺　点</th></tr>
<tr><td colspan="2">空气冷却</td><td>1）结构简单，重量相对较小；
2）没有发生漏液的可能；
3）有害气体产生时能有效通风；
4）成本较低</td><td>空气与电池壁面之间换热系数低，冷却、加热速度慢</td></tr>
<tr><td rowspan="2">液体冷却</td><td>直接接触（矿物油）</td><td rowspan="2">与电池壁面之间换热系数高，冷却、加热速度快，体积较小</td><td rowspan="2">存在漏液的可能，重量相对较大，维修和保养复杂，需要水套、换热器等部件，结构相对复杂</td></tr>
<tr><td>非直接接触（水或冷却液）</td></tr>
<tr><td colspan="2">相变材料冷却</td><td>经济安全，循环利用效率高</td><td>相变材料的应用尚处于试验阶段，暂未应用于电池热管理系统</td></tr>
</table>

液体必须通过水套等换热设施才能对电池进行冷却，这在一定程度上降低了换热效率。电池壁面和流体介质之间的换热率与流体流动的形态、流速、密度和热传导率等因素相关。

相变材料指随温度变化而改变形态并能提供潜热的物质。相变材料由固态变为液态或由液态变成固态的过程称为相变过程。相变材料具有在一定温度范围内改变物理状态的能力，既能使电池在比较恶劣的热环境下有效地降温，又能满足各电池单体间温度分布的均衡，从而达到动力设备的最佳运行条件，延长电池寿命的同时提高动力设备的动力性能。电池热管理系统所采用的相变材料应具有较大的相变潜热，以及理想的相变温度，经济安全，循环利用效率高。

（3）测温点的布置与冷却风机的选择　在设计电池热管理系统时，要使风机种类与功率、温度传感器的数量及测温点的位置互相兼容。

以空冷散热方式为例，设计散热系统时，在保证一定散热效果的前提下，应该尽量减小流动阻力，降低风机噪声和功率消耗，提高整个系统的效率。可以用试验、理论计算和流体力学（CFD）的方法通过估计压降和流量来预测风机的功率消耗。流动阻力小时，可以考虑选用轴向流动风扇；流动阻力大时，则离心式风扇比较适合。试验表明，在环境温度较高的情况下，动力电池组的流动阻力降增大，因此在选择冷却风机的压头时，要留有一定余量。当然，也要考虑到风机占用空间的大小和成本的高低。寻找最优的风机控制策略也是热管理系统的功能之一。

以第六章中设计的电池箱为例，电池箱内部的流动阻力为 600Pa，发热量约为 2kW，此时所选配风机的压头应高于 600Pa，并且选择的流量应保证在较高环境温度下，仍能带走电池箱的发热量，且需留有一定余量。

同时，针对该电源箱的初始方案进行 3C 充放电温升试验，试验持续 2h，充放电循环过程中的平均温度、最高温度、最低温度的试验结果如图 7-18 所示。从图 7-18 可以看出，电池箱内电池组的温度分布极为不均匀，因此需要知道不同条件下电池组的热场分布，以确定

危险的温度点。本试验仅测取了 13 个位置的温度情况，一般测温传感器数量越多，测温越全面，但会增加系统成本和复杂性。根据不同的实际工程背景，理论上利用有限元分析，试验中利用红外热成像或者实时的多点温度监控方法可以分析和测量电池组、电池模块及电池单体的热场分布，决定测温点的个数，找到不同区域合适的测温点。一般的设计应该保证温度传感器不被冷却风吹到，以提高温度测量的准确性和稳定性。在设计电池时，要预留测温传感器的空间，比如可以在适当位置设计合适的孔穴。

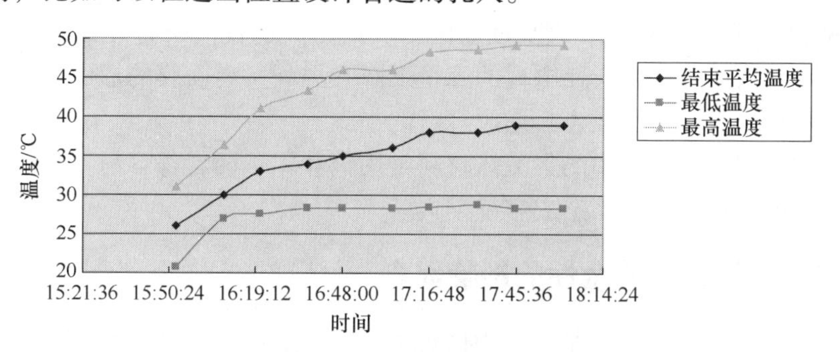

图 7-18　电池箱温升试验数据

7.2.7　锂离子电池的失效机理

失效机理理想的锂离子电池，除了锂离子在正负极之间嵌入和脱出外，不发生其他副反应，不出现锂离子的不可逆消耗。实际上，锂离子电池中每时每刻都有副反应存在，也有活性物质不可逆的消耗，如电解液分解，活性物质溶解，金属锂沉积等，只不过程度不同而已。实际电池系统的每次循环中，任何能够产生或消耗锂离子或电子的副反应，都可能导致电池容量平衡的改变。一旦电池的容量平衡发生改变，便是不可逆的，并且可以通过多次循环进行累积，对电池性能产生严重影响。

造成锂离子电池容量衰退的原因主要有：

（1）正极材料的溶解　以尖晶石 $LiMn_2O_4$ 为例，Mn 的溶解是引起 $LiMn_2O_4$ 可逆容量衰减的主要原因。Mn 的溶解沉积造成正极活性物质减少；溶解的 Mn 游离到负极时会造成负极 SEI 膜的不稳定，被破坏的 SEI 膜再形成时会消耗锂离子，使锂离子减少。Mn 的溶解是尖晶石锂离子电池容量衰减的重要原因，在这一点上，学界已经基本达成共识，但是对于 Mn 的溶解机理仍存在多种不同的解释。

（2）正极材料的相变化　一般认为，锂离子的正常脱嵌反应总是伴随着宿主结构摩尔体积的变化，结构的膨胀与收缩，导致氧八面体偏离球对称性，并成为变形的八面体构型。在 $LiMn_2O_4$ 电池中，J-T 效应所导致的尖晶石结构不可逆转变，也是容量衰减的主要原因之一。在原始材料中加入过量的锂、掺杂 Ni、Co、Al 等阳离子或者 S 等阴离子可以有效地抑制 J-T 效应。

（3）电解液的分解　锂离子电池中常用的电解液主要包括由各种有机碳酸酯（如 PC、EC、DMC、DEC 等）的混合物组成的溶剂，以及由锂盐（如 $LiPF_6$、$LiClO_4$、$LiAsF_6$ 等）组成的电解质。在充电的条件下，电解液对含碳电极具有不稳定性，因此会发生还原反应。电解液的还原反应消耗了电解质及其溶剂，会对电池容量及循环寿命产生不良影响。

(4) **过充电造成的容量损失** 电池在过充电时，会造成负极锂的沉积，电解液的氧化以及正极氧的损失。这些副反应可能消耗了活性物质，也可能产生不溶物质堵塞电极孔隙，还可能使正极氧损失导致高电压区的J-T效应，这些都会导致电池容量衰减。

(5) **自放电** 锂离子电池的自放电所导致的容量损失大部分是可逆的，只有一小部分是不可逆的。造成不可逆自放电的原因主要有：锂离子的损失（形成不可溶的 Li_2CO_3 等物质），电解液氧化产物堵塞电极微孔，造成内阻增大等。

(6) **界面膜（SEI）的形成** 因界面膜的形成而损失的锂离子将导致两极间容量平衡的改变，在最初的几次循环中就会使电池的容量下降。另外，界面膜的形成使部分石墨粒子和整个电极发生隔离而失去活性，也会造成容量的损失。

(7) **集流体** 锂离子电池中的集流体材料常用铜和铝，两者都容易发生腐蚀，集流体的腐蚀会导致电池内阻增加，从而造成容量损失。

7.2.8 锂离子电池使用安全性的影响因素

在热冲击、过充、过放和短路等滥用情况下，锂离子电池内部的活性物质及电解液等组分间将发生化学、电化学反应，产生大量的热量与气体，使电池内部压力升高，积累到一定程度可能导致电池着火，甚至爆炸。其主要影响因素包括：

(1) 材料热稳定性 锂离子电池在一定滥用情况下，如高温、过充、针刺穿透及挤压等，其电极和有机电解液之间会发生强烈作用，如有机电解液的剧烈氧化、还原，或正极分解产生的氧气进一步与有机电解液反应等，这些反应产生的大量热量如不能及时散失到周围环境中，必将导致电池内热失控，最终导致电池燃烧、爆炸。因此，正负电极和有机电解液相互作用的热稳定性是制约锂离子电池安全性的首要因素。

(2) 制造工艺 锂离子电池的制造工艺分为液态和聚合物锂离子电池两种。无论是哪种结构的锂离子电池，电极制造、电池装配等制造过程都会对电池的安全性产生影响。正极和负极混料、涂布、辊压等诸道工序的质量控制，都影响着电池的性能和安全性。浆料的均匀度决定了活性材料在电极上分布的均匀性，从而影响了电池的安全性。浆料细度太大，电池充放电时会出现负极材料膨胀与收缩比较大的情况，可能出现金属锂的析出；浆料细度太小，会导致电池内阻过大。涂布加热温度过低或烘干时间不足会使溶剂残留，粘结剂部分溶解，造成部分活性物质容易剥离；温度过高可能造成粘结剂炭化，活性物质脱落形成电池内短路。

以下为几项提高锂离子电池使用安全性的措施：

(1) **使用安全型锂离子电池电解质** 阻燃电解液是一种功能电解液，这类电解液的阻燃功能通常是通过在常规电解液中加入阻燃添加剂获得的。阻燃电解液是目前解决锂离子电池安全性最经济且有效的措施。

使用固体电解质代替有机液态电解质，能够有效提高锂离子电池的安全性。固体电解质包括聚合物固体电解质和无机固体电解质。聚合物电解质，尤其是凝胶型聚合物电解质的研究近年来取得了很大的进展，目前已经成功用于商品化锂离子电池中。干态聚合物电解质由于不像凝胶型聚合物电解质那样包含液态易燃有机增塑剂，因此具有更好的安全性。无机固体电解质具有更好的安全性，不挥发，不燃烧，不存在漏液问题，同时机械强度高，耐热温度明显高于液体电解质和有机聚合物，进而使电池的工作温度范围扩大。将无机材料制成薄膜，更易于实现锂离子电池小型化，并且这类电池具有超长的储存寿命，能大大拓宽现有锂

离子电池的应用领域。

（2）提高电极材料热稳定性　负极材料热稳定性是由材料结构和充电负极的活性决定的。对于球形碳材料，其中间相碳微球（MCMB）相对于鳞片状石墨，具有较低的比表面积，较高的充放电平台，所以其充电态活性较小，热稳定性相对较好，安全性高。具有尖晶石结构的 $Li_4Ti_5O_{12}$，相对于层状石墨的结构稳定性更好，其充放电平台也高得多，因此热稳定性更好，安全性更高。因此，目前对安全性要求较高的动力电池中通常使用 MCMB 或 $Li_4Ti_5O_{12}$ 代替普通石墨作为负极。关注负极材料的热稳定性除了要关注材料本身之外，对于同种材料，特别对石墨来说，负极与电解液界面的固体电解质界面膜（SEI）的热稳定性也要关注，这也通常被认为是热失控发生的第一步。提高 SEI 膜的热稳定性途径主要有两种：

➢ 负极材料的表面包覆，如在石墨表面包覆无定形碳或金属层；

➢ 在电解液中添加成膜添加剂，在电池活化过程中，它们在电极材料表面形成稳定性较高的 SEI 膜，有利于获得更好的热稳定性。

正极材料和电解液的热反应被认为是热失控发生的主要原因，因此提高正极材料的热稳定性尤为重要。与负极材料一样，正极材料的本质特征决定了其安全特征。$LiFePO_4$ 具有聚阴离子结构，其中的氧原子非常稳定，受热不易释放，因此不会引起电解液的剧烈反应或燃烧；在过渡金属氧化物中，$LiMn_2O_4$ 在充电态下热稳定性较好，所以这种正极材料的相对安全性也较好。此外，也可以通过体相掺杂、表面处理等手段提高正极材料的热稳定性。

7.2.9　磷酸铁锂电池的外特性

磷酸铁锂电池的外特性主要包括电动势特性及超电势特性两个方面。

（1）磷酸铁锂电池的电动势特性　EMF（Electro-Motive Force）指电池的平衡电势，即电池体系处于平衡状态时正负极的电势差，它是电池体系中客观存在的一个物理量。EMF 是电池平衡时的电势，要想直接获得 EMF 值，必须在电池处于平衡状态时测量电池两端的电压。因此，一般采取的方法是间歇充/放电，即将电池充/放电一定时间，再静置足够长时间后测量电池的开路电压，并认为此时的开路电压值为电池的 EMF 值。根据磷酸铁锂电池的特性，其静置时间约为 8h，此时电池基本处于稳定状态。然而，通过此方法获得的平衡电势曲线，其充电与放电曲线之间会存在差异。

图 7-19 为通过实验获得的磷酸铁锂电池充电与放电时的平衡电势曲线。该图表明，磷酸铁锂电池存在滞回电压现象（之所以称为滞回电压，是由于电池的充放电曲线的形态类似磁导体的磁滞回性曲线），这种滞回电压现象不仅仅存在于磷酸铁锂动力电池，镍氢电池以及其他类型的锂离子电池也存在滞回电压现象。滞回电压是由电池本身的电化学特性引起的。

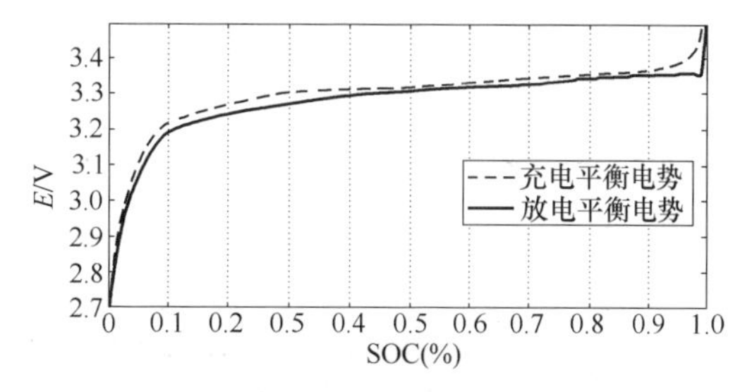

图 7-19　磷酸铁锂电池的充电与放电时的平衡电势曲线

（2）磷酸铁锂电池的超电势特性　当电池

发生电极反应时，电极电势会偏离平衡电势，偏离平衡电势的值即为超电势。电池偏离平衡状态时的外特性表现为电池的等效阻抗与回弹电压。

1）电池的等效阻抗特性。电池在充放电时，放出的能量总会比充进电池的能量少。电池在充放电循环时，会有能量的损耗，并且用损耗的能量计算出的等效阻抗的值基本接近。因此，可以认为电池的内部存在一个等效电阻，它在电池充放电时会消耗一定的能量。

在电池工作过程中，由于电池的组成材料和电池的极化等原因，电流通过电池时会产生一定的电压降，这种现象对外表现为电池的等效内阻。电池内阻主要由欧姆电阻和极化电阻两部分组成。其中，欧姆电阻是电池体系结构特征以及组成电池的材料等产生的电阻，它包括电极、电解质溶液、隔膜等与各部分零部件之间的接触电阻，电极表面氧化膜产生的电阻以及隔膜电阻，各个零部件之间的接触电阻，隔膜电阻与电解质的电阻可以看作常数。在电池没有工作时，流过电极的电流为零，电极上的氧化反应速率和还原反应速率相等，净反应速率为零，电池体系处于动态平衡中；当有电流流过电极时，电池体系不再处于平衡状态，电极的净反应速率也不再为零，电极的电位也会偏离原来平衡时的电位，这种现象即电极的极化。造成电极极化的原因比较复杂，它发生在电极/溶液界面，包括一系列吸附、脱嵌、电荷转移、电化学反应等步骤，这些步骤在电极反应中都是串联完成的，当某个步骤速率最慢，即所受阻力最大时，整个电极极化过程由这个步骤所控制，根据控制步骤的不同，电极极化可分为电化学极化、浓差极化以及电阻极化。

综合电池内阻的电化学机理以及实验测得的外特性曲线，对于一定的电池体系，其极比内阻主要受温度，电池老化程度的影响，在一定的温度范围和循环寿命内，其值可以认为基本不变。

2）电池的回弹电压特性　电池回弹电压的外特性表现，可以通过测量电池由工作状态变为静置后的开路电压来获得。图 7-20 为 20℃环境下同一放电倍率不同 SOC 值处静置后的电池开路电压变化曲线。图 7-20 中所示的各曲线形态基本一致，图中所示的不同 SOC 所对应的电压大小不同，主要是受不同 SOC-EMF 关系影响。

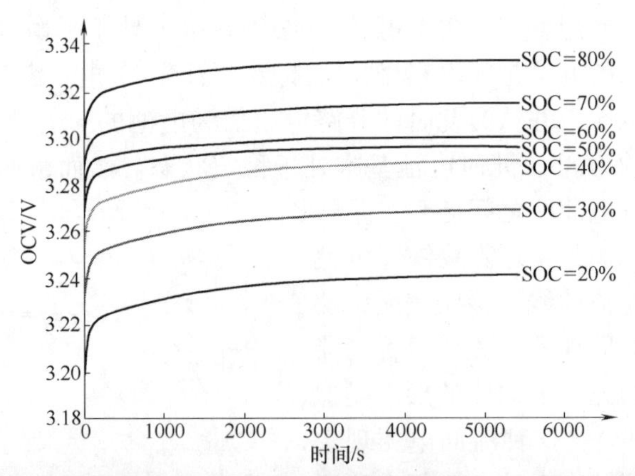

图 7-20　同一放电倍率，不同 SOC 值，放电后静置一段时间的电压曲线

电解液是电池的重要组成部分之一，水的理论分解电压为 1.23V，以水为溶剂的电解液构成的电池中，最高的电池电压也只有 2V 左右（如铅酸电池）。然而，锂离子电池的电压为 3 ~4V，以水为溶剂的电解液不再适用于锂离子电池，因此，锂离子电池的电解液必须采

用非水溶剂的电解液。

电解液的电导率主要与溶剂的介电常数和黏度有关，介电常数越高，自由锂离子数越多，电解液的电导率越高；黏度越低，锂离子的移动速度越快，电解液的电导率也越高。水的介电常数远远高于其他常见的非水溶剂的介电常数，这就导致锂离子电池的电解液电导率只有以水为溶剂的电解液（如铅酸电池、碱性电池的电解液）的电导率的几百分之一。较低的电导率使锂离子电池在较大电流放电时，来不及从电解液中补充和电流相当的锂离子，这就会产生一个电压降，当电池停止放电，流过电池的电流为零时，来不及补充的锂离子会经过扩散和相位转变两个阶段，使电池体系回至平衡状态，对外表现为电池的开路电压先急剧上升后缓慢上升，直至上升到平衡时的电压，即电池的电动势，这种现象即为电池的电压回弹特性。

综上所述，磷酸铁锂电池的超电势所表现出的是既有阻性又有容性的特性，因此，可以用阻容网络来实现电池的超电势特性。

7.2.10　动力电池使用寿命的影响因素

当动力电池单体寿命一定时，动力电池的连接方式，组内单体的块数及其不一致程度使成为影响动力电池组寿命的最主要因素。

（1）电池单体寿命影响因素　动力电池单体在充放电循环使用过程中，由于一些不可避免的副反应的存在，电池可用活性物质会逐步减少，性能逐步退化。其退化程度随着充放电循环次数的增加而加剧，其退化速度与动力电池单体充放电的工作状态和环境有着直接的联系。

影响动力电池单体寿命的因素主要包括充放电速率、充放电深度、环境温度、存储条件、电池维护过程、电流波纹及过充电量和频度等。

1）充电截止电压。动力电池在充电过程中一般都伴随有副反应，提高充电截止电压，甚至超过电池电化学电位后进行充电，一般会加剧副反应的发生，并导致电池使用寿命缩短，还可能导致电池内部短路损坏，甚至着火爆炸。

2）放电深度。深度放电会加速动力电池的衰退。浅充浅放可以有效地提高动力电池的使用寿命。

3）充放电倍率。动力电池单体的充放电倍率是其在使用工况下最直接的外界环境特征参数，其大小直接影响着动力电池单体的衰减速度。充放电倍率越高，动力电池单体的容量衰减越快。动力电池单体大倍率的充放电均会加快其容量的退化速度，如果充放电倍率过大，动力电池单体还可能会出现直接损坏，甚至过热、短路起火等极端现象。

4）环境温度。不同的动力电池均有最佳的工作温度范围，过高或过低的温度都将对电池的使用寿命产生影响。试验表明，在高温下运行的动力电池容量衰减明显大于常温下工作的动力电池。

5）存储条件。在存储过程中，电池的自放电，正负极材料钝化，电解液分解蒸发，电化学副反应等因素，将导致电池产生不可逆的容量损失。以锂离子电池为例，在锂离子电池存储期间，石墨负极的副反应是引起锂离子动力电池容量衰减的主要原因。锂离子电池电极材料与电解液在固液相界面上发生反应后，其负极表面会形成一层电子绝缘且离子可导的固体电解质界面膜。这主要是由于电解液在负极表面的还原分解形成的。这层膜的性质和质量直接影响着电极的充放电性能和安全性。

（2）电池组寿命的影响因素　**电池组寿命的影响因素除了单体电池本身所含因素以外，**

还包括不一致性、成组方式、温区差异和振动环境等。

在电动汽车上，不一致性对电池组寿命的影响有三个方面：

1）电动汽车行驶距离相同，但容量不同，电池的放电深度也不同。在大多数电池还属于浅放电情况时，容量不足的电池已经进入深放电阶段，并且在其他电池深放电时，低容量电池可能已经没有电量可以放出，成为电路中的负载。即容量不一致会导致放电深度的差异。

2）同一种电池都有相同的最佳放电率，容量不同，最佳放电电流就不同。在串联组中，电流相同，因此有的电池在最佳放电电流工作，而有的电池达不到或超过了最佳放电电流。即不一致性导致了工作过程中的放电率差异。

3）在充电过程中，小容量电池将提前充满，为使电池组中其他电池充满，小容量电池必将过充电，充电后期充电电压偏高，甚至超出电池电压最高限，形成安全隐患，影响整个电池组充电过程，且过充电将严重影响电池的使用寿命。

在电动车辆上，电池的安装位置根据布置的需要可能在不同的位置，电池所处的热环境存在差异，如某箱电池可能靠近电动机等热源，而部分电池可能处于通风状况良好的区域。即使是在同一位置的电池，由于通风条件的差异也会导致单体间的温差。应尽量避免电池在同种工况下以不同特性工作。

此外，车辆的振动环境会对电池的机械特性产生影响，如极耳断裂、电解液泄露、电气连接件松动、活性物质脱落等，对电池及电池组的寿命和使用性能都会产生负面影响。

7.3 动力电池管理系统

动力电池应用于小型消费电子产品（如手机）中时，以单体电池的形式存在，而在电动自行车、电动摩托车、纯电动汽车、混合动力汽车、燃料电池汽车中应用时，要求的容量逐渐增大，需要通过串联、并联的方式组成电池组进行充放电。由于单体电池之间存在性能差异，因此在动力和储能电池中，需要有电池管理系统进行充放电的管理、监控和保护，以避免单体电池出现损坏或不一致性，影响整个电池组的性能。

动力电池管理系统（Battery Management System，BMS）是对动力电池组进行安全监控及有效管理，提高动力电池使用效率的装置。其作用包括：

- 实现对电池状态（电池的温度、单体电池电压、工作电流、电池和电池箱之间的绝缘）的在线监测；
- SOC 估算；
- 状态分析（SOC 是否过高，电池温度是否过高或过低，单体电池电压是否超高或超低，电池的温升是否过快，绝缘是否故障，是否过电流，电池的一致性分析，电池组是否存在故障以及是否通信故障等）；
- 电池箱的热管理。

对于电动车辆而言，通过动力电池管理系统对电池组充放电进行有效控制，可以达到增加续驶里程，延长使用寿命，降低运行成本的目的，并能保证动力电池组应用的安全可靠性。动力电池管理系统已成为电动汽车不可缺少的核心部件之一。

7.3.1　动力电池管理系统的基本构成和功能

电池管理系统是集监测、控制与管理为一体的复杂的电气测控系统，也是电动汽车商品化、实用化的关键。电池管理的核心问题就是 SOC 的预估问题，电动汽车电池操作窗 SOC 的合理范围是 30% ~70%，这对保证电池寿命和其整体的能量效率至关重要。电动汽车在运行时，电池的放电和充电均为脉冲工作模式，大的电流脉冲很可能会造成电池过充（超过 80% SOC），深放（小于 20% SOC），甚至过放（小于 0% SOC），因此电动汽车的控制系统一定要对电池的荷电状态敏感，并能够及时做出准确的调整，这样电池能量管理系统才能根据电池容量决定电池的充放电电流，从而实施有效控制。根据各电池单体容量的不同，电池管理系统能识别电池组中各电池间的性能差异，并以此做出均衡充电控制和电池是否损坏的判断，确保电池组的整体性能良好，延长电池组的寿命。

准确和可靠地获得电池 SOC 是电池管理系统最基本和最首要的任务，在此基础上才能对电动汽车的用电进行管理，并防止电池的过充及过放。蓄电池的荷电状态是不能直接得到的，只能通过对电压、电流、电池内阻、温度等电池特性参数的分析来推断。这些参数与 SOC 成复杂的非线性关系。

电池管理系统的主要工作原理可简单归纳为：采集电池状态信息数据后，由电子控制单元（ECU）进行数据处理和分析，然后电池管理系统根据分析结果对系统内的相关功能模块发出控制指令，并向外界传递参数信息。

在功能上，电池能量管理系统主要包括：数据采集、电池状态计算、能量管理、安全管理、热管理、均衡控制、通信功能和人机接口。图 7-21 为电池管理系统功能图。

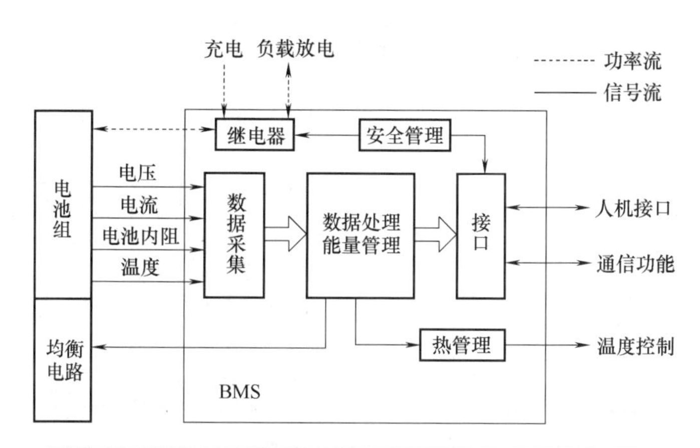

图 7-21　某电动汽车动力电池管理系统的基本功能框图

（1）数据采集　电池管理系统的所有算法都是以采集的动力电池数据作为输入的，采样速率、精度和前置滤波特性是影响电池系统性能的重要指标。电动汽车电池管理系统的采样速率一般要求大于 200Hz（50ms）。

（2）电池状态计算　电池状态计算包括电池组荷电状态（SOC）和电池组健康状态（SOH）两方面。SOC 用来提示动力电池组剩余电量，是计算和估计电动汽车续驶里程的基础。SOH 用来提示电池技术状态、预计可用寿命等健康状态。

（3）能量管理 能量管理主要包括以电流、电压、温度、SOC 和 SOH 为输入进行的充电过程控制，以 SOC、SOH 和温度等参数为条件进行的放电功率控制两个部分。

（4）安全管理 监视电池电压、电流、温度是否超过正常范围，防止电池组过充过放。目前在对电池组进行整组监控的同时，多数电池管理系统已经发展到能对极端单体电池进行过充、过放、过温等安全状态管理。

（5）热管理 热管理系统的功能是通过风扇等冷却系统及热电阻加热装置使电池温度处于正常工作温度范围内。在电池工作温度超高时进行冷却，低于适宜工作温度下限时进行加热，使电池处于适宜的工作温度范围内，并在电池工作过程中总保持电池单体间的温度均衡。对于大功率放电和高温条件下使用的电池，热管理尤为必要。

（6）故障诊断与报警 当蓄电池电量或能量过低需要充电时，及时报警，防止电池过放电而损害电池的使用寿命；当电池组的温度过高，非正常工作时，及时报警，以保证蓄电池正常工作。

（7）均衡控制 电池的一致性差异导致电池组的工作状态由最差电池单体决定，当电池之间有差异时，应该有一定措施进行补偿。在电池组各个电池之间设置均衡电路，实施均衡控制，以保证各单体电池充放电的工作情况尽量一致，提高整体电池组的工作性能。

（8）通信功能 通过总线实现电池参数和信息与车载设备或非车载设备的通信，为充放电控制和整车控制提供数据依据，这是电池管理系统的重要功能之一。根据应用需要，数据交换可采用不同的通信接口，如：模拟信号、PWM 信号、CAN 总线或 I2C 串行接口。

（9）人机接口 根据设计的需要设置显示信息以及控制按键和旋钮等。

某电动汽车动力电池管理系统的基本功能框图如图 7-22 所示。

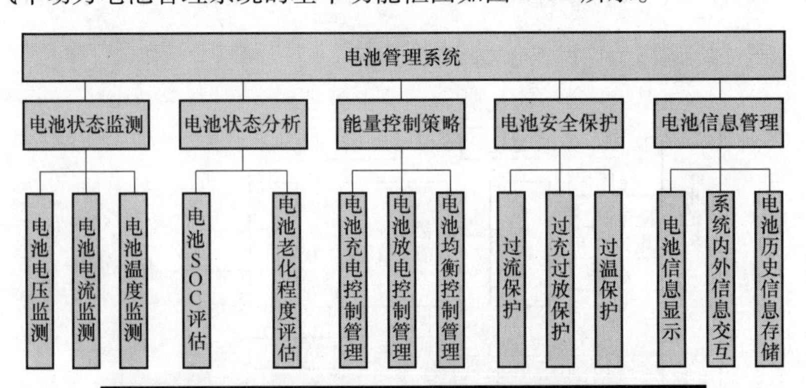

图 7-22 某电动汽车动力电池管理系统的基本功能框图

表 7-8 为动力电池管理系统的基本功能及描述。

表 7-8 动力电池管理系统的基本功能及描述

基本功能		功能描述	备注
电池状态监测	电池电压监测	监测电池电压	
	电池电流监测	监测电池电流	
	电池温度监测	监测电池温度及电池箱环境温度	对电池剩余容量的评估、安全保护等方面具有非常重要的意义

（续）

基本功能		功能描述	备　注
电池状态分析	电池SOC评估	SOC，评估电源箱剩余的电量	可用百分比表示，也可换算为等效时间或等效里程来表示 近年来，在电池管理系统领域超过一半的研究工作是围绕SOC评估进行的
	电池老化程度SOH评估	SOH，评估电池的老化状态	常用百分比表示 SOH受动力电池使用过程中的工作温度、充放电电流的大小等因素影响，需要在使用过程中不断进行评估和更新，以确保驾驶员获得更为准确的信息
能量控制策略	电池充电控制管理	指电池管理系统在电池充电过程中对充电电压、充电电流等参数进行实时的优化控制	优化的目标包括充电时长、充电效率以及充电的饱满程度等
	电池放电控制管理	指在电池放电过程中，根据电池的状态对放电电流进行控制	在动力电池组剩余容量小于10%的状态下，可以适当地限制电池组的最大放电电流，尽管会对汽车的最高速度产生影响，但这有利于延长车辆的续航里程，且有利于延长动力电池组的使用寿命
	电池均衡控制管理	指采取一定的措施尽可能降低电池不一致性的负面影响，以达到优化电池组整体放电效能，延长电池组整体寿命的效果	由于受生产工艺不稳定、使用环境不一致等因素的影响，电池组内的各个单体电池总存在一定程度的不一致性。电池组中只要有一个电池的电压低于放电的门限值，就要对整个电池组进行保护，但此时电池组内其他电池往往还带有一定量的剩余电荷。因此，对电池进行均衡管理有利于把剩余电荷利用起来，从而提高电池组的放电效能
电池安全保护	过流保护	指在充、放电过程中，在工作电流超过安全值时，应该采取的安全保护措施	能量型的磷酸铁锂电池一般都支持0.3～0.5C倍率持续充放电。动力型的磷酸铁锂电池一般都支持1C倍率持续充放电
	过充过放保护	过充保护指在电池的荷电状态为100%的情况下，为防止继续对电池充电造成的电池损坏，而采取的切断电池充电回路的保护措施 过放保护指在电池的荷电状态是0的情况下，防止继续对电池进行放电，造成电池损坏，而采取的切断电池放电回路的保护措施	过充过放保护有一种简单的实现方式，即设定充、放电的截止保护电压。如果检测到的电池电压高于或低于所设定的门限电压值，则及时切断电流回路以保护电池

（续）

基本功能		功能描述	备　注
电池安全保护	过温保护	指当温度超过一定限制值的时候对动力电池采取保护性的措施	过温保护需要考虑环境温度，电池组的温度以及每个单体电池本身的温度。温度的变化需要一个过程，温度控制往往也具有滞后性，因此，温度保护往往要考虑一些“提前量”
电池信息管理	电池信息显示	通过仪表显示电池状态信息	电池状态信息一般包括以下三类： 1）实时电压、电流、温度信息：一般为整个电池组的总电压、总电流、最高电池电压、最低电池电压、最高电池温度、最低电池温度等信息 2）电池剩余电量信息：为驾驶人提供直观的驾驶感受和判断依据 3）告警信息：当电池组存在安全问题或即将发生安全问题的时候，需要及时通过仪表通知驾驶人
	系统内外信息交互	电池管理系统同时具有“内网”和“外网”两级网络。其中，内网用于传递电池管理系统的内部信息；外网用于电池管理系统与整车控制器、电机控制器等其他部件交换信息	外网应该是双工（支持双向通信）的。一方面，电池管理系统需要将电压、电流、温度等信息发送给其他部件；另一方面，整车控制器也需要将“是否有充电机接入”、“是否允许进行充电”等信息发送给电池管理系统
	电池历史信息存储	先进的动力电池管理系统一般会考虑这项功能。信息存储从时效上具有两种方式，即“临时存储”与“永久存储”。其中，临时存储是利用RAM，暂时保存电池信息；永久存储可利用EEROM、Flash Memory等器件来实现，可保存时间跨度较大的历史信息	具有以下几个方面的意义： 1）数据缓冲，提高分析估算的精度。例如，由于存在干扰，实时监测到的电压、电流的数值存在错误，利用历史数据，有助于对可能存在的错误数据进行滤波，以得到更精确的数据 2）有助于电池状态分析。特别是能根据一段时间电池的历史数据，对电池的老化状态等进行评估 3）有助于故障分析与排除。电池历史信息存储功能类似于飞机的黑匣子，当电动汽车发生故障时，可以通过对历史数据的分析发现故障原因，利于故障排除

注：1. 对于电动汽车的动力电池，通常在经过500个周期的深充电、深放电（深充放）循环使用以后，SOH仍可以达到80%以上。许多电池厂家声称2000次深充放以后，SOH仍有80%以上。但这是对于充放电流恒定的单体电池而言的，当前电动汽车上所使用的成组的动力电池，在使用1000次深充放循环以后已有接近20%的衰减了。

2. 大多数磷酸铁锂动力电池都支持短时间的过载放电，能在汽车起步、提速过程中提供较大的电流以满足动力性能的要求。但不同厂家、不同型号的动力电池所支持的过载电流倍率、过载持续时间都是不一致的。例如，某型号的动力电池支持不超过1min的5C过载电流，这正是电池管理系统的过流保护功能所必须考虑的。

3. 制动能量回收也是能量控制管理的重要内容之一。例如，在某些混合动力汽车中，需要通过充放电控制管理把电池的荷电状态维持在60%～80%，以腾出足够的电荷容量空间接收制动回收的能量。这样做的另外一个考虑就是使电池工作在等效内阻较小的一个区间，从而使充放电的效率更高。

4. 以上五大类功能只是电池管理系统的基本功能。根据用户需求和车辆设计要求，设计者还可以加入单独的“热管理与控制”、“通信失效识别”、“故障诊断与处理”、“漏电检测与防护”等功能，提升电源箱的安全可靠性。

7.3.2　动力电池管理系统的设计

随着动力电池市场的高速扩张，电池管理系统的需求也将快速扩大。目前，国内外电池管理系统已进入实际应用阶段，但研究还不够成熟，性能还不够理想。动力电池和电池管理系统性能的不足，是电动汽车发展亟待突破的瓶颈，也是最核心的技术之一，它直接决定新能源汽车的推广速度。

电池管理系统的硬件电路通常可被分为两个功能模块，即电池监测回路（Battery Monitoring Circuit，简称 BMC）和电池组控制单元（Battery Control Unit，简称 BCU）。

（1）BMC 与各个单元电池之间的拓扑关系 BMC 与各个单元电池之间的拓扑关系包括 1 个 BMC 对应 1 个单元电池（如图 7-23a 所示）和 1 个 BMC 对应多个单元电池（如图 7-23b 所示）两种。

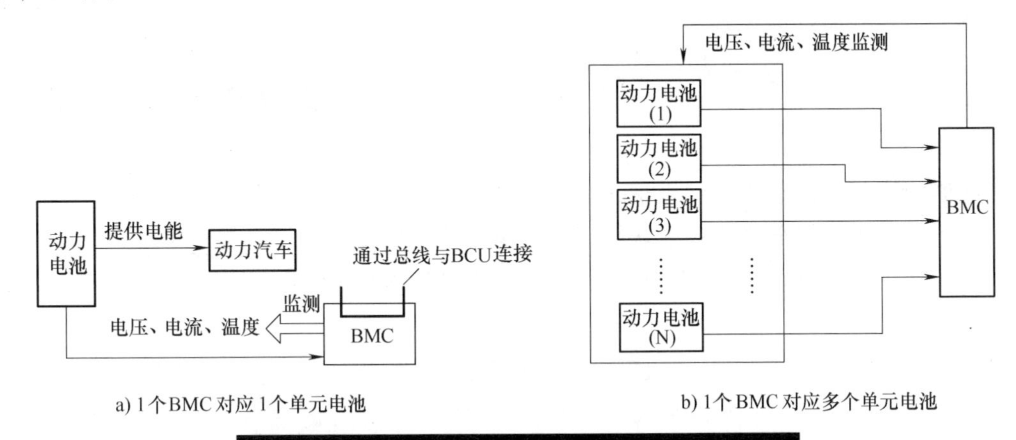

a) 1个BMC对应1个单元电池　　b) 1个BMC对应多个单元电池

图 7-23　BMC 与各个单元电池之间的两种拓扑关系

两种拓扑关系的优劣对比如表 7-9 所示。

表 7-9　两种拓扑关系的优劣对比

BMC 与单元电池间的拓扑关系	优　点	缺　点
1 个 BMC 对应 1 个单元电池	BMC 与单元电池的距离较短，在一定程度上能减少采集线路的长度及复杂度，采集精度高，抗干扰性好	电路板的相对成本较高； 同时，电池管理系统的工作电源往往由被监控的动力电池所提供，因此可能使得整个电池管理系统的能耗相对更大
1 个 BMC 对应多个单元电池	电路板由多个动力电池共享，平均成本较低	由于采集线路较长，可能导致连线的复杂度较高，抗干扰性相对较差。同时较长的采集线路有可能降低电压采集的精度，并且线材成本的增加也会导致这种结构的实际成本增加

（2）BCU 与 BMC 之间的拓扑关系 BCU 与 BMC 之间的拓扑关系有以下三种。

1）BCU 与 BMC 共板。在某些电动汽车的电源管理系统中，由于动力电池的个数较少，电池管理系统的规模相对较小，BCU 与 BMC 可以设计在同一块电路板上，对车上的所有动力电池进行统一管理。在某种特殊的情况下，BCU 和 BMC 的功能甚至可以合并到同一块集成电路芯片中完成。采用这种拓扑结构的电池管理系统相对成本较低，但不适用于电池数量较多、规模较大的电动汽车。

2）星型连接方式。相对于 BCU 与 BMC 共板的结构，其他的拓扑关系都属于 BMC 与 BCU 分离的方式，必然需要解决 BMC 与 BCU 之间的相互通信问题。一般地，其相互通信都会采用特定的通信协议来进行。然而，通信总线的物理连接可以采用不同的拓扑结构组合。

星型连接方式如图 7-24 所示。星型的连接方式从外观上来看，BCU 位于中央位置，而每一个 BMC 模块均以线束与之相连，通常 BCU 中还带有一个总线集中模块，使得多个 BMC 能共享通信信道。**星型连接方式的优点是：**

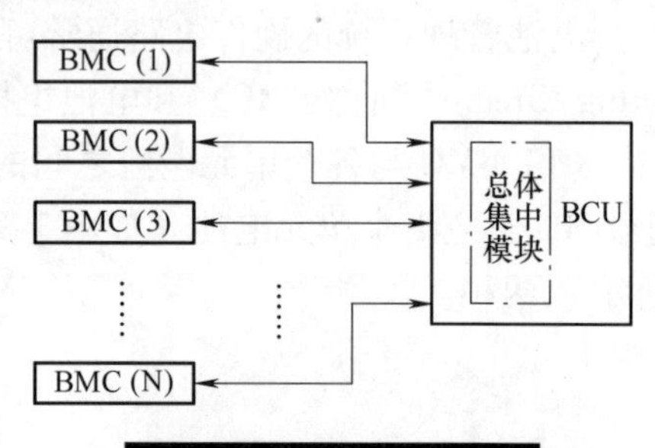

图 7-24　星型连接方式

- **便于进行介质访问控制；**
- **某个 BMC 的退出或者故障不会对其他 BMC 的通信造成影响。**

这种连接方式的缺点在于：

- **通信线路的长度较长，难维护；**
- **可扩展性差，受总线集中模块端口的限制，不能够随意地增加多个 BMC 单元。**

3）总线型连接方式。图 7-25 为 BCU 与 BMC 的总线型连接方式。

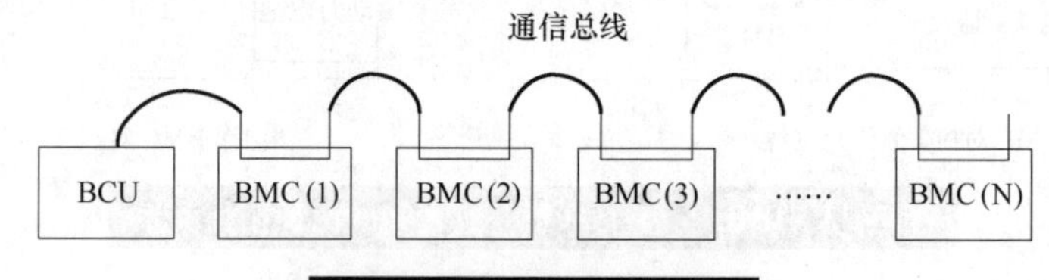

图 7-25　总线型连接方式

从图 7-25 中可见，每块电路板都是通信总线的一部分，与**前面的星型连接相比，用于通信信道的线材开销相对较少，连接方式更为灵活，可扩展性强**。若电池组内需要增加电池及相应的 BMC 数量，只需要增加一小段通信线材即可；反之，若某一个 BMC 需要退出整个系统，则只需要把相邻的通信线路稍作延长即可。

总线型的连接方式最突出的缺点就是通信线路的相互依赖性，即第 N 块电路板要与 BCU 通信，需要利用前面 N-1 块板，若其中某一块电路板出故障，则后续的 BMC 与 BCU 之间的通信会立即受到影响。

值得一提的是，无论采用星型或是总线型的物理连接方式，都指的是其拓扑形式，而从通信网络的角度看，两种方式都存在“介质访问竞争”，BCU 与 BMC 之间常用总线通信协议进行信息交互，需要进行隔离设计。

7.3.3　动力电池状态监测的相关问题

（1）精度　从理论研究的角度而言，采集精度自然是越高越好的，然而，在工程实践中，情况并非如此。一方面，精度高的器件往往对应着较高的成本，不利于产业化。另一方面，采集精度越高，对应的时延也越大，将会影响电池电压监测的实时性与同步性。由此看

来，电压采集的精度并非越高越好的。

1）电池电压采集的精度问题。电池电压采集的精度需求，往往是与电压数据的服务对象相关的，也就是说，要看所采集到的电压数据是用来做什么的。如果电压数据用于过压保护，则对电压采样的精度要求相对较低。因为磷酸铁锂电池的电压平台区在3.2～3.3V附近，而高压保护门限在3.6V以上。如果电压数据用于显示，则精度要求也不高，因为“3.32V”和“3.33V”的差别对于驾驶人而言并不是太大。在电池管理系统的各种功能中，对电压采集精度要求较高的是SOC估算环节。

一般地，电池的SOC与其电动势（近似可以理解为开路电压）之间存在着对应关系，可以根据电池的开路电压求得电池的SOC值。那么，在这种情况下，对电压采集精度的要求就可以转化为对SOC估算精度的要求。以某款电池为例，△SOC＝5%所对应的最小电动势差值为△EMF＝0.0019V。由此可见，若系统要求SOC的评估误差小于5%，则电压监测的误差应小于0.0019 V，即大约2mV。在确定了电压采集的精度指标以后，就需要选择合适的电压采集方式和模/数转换器来实现。

2）电池电流采集的精度问题。相对于电压、温度等其他物理量，电流监测具有以下特点：

➢ 电流的采样通道少。在动力电池组中，由于电池个数多，电压和温度采样点较多；而多个动力电池往往串联使用，各电池的工作电流相同，基本上只需要对串联后的总电流进行监测，因此采样通道较少。

➢ 电流的采样频率高。电流的采样频率对于剩余电量的评估精度及系统安全性有着重要的影响。

可以从以下三个方面来确定电流监测的精度指标。

① 从安全性的角度考虑。尽管安全性对整个电池管理系统而言非常重要，但是，它对电流监测的精度要求并不高：一般而言，为了保证电动汽车的安全，电池管理系统对充、放电电流设置门限，通过启动过流保护措施进行防护。一般设定的保护门限值要高于放电电流正常工作电流的最大值，因此即使电流监测存在一定的误差，也不会对过流保护功能造成过大的影响。

② 从仪表显示的角度考虑。在电动汽车运动过程中，其工作电流通常较大，因此仪表显示的电流数值允许有较大的误差。但在电动汽车驻车状态下，仪表所显示的误差应控制好，以免对驾驶人造成误导。

③ 从剩余电量评估的需求角度考虑。从剩余电量评估的需求角度所考虑的电流监测精度需要侧重于考虑其相对误差。可以这样认为，在电流采样频率足够高（满足奈奎斯特采样定理）的前提下，利用电流积分法（也称电荷累积法或者CC法）来评估剩余电量的精度直接取决于电流监测的精度。例如，在过去的1h内，电流监测的平均相对误差为5%。那么，利用电流积分所估算的在过去1h内所消耗的电量的误差也是5%。若电流监测存在系统误差，即固定地偏大或者偏小，那么，所估算的电量消耗值也会相应地偏大或者偏小。

3）温度采集的精度问题。温度测量的误差也将直接影响剩余电量评估的准确度，但1～2℃的误差所造成的影响基本很小，而且不会随着时间的推移产生累积误差。从安全保护的角度来看，温度监测的误差基本不会造成严重的影响，因此动力电池管理系统对温度监测误差的容忍程度是很高的。

（2）时延问题　在电池状态监测的问题上，状态信息的采集环节，信息的传递环节，信息的处理环节总会或多或少地存在着时延，因此“实时”是相对而言的。

造成状态信息时延的因素主要包括电池监测回路（BMC）的信息采集环节，通信网络的信息传递环节，以及负责总体决策的电池控制单元（BCU）的信息处理环节。

1）BMC 造成的时延。BMC 是与所采集的物理量最接近的芯片及其辅助电路，根据不同的应用场合，前端芯片可以是单片机、模/数转换器以及某些专为电池管理系统而设计的芯片，它们负责把电池电压等模拟信号转成数字信息，造成时延的主要原因也就是模/数转换所需要的时间。通常对一个信号进行 8bit 的模/数转换大概需要 100μs 的时间，随着转换位数的增大，电压采集的时延随之增大。

2）通信网络造成的时延。如果电池管理系统中采用了总线网络来传递信息，则通信的控制方式以及通信波特率的设置等因素将造成通信网络的时延。如果通信总线里面还有其他的节点，则总线竞争造成的时延将会更大。

3）BCU 造成的时延。BCU 内含有在电池管理系统中执行最高决策的芯片，包括安全管理、能量管理、均衡管理等功能均由主芯片负责实施。但在实际应用中，由于电池数量较多，位置分散，甚至需要分级管理，因此 BCU 与 BMC 之间存在协调问题，这便会造成时延。

在电池状态监测的过程中，解决非实时与非同步问题的思路可以从必要性和可行性两个方面着手。首先，就必要性而言，就是要根据不同应用场合的需求，分析信息延迟的可容忍范围，明确对状态数据监测的实时性、同步性的要求，确定设计指标。然后，从可行性而言，就是根据设计指标的要求，综合成本、可靠性等因素来选择合适的拓扑结构、核心器件、网络参数等，进而得到一个合理的解决方案。比如，我们可以通过分析状态信号的特征，选择采样频率；也可以根据不同需求，对电流、电压、温度等不同的指标设定不同的采样频率。

（3）隔离问题　对于多电池检测的电路，必须考虑通信隔离问题，原因在于两个方面：首先，检测电路由动力电池的局部供电，各个局部之间串接而非共地，但通信总线一般要求共地接法，因此存在矛盾；其次，检测电路与动力电池相连，而动力电池在工作过程中电压非恒定，若直接与通信总线连接，将会对通信线路形成干扰。

目前，通信隔离的常用手段是光隔离，也就是两个电路在线路连接上断开，只用光耦合器把信息从一个电路耦合到另外一个电路上。当然，为了实现双工通信，一般需要为每个通信单元配置两个光耦合器。随着技术的发展，解决通信隔离问题的手段也越来越丰富多样。有些单片机芯片有自带的 CAN 总线控制模块或支持其他总线协议的通信控制模块，甚至自带有光隔离模块。而且，除光隔离以外，还有其他多种方式来实现通信隔离。

7.4　动力电池的特性测试

动力电池测试是电池研制、出厂检测、产品评估等的必要手段。从保证交通工具必要的性能和安全性角度出发，汽车行业管理部门针对动力电池、动力电池组甚至动力电池系统的测试制订了详细的测试规程和检验标准。**虽然电动汽车产业尚处于初级阶段，标准也会随着应用的推进而逐步完善，但性能和安全性测试的基本方法和要求应该相对稳定。**

7.4.1 动力电池特性测试的内容

从车辆实际应用角度出发，应用于电动汽车的动力电池需要以动力电池组作为测试对象，进行适合于车用的一系列测试。化学电源的电化学基本性能包括容量、电压、内阻、自放电、存储性能、高低温性能等，动力电池作为典型的二次化学电源还包括充放电性能、循环性能、内压等。

因此，对于动力电池单体而言，主要性能测试内容包括：充电性能测试、放电性能测试、放电容量及倍率性能测试、高低温性能测试、能量和比能量测试、功率和比功率测试、存储性能及自放电测试、寿命测试、内阻测试、内压测试和安全性测试等。

动力电池的特性测试，一般包括以下内容：

（1）实际容量测试　实际容量指电池实际能放出电荷的量。电池生产厂家在产品出厂时提供了电池的额定容量，这一容量是根据有关标准以特定的放电倍率在特定的温度条件下测得的。电池容量的测试方法有恒流放电、恒阻放电、恒压放电、恒压恒流放电、连续放电和间歇放电等。根据放电的时间和电流的大小可以计算电池的容量。在进行电池管理系统开发之前，应当选取电池样品，测量其在不同温度及不同放电倍率下的实际容量，从而使BMS中的SOC估算算法能在不同工况、不同环境温度下适用。不仅如此，这一特性测试，对于电池的均衡管理和充放电能量控制等其他方面，都有非常重要的意义。

实际容量测试一般又包括以下测试内容：

1）静态容量检测。该测试的主要目的是确定车辆在实际使用时，动力电池组是否具有充足的电量和能量，以便其在各种预定放电倍率和温度下正常工作。主要的试验方法为恒温条件下恒流放电测试，放电终止以动力电池组电压降低到设定值或动力电池组内的单体一致性（电压差）达到设定的数值为准。

2）动态容量检测。电动汽车行驶过程中，动力电池的使用温度、放电倍率都是动态变化的。该测试主要检测动力电池组在动态放电条件下的能力。其主要表现为不同温度和不同放电倍率下的能量和容量。其主要测试方法为采用设定的变电流工况或实际采集的车辆应用电流变化曲线，进行动力电池组的放电性能测试，试验终止条件根据试验工况以及动力电池的特性进行调整，基本也是以电压降低到一定数值为标准。该方法可以更加直接和准确地反应电动汽车的实际应用需求。

3）静置试验。该测试的目的是检测动力电池组在一段时间未使用后的容量损失，用来模拟电动汽车在一段时间没有行驶后的电池开路静置情况。静置试验也称自放电及存储性能测试，它指在开路状态下，电池存储的电量在一定条件下的保持能力。

（2）充放电效率测试　充放电效率指从能量的角度，动力电池所能有效放出的能量与充入能量的比例。在不同温度、不同放电倍率的前提下，这一指标有所区别，应该分别进行测试。

快速充电能力测试是充放电效率测试的一项重要内容。其目的是通过对动力电池组进行高倍率充电来检测电池的快速充电能力，并考察其效率、发热情况及对其他性能的影响。对于快速充电，美国先进电池联盟的目标是15min内将电池的SOC从40%恢复到80%。目前，日本CHADeMO协会制定的标准要求电动汽车动力电池组充电10min左右可保证车辆行驶50km，充电时间超过30min可保证车辆行驶100km。

（3）放电倍率特性测试　指测试一个动力电池在正常工作中，所能放出的最大电流的特性。电池所能放出的最大电流与工作环境温度及电池的剩余容量相关。一般来说，环境温度越高，电池内的物质的活性越大，最大放电电流越大；同样，若电池的剩余电荷越多，其所能放出的最大电流也越大。这一特性测试，对于电池的安全保护功能及充放电能量控制具有重要的意义。常用的电流检测方式有分流器、互感器、霍尔元件电流传感器和光纤传感器等四种，各种方法的特点如表7-10所示。

表7-10　各种电流检测方式的特点

项　　目	分　流　器	互　感　器	霍尔元件电流传感器	光纤传感器
插入损耗	有	无	无	无
布置形式	需插入主电路	开孔、导线传入	开孔、导线传入	—
测量对象	直流、交流、脉冲	交流	直流、交流、脉冲	直流、交流
电气隔离	无隔离	隔离	隔离	隔离
使用方便性	小信号放大、需隔离处理	使用较简单	使用简单	—
适用场合	小电流、控制测量	交流测量、电网监控	控制测量	高压测量，电力系统常用
价格	较低	低	较高	高
普及程度	普及	普及	较普及	未普及

其中，光纤传感器昂贵的价格影响了其在控制领域的应用；分流器成本低、频响应好，但使用麻烦，必须接入电流回路；互感器只能用于交流测量；霍尔传感器性能好，使用方便。**目前在电动车辆动力电池管理系统电流采集与监测方面应用较多的是分流器和霍尔传感器。**

（4）电池内阻、内压的测试　电池内阻指电池在工作时，电流流过电池内部所受到的阻力，一般分为交流内阻和直流内阻。由于充电电池内阻很小，测直流内阻时电极容易极化，产生极化内阻，故无法测出其真实值；而测交流内阻可免除极化内阻的影响，得出真实的内阻值。

交流内阻测试方法是利用电池等效于一个有源电阻的特点，使频率1000Hz的50mA恒定电流流过该电阻，对其进行电压采样、整流、滤波等一系列处理，从而精确地测量其阻值，可用专门的内阻仪来测试。

电池的内压是充放电过程中产生的气体所形成的压力，主要受电池材料、制造工艺、结构、使用方法等因素影响。一般电池内压总能维持在正常水平，在过充或过放情况下，电池内压有可能会升高。例如，过充电时正极产生的氧气透过隔膜纸与负极复合，如果负极反应的速度低于正极反应的速度，产生的氧气来不及被消耗掉，就会造成电池内压升高。

（5）起动功率测试　电动车辆起动功率较大，为了适应不同温度条件下的汽车起动需要，就要对动力电池组进行低温（-18℃）起动功率和高温（50℃）起动功率测试。该项测试除了在设定温度下进行以外，为了确定电池在不同荷电状态的放电能力，还要将SOC

设定在不同值，以检测不同 SOC 值时电动车辆的起动加速度等能力。

（6）电池寿命的测试　电池的循环寿命指在一定的充放电制度下，电池容量降至某一规定值之前，电池所能承受的循环次数。电池的循环寿命直接影响电池的使用经济性。影响蓄电池循环寿命的因素有电极材料、电解液、隔膜、制造工艺、充放电制度、环境温度等，在进行寿命测试时，要严格控制测试条件。

电池寿命测试采用的主要测试方法是在一定的条件下进行充放电循环，然后检测电池容量的衰减，当电池容量低于额定容量的 80%（不同的电池有不同的规定，锂离子电池是 80%）时终止实验，此时的循环次数就是电池的循环寿命。由于动力电池的寿命测试周期比较长，一般试验下来需要数月甚至一年的时间，因此，在实际操作中，经常采用确定测试循环数量，测定容量衰减情况，并据此数据进行线性外推的方法进行测试。在研究领域，为了缩短动力电池的寿命测试时间，也在致力于通过增加测试的温度、充放电倍率等加速电池老化的方式进行动力电池及动力电池组寿命测试。

对于不同类型的电池，循环寿命的测试规定是不同的。具体可参考相应国家标准或国际电工委员会（IEC）制订的标准。电池的寿命也可以用专用的电池循环寿命检测设备来测试。

（7）自放电及储存性能的测试　电池的储存性能指电池开路时，在一定的温度、湿度等条件下储存时，容量下降率的大小，它是衡量电池综合性能稳定程度的一个重要参数。电池储存一定时间后，允许其容量及内阻有一定程度的变化。经过了一段时间的储存，可以让内部各成分的电化学性能稳定下来，可以了解该电池的自放电性能，以保证电池的品质。

自放电又称荷电保持能力，指在开路状态下，电池储存的电量在一定环境条件下的保持能力。一般而言，自放电主要受制造工艺、材料、储存条件的影响。自放电是衡量电池性能的主要参数之一。

一般而言，电池储存温度越低，自放电率也越低，但也应注意温度过低或过高均有可能造成电池损坏而无法使用。电池充满电并开路搁置一段时间后，一定程度的自放电属于正常现象。

（8）电池安全性能测试　电池的安全性能指电池在使用及搁置期间对人和装备可能造成伤害的评估。尤其是电池在滥用时，特定的能量输入会导致电池内部组成物质发生物理或化学反应而产生大量的热量，如热量不能及时散逸，则可能导致电池热失控。热失控会使电池发生毁坏，如猛烈的泄气、破裂，并伴随起火，造成安全事故。在众多化学电源中，锂离子电池的安全性尤为重要。

电池的安全性测试项目非常多，不同类型的电池，安全性能测试项目也不同，可根据相关标准和技术需求选择测试。QC/T 743—2006《电动汽车用锂离子蓄电池》中规定的电池安全性能测试项目主要包括：过放电、过充电、短路、跌落、加热、挤压、针刺测试。

通用的动力电池安全测试项目见表 7-11。

表 7-11　通用的动力电池安全测试项目

类　别	主要测试方法
电性能测试	过充电、过放电、外部短路、强制放电等
机械测试	自由落体、冲击、针刺、振动、挤压等
热测试	焚烧、热成像、热冲击、油浴、微波加热等
环境测试	高空模拟、浸泡、耐菌性等

其中，电池振动测试是一项重要内容。该测试的目的是检测道路引起的频繁振动和撞击对动力电池及动力电池组性能和寿命的影响。电池振动测试主要考察动力电池（组）对振动的耐久性，并以此作为改正动力电池（组）结构设计不足的依据。振动试验中的振动模式一般使用正弦振动或随机振动两种。由于动力电池（组）主要是装载于车辆上使用，为更好地模拟电池的使用工况，一般采用随机振动。

（9）温升测试　不管是充电还是放电过程，所有电池都是依靠电化学反应来工作的，这些化学反应的速率受温度影响。如果电池在较高或较低的温度下工作，实际的性能可能会有大幅度的偏离。在评估电池的剩余容量时，必须充分考虑温度因素，因为在不同的温度条件下，电池所能放出的电荷是不同的，所能提供的能量也是不一样的。

任何动力电池都有一个允许的工作温度范围。**若电池的工作温度超过了允许范围的上限，则有可能导致以下不良情况的发生：**

- **活性化学物质扩大，导致单体电池膨胀；**
- **电池组件机械变形，可能会导致电路短路或开路；**
- **可能会发生不可逆的化学反应造成活性化学物质的永久性减少，进而导致电池容量的减少；**
- **长时间在高温下操作可能会导致电池的塑料部分裂解；**
- **可能会溢出气体；**
- **电池内积聚压力；**
- **电池最终可能破裂或爆炸。**

若电池的工作温度低于允许范围的下限，则电解液可能会冻结，使化学反应速率降低，电池性能恶化。通常而言，磷酸铁锂电池在低于 -30℃的环境温度下，基本上不能正常工作。可见，采取电池组热管理措施是必要的。

电池组热管理的根本目的，就是尽量使电池始终工作在较为安全、高性能的温度区间内。热管理与普通的温度保护的区别在于，普通的温度保护只是在电池可能发生或已经发生故障的时候，对电路进行控制或保护；而热管理更强调的是采取各种措施，使得电池工作在比较合适的温度之下。目前，电池组的热管理已成为电池管理系统的一项重要功能。电池组的热管理牵涉到电化学与热化学等多个领域的知识，而且热管理的手段也因具体的电动汽车的应用而差异较大。

常见的温度采集方案有热敏电阻方式、热电偶方式、18B20 方式和专用的一体化芯

片等。

在电池管理系统中，需要监测的温度信息主要包括环境温度、电池箱的温度以及电池本身的温度。其中，环境温度信息单一，更容易获取，可以通过监测不同位置的环境温度来推算不同位置电池的温度；同时，由于电池的热量是自内而外散发的，因此环境温度变化将影响电池热量的散发，若能提前监测到环境温度的变化，将可以预测电池外表温度的升高趋势。

7.4.2　动力电池特性测试的相关标准及主要测试项目

本节列举四个与电动汽车动力电池相关的测试标准，其中第一个可以归类为针对电池制造商的测试标准，后三个可以归类为针对电动汽车制造商的测试标准，如表7-12所示。

表7-12　电动汽车动力电池相关的测试标准

标准名	适用范围	标准内容
中国汽车行业标准QC/T 743—2006电动汽车用锂离子蓄电池	该行业标准由国家发改委于2006年3月发布，2006年8月正式实施，适用于电动汽车所用的，标称电压为3.6V的单体锂离子蓄电池及由此类电池组成的“n×3.6V”的蓄电池模块	该标准分别描述了如何对单体电池和多个电池构成的电池模块做测试。测试项目涵盖了电池的外观，极性，尺寸质量，放电容量，荷电保持能力与容量恢复能力，循环寿命和安全性能测试。该测试标准对蓄电池模块还特意设置了能反映电池模块是否匹配电动汽车性能的简单模拟工况测试和耐振测试。QC/T743—2006标准中，明确给出了各测试项目的具体步骤，并制订了电池及电池模块在各测试项目中所应达到的指标
SAE J1798——电动车辆蓄电池组性能评价的推荐规程	SAE（Society of Automotive Engineers，美国机动车工程师学会）成立于1905年，是国际上最大的汽车工程学术组织。SAE所制订的标准具有权威性，广泛地被汽车行业及其他行业所采用，并有相当部分被确立为美国国家标准	SAE J1798列出了一系列电池性能指标的测试实验，包括静态容量测试、荷电保持能量测试、充电接受能力测试、峰值功率能力测试和动态容量测试。该标准还规定了测试模块的选取，测试条件，测试温度，传感器位置，采样频率，测量精度等细节问题，是非常严谨的测试标准
IEC 61982—3标准道路电动汽车用二次电池第三部分：性能和使用寿命测试	IEC即国际电工委员会（International Electrotechnical Commission），该委员会成立于1906年，是世界上成立最早的国际性电工标准化机构，负责有关电气工程和电子工程领域中的国际标准化工作 IEC61982—3标准的测试对象为城市用小型低速电动汽车上的电能储存系统，该标准不适用于特殊用途车辆，比如公共交通工具、垃圾收集车辆、摩托车和大型商业用车的电能储存系统测试	该标准是根据测试对象车辆所要求的性能来制定的验证性测试。主要包括三个基础性试验：容量测试、功率性能测试和使用寿命测试。另外，还有一些可选的测试项目，如最大功率测试，电池电阻测试，充电测试，工作电压范围测试等。该测试标准，可以帮助电动汽车生产商判断所测电池能否满足待开发电动汽车的性能需求，并为电动汽车生产商在多个品牌的动力电池之间进行比较筛选提供依据

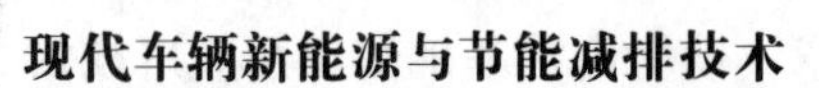

（续）

标 准 名	适 用 范 围	标 准 内 容
PNGV 电车测试手册	该测试标准是美国 Idaho 国家工程与环境实验室（INEEL，Idaho Natiorlal Engineering and Environmental Laboratory）为美国新一代汽车合作计划（PNGV，Partnership for a New Generation of Vehic1es）制定的电池测试标准 PNGV 计划针对功率辅助型和双模混合动力电动汽车分别制定了其能量储存系统性能目标。该标准所设计的电池测试，旨在验证待测电池是否能够满足 PNGN 计划制定的汽车性能目标	该标准定义了静态容量测试，混合脉冲功率特性测试、可用能量测试、自放电测试等项目。与其他测试标准不同的是，该标准除了定义上述测试项目的测试方法外，还详尽地给出了测试应该记录的数据，应该得到的结果，并对结果作了一些分析。所以，这不仅是一个标准测试，还是一本讲述电池特性及原理的参考书

电池特性测试的部分项目与电池或汽车行业已有的测试项目重合，对于这些项目，应尽可能采用已有的测试标准，避免重复开发。

不同类型的动力电池，测试的具体参数与要求会有所差异。表 7-13 是常用锂离子动力电池标准中的主要测试项目及指标。

表 7-13　电动汽车锂离子电池主要测试项目

项　目		检 测 方 法	指 标 要 求
外观		检查标志、外观	
常温放电性能		(20±5)℃，终止电压 3.0V，$1I_3$（A）放电	>110%
高温性能		(55±2)℃恒温 5h，$1I_3$（A）放电，终止电压 3.0V，$1I_3$（A）放电	>95%
低温性能		(−20±2)℃恒温 20h，$1I_3$（A）放电，终止电压 2.8V	>70%
荷电保持能力		(20±5)℃搁置 28 天，$1I_3$（A）放电，终止电压 3.0V	>80%
环境适应性	恒定湿热性能	(40±2)℃，湿度 90%～95%，搁置 48h，(20±5)℃搁置 2h $1I_3$（A）放电，终止电压 3.0V	无明显变形、锈蚀、冒烟式爆炸
	振动	三维方向从 10～55Hz 循环扫频振动 30min，扫频速率 1oct/min 振动频率：10～30Hz，位移幅值（单振幅）：0.38mm 振动频率：30～55Hz，位移幅值（单振幅）：0.19mm	不出现放电电流锐变、电压异常等
	碰撞	三维方向固定，脉冲峰值加速度：100m/s^2 碰撞次数：(1000±10）次，40～80 次/min 脉冲持续时间：16ms	无明显变形、锈蚀、冒烟式爆炸
	自由跌落	最低点高度：1000mm；厚度 18～20mm 硬木板置于水泥地面 三维六个方向各个自由跌落 1 次 $1I_3$（A）放电，终止电压 3.0V 可充放电循环次数不多于 3 次	不漏液、不冒烟、不爆炸

（续）

项目		检测方法	指标要求
安全保护性能	过充电保护性能	恒流：3 I_3（A）外接电流；充电主蓄电池电压达到 5V 或充电时间达到 90min	不爆炸、不起火、不冒烟或漏液
	过放电保护性能	(20±5)℃，1 I_3（A）充电，终止电压 0V	不爆炸、不起火、不冒烟或漏液
	短路保护性能	外部短路 10min，外部电路电阻应小于 5mΩ	不爆炸、不起火、不冒烟或漏液
电池安全性能	重物冲击	10kg 重锤自 1m 高度自由落下，冲击电池	不爆炸、不起火
	热冲击	(5±2)℃/min 的速率升温至（130±2）℃，保温 30min	不爆炸、不起火
循环寿命		充电：(20±5)℃下以 1 I_3（A）充电至电压达 4.2V，转恒压充电，至电流小于 0.1 I_3（A） 放电：在（20±2)℃下以 1.5I_3（A）放电，直到放电容量达到额定容量 80%	>500 次
储存		样品电池生产日期至试验日期，在 3 个月内（20±5)℃，0.2I_5（A）充电至 40%～50% 容量 搁置 12 个月，(20±5)℃，相对湿度 45%～85%，0.2I_5（A）充电至限压，转恒压充电至电流 <0.01 I_5（A） (20±5)℃，0.2I_5（A）放电，终止电压 2.75V/节	>4h

注：1. 上表主要参考 QC/T 743—2006 和 GB/T18287—2000。

2. I_3 为 3h 率放电电流；I_5 为 5h 率放电电流。

7.4.3 动力电池特性测试的相关仪器设备

动力电池检测仪器主要包括电池充放电性能试验台（包括充放电设备、温度测量设备、内阻检测设备等）、环境模拟试验系统（包括温度、湿度、振动、温度冲击等）、电池安全性检验设备（包括挤压试验机、针刺试验机、冲击试验机、跌落试验机等）等。

（1）充放电性能试验台

1）充放电性能检测设备。电池充放电性能检测是最基本的性能检测，一般由充放电单元和控制程序单元组成，可以通过计算机远程控制动力电池恒压、恒流或以设定的功率曲线进行充放电。通过电压、电流、温度传感器可进行相应的参数测量，并获取动力电池容量、能量、电池组一致性等评价参数。

一般试验设备要按照功率和电压等级分类，以适应不同电压等级和功率等级的动力电池及电池组性能测试的需要。例如，通用的电池单体测试设备，一般选择工作电压范围 0～5V，工作电流范围 0～100A，可满足多数车辆用动力电池基本性能测试的基本要求。对于大功率电池组的基本性能测试，电压范围需要根据电池组的电压范围进行选择，常用的通用测试设备要求在 0～500V，功率上限在 150～200kW。

2）内阻检测设备。电池内阻作为二次测量参数，测试方法包括方波电流法、交流电桥法、交流阻抗法、直流伏安法、短路电流法和脉冲电流法等。

直流放电法比较简单，并且在工程实践中比较常用。该方法通过对电池进行瞬间大电流（一般为几十安培到上百安培）放电，测量电池上的瞬时电压降，并通过欧姆定律计算出电池内阻。交流法通过对电池注入一个低频交流电流信号，测出蓄电池两端的低频电压和流过的低频电流，以及两者的相位差，从而计算出电池的内阻。现在设备厂家研制生产的电池内阻测试设备多采用交流法进行测试。

3）温度测量设备。电池在充放电过程中的温度升高是重要的参数之一，但一般的测试只能测量电池壳体的典型位置参数，即在充放电的设备上装有相应的温度采集系统，具有进行充放电过程温度数据同步的功能。除此之外，专业的温度测试设备还包括非接触式测温仪及热成像仪。热成像仪可以采集电池一个或多个表面温度的变化历程，并可以提取典型的测量点的温度变化数据，是进行电池温度场分析的专业测量设备。

（2）环境模拟试验台　动力电池常用的应用环境模拟包括温度、湿度，以及在车辆上应用时随道路情况变化而出现的振动环境。在环境试验中，可采用独立的温度试验箱、湿度调节试验箱、振动试验台进行相关的单一因素影响的动力电池环境模拟试验。但在实际的动力电池应用工况是三种环境参数的耦合，因此，在环境模拟方面有温度、湿度综合试验箱，以及温度、湿度和振动三综合试验台。为考核电池对温度变化的适应性，还需要设计温度冲击试验台，进行快速变温情况下电池的适应性试验。

（3）电池滥用试验设备　电池滥用试验设备是模拟电池在车辆碰撞、正负极短路、限压限流失效等条件下，是否会出现着火、爆炸等危险状况的试验设备。针刺试验机、冲击试验机、跌落试验机、挤压试验机等可以模拟车辆发生碰撞事故时，电池可能出现的损伤形式；短路试验机、被动燃烧试验平台等可以模拟电池被极端滥用情况下可能出现的损伤形式；采用充放电试验平台可以进行电池过充或过放等滥用测试。

7.4.4　动力电池特性仿真分析工具

仿真分析，即为模拟实际的运行工况而进行的试验。根据仿真分析所采取的手段，可以分为硬件仿真和软件仿真。硬件仿真是根据实际运行工况设定一定的测试要求，并通过上述的测试设备进行模拟试验以达到仿真测试的目的。软件仿真是对研究对象进行数学建模，并根据实际工况设定模型参数，并通过仿真软件达到分析目的。两者经常混合使用以实现复杂的仿真测试。

针对不同的试验要求有不同的仿真软件。对于动力电池的性能仿真，常用的仿真软件有 Labview、Matlab/Simulink 等；对于动力电池系统与电动汽车的匹配与运行仿真，常用的软件有 Advisor、Matlab/Simulink 等；对于动力电池的被动安全性仿真，常用的仿真软件有 ANSYS 等有限元分析软件。

（1）Matlab/Simulink 仿真平台　Matlab 是美国 MathWorks 公司出品的商业数学软件，用

于算法开发、数据可视化、数据分析以及数值计算的高级技术计算语言和交互式环境，主要包括 Matlab 和 Simulink 两大部分。

Matlab 是当今最流行的通用计算软件之一，Simulink 是基于 Matlab 的图形化仿真平台，是 Mat1ab 提供的进行动态系统建模、仿真和综合分析的集成软件包，Simulink 和 Matlab 之间可以灵活进行交互操作。

Mat1ab 语言语法简洁，代码接近于自然数学描述方式，且具有丰富的专业函数库，吸引了众多科学研究工作者，逐渐成为科学研究、数值计算、建模仿真，以及学术交流的事实标准。

Simulink 是 Matlab 最重要的组件之一，它提供了一个动态系统建模、仿真和综合分析的集成环境。Simulink 作为 Matlab 语言中的一个可视化建模仿真平台，采用方框图建模的形式，更加贴近于工程习惯。Simulink 是基于 Mat1ab 的框图设计环境，可以用来对各种动态系统进行建模、分析和仿真，它的建模范围广泛，可以针对任何能够用数学来描述的系统进行建模。在该环境中，无需大量书写程序，而只需要通过简单直观的鼠标操作，就可构造出复杂的系统。Simulink 具有适应面广，结构和流程清晰，仿真精细，贴近实际，效率高，灵活等优点，基于以上优点，Simulink 已被广泛应用于控制理论和数字信号处理的复杂仿真和设计。同时，有大量的第三方软件和硬件可应用于或被要求应用于 Simulink。

目前，Matlab/Simu1ink 的应用已经远远超越了数值计算和控制系统仿真等传统领域，在几乎所有理工学科中形成了为数众多的专业工具库和函数库，已成为科学研究和工程设计中常用的工具。

电池模型可以在 Matlab/Simulink 的环境下编程，以此作为电动汽车的电源进行仿真。

(2) Labview 测试仿真平台　Labview 由美国国家仪器（NI）公司研制开发，是一种图形化编程语言的开发环境，它广泛地被工业界、学术界和研究实验室所接受，被视为一个标准的数据采集和仪器控制软件。Labview 集成了与满足 GPIB、VXI、RS-232 和 RS-485 协议的硬件及数据采集卡通信的全部功能。它还内置了便于应用 TCP/IP、ActiveX 等软件标准的函数库。利用它可以方便地建立自己的虚拟仪器，其图形化的界面使得编程及使用过程生动有趣。

(3) Advisor 软件仿真平台　**Advisor 是**由美国可再生能源实验室在 Matlab 和 Simulink 软件环境下开发的电动汽车仿真软件。该软件于 1994 年开发、并投入使用，它**是目前世界上能在网站免费下载的用户数量最多的电动汽车仿真软件**。

Advisor 在给定的驾驶循环下利用车辆的各部分性能，能快速地分析汽车的燃油经济性、动力性能及排放特性等。它也能为用户自定义的动力驱动系统组成以及整车控制策略进行详细的建模和仿真。**其具体功能如下**：

➢ **模拟整车在一个或多个循环工况下的经济性能和排放性能**。根据输入零部件参数和控制参数的不同，可以得到不同的仿真结果，还可以动态比较各种参数的变化对经济性能和排放性能的影响。

➢ **模拟整车的动力性能（加速性能、爬坡性能）**，并研究不同的零部件参数及控制参数的变化对汽车动力性能的影响。

➢ **模拟各零部件的输入变量、输出变量（转矩、功率、速度等）对另一变量（循环时间、车速等）的变化历程。**

➢ **根据要求汽车达到的加速性能及爬坡性能，自动调整车辆的零部件参数**。该功能可用于车辆设计过程的初步设计阶段，用于初步检查车辆零部件的匹配情况。

➢ 评价混合动力汽车的能量管理策略（整车控制策略），即以要求汽车达到的加速性能及爬坡性能为约束条件，评价并优化汽车整车的控制策略。

Advisor 采用的是后向仿真和前向仿真相结合的建模方法，以后向仿真为主，附加了一些简单的前向仿真计算。在仿真过程中，按照计算步骤，先计算后向模型的结果，即各个仿真变量的需求值，然后计算前向模型的结果，即各个仿真变量的可能值。其最大优点就是各总成模块易于扩充和改进。Advisor 模型库里包含几十种汽车 Simulink 模型，用户可以根据自己的需要，通过修改已有的模型或建立新模型来建立自己所需要的汽车模型。

同时，Advisor 是一个以图形化面向对象的环境，拥有良好的图形用户界面 GUI（Graphical User Interface），便于用户操作，而且各种仿真结果能够可视化。Advisor 有三个主要的 GUI：车型输入界面、仿真设置界面和结果输出界面。通过这三个界面，用户输入要仿真的车型和各种总成的相关参数，选择仿真的试验方案和具体项目，然后进行仿真计算，最后得到所需要的仿真结果。

（4）ANSYS 有限元仿真平台　ANSYS 软件是融结构、流体、电场、磁场、声场分析于一体的大型通用有限元分析软件。由美国 ANSYS 公司开发，它能与多数 CAD 软件接口，实现数据的共享和交换，如 Pro/Engineer、NASTRAN、IIDEAs、AutoCAD 等，是现代产品设计中的高级 CAD 工具。ANSYS 软件功能强大，包括结构静力分析、结构动力学分析、结构非线性分析、动力学分析、热分析、电磁场分析、流体动力学分析、声场分析和压电分析等功能模块，可协助设计人员完成多学科仿真分析及产品优化设计。

7.4.5　动力电池特性测试平台实例

唐山轨道客车有限责任公司与西南交大合作开发的混合动力电源特性试验平台方案，如图 7-26 所示。该平台通过电压、电流、温度传感器采集来自蓄电池和超级电容的电压、电流、温度等数据并传送至控制中心（由 DSP 嵌入式系统实现），对其状态进行估计，确定混合电源可输出的最大功率。同时，将 DC/DC 变流器的电压、电流信息一并传送至控制中心。通过控制中心发出 PWM 信号，控制 DC/DC 变流器输出相应的电压和电流给直流母线，从而控制负载输出一定的功率，实现测试混合电源特性的目的。

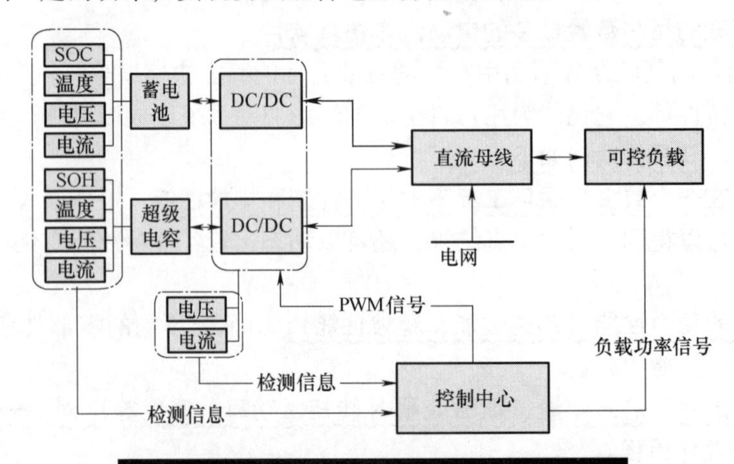

图 7-26　混合动力电源特性试验平台设计方案

整个系统的控制是通过对 DC/DC 变流器的控制来实现的。该变流器各桥臂的上下两功率管采用互补方式驱动，通过不同的占空比实现电流的双向流动，因此两个方向电流可统一控制。控制电路结构如图 7-27 所示，基本的工作原理如下：每个模块的高压侧电压 U_1 反馈并与参考值 U_{ref} 相减，误差经补偿调节器后输出作为电流指令；电流指令与合成的电感电流 i_L 相减并经调节器调节后与三角载波交截，最终得到上管 PWM 信号，超级电容端电压 U_2 与超级电容组的允许电压极值 U_{2max} 和 U_{2min} 相比较，构成低压侧电压限制闭环，分别为最高电压限制闭环和最低电压限制闭环，闭环调节器输出后分别作为电流指令 i_{ref1} 的最大电流 i_{max} 和最小电流 i_{min} 的限幅值，电流指令 i_{ref1} 经限幅后得到 i_{ref} 才作为电流闭环的输入。

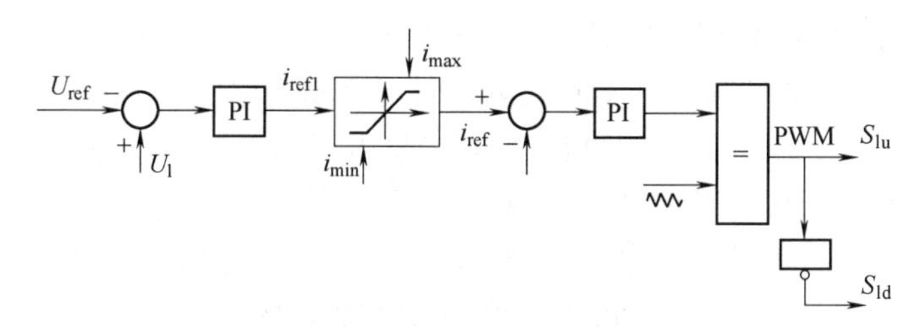

图 7-27　双向控制电路结构

混合动力电源特性试验平台可实现以下功能需求：

1）电池状态监测。对蓄电池的输出电流、电压、温度等进行实时检测，并估算其 SOC。

2）超级电容状态监测。对超级电容的输出电流、电压、温度等进行实时检测，并估算其 SOE。

3）DC/DC 变流器具有双向能量传递的功能。对两套 DC/DC 变流器的输出电压与电流进行实时监测。

4）信息传递。采集模块能够将采集到的各种信息传送至上位机。

5）实时调整。负载具有实时的可调整特性。

利用本测试平台可以进行国内外不同超级电容和动力电池产品的充放电特性（充放电倍率、温升特性、电池内阻、循环寿命、线路运营适应情况等）及运用安全可靠性（热防护、防爆、运用寿命等）试验研究，通过对比研究试验分析产品性能，进而形成产品特性数据库，为混合动力系统的优化设计提供技术基础。具体功能如下：

➢ 测试超级电容和蓄电池的充放电性能（电压、电流等参数）；
➢ 测试超级电容和蓄电池的容量；
➢ 测试超级电容和蓄电池的高低温性能；
➢ 测试超级电容和蓄电池的能量和比能量；
➢ 测试超级电容和蓄电池的功率和比功率；
➢ 测试超级电容和蓄电池的储存性能及自放电性能；
➢ 测试蓄电池的循环寿命；
➢ 测试蓄电池的内阻；
➢ 测试超级电容和蓄电池的温度。

测试原理及方法如下。

（1）储能部件实时测量参数　储能部件的实时参数包括三个部分：电压、电流和温度。

1）电压测量。储能部件的电压实时监测，主要包括选通环节，前级处理环节，*U/I*（电压/电流）、*I/U*（电流/电压）变换环节三个部分，如图 7-28 所示。DSP（数字信号处理器）给 CPLD（电池选通电路）适当的时钟时，由其设计选通器，选通单个储能部件，送入前级处理电路。为了提高信号间的抗干扰和带负载能力，前级处理电路接入运算放大器组成的电压跟随器和滤波电路。它将电压信号送入 *U/I*、*I/U* 变换环节，实现储能部件电压的实时采样。

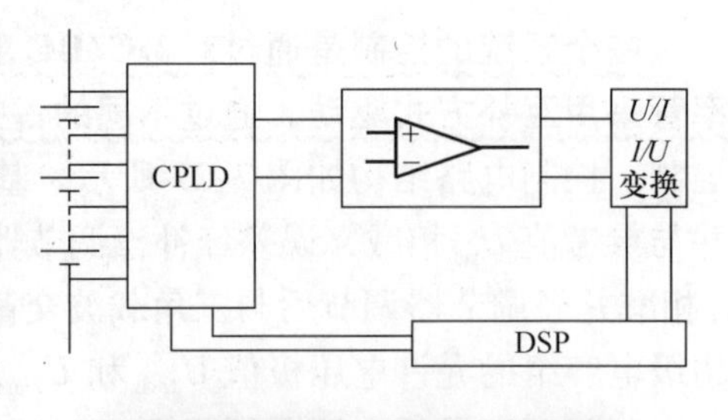

图 7-28　电压监测电路原理图

2）电流测量。储能部件的电流实时监测是对混合动力电源系统储能部件充放电电流进行的实时监测。混合动力电源系统提供给用电负载的电流很大，所以在测量时所选用的电流传感器应将大电流转换为可供 DSP 直接采样的电压信号。其电路原理如图 7-29 所示。

电流传感器只需外接正负直流电源，被测电流母线从传感器中穿过或接于原边端子，副边端子再做简单连接即可。前级处理电路能将充电和放电的电流通过电流型传感器产生的电压转换成可由 DSP 直接采样的正电压，直接送入 DSP 采样通道，实现电流采样。

3）温度测量。该平台需要监测的温度信息主要包括环境温度，电源箱的温度以及储能部件本身的温度。温度测量的常见方法是使用温度传感器，将温度信号转换为电压信号进行测量。常见温度传感器有热敏电阻、热电偶、模拟温度传感器以及数字温度传感器等。

电池的化学反应发生在每个单元电池的内部，但实际工作中，温度传感器不可能安放在电池内部而只能放置在表面。从前人的实验和经验可知，大容量的动力电池中间部分散热较慢，温度上升最明显，因此电池的正表面靠中部位置的温度较高。因此，要监测动力电池的极限温度，应该把传感器布置在电池正表面的中部位置。

（2）储能部件性能测试原理和方法

1）蓄电池充电性能测试原理和方法。蓄电池充电性能测试的基本原理如图 7-30，将其正负极分别与外电源的正负极相连接，并通过一定的方式对其进行充电，使外电路中的电能转化为化学能储存在其中，同时记录充电过程中电池的充电电压或充电电流随时间变换的规律。在此过程中，需要重点研究的参数包括充电电压的高低及变化，充电终点电压，充电效率等，而这些参数同时又受到充电制度及充电条件等的影响。

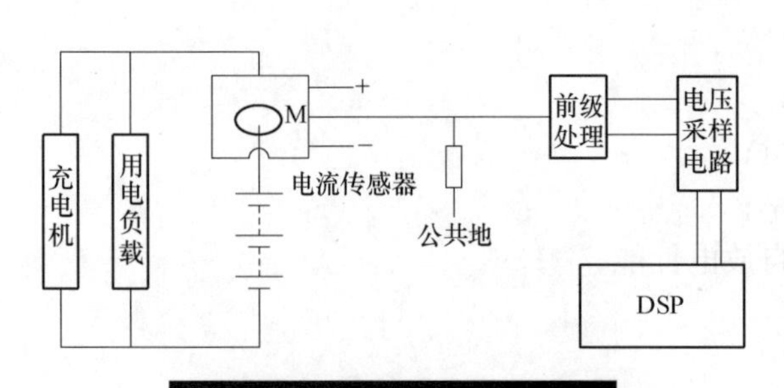

图 7-29　电流监测电路原理图

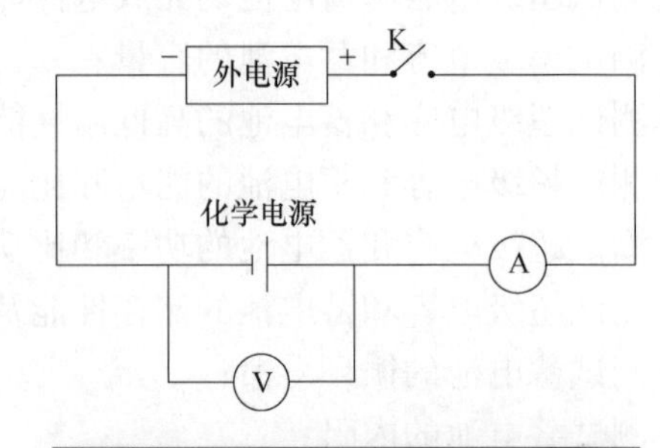

图 7-30　化学电源充电原理示意图

在蓄电池充电性能测试的过程中，经常需要将电池充满，以便能检测电池的最大放电性能。对于充满的定义就是电池内部所有能参与充电化学反应的物质均已充分进行反应，但在

实际过程中，不具有可操作性。因此，**一般采用电气方面的指标来进行定义，即在规定上限电压的条件下，充电电流趋近于零。在我国行业标准 OC/T 743—2006 中规定，充电电流小于 0. 033C 就认为电池已被充满。**

蓄电池传统的充电方式主要包括：恒流充电、恒压充电、恒压限流充电和先恒流后恒压充电，其中恒流充电和恒压充电是最基本的方式。恒流充电是充电过程中使充电电流维持在恒定值的充电方法，该方法可以实现迅速充电，但很容易造成充电过度；恒压充电是在充电过程中，充电电压保持恒定，一般相等或略低于蓄电池内产生氢气的电压水平，该方法极少产生过充电，但很容易引起充电不足。传统充电方法的充电机控制电路比较简单，但充电功率一般比较小，我们需要的是在列车进站时，利用短暂的停车时间进行充电，因此要求充电功率较高，显然传统充电方式不适用。

为了满足列车车载电源的充电要求，必须最大限度地加快蓄电池的化学反应速度，缩短蓄电池达到满充状态的时间，同时使蓄电池正、负极板的极化现象尽量减少。但是快速充电的充电电流大，对蓄电池的性能和寿命都有一定的损害。为了解决充电时间和蓄电池性能及寿命的矛盾，我们在试验中采用了分级定流充电法、脉冲式充电法、变电流间隙充电法和定电压充电法四种充电方法，提高了充放电效率。

2）蓄电池放电性能测试的原理和方法。蓄电池放电性能测试的基本原理如图 7-31 所示，将其正极和负极与负载相连，使其中的化学能转化为电能供给负载工作，同时记录放电过程中电池工作电压随时间变化的规律。

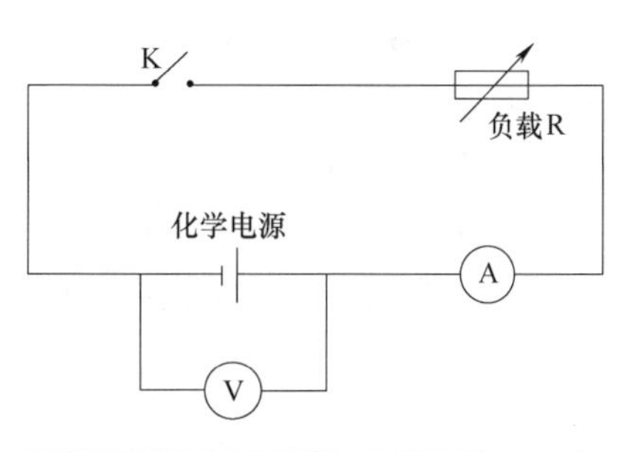

图 7-31　化学电源放电原理示意图

在蓄电池测试的过程中，需要对电池进行放空，以便对电池所储存的电荷量进行评估。与充电过程一样，一般采用非常小的放电电流对电池进行放电（0. 2C），直到电池电压达到生产商规定的电压下限。

常见的化学电源放电方法主要有恒电流放电、恒电压放电、恒电阻放电、连续放电和间歇放电等。其中恒电阻放电法常用于干电池的性能检测。对于锂离子电池，恒流放电是最常见的测试方法，而且还常常与连续放电或间歇放电法结合使用，并记录放电过程中电池电压随放电时间变化的规律。

化学电源的放电截止电压，在不同的电池类型及不同的放电条件下，其规定值也有所不同。电池的放电性能受放电电流、环境温度、放电截止电压等多方面的影响。因此，在标注或讨论电池的放电性能时，一定要说明放电电流及放电截止电压的大小。一般情况下，如不特殊说明，放电性能指的是按充电性能测试中所述的方法充电并搁置 0. 5 ~ 1h 后，在（20 ±5）℃的温度下按 0. 2C 放电到放电截止电压所测得的放电曲线。

3）蓄电池的容量及充放电效率测试方法。蓄电池的容量测定方法与其放电性能测试方法基本一致，最常用的测量方法同样是恒电流放电法，在测得放电曲线后通过放电电流对放电时间的积分即可计算出电池的实际容量。采用恒电流放电法测得的化学电源的实际容量与充放电制度，与充放电电流、环境温度、充放电时间间隔等有很大关系，任何一个因素的区别都会引起同一化学电源实际放电容量测试结果的差别。

运用恒流放电法对蓄电池放电，放电至截止电压时结束，得到放电曲线。通过放电电流对放电时间积分，计算出电池的实际容量。如无特别说明，一般情况下所说的放电容量是指(20±5)℃的温度下按0.2C充放电所得的容量。

具体步骤如下：

① 测试的温度应分别控制为$T=\{0℃\quad 20℃\quad 40℃\}$，测试的充、放电倍率应分别控制为$r=\{0.2C\quad 0.5C\quad 1.0C\}$，根据排列组合，在不同的温度及放电倍率下总共需要进行9次测试。

② 在测试过程中，被测电池周围的环境温度需要保持恒定，这可利用一个大小合适的恒温箱来实现。在测试过程中，电池的放电电流需要保持恒定，这可以利用一个有恒流放电功能的电子负载来实现。

③ 每个测试将按照以下步骤进行：

a）第一次充满。对电池进行充满，充电截止电压为3.6V（或由制造商指定）。

b）第一次暂停。保持电池不在充、放电状态，直到电池负极柱的温度与指定的测试温度相差不超过2℃。

c）放电。以r为放电倍率对电池放电。当电池电压达到2.2V时停止放电（或由制造商指定）。

d）第二次暂停。保持电池不在充、放电状态，直到电池负极柱的温度与指定的测试温度相差不超过2℃。

e）第二次充电。对电池进行充满，充电截止电压为3.6V（或由制造商指定）。

④记录每一秒测得的电压、电流和温度数据。

⑤用下列公式计算放出电荷的总量

$$Q_d=\frac{1}{3600}\int_0^{td}I_d(\tau)\mathrm{d}\tau(A\cdot h) \tag{7-13}$$

式中，$I_d(\tau)$为放电过程中所监测到的实时电流的大小。t_d为放电所需要的时间。测试过程中采用恒流放电，因此，也可以这样计算放电的电荷值。

$$Q_d=\frac{I_d t_d}{3600}(A\cdot h) \tag{7-14}$$

⑥ 用下列公式计算放电总能量

$$W_d=\int_0^{td}I_d(\tau)U_d(\tau)\mathrm{d}\tau(J) \tag{7-15}$$

式中，$U_d(\tau)$、$I_d(\tau)$分别为放电过程中所监测到的实时电压、电流值的大小，t_d为放电所需要的时间。由于测试过程中采用恒流放电，因此，也可以这样计算放电的总能量。

$$W_d=I_d\int_0^{td}U_d(\tau)\mathrm{d}\tau(J) \tag{7-16}$$

⑦ 用下列公式计算充电总能量

$$W_c=\int_0^{tc}I_c(\tau)U_c(\tau)\mathrm{d}\tau(J) \tag{7-17}$$

式中，$U_c(\tau)$、$I_c(\tau)$分别为放电过程中所监测到的实时电压、电流值的大小。t_c为第二次充满电所需要的时间。

⑧ 用下列公式计算充放电效率

$$\eta=W_d/W_c\times 100\% \tag{7-18}$$

4）蓄电池的高低温性能测试方法。用电器的工作环境和使用条件往往要求化学电源在较宽的温度范围内具有良好的性能，通常称之为化学电源的高低温性能。测试的目的是得到蓄电池的温度工作范围。

按照我国相关国家标准的规定，化学电源高低温性能的测试方法为：将化学电源在(20±5)℃温度下以0.2C充电后转移至低温箱或高温箱，停留一定的时间（低温下锂离子电池16~24h、MH-Ni电池4~8h、高温下一般都为1~2h），然后以0.2C放电到规定的截止电压。实际工作中，为了更充分的了解化学电源的实际工作情况，也常常测量化学电源在高低温环境下以不同倍率充电和放电的性能。

具体操作如下：

① 测试温度控制为（20±5)℃，测试的充放电倍率为 $r=\{0.2C \quad 0.5C \quad 1.0C\}$。

② 在测试过程中，被测电池周围的环境温度需要保持恒定，这可利用一个大小合适的恒温箱来实现。在测试过程中，电池的放电电流需要保持恒定，这可以利用一个有恒流放电功能的电子负载来实现。

③ 每个测试按照以下步骤进行：

a）充满。对电池进行充满，充电截止电压为3.6V（或由制造商指定）。

b）暂停。保持电池不在充、放电状态，把蓄电池转移至低温箱或高温箱一定的时间。

c）放电。以 r 为放电倍率对电池放电。当电池电压达到2.2V时停止放电（或由制造商指定）。

④ 记录每一秒测得的电压、电流和温度数据。

⑤ 得到蓄电池的温度工作范围。

5）蓄电池的能量和比能量测试方法。蓄电池在一定的条件下对外做功能输出的电能称为化学电源的能量，单位一般用W·h表示。蓄电池的比能量指单位质量或单位体积的蓄电池所能给出的能量，相应的称为质量能量密度（W·h/kg）和体积能量密度（W·h/cm^3)。

蓄电池的实际能量数值等于实际的放电容量与平均工作电压的乘积，即 $W=Q_dU$。所以只要测得蓄电池的实际放电容量和其平均工作电压即可计算求出能量，实际放电容量可由前面所述的容量测试方法求得，平均工作电压常常由中点电压来代替（中点电压即放电到额定放电时间一半时所对应的工作电压，有时也用放电到总放电时间一半时所对应的工作电压来表示）。比能量则由实际能量与化学电源质量或体积的比值求得。

利用容量测试方法计算出蓄电池的放电容量 Q_d，在放电过程中采集到平均工作电压 E，结合公式 $W=Q_dE$ 计算出蓄电池的能量。

质量能量密度和体积能量密度分别由以下公式求得：

$$\text{质量能量密度}=W/M \tag{7-19}$$

$$\text{体积能量密度}=W/V \tag{7-20}$$

式中，M 和 V 分别代表被测蓄电池的质量和体积。

6）蓄电池的功率和比功率测试方法。化学电源的功率指在一定的放电制度下，单位时间内输出的能量，单位为W。比功率指单位质量或单位体积的化学电源输出的功率，单位为W/kg或W/cm^3。

化学电源实际功率的计算公式

$$P = \frac{W}{t} = \frac{CU}{t} = \frac{ItU}{t} = IU \tag{7-21}$$

由7-21可知，只要测得与化学电源的实际放电电流 I 相对应的平均工作电压 U，然后由两者的乘积便可求得其实际功率。比功率则由实际功率与化学电源质量或体积的比值求得。

运用恒流放电法得到蓄电池放电曲线，从放电曲线中得到实际放电电流 I 和平均工作电压 U，然后由两者的乘积便可求得其实际功率。

质量功率密度和体积功率密度分别由以下公式求得

$$\text{质量功率密度} = P/M \tag{7-22}$$

$$\text{体积功率密度} = P/V \tag{7-23}$$

式中，M 和 V 分别为被测蓄电池的质量和体积。

7）蓄电池的储存性能和自放电性能测试。蓄电池的储存性能指开路状态，在一定的温度、湿度等条件下搁置的过程中，其电压、容量等性能参数的变化。

化学电源的储存性能常用储存过程中的容量衰减速率或容量保持百分数表示，也可用荷电保持能力来表示；自放电性能则用自放电率来表示，也可用荷电保持能力来表示，其计算公式如下

$$\text{容量衰减速率(自放电率)} = \frac{\text{存储前的放电容量} - \text{存储后的放电容量}}{\text{储存时间}} \times 100\% \tag{7-24}$$

$$\text{容量保持百分数(荷电保持能力)} = \frac{\text{储存前的放电容量} - \text{储存后的放电容量}}{\text{储存前的放电容量}} \times 100\% \tag{7-25}$$

按照国标规定，化学电源自放电性能测试的具体方法为：在（20±5)℃温度下，首先运用恒流放电法以0.2C的倍率放电，测量其放电容量并作为储存前的放电容量，然后同样以0.2C的倍率充电并搁置28天后，以0.2C的放电电流测量储存后的放电容量，再按照上述公式计算出自放电率或容量保持率。储存性能的测试方法与之类似，只是将储存时间延长为18个月。**注意，在给出化学电源的储存性能及自放电性能时一定要同时说明相关参数(包括环境温度、充放电电流)。**

自放电性能测试具体操作如下：

① 测试温度控制为（20±5)℃，测试的充放电倍率为0.2C。

② 在测试过程中，被测电池周围的环境温度需要保持恒定，这可利用一个大小合适的恒温箱来实现。在测试过程中，电池的放电电流需要保持恒定，这可以利用一个有恒流放电功能的电子负载来实现。

③ 每个测试按照以下步骤进行：

a）放电。以0.2C为放电倍率对电池放电。当电池电压达到2.2V时停止放电（或由制造商指定），这次的放电容量作为储存前放电容量。

b）充满。对电池进行充满，充电截止电压为3.6V（或由制造商指定）。

c）暂停。保持电池不在充、放电状态，搁置28天。

d）搁置。28天后，以0.2C为放电倍率对电池放电。当电池电压达到2.2V时停止放电（或由制造商指定），这次的放电容量作为储存后的放电容量。

④ 按照上述公式计算出自放电率或容量保持率。

储存性能的测试方法与之类似，只是将 b 步骤暂停时间延长为 18 个月。

8）蓄电池充放电平衡电势曲线及等效内阻测试。本测试内容的范围包括电动势曲线测试以及电池的等效内阻测试，即测量电池在不同温度、不同剩余容量情况下的电动势的值以及等效内阻。动力电池等效内阻在充、放电过程中可能存在差异，因此，所进行的测试将按照充电过程和放电过程分别进行。

放电过程电动势曲线及等效内阻的测试方法及具体操作步骤如下：

① 每个测试的温度应分别控制为 $T=\{0℃\quad 20℃\quad 40℃\}$。

② 在测试过程中，被测电池周围的环境温度需要保持恒定，这可利用一个大小合适的恒温箱来实现。在测试过程中，电池的放电电流需要保持恒定，这可以利用一个有恒流放电功能的电子负载来实现。

③ 每个测试将按照以下步骤进行：

a）充满。对电池进行充满，充电截止电压为 3.6V（或由制造商指定）。

b）暂停。保持电池不在充、放电状态，直到电池负极柱的温度与指定的测试温度相差不超过 2℃。

c）大电流放电。以 0.5C 的放电倍率对电池进行恒流放电，放电 300s。若 300s 内电池电压低于 2.2V（或由制造商指定最低电压门限值）时，进入步骤 e，否则进入步骤 d。

d）暂停。保持电池不在充放电状态，持续 3600s，之后回到步骤 c。

e）涓流放电。以 0.01C 的放电倍率对电池进行恒电流放电，放电 300s；若 300s 内电池电压低于 2.2V（或制造商指定最低电压门限值）时，进入步骤 g，否则进入步骤 f。

f）暂停。保持电池不在充放电状态，持续 600s，之后回到步骤 e。

g）测试结束。

④ 记录在每一秒测得的电压和电流数据。

⑤ 将每次步骤 c 最后一秒（例如第 300s，4200s，8100s…）的放电电压记为放电工作电压 U_{dn}（$n=1, 2, 3\cdots$），将每次步骤 d 最后一秒（例如第 3900s，7800s，11700s…）的放电电压记为放电开路电压 U_{ocvdn}（$n=1, 2, 3\cdots$）。用下列公式计算电池等效放电内阻：$R_{idn}=(U_{ocvdn}-U_{dn})/I_d$（Ω）

⑥ 用下列公式计算工作电压 U_{dn}（$n=1, 2, 3\cdots$）下放出的电荷量

$$Q_{dn}=\frac{1}{3600}\int_0^{t_{dn}} I_{dn}(\tau)\mathrm{d}\tau \tag{7-26}$$

式中，$I_{dn}(\tau)$ 为放电过程中所监测到的实时电流的大小。t_{dn} 为放电所需要的时间。测试过程中采用恒流放电，因此，也可以这样计算放电的电荷值

$$Q_{dn}=\frac{I_{dn}t_{dn}}{3600}(\mathrm{A\cdot h}) \tag{7-27}$$

⑦ 绘制放电过程平衡电势曲线，以电流放出电荷量为横轴，电压为纵轴，绘制放电过程平衡电动势曲线。以电池放出电荷量为横轴，内阻为纵轴，绘制放电过程等效内阻谱曲线。

充电过程电动势曲线及等效内阻的测试方法的具体操作步骤如下：

① 每个测试的温度应分别控制为 $T=\{0℃\quad 20℃\quad 40℃\}$。

② 在测试过程中，被测电池周围的环境温度需要保持恒定，这可利用一个大小合适的

恒温箱来实现。在测试过程中，电池的放电电流需要保持恒定，这可以利用一个有恒流放电功能的电子负载来实现。

③ 每个测试将按照以下步骤进行：

a）放空。对电池进行放空，放电截止电压为2.2V（或由制造商指定）。

b）暂停。保持电池不在充、放电状态，直到电池负极柱的温度与指定的测试温度相差不超过2℃。

c）大电流充电。以0.5C的充电倍率对电池进行恒流充电，充电300s；若300s内电池电压高于3.6V（或由制造商指定最低电压门限值）时，进入步骤e，否则进入步骤d。

d）暂停。保持电池不在充放电状态，持续3600s，之后回到步骤c。

e）小电流充电。以0.01C的充电倍率对电池进行恒电流充电，充电300s；若300s内电池电压高于3.6V（或制造商指定的充电电压上限值）时，进入步骤g，否则进入步骤f。

f）暂停。保持电池不在充放电状态，持续600s，之后回到步骤e。

g）测试结束

④ 记录在每一秒测得的电压和电流数据。

⑤ 将每次步骤c最后一秒（例如第300s，4200s，8100s…）的充电电压记为充电工作电压 U_{cn}（$n=1，2，3\cdots$），将每次步骤d最后一秒（例如第3900s，7800s，11700s…）的充电电压记为充电开路电压 U_{ocvcn}（$n=1，2，3\cdots$）。用下列公式计算电池等效放电内阻：

$$R_{icn}=(U_{ocvcn}-U_{cn})/I_c(\Omega) \tag{7-28}$$

⑥ 用下列公式计算工作电压 U_{cn}（$n=1，2，3\cdots$）下充入的电荷量

$$Q_{cn}=\frac{1}{3600}\int_0^{t_{cn}} I_{cn}(\tau)\,d\tau \tag{7-29}$$

式中 I_{cn}（τ）——放电过程中所监测到的实时电流的大小（A）；

t_{cn}——放电所需要的时间（s）。

测试过程中采用恒流放电，因此，也可以这样计算放电的电荷值

$$Q_{cn}=\frac{I_{cn}t_{cn}}{3600}(A\cdot h) \tag{7-30}$$

⑦ 绘制充电过程平衡电势曲线，以电池充入电荷量为横轴，电压为纵轴，绘制充电过程平衡电势曲线。以电池充入电荷量为横轴，内阻为纵轴，绘制充电过程等效内阻谱曲线。

9）蓄电池寿命测试。通常所说的化学电源寿命指充放电寿命（或称循环寿命），即在一定的充放电制度下，化学电源的容量下降到某一规定值（常以初始容量的某个百分数来表示）以前所能承受的充放电循环次数。国家标准中规定的循环寿命为(20±5)℃环境下以特定电流充放电的寿命，具体的测试标准因电池种类而异。**在实际的研究工作中，为了更全面地了解化学电源的实际工作性能，还常常会测量化学电源在不同环境或不同充放电制度下的循环寿命（充电电流、放电电流和充放电时间间隔）。**

化学电源循环寿命的测试方法同前文介绍的充放电性能及容量性能的测试方法基本一致，只是在寿命测试过程中要反复重复充放电测试过程，直到容量降低到规定值。

对于不同种类的化学电源，寿命终点的规定有一定的区别，一般为初始容量的 60%左右。

（3）测试平台系统　本测试平台主要用于混合动力列车的混合动力电源系统测试，根据平台所要实现的功能，我们设计的系统总体硬件结构如图 7-32 所示。系统由控制模块，监测模块，相关软件和辅助部件构成。一个控制模块可以接入多个监测模块，完成对不同数量、不同规格的储能部件的测试。

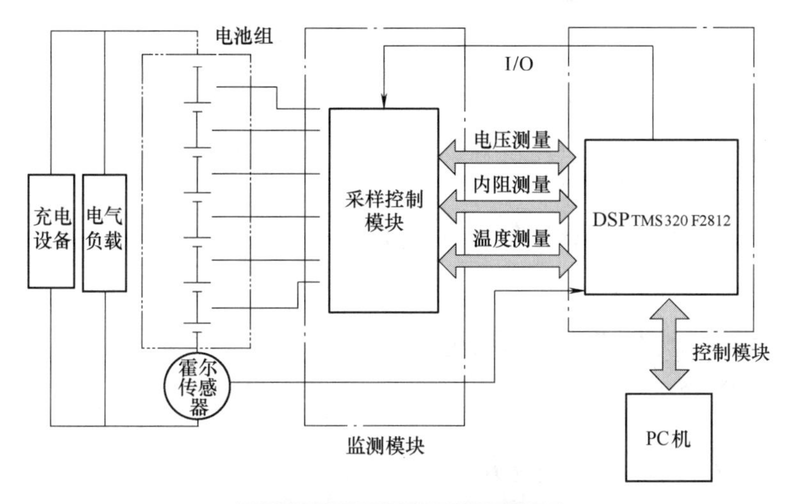

图 7-32　系统硬件结构框图

1）控制模块。该模块用于数据传输、处理和人机界面操作，它能实时显示储能部件数据，通过总线结构控制监测模块工作，收集监测模块采集的数据，并对发生的事件进行判断处理并发出声光报警，完成数据的通信、存储和查询等功能。

控制模块的选择要考虑到 CPU 的处理能力、成本、功耗、内部资源和外围电路等问题。确定处理器之后，设计控制模块电路板时，要采用分块设计思想。**主要由以下子块组成：**

➢ **DSP 及周边电路。**与 DSP 密切相关的硬件主要有时钟电路、复位电路、JTAG 仿真电路、锁相环外接滤波电路、存储器扩展电路等，用于驱动 DSP 正常工作。DSP 也是控制程序运行的载体，通过程序设置相应的寄存器，驱动相应的外围芯片和电池监测算法，使硬件和谐运行。

➢ **电源电路。**电源的性能直接影响到整个模块的稳定性，电源电压波动过高，可能烧坏电子器件；过低，电子器件又不能正常工作。设计时要选用具有较高精度的电源变换和隔离芯片，采用多次滤波电路。

➢ **键盘和液晶驱动电路。**DSP 的 I/O 口驱动能力有限，要实现键盘接受按键灵敏度高，液晶显示正常，刷新频率高，最好加上 74HC244 缓冲驱动，增强带负载能力。适当的地方可以加上拉电阻，增大驱动电流。

➢ **通信接口电路。**主从模块传输的是二进制数字量，为防止数据间或外界信号干扰，信号强度因传输线路长而减弱等，传输之前常常加上光耦。

2）监测模块。本模块是用于储能部件数据的巡检，除进行常规电压、电流、温度等监测外，与内阻监测单元连接后可准确在线监测电池内阻。监测模块安装在储能部件附近，与控制模块，PC 机之间通讯连接，方便现场接线安装。监测模块的处理器选择应考虑功耗、接口、定时器等。

监测模块的电路主要包括以下电路：

➢ 时钟发生电路。

➢ **PWM 控制电路，微弱信号处理电路**。该电路主要用于产生、处理、采集电池内阻信号。

➢ 电源变换电路。电源变换电路使整组电池的电压经过滤波、变换、反馈变换形成稳定、可靠的电压。此电压为各个芯片提供电源。如果电源检测电路检测到变换后的电压不稳定，反馈变换电路会将不稳定的电压反馈给变换电路，重新变换，直至稳定。

➢ 其他电路。包括：单片机电路、通信接口电路、采样控制电路、共模电压测量电路、内阻测量电路等。

7.5 动力电池 SOC 的评估

7.5.1 动力电池 SOC 评估的作用

SOC 是防止动力电池过充和过放的主要依据，只有准确估算电池组的 SOC 才能有效提高动力电池组的利用效率，保证电池组的使用寿命。**在电动汽车中，准确估算蓄电池 SOC 的作用包括以下四点：**

(1) 保护动力电池 对于动力电池而言，过充电和过放电都可能对其造成永久性的损害，严重减少动力电池的使用寿命。如果可以提供准确的 SOC 值，则整车控制策略可以将 SOC 控制在一定的范围之内（如 20% ~80%），起到防止对电池过充电或过放电的作用，从而保证动力电池的正常使用，延长动力电池的使用寿命。

(2) 提高整车性能 在没有提供准确 SOC 值的情况下，为了保证电池的安全使用，整车控制策略需要保守地使用电池，防止动力电池出现过充电和过放电的情况。这样不能充分发挥电池的性能，因而降低了整车的性能。

(3) 降低对动力电池的要求 在准确估算 SOC 的前提下，电池的性能可以被充分使用。选用电池时，针对电池性能设计的余量可以大大减小。例如，在准确估算 SOC 的前提下，只需要使用容量为 20A · h 的动力电池组。如果不能提供准确的 SOC 值，为了保证整车的性能和可靠性，可能需要选择 30A · h 甚至更高容量的动力电池组。

(4) 提高经济性 选择较低容量的动力电池组可以降低整车的制造成本。同时，提高了系统的可靠性，使后期的维护成本也大大降低。

7.5.2 动力电池 SOC 的评估方法

(1) 电荷累积法 电荷累积法（Coulomb counting Method，也称作 CC 法）又称容量积分法，是预先知道上一时刻电池剩余电量状态，并对一段时间内动力电池充入、放出的电荷

进行统计，从而得到当前电池荷电状态的一种方法。

假设上一时刻 t_1 电池的剩余电量为 Q_{t1}，当前时刻 t_2 电池的剩余电量为 Q_{t2}，从 t_1 到 t_2 期间电池充入、放出的累计电量为

$$Q_{t_1}^{t_2} = \int_{t_1}^{t_2} i(t)\,\mathrm{d}t \tag{7-31}$$

那么

$$Q_{t_2} = Q_{t_1} - Q_{t_1}^{t_2} \tag{7-32}$$

式（7-31）中，$i(t)$ 可以取正也可以取负，当 $i(t)>0$ 时，表示电池在放电，当 $i(t)<0$ 时，则表示电池在充电。

同理，在式（7-32）中，若 $Q_{t_1}^{t_2}>0$，表示在 t_1 到 t_2 这段时间内，总体而言电池放出的电量多于充入的电量，反之，若 $Q_{t_1}^{t_2}<0$，则表示在 t_1 到 t_2 这段时间内，总体而言电池充入的电量多于放出的电量。

通过式（7-32）求得 Q_{t_2}后，可以进一步通过比例运算求得此时的 SOC 值（%）。

然而，电荷累积法存在以下三个问题：

1）对初始值的依赖性。事实上，电荷累积法只能解决一段时间内电量变化的情况 $Q_{t_1}^{t_2}$，而我们最终关心的是电池的剩余电量 Q_{t_2}，这依赖于 Q_{t_1} 的准确性。若初始值 Q_{t_1} 存在误差，则利用式（7-31）和（7-32）是没有办法对其进行修正的。

2）累积误差的问题。由于电流传感器精度不足，采样频率低，信号受干扰等原因，用于积分的电流 $i(t)$ 与真实值相比存在一定的误差，多次循环之后会出现一些误差积累。目前大多利用电池组电压来校正因电流积分导致的累积误差。从电池组放电到放电终止电压，无论 SOC 值为多少都置为 0，这样可以避免长时间积分的累积误差。也可在电池组静态时采用电压法来校正 SOC，而在工作时用电流积分的方法。然而，电压和容量的对应关系，受到了温度和放电电流大小的影响，且电池组电压和容量的对应关系，受电池组均衡性的影响较大，因此，不能仅仅通过电压校正的方法来减小误差。另一种较为有效的校正方法是把电池充至饱满，或将电池的剩余电量全部放光。当然，这种方法会减少电池的循环使用寿命，实用性不强。

3）不能应对电池的自放电问题。几乎所有的二次电池都存在自放电问题，即电池中的电荷以极其慢的速度放出来。电荷累积法对于这种现象几乎是无能为力的，其原因在于：

- 自放电的等效电流很小，一般的电流传感器无法准确测量；
- 相当一部分的自放电电流并不走工作电流的回路，设置在工作电流回路中的传感器自然检测不到自放电电流；
- 自放电可能在电池管理系统不工作的情况下发生，例如汽车“熄火”以后，闲置在车库里，此时 BMS 并不需要工作，自然也无法监测电池的自放电情况。

除上述的三个方面以外，使用电荷累积法还要注意其他一些细节。例如要求 BMS 关闭时，需要记录最后时刻的剩余电量值 Q_{t_1}，否则第二天驾驶人重新发动电动汽车时，电量评估就缺少了初始值。另外，在更换了动力电池组以后，必须对电池剩余电量进行一次校正，这可以通过对电池组进行一次饱充来进行。

（2）开路电压法　开路电压法（Open-Circuit Voltage method，简称 OCV 法），就是当电池既不处于充电状态，也不处于放电状态，即工作电流为 0 的情况下，通过测量动力电池的

开路电压（OCV）来估算电池的SOC。**使用开路电压法一般基于以下三个前提：**

1）**SOC与电池的电动势（EMF）有一一对应关系**，即给出0%～100%之间的任意一个SOC值，存在唯一的一个电动势（EMF）值与之对应；

2）**在工作电流为0的情况下，开路电压（OCV）与电池电动势（EMF）相等；**

3）**不考虑温度及电池老化程度等因素，即认为在不同的温度条件下，不同老化程度的电池具有相同的SOC-EMF曲线。**

由电池的工作特性可知，电池组的开路电压和电池的剩余容量存在着一定的对应关系。随着放电电池容量的增加，电池的开路电压降低。由此可以根据一定的充放电倍率时，电池组的开路电压和SOC的对应曲线，通过测量电池组开路电压的方式，差值估算出电池SOC的值。在电动汽车的实践应用中，OCV法通常利用工作电流为0的时机，测量电池电压U_0，然后反求出电池的SOC值。

该方法简单易行，但不同充放电倍率时，电池组的电压不一致，因此，在电流波动比较大的场合，这种计量方式将失去意义。**在电动汽车的具体应用中，开路电压法存在以下不足：**

1）关于工作电流为0的问题。由于开路电压法是基于工作电流为0的情况进行的，而往往在电动汽车的行驶过程或充电过程中，即工作电流不为0的情况，也需要知道SOC的值，这时开路电压法显然是不适用的。此外，即使电动汽车不起动、不充电，处于静止状态，仍然不能认为动力电池的工作电流为0，因为此时汽车的弱电系统仍在工作，例如整车控制器没有关闭，通信网络仍处于工作状态，仪表台可能开启等，至少此时BMS本身仍在工作，这些都意味着电动汽车的工作电流不一定绝对为0。在实际应用中，可设定一个电流的门限值，当电流小于该门限值时则认为可通过OCV法评估SOC。

2）EMF-SOC曲线的获取和利用。电池电压的滞回特性对用OCV方法表示EMF产生很大的影响。虽然在电压的平台区，电池的充放电平衡电动势相差不过十几个毫伏，但SOC从90%降到10%的这个平台区内，整个电压降也不超过200mV，因此，若忽略滞回特性，则所评估的SOC可能存在10%左右的误差。在实际应用过程中，用户更关注电池在放电过程中的SOC值，可以选择放电时的EMF-SSO曲线作为SOC评估的标准。但电动汽车使用过程中存在能量回馈制动，不同电池间的均衡控制等问题，可能造成放电与充电交替的情况，因此，滞回特性对开路电压法的影响只能减小，不能克服。另外，不同温度对电池组的放电平台电压影响也较大，因此，单靠电压来估算SOC的方法难以满足实际需求。

3）电压回弹问题。开路电压法必须考虑电池电压的回弹效应。当电动汽车由于某些原因（如等待交通信号灯）短暂停车时，是否可以用开路电压法对SOC做一次评估也是需要考虑的问题。如果停留时间过短，电压还没有回弹到稳定状态，估算出的SOC值必然偏小，并且误差的大小与停留的时间有关。**针对电压回弹问题通常可以有两种解决办法：**

① **设定一个时间阈值**，当工作电流持续小于电流门限值的时间大于时间阈值时，才用开路电压法对SOC的值做评估；

② **利用电池模型**，通过10～30s内电压回弹的趋势，来预估出电池电压回弹的极限值，再用这个极限值来估算SOC。

综上所述，开路电压法对单体电池的估计要优于电池组，如果电池组中的单体电池不均

衡，便会导致电池组容量低时电压很高，因此该方法不适合于个体差异大的电池组。另外，开路电压法在电池正常工作时也不能使用，而需要等到电池停止工作一段时间后才能使用。

(3) 折中的方法　电荷累积法和开路电压法之间存在明显的互补性，因此有学者又提出一种折中方法：当电池处于工作状态（工作电流大于设定的门限值）时，用电荷累积法实时更新 SOC 值，同时，为了消除电荷累积法的累积误差，并解决电荷累积法的初始 SOC 评估问题，在电池系统每次启动时，或电池组存在短暂不工作的时期，利用开路电压法对 SOC 进行校准。

该方法能够在一定程度上弥补电荷累积法存在的不足，可每隔一段时间消除累积误差，并解决了电池长期静置不用后 SOC 的初值问题，以及自放电问题等。同时，该方法也解决了电荷累积法无法在电池组正常工作时估算 SOC 值的问题。

这种折中的方法在实际的 BMS 系统中得到了广泛的应用。但该方法并不能解决开路电压法本身所存在的不足，例如电流为 0 问题，电压滞回效应以及 EMF 受温度和使用历史影响等问题。因此，对 SOC 评估算法的改进依然是一个值得研究的课题。

7.5.3　动力电池 SOC 评估的难点

电池一致性指同一规格型号的单体电池组成电池组后，其电压，荷电量，容量及其衰退率，内阻及其变化率，寿命，温度，自放电率等参数存在一定的差别。根据使用中电池组不一致性扩大的原因和对电池组性能的影响方式，可以把电池的一致性分为容量一致性、电压一致性和电阻一致性。

（1）电池状态监测不准确对评估造成的影响　剩余电量并非一个可以直接测量的值，而需要通过电压、电流等状态量的测量值来进行间接估算，电池状态监测环节的误差是不可避免的，因此，电池剩余电量评估的误差也是不可避免的。电池状态监测的不准确性主要表现在两个方面：由传感器精度引起的状态监测不准确，以及由电磁干扰引起的状态监测的不准确。

（2）电池的不一致性对评估造成的影响　动力电池在制造过程中，由于材料、工艺等各方面的差异，导致不同批次的电池之间，甚至同一批次的不同电池之间存在较大的差异性，这样的差异对电池剩余容量评估的精度造成了一定影响。原因主要在于以下两个方面。

1）样本与实际的不一致。目前的剩余电量评估算法，基本上都是基于电池样本特性的，以样本的特性来类比实际工作中电池的特性。因此，样本电池与实际电池的不一致性，将会影响电量评估的精度。以下是两种常见的情况：

① 采用电荷累积法评估电池的剩余电量，其容量非一致性会导致评估不准。例如样本电池的容量是 100A·h，而实际电池的容量为 105A·h，那么，当用 CC 法算得某次实际过程中累计放出的电量为 95A·h 时，根据样本容量，剩余电量应该为 5A·h，而实际电池的剩余容量是 10A·h。

② 采用开路电压法来评估 SOC，其依据为电池样本的 SOC-EMF 曲线，即通过测量实际电池的开路电压，通过曲线反求实际电池的 SOC 值，然而，由于实际电池与样本电池的特性曲线的不一致性，用 OCV 法评估得到的 SOC 值将会存在误差。电池静态（电池静止 1h 以上）开路电压在一定程度上是电池 SOC 的集中表现。电池 SOC 在一定范围内还与电池开路电压呈线性关系，因此开路电压不一致也在一定程度上体现了电池能量状态不一致。

2）电池组内各电池不一致。在实际工作中，有以下三种情况值得注意：

① 电池生产制造过程导致的不一致是动力电池不一致的直接原因。在制造过程中，由于工艺上的问题和材质的不均匀，使得电池极板活性物质的活化程度，以及厚度、微孔率、连条、隔板等存在很微小的差别，这种电池内部结构和材质上的不完全一致性，就会使同一批次出厂的同一型号电池的容量、内阻等参数不完全一致。在电池管理系统中，如果对每个电池都进行评估，则需要耗费大量的时间。另外，如果对每个电池都进行较为精密的电压采样，则需要的器件费用较为昂贵。为了解决这两个矛盾，有些电池管理系统中仅对整个电池组内的若干个电池进行采样，从而推算出整个动力电池组的剩余电量。这种做法极大地节约了电池剩余容量的评估计算时间和器件成本，然而，由于组内电池存在一定的不一致性，其评估结果中难免存在一定的误差。

② 工作环境是导致电池不一致现象的间接原因。在电动车辆的工作过程中，由于电池组中各个电池的温度、通风条件、自放电程度和电解液密度等差别的影响，在一定程度上增加了电池电压、内阻及容量等参数的不一致性。由于电池在电池箱内的位置差异，各电池的吸热、散热状况不一致，而温度又将对电池的剩余电量乃至循环寿命产生较大影响。因此，在某一时刻，电池组内电池的剩余容量，健康状况都存在一定的差异。如果用统一的方法对剩余容量进行评估将造成较大的误差。

一般地，电池组放电 40% ~50% 时，电池处于放电电压平稳阶段，因此，电池电压一致性良好。在放电后期，车辆停止行驶是由于极少数单体电池电压偏低，达到甚至超过单体电池放电终止电压。在此情况下，最高与最低电池单体电压差可达 0. 5V 以上。若继续使电池组放电，电池会因没有能量可以放出而过放电，导致永久性损坏。

由于各电池单体间的不一致性和串联动力电池组的短板效应，在动力电池组的使用过程中，电池组的最大可用容量与单体的可用容量下降速度不同步，这也会导致各单体 SOC 状态各不相同，使得电池组寿命和电池单体相比，明显降低。过充电或过放电都会对电池造成额外的损伤，致使动力电池的容量衰减加剧，此时的动力电池组寿命降低更加明显。

③ 个别电池替换后也容易产生电池的不一致现象。电动汽车电池组在使用一段时间以后，有时需要对个别性能特别差的电池进行替换，一旦进行替换以后，新电池与组内电池的不一致会使得 SOC 的评估更加困难。

电压不一致的主要影响因素在于并联组中电池的互充电，当并联组中一节电池电压低时，其他电池将给此电池充电。这样，低压电池容量小幅增加，同时高压电池容量急剧降低，能量将损耗在互充电过程中，达不到预期的对外输出。若低压电池和正常电池一起使用，将成为电池组的负载，影响其他电池的工作，进而影响整个电池组的寿命。所以，在电池组不一致明显增加的深放电阶段，不能再继续行车，否则会造成低容量电池过放电，影响电池组使用寿命。

（3）运行工况的不确定性对评估造成的困难　在电动汽车工作过程中，可能的工况是千变万化的。驾驶人无法预知下一时刻的工作状况，这对剩余电量或 SOC 的评估造成了一定的影响：

1）受多种因素影响，剩余电量并不能完全释放。例如，在实际工作中，若未来时刻需要放出的工作电流较大，则电池组实际可放出的电荷较少；反之，若未来电动汽车所需的工作电流较小，且工况稳定，则电池组实际可放出的电荷较多。除工作电流外，电池组的工作温度也会对电池可以释放的最大电荷产生影响。

2）在剩余电量一定的前提下，电池组实际可以放出的能量是不一样的。定性的情况

是：电池工作温度不变，内阻维持不变，工作电流越大，电池组可以放出的能量就越少，电动汽车的续航里程就越短；同时，若电池的工作电流一定，工作温度越高，电池内阻越小，电池组可以放出的能量就越多，续航里程就越长。

7.5.4 提高动力电池一致性的措施

由前文可知，电池组的一致性是相对的，不一致性是绝对的。为提高电池组的利用效率和性价比，在应用过程中，需要采取一定的措施，减缓电池不一致性扩大的趋势或速度。根据动力电池的应用经验和试验研究，**常采用如下措施，保证电池组寿命逐步趋于单体电池的使用寿命。**

1）**提高电池制造工艺水平，保证电池出厂质量，尤其是初始电压的一致性。**同一批次电池出厂前，以电压、内阻及电池化学成分数据为标准进行参数相关性分析，筛选相关性良好的电池，以此来保证同批电池的性能尽可能一致。

2）**在动力电池成组时，务必保证电池组采用同一类型、同一规格、同一型号的电池。**

3）**在电池组使用过程中，检测单电池参数，尤其是动、静态情况下（电动汽车停驶或行驶过程中）的电压分布情况，掌握电池组中单电池不一致性发展规律，对极端参数电池及时进行调整或更换，以保证电池组参数不一致性不随使用时间增大。**

4）**对使用中发现的容量偏低的电池，进行单独维护性充电，使其性能恢复。**

5）**间隔一定时间对电池组进行小电流维护性充电，促进电池组自身的均衡和性能恢复。**

6）**尽量避免电池过充电，尽量防止电池深度放电。**

7）**保证电池组良好的使用环境，**尽量保证电池组温度场均匀，减小振动，避免水、尘土等污染电池极柱。

8）采用电池组均衡系统，对电池组充放电进行智能管理。

7.6 动力电池的均衡控制

为了平衡电池组中单体电池的容量和能量差异，提高电池组的能量利用率，需要在电池组的充放电过程中使用均衡电路。动力电池的能量控制管理包括充电控制管理、放电控制管理以及电池的均衡控制管理，这些并不属于电池管理系统必须的功能，但对于整个动力电池组的性能有着重要的意义，能量控制管理功能的好坏能够直接体现出动力电池管理系统的水平。

7.6.1 动力电池均衡控制管理的意义

大量实践经验和实验数据都表明，电池组中的各个单体电池之间客观存在着不一致性，加入了**均衡控制管理的电池组，**整体性能将得到一定程度的提高，其**优点在于：**

（1）**有助于提升电池组的整体容量** 如果不对电池做均衡控制，电池管理系统的保护机制会在电池组中的某个电池充满电时就对整个串联电池组截止充电，同样，在剩余电量最小的电池放完电时，就对整个串联电池组截止放电，也就是说，电池组的有效容量符合木桶原理，这样就会造成整个电池组的容量不能有效发挥。

（2）**有助于控制动力电池的充放电深度** 如果把电池从完全放空到完全充满的整个过程中SOC的变化记为0%～100%，则在实际应用中，最好让每个电池都工作在5%～95%

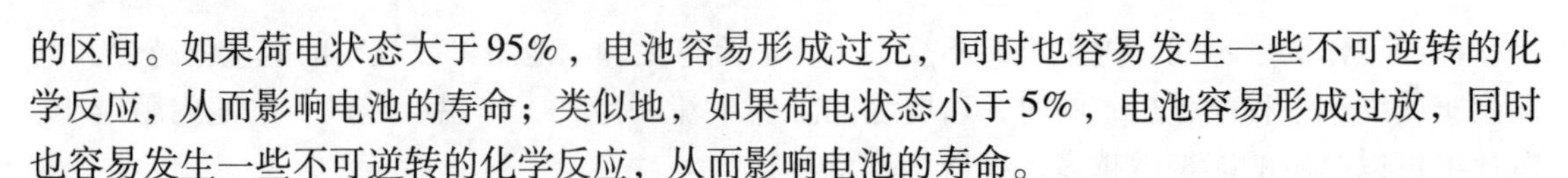

的区间。如果荷电状态大于95%，电池容易形成过充，同时也容易发生一些不可逆转的化学反应，从而影响电池的寿命；类似地，如果荷电状态小于5%，电池容易形成过放，同时也容易发生一些不可逆转的化学反应，从而影响电池的寿命。

理论分析及实验数据表明，对电池组实施均衡控制管理，减小动力电池的充放电深度对于提高电池的安全性，延长电池的寿命，提高电池衰老（SOH）的一致性，有重要的意义。

7.6.2 动力电池均衡控制管理的难点

（1）单体电池荷电状态SOC的评估　过去，某些简单的电池均衡算法往往以电池的电压作为均衡依据，即认为电压较高的电池需要失去电荷，电压较低的电池需要补充电荷。而实际上，电池均衡的最佳依据应该是电池的剩余电量或荷电状态。电压的监测和判断较为简单，但电池的剩余电量或荷电状态的评估却相对困难。

（2）单体电池容量的获取　要获取单体电池的容量，其困难在于以下两个方面：

1）电池容量受SOH的影响。一般来说，电池一旦装车使用，其性能会不断衰减，有效容量会不断减少。然而，每个电池的有效容量均有差异，要获得其SOH的值，必须要对每个电池单独进行一次充满并马上放空的操作，对于已经装车使用的电池，这样的评估难以经常对每个电池单独进行。

2）实际的容量受运行工况限制。即使能知道每个单体电池的SOH，仍难以预计汽车的运行工况，导致电池实际的有效容量难以获取。

7.6.3 动力电池均衡控制管理的方法

（1）集中式均衡与分布式均衡　按均衡电路的拓扑结构分类，可以分为集中式均衡方案和分布式均衡方案。集中式均衡方案指整个电池组共用一个均衡器，通过逆变分压等技术对电池组能量进行分配，以实现单体电池与电池组之间的能量均衡。而分布式均衡方案中，均衡模块是由个别电池所专用的。

图7-33所示为一个典型的集中式均衡拓扑结构。该结构中，电池组内所有的电池都可以利用同一个均衡器（均衡电容）进行均衡操作。

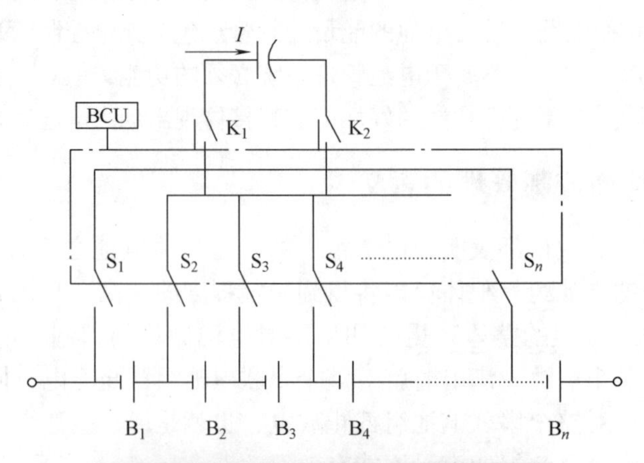

图7-33　一个典型的集中式均衡拓扑结

图 7-34 为一种典型的分布式电池均衡拓扑结构。该结构在每个电池上并联一个旁路电阻，并利用一个电子开关控制均衡操作。

比较以上两种均衡方式，集中式均衡方案能迅速地集整个电池组之力为待均衡的个别电池转移能量，所配置的公用均衡器的性能越好，则均衡速度越快，而且从整体来说，集中式均衡模块的体积也比分散式的（总和）越小；然而，集中式均衡方案中，各个电池之间形成竞争关系，多个电池的均衡操作不能同时进行，而且各电池与均衡器之间需要大量的线束连接。可见，集中式均衡方案不太适用于电池数量较大的电池组。

（2）放电均衡、充电均衡与双向均衡　按照均衡的作用过程不同，可以将均衡控制管理分为放电均衡、充电均衡和双向均衡。放电均衡方式指在放电过程中实现各单体电池间的均衡，以保证放电过程中能够将电池组中每个电池的剩余容量放至 0，而不会出现有的电池已放电完全，而有的电池尚有电量的情况。放电完全之后，用恒定电流以串联充电的方式对电池组进行充电，直到电池组中有任何一个电池的剩余容量达到 100% 时结束充电。整个过程可以用图 7-35 来表示。

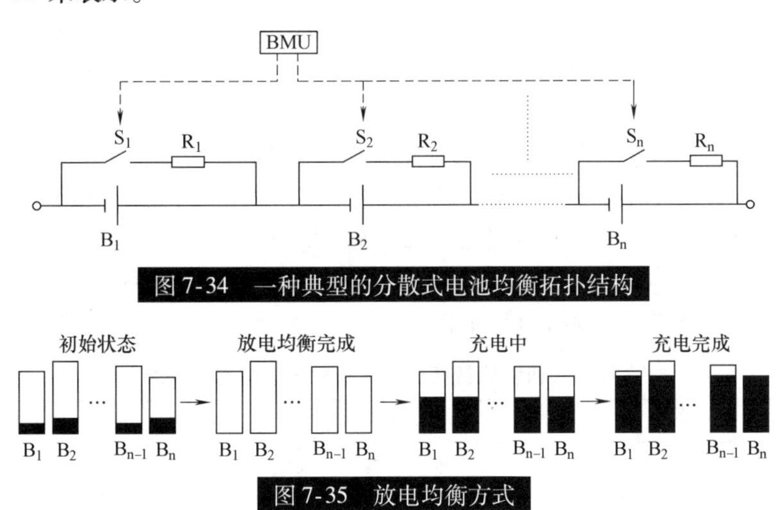

图 7-34　一种典型的分散式电池均衡拓扑结构

图 7-35　放电均衡方式

从上图可以看出，放电均衡方式可以保证每一次充进电池的电量都完全释放出来。但在充电过程中，根据“短板原理”，只能以最小容量的电池为截止上限。在充电过程中并不能完全利用电池组的容量。

放电均衡的缺点是能量损耗过多，不能在任何时候都进行（例如在电池剩余容量还比较多的情况下，进行放电均衡代价过大）；而且，放电均衡需要把电池剩余容量放空，从而提高了放电深度，有可能影响电池的循环寿命。

充电均衡方式指在充电过程中，采用上对齐均衡充电方式实现各个单体电池间的均衡，以保证充电过程中能够将电池组中每个电池的容量都充至 100%，如图 7-36 所示。

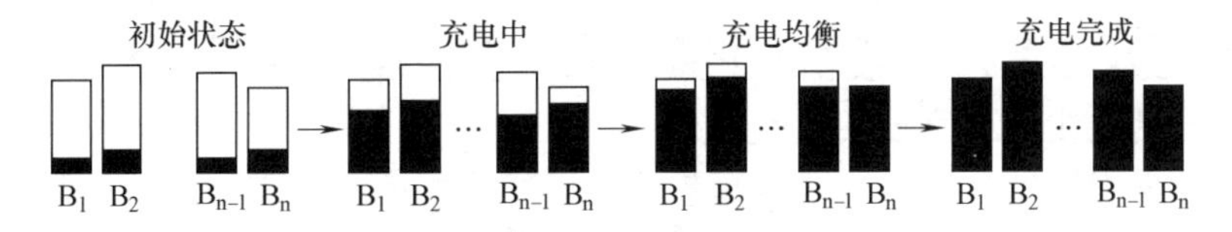

图 7-36　充电均衡方式

充电均衡方式可以保证每一个单体电池的实际容量在充电过程中都发挥出功效。但充电均衡方式对放电过程没有做任何控制，其放电过程满足木桶原理，整个电池组的放电容量取决于容量最小的电池。与放电均衡相反，充电均衡在电池组处于任何荷电状态下都适用。

双向均衡方案则是综合了放电均衡方案和充电均衡方案两者的优点，在充电和放电过程中都引入均衡控制，这样既能保证每一个电池都能放电到 SOC 为 0，又能保证每一个电池都充电到 SOC 为 100%。由于加入了放电均衡过程，这种方案同样存在能量损耗过多，容易损害电池等问题。但这种方法有利于对电池的最大容量进行评估（即有助于得到每个电池的最大容量），可以在对电动汽车进行保养的过程中，利用这种方法来对电池的健康状况进行诊断。

（3）耗散型均衡与非耗散型均衡　按照在均衡过程中，对电池组进行能量保护的方式，可以将均衡控制方案分为耗散型均衡和非耗散型均衡两种。

1）耗散型均衡。耗散型均衡方案指利用并联电阻等方式，将电池组中荷电状态较多的电池的能量消耗掉，直到其与组内其他电池达到均衡。该方法的实现过程如下：定时检测各个单体电池的电压，当某些单体电池的电压超过电池组平均电压时，接通这些高能电池的并联电阻，使它们的一部分能量消耗在并联电阻上，直到它们的电压值等于电池组平均电压。

耗散型均衡方案控制逻辑简单，硬件上容易实现，成本较低，是早期均衡控制最常用的方案。但是，这种方法以消耗电池组的部分能量为实施手段，均衡过程一般在充电过程中完成，对容量低的单体电池不能补充电量，存在能量浪费和增加热管理系统负荷的问题，对于电动汽车而言，会因通风不好导致过热形成安全隐患。

能量耗散型均衡充电电路一般又分为恒定分流电阻均衡充电电路，开关控制分流电阻均衡充电电路两类，其优缺点如表 7-14 所示。

图 7-14　两种能量耗散型均衡充电电路的优缺点

	优　点	缺　点	备　注
恒定分流电阻均衡充电电路	可靠性高，分流电阻的值大，通过固定分流来减小由于自放电导致的单体电池差异	无论电池充电还是放电，分流电阻始终消耗功率，能量损失大，一般适用于能够及时补充能量的场合	每个电池单体上都始终并联一个分流电阻
开关控制分流电阻均衡充电电路	可以对充电时单体电池电压偏高者进行分流	由于均衡时间的限制，导致分流时产生的大量热量需要及时通过热管理系统耗散，尤其在容量比较大的电池组中更加明显	分流电阻通过开关控制，在充电过程中，当单体电池电压达到截止电压时，均衡装置能阻止其过充并将多余的能量转化成热能

2）非耗散型均衡。非耗散型均衡（也称作无损均衡）指利用中间储能元件和一系列的开关元件，将电池组中荷电状态较高的电池的能量转移到荷电状态较低的电池中去，以达到均衡目的的方案。无损均衡方案用到的中间储能元件一般有电容和电感两种。**无损均衡正好可以弥补耗散型均衡的缺点，但它也存在着控制逻辑电路复杂等方面的缺点，且由于器件损耗，非耗散型均衡并不能做到真正的无损。**

非能量耗散型电路的耗能相对于能量耗散型电路小很多，但电路结构相对复杂，可分为能量转换式均衡和能量转移式均衡两种方式。

1）能量转换式均衡。能量转换式均衡通过开关信号，用电池组整体能量对单体电池进

行能量补充，或者将单体电池能量转换为整体电池组的能量。其中，单体能量向整体能量转换，一般都是在电池组充电过程中进行。该电路会检测各个单体电池的电压值，当单体电池电压达到一定值时，均衡模块开始工作。把单体电池中的充电电流进行分流，从而降低充电电压，分出的电流经模块转换把能量反馈回充电总线，达到均衡的目的。还有的能量转换式均衡可以通过续流电感，完成单体到电池组的能量转换。

电池组整体能量向单体转换也称为补充式均衡，即在充电过程中，首先通过主充电模块对电池组进行充电，且电压检测电路对每个单体电池进行监控。当任一单体电池的电压过高时，主充电电路就会关闭，然后补充式均衡充电模块开始对电池组充电。通过优化设计，均衡模块中充电电压经过一个独立的DC/DC变流器和一个同轴线圈变压器，给每个单体电池上增加相同的次绕组。这样，单体电压高的电池从辅助充电电路上得到的能量少，而单体电压低的电池从辅助充电器上得到的能量多，从而达到均衡的目的。

此方式的问题在于次绕组的一致性难以控制，即使副边绕组匝数完全相同，考虑到变压器漏感以及副边绕组之间的互感，单体电池也不一定能获得相同的充电电压。同时，同轴线圈也存在一定的能量耗散，并且这种方式的均衡只有充电均衡，对于放电状态的不均衡无法起作用。

2）能量转移式均衡。能量转移式均衡利用电感或电容等储能元件，把电池组中容量高的单体电池能量，通过储能元件转移到容量比较低的电池上。该电路通过切换电容开关传递相邻电池间的能量，将电荷从电压高的电池传送到电压低的电池，从而达到均衡的目的。另外，也可以通过电感储能的方式，对相邻电池间进行双向传递。此电路的能量损耗很小，但是均衡过程中必须有多次传输，均衡时间长，不适于多串的电池组。改进的电容开关均衡方式，可在最高电压单体与最低电压单体电池间进行能量转移，从而使均衡速度增快。能量转移式均衡中，能量的判断以及开关电路的实现较困难。

除上述均衡方法外，在充电应用过程中，还可采用涓流充电的方式实现电池的均衡。这是最简单的方法，不需要外加任何辅助电路。其方法是对串联电池组持续用小电流充电。由于充电电流很小，这时的过充对满充电池所带来的影响并不严重。已经充饱的电池无法将更多的电能转换成化学能，多余的能量将会转化成热量。而对于没有充饱的电池，却能继续接收电能，直至到达满充点。这样，经过较长的周期，所有的电池都将达到满充状态，从而实现了容量均衡。但这种方法需要很长的均衡充电时间，且消耗相当大的能量来达到均衡。另外，在放电均衡管理上，这种方法是不能起任何作用的。

7.7 电池组的匹配设计

7.7.1 电动车辆能耗经济性评价参数

动力电池组是混合动力车辆的重要能量来源，是纯电动车辆的唯一能量来源。在车辆与电池系统的匹配中，首先需要关注并了解电动车辆的能耗评价指标。

能耗经济性是车辆的主要使用性能之一，可以定义为车辆在一定的使用工况下，以最小能量消耗完成单位运输工作的能力。在内燃机汽车上称为燃料经济性，在电动汽车上以电能消耗为指标。车辆能耗经济性常用的评价参数都是以一定的车速或循环行驶工况为基础的，并以车辆行驶一定里程的能量消耗量或一定能量可使车辆行驶的里程来衡量。为了使电动汽车能耗经济性评价指标具有普遍性，适用于不同类型的电动汽车，其评价指标应该满足以下三个条件：

➢ 可比性：可以对不同类型的电动汽车经济性进行比较；
➢ 独立性：指标参数数值与整车储存能量总量无关；
➢ 直观性：可以直接靠参数指标判断能耗经济性。

(1) 续驶里程　续驶里程是纯电动汽车动力电池组充满电后可连续行驶的里程，可分为等速续驶里程和循环工况续驶里程。等速通常采用40km/h或60km/h作为标准。循环工况则根据车辆的使用环境进行选择，常用的包括欧洲15工况、日本10工况、中国客车6工况等。此项指标对于综合评价电动汽车动力电池组，电机，传动系统效率及电动汽车实用性具有积极意义。但此项指标同电动汽车电池组装车容量及电压水平有关，因此在不同车型和装配不同容量电池组的同种车型间不具有可比性。即使装配相同容量同种电池的同一车型，续驶里程也会受到电池组状态，天气，环境因素等使用条件影响，而有一定幅度的波动。

续驶里程还可以分为理论续驶里程、有效续驶里程和经济续驶里程，如表7-15所示。

表7-15　续驶里程的三种表达方式

表达方式	定　义	放电深度
理论续驶里程	根据电池组能量存储理论值和车辆单位里程能量消耗理论值计算所得的续驶里程	指充放电深度均为100%情况下电动汽车可行驶的里程
有效续驶里程	在电池组能够可靠稳定工作前提下的续驶里程	指放电深度70%～80%时，车辆可行驶的里程
经济续驶程	最大限度保证电池组使用经济性和使用寿命，有利于电池组最佳状态下工作的续驶里程	指充电至SOC为90%，放电深度不超过90%时的车辆可行驶里程

在经济续驶里程的充放电机制下，可以最大限度地保证电池组稳定可靠工作，减少电池组不一致性对整个电池组系统带来的影响，提高电池组寿命，并且电池的充放电效率最高，电动汽车运行的总体能耗经济性最好。

(2) 单位里程容量消耗　电池及电池组以容量作为能量存储能力的衡量标准之一。以电池组作为唯一动力源的纯电动汽车的单位里程容量消耗，可定义为车辆行驶单位里程消耗的电池组容量。

电池组放电深度不同时，总电压有明显的变化，因此在相同放电功率下，电池组放电电流会有相应的变化。在相同车辆使用条件下，不同的电池组放电深度，单位里程消耗的电池组容量不同。单位里程容量消耗作为经济性评价参数存在一定的误差。因此，单位里程容量消耗指标参数值的获得，必须以多次不同条件下的行驶试验为基础，取试验结果的平均值。基于上述特点，此项指标在不同的使用条件下，不同的车型间不具有可比性，仅适用于电压等级相同，车型相似情况下的能耗经济性能比较，或同一车型能耗水平随电池组寿命变化历程的分析。

（3）单位里程能量消耗　单位里程能量消耗又可分为单位里程电网交流电量消耗和单位里程电池组直流电量消耗。其中，交流电量消耗受到不同类型充电设备效率的影响，有一定的误差，另外，充电设备是独立于电动汽车的服务性设备，不应作为电动汽车效率的一部分。在充电设备不同的情况下，电动汽车的经济性在一定程度上不具有可比性。单位里程电池组直流电消耗量，仅以车载电池组的能量状态作为标准，脱离了充电机的影响，因此可以直接、可靠地反映电动汽车的实际经济性能。

（4）单位容量消耗行驶里程和单位能量消耗行驶里程　这两种电动汽车能耗经济性的评价指标分别是单位里程容量消耗和单位里程能量消耗的倒数，单位分别为 km/(A · h)，km/(kW · h)。

（5）等速能耗经济特性

汽车等速能耗经济性指汽车在额定载荷下，以变速器最高档位，在水平良好路面上，以等速行驶单位里程的能耗或单位能量行驶的里程。通常可以测出每隔 5km/h 或 10km/h 速度间隔的等速行驶能耗量，然后在速度—能耗曲线图上连成曲线，称为等速能耗经济特性。通过此曲线可以确定汽车的经济车速。但这种评价方法不能反映汽车实际行驶中受工况变化的影响，特别是市区行驶中频繁加减速的行驶工况。

（6）比能耗　不同型号的电动汽车的总质量相差很大，跨度从几百千克到十余吨，因此单位里程能量消耗也有很大差别。为了进行不同车型间能耗水平分析和比较，需要引入直流比能耗的概念，即单位质量在单位里程上的能量消耗，单位为 kW · h/(km · t)。此参数可以体现不同车型间传动系统的匹配优化程度和能量利用效果。以直流比能耗作为电动汽车能耗经济性的评价标准，可以直观地评价各种不同车型的能耗水平，可比性强。

在电压等级相同的情况下，与比能耗指标评价类似，可以引入比容耗的概念，即单位质量在单位里程的容量消耗，单位为 A · h/(km · t)。

纯电动汽车能耗经济性评价的各个参数之间存在相互转换的计算关系，如图 7-37 所示。电池组可放出的有效能量、有效容量，以及其单位里程能耗和单位里程容耗是电动汽车续驶里程的决定性因素。车辆的整备质量把单位里程能耗和容耗与比能耗和比容耗联系起来。单位里程能耗和容耗与单位能量和容量行驶里程之间的倒数关系说明这两个参数只是同一概念的两种不同表达方式。单位里程容耗和能耗的区别在于计算中是否考虑电池组电压变化的影响。

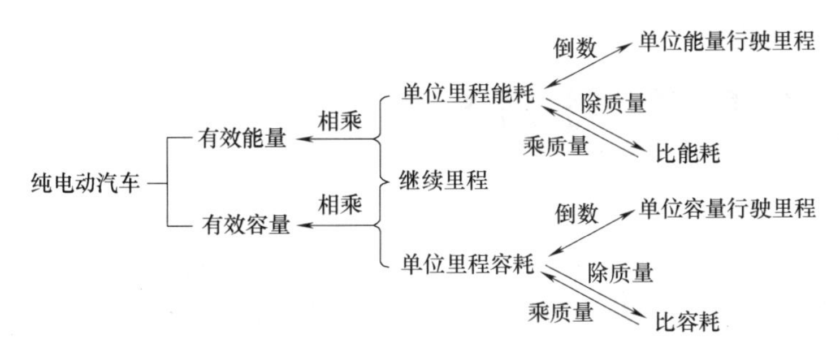

图 7-37　纯电动汽车能耗参数关系示意图

7.7.2 电池组的功能要求

电池组是电池系统在电动车辆上的基本安装单元。电池组的结构直接关系到整车的布置和安装。电池组的内部尺寸决定了单体电池的布置和结构形式。对于电动汽车的能源供应商而言，电池组的安装固定形式直接决定了电池能量补给的方式（充电、更换或者充换兼容）。因此，电池组的结构和功能受到电动车辆整车及部件设计者、能源供应商、使用者的普遍关注。

总体上而言，电池组应该满足车辆应用需要的电气性能要求，并具备防水、防尘、防火、防震和对车体绝缘等防护功能，具体如下：

（1）电气性能

1）电压。电池组由各单体电池通过串、并联形式构成，各支路单体电池电压的总和应为电动车辆驱动系统要求的电压。

2）能量。电池组的比能量有别于电池单体，在计算电池组的比能量时需要包含电池箱，电池管理系统，电池间的连接件等辅助部件。因此，电池组的比能量（质量比能量和体积比能量）应低于单体电池的比能量，且比能量与单体电池比能量越接近，说明电池组的总体设计越合理，轻量化越好。

3）温控能力。电池组内应具有电池冷却、加热、保温等部件构成的电池热管理系统，具备将电池组内温度控制在电池适宜工作温度范围的能力。

（2）机械强度　动力电池组在电动车辆上安装应用，必须满足车辆部件的耐振动、耐冲击、耐跌落、耐盐雾等强度要求，保证可靠性。

（3）安全要求

1）IP 防护等级。为满足防水、防尘要求，电池组应满足一定的 IP 防护等级，根据车辆的总体要求，对于电池组，一般的 IP 防护等级要求不低于 IP55。

2）电气绝缘性能。现阶段电池组外壳多采用金属材料制成，电池组正极和负极与金属外壳之间的绝缘电阻应大于 10MΩ。

3）电气保护功能。在极端工况下，通过电池管理系统实现电池组的高压断电保护，过流断开保护，过放电保护，过充电保护等功能。

（4）接口与通信协议。电池组具有对外的电能输出能力，需要与电动车辆的用电设备进行连接和通信。相应的电气接口和机械接口在满足安全性和可靠性的前提下，还需要满足国家和行业的相关标准要求。

7.8 动力电池的梯次利用与回收

7.8.1 动力电池梯次利用

动力电池梯次利用指当动力电池不能满足现有电动车辆的功率和能量需求时，将其转移到对能量密度、功率密度要求低一个等级的其他领域应用，以充分发挥其剩余价值。并降低使用成本。

例如，城市电动公交客车、市政电动特种用车以及风景旅游区用电动观光车对动力电池

组的储能容量、功率需求呈现递减梯度。在前一种应用形态下，动力电池经过一定的充放电循环后，容量衰退到本梯次应用的最小容忍值，可转移到下一梯次电动汽车作为动力源。以 100A · h 锂离子动力电池单体为例，可将应用梯次依据容量划分为四个梯次，见表 7-16。

表 7-16　电动汽车梯次划分（按电池使用容量）

项目 \ 梯次	1	2	3	4
电池容量/A · h	80 ~ 100	60 ~ 80	40 ~ 60	<40
适用车型	大型公交车、高速电动汽车	城市特殊用途用车、市政用车等	低速电动微型车、旅游观光车	电站 UPS 储能

电池梯次利用理论研究处于刚刚起步阶段，其关键技术包括：

- **电池梯次分类的判定技术；**
- **用于多级转运的电池组的模块化；**
- **标准化设计技术；**
- **梯次利用供应链的形成机制。**

7.8.2　动力电池回收

动力电池回收指动力电池在功率和能量方面均完全失去使用价值之后，通过一定的途径由相关机构或企业收集，并采用化学或物理方法分离出各种有利用价值的元素，减少或消除其给环境带来的负面影响的行为。

电动汽车尚未普及，世界上仅有一些大的汽车公司针对特定市场开展了动力电池的回收处理工作。日本丰田汽车公司生产的普锐斯混合动力汽车，采用的是镍氢电池，其电池回收处理模式已经基本形成。丰田在欧洲已经建立了电池回收处理网络，电池回收工作相当规范。

部分发达国家也开展了一些有关动力电池回收处理的研究工作，如美国能源部从 1990 年开始立法要求回收电动汽车电池，美国三大汽车公司（福特，通用，克莱斯勒）已经开始联合研发镍氢电池和锂离子电池回收处理技术，美国的阿岗实验室也一直在开展电动汽车电池回收的研究工作。

我国的动力电池回收技术和回收体系尚在研究和建设过程中，随着电动车辆的大量应用，如果废旧电池的回收利用问题没有得到解决，必将影响电动车辆产业的正常发展，因此应尽快建立起有效的电池回收体系，实现工程化，以市场为主导，建立专业的动力电池回收处理机制。

7.9　新型蓄能电池开发动向

不管对于纯 ICE（内燃机）车，还是混合动力汽车、纯电动汽车或燃料电池车，电池都具有不可替代的作用。新能源电动汽车最主要的部件是动力电池、电动机和能量转换控制系统。其对电池要求很高，电池必须具有高比能量、高比功率、快速充电和深度放电的性能，而且要求成本尽量低、使用寿命尽量长。

电池产业的发展经历了由最早的铅酸电池到镍镉电池，再到镍氢电池、锂电池、太阳能电池、燃料电池的历程。这些电池在竞争中发展，形成了各具特色的应用领域。传统的化学电池主要采用铅酸材料，存在污染环境、效率低下、体积笨重等缺点，不可能成为纯电动汽车的动力源。近十年来，全球主要电池厂商转向开发质量小、性能较高的镍氢电池和锂离子电池。按照目前的形势，新能源汽车将朝着“镍氢—锂电池—燃料电池”的产业化路径发展。

目前，不同国家汽车新能源技术路线差别很大。巴西大力发展汽车再生新能源技术。美国、欧盟、日本等传统汽车消费大国主要发展纯电动汽车技术、混合动力汽车技术和燃料电池汽车技术三种电动汽车技术。目前主流的汽车新能源技术以电动汽车技术为主，这给电池行业带来了巨大的商机和发展机会。

7.9.1 镍电池市场前景分析

镍电池组包括镍镉电池、镍氢电池和镍锌电池等。镍电池具有功率大，技术成熟，安全及可靠性好，循环利用率高，成本低等优点。除镍镉电池因环保问题正被逐渐取代外，镍锌电池和镍氢电池已被广泛应用于电动工具、电动玩具、照明灯具、移动通信产品等各类电器电子产品。在全球消费升级、工业产品升级的大背景下，电器和电动工具等产品的无绳化和便携化要求越来越强烈，镍电池的应用领域仍在不断拓宽。随着全球工业化升级对工业用二次电池的功率、容量、循环使用寿命提出的要求越来越高，镍氢电池在工业用电池领域，特别是在大功率工业用动力电池领域正逐步占据市场的主导地位。

镍氢动力电池刚刚进入成熟期，是目前混合动力汽车所用电池中唯一被实际验证并被商业化、规模化的电池，全球已经批量生产的混合动力汽车，大部分采用镍氢动力电池。目前全球主要的汽车动力电池厂商是日本的 PEVE 和 Sanyo（三洋），PEVE 占据全球混合动力车用镍氢电池 85% 的市场份额。主要的商业化混合动力汽车，如丰田的 Prius、Alphard 和 Estima，以及本田的 Civic，Insight 等，均采用 PEVE 的镍氢动力电池组。

7.9.2 锂离子电池市场前景分析

传统的铅酸电池、镍镉电池和镍氢电池本身技术比较成熟，但它们用作汽车动力电池则存在较大的问题。目前，越来越多的汽车厂家选择采用锂离子电池作为新能源汽车的动力电池。

锂离子电池具有工作电压高，体积小，无记忆效应，无污染，自放电小，循环寿命长等优点，目前已广泛应用于手机、笔记本电脑、数码相机和携带式电动工具等领域，其中手机占 50%，为最大应用领域。

研究发现，日本的锂电池供应商占有较大的优势地位，其已开始着手制定统一的锂电池规格，安全标准和充电方式。美国为了不让自己依赖外国锂电池，也在扶持电动车和锂电池制造企业，美国能源部于 2008 年批准了 250 亿美元的贷款，用于锂离子电池技术的开发。美国政府 2009 年 6 月出台的 7800 亿美元经济刺激计划中，约有 24 亿美元用于资助企业开发先进的能源存储技术。

富士经济预测，2015 年，车载电池市场中，锂离子电池的规模将超过镍氢电池。从 2011 年起，采用锂离子充电电池的混合动力车型逐渐增加，市场迅速扩大。估计最大的混合动力车厂商——丰田汽车要到 2013 年或 2014 年以后，才会全面采用锂离子充电电池。2012 年之后，随着锂离子电池在技术、成本、市场方面绝对优势的确立，镍氢动力电池需求增速已出现大幅降低甚至出现萎缩。

当前许多知名的汽车制造商都致力于开发锂离子电池汽车，如美国的福特和克莱斯勒，日本的丰田、三菱和日产，韩国现代，法国 Courreges 和 Ventury 等。国内汽车制造商比亚迪、吉利、奇瑞、力帆、中兴等也纷纷在自己的混合动力和纯电动汽车中搭载了锂离子电池。

虽然我国已是仅次于日本的锂离子电池生产大国，但并不是强国，在全球锂离子电池产业链中仍处于中低端。目前，国内锂离子电池行业的生产企业规模小，技术含量低，产品相对单一，能够生产锂离子电池系列产品的综合型企业少。高端产品之间的竞争主要集中在国内仅有的几家企业与国外产品之间。近年来，随着 HEV 混合动力汽车、3G 手机和其他电动工具的发展，国内锂电、镍电的市场份额正在快速增长，国内锂离子电池、镍电池企业还拥有巨大的市场增长空间。

上海世德南化公司生产的高性能磷酸亚铁锂材料，2009 年以来已被数十家主流生产商使用。由该材料制造的锂电池已成功应用在混合动力汽车、纯电动客车等新能源车辆上，有的还用于太阳能发电、风力发电等储能设备上。

南方化学公司生产的磷酸亚铁锂材料可达纳米级且纯度极高，具有以下显著特性：

➢ 其商业化产品的能量密度高达 155 ~ 160mA · h/g，接近该材料的理论值 170mA · h/g；

➢ 功率密度极高，连续放电功率密度可达 6kW/kg，瞬时功率密度可达 15kW/kg，是普通材料的 10 倍；

➢ 高低温性能优良，在 −20℃ 条件下仍然可以释放出 100% 的电能，45℃ 高温搁置 480 天还可保留 89% 的电能；

➢ 用该材料制作的电池使用寿命长，经过 5000 次循环充放电，还可储有 80% 的电能，如果按电动车每天充放电两次计，其寿命约为 10 年；

➢ 内在安全性好，不会发生热失控，可彻底解决锂电池使用的安全隐患。

综上，与镍氢电池相比，锂离子电池拥有重量小、储电量大、寿命长的特点，能大幅提高车辆的燃效和续航里程。按照业界的普遍观点，它将会最终替代镍氢电池。

7.9.3　新能源车辆对新型蓄能电池提出的要求

新型绿色环保电池指近年来已投入使用或正在研制开发的高性能、无污染的电池。目前已经大量使用的锂离子电池、镍氢电池、燃料电池以及电化学储能超级电容器都属于新型绿色环保电池的范畴。

纯电动汽车和燃料电池汽车在使用过程中能够实现零排放，完全摆脱了对石油资源的依赖，将成为新能源汽车发展的最终目标。在过渡路线的选择上，替代能源汽车和生物质能源汽车对相关能源的依赖性较大，其发展具有区域性特点，难以在全球推广；混合动力汽车对现有汽车技术的改进相对较少，在高油价时期具有更好的燃油经济性，并能满足高排放标准，是最佳过渡路线。

目前，混合动力汽车主要采用镍氢电池和锂离子电池技术，而锂离子电池具有能量密度高、容量大、无记忆性等优点，已得到各汽车厂商和电池生产厂商的认可，目前需要解决的问题在于其使用的稳定性、安全性和生产成本。

新能源汽车的迅速发展，打开了国内动力电池的市场空间。我国能源部提出的新能源汽车发展目标为：到2012年，国内有10%的新生产汽车是节能与新能源汽车，这意味着电池市场需求规模将达10亿t。图7-38为2015年全球主要地区的纯电动汽车用锂离子电池供需量预测图。

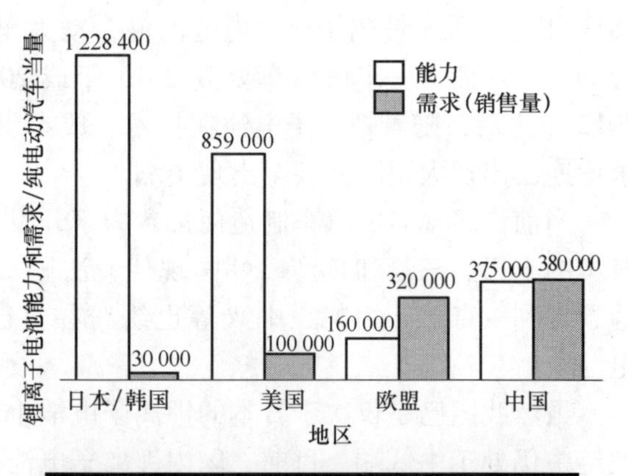

图7-38　2015年全球主要地区的纯电动汽车用锂离子电池供需量预测图

7.10　国内外动力锂电池产品的主要生产厂家

7.10.1　国外主要动力锂电池产品生产厂家

（1）LG动力锂电池　韩国的LG是锂电池市场占有率名列全球前几名的公司，在动力锂电池领域扩张迅速，赢得了最多的汽车厂商供货合同，包括通用、福特、沃尔沃、现代、起亚、雷诺和中国长安。通用和福特是美国前两大汽车厂商，现代和起亚是韩国的主要汽车厂商，沃尔沃和中国长安是中国的两大重要汽车厂商。2012年，该公司在韩国和美国密西根州设厂，以满足福特电动汽车的需求。预计LG到2020年在车用动力电池市场的占有率将达25%。

（2）加拿大Corvus动力锂电池　加拿大的Corvus能源公司专门制造大型的锂电池，能够为拖船、起重机、帆船等超大型机器提供动力。它曾为一家中国火电公司量身打造了一个容量2200kW·h的锂离子电池，作为该火电厂的备用电源。此外，它生产的锂离子电池配有独有的电子管理系统，能实现充、放电率的最优化。其生产的锂离子电池可以在30min之内实现完全充电，而最快的放电速度仅为6min。

（3）日产动力锂电池　日产的动力锂电池从新神户电机开始，早在2000年，新神户电机就开发出了第1代动力锂电池，用于叉车等机器。2003年春季，新神户电机研发的车用动力锂电池应用到了全球首次批量生产的电动踏板车中，开始积累车用经验。2006年，三菱生产的混合动力货车ACG-FE74BV，使用的就是日产的第2代车用动力锂电池。

（4）东芝动力锂电池　东芝的动力锂电池，负极材料采用钛酸锂（$Li_4Ti_5O_{12}$）。东芝动力锂电池以高安全性为基础，除了可实现6000多次的充放电，并具有出色的低温特性外，还可大量获得充放电深度，且输出功率高。另外，东芝动力锂电池快速充电时，所需时间极短，仅5min左右即可。电池在经过6000次充放电后仍可将容量维持在初期的90%。该公

司目前正在积极开发以 150W · h/kg 能量密度为目标的单元。

（5）ATL 动力锂电池　ATL 是一家全球知名聚合物锂电池制造和销售公司，致力于大密度和可变形聚合物锂电池的研发、生产和销售。以生产规模而言，ATL 在中国锂电池企业中位列前五，也是全球屈指可数的锂电池供应商。其研发的动力锂电池已在印度、英国电动汽车公司生产的相关车型上试用。

（6）SAFT 动力锂电池　SAFT 公司是世界领先的电池供应商，在可再生能源的储存、运输，以及电信网络市场产品占有一定份额。其 2015 年将开始给欧洲主要客车和货车厂商供应电池组。

7.10.2　国内主要动力锂电池产品生产厂家

（1）合肥国轩动力锂电池　合肥国轩高科动力能源股份公司是一家专业从事新型锂离子电池及其材料的研发、生产和经营，拥有自主知识产权和核心技术的大型高新技术企业。该公司生产的磷酸铁锂正极材料、BMS 管理系统以及储能型和功率型铁锂电池等十多个系列产品已在新能源汽车、电动自行车、风光互补路灯、大型储能基站等战略性新兴产业领域得到广泛应用。

该公司拥有 1000t/年磷酸铁锂正极材料生产线，1.25 亿 A · h/年的电芯生产线，以及 4 亿 kW · h/年的电池成组生产能力。其先后开发出储能及动力型磷酸铁锂材料系列电池（3.2V 50A · h 电池单体如图 7-39 所示），多款电动自行车电池组以及电动客车电池组（图 7-40），电动轿车电池组和相应的电池管理系统等。

（2）天津力神动力锂电池　天津力神电池股份有限公司是一家拥有自主知识产权和核心技术的，专业从事锂电池技术研发、生产和经营的股份制高新技术企业。其承担了 2006 年国家重点新产品项目“新型高比容量锂离子动力电池”的研发工作，该电池具有高比容量，高安全性，一致性强，优良的放电特性及倍率特性，高环保性，已广泛用于电动汽车等领域。2008 年 7 月 29 日，天津市首条节能环保的混合动力公交示范线路开始投入运营，共投放 2 辆豪华混合动力客车，搭载 4 缸柴油发电机和由力神自主研制、生产的动力锂电池，担任内环公交 600 路的运营任务。美国迈尔斯下属公司 Coda Automotive 对外推出的纯电动车，采用的就是力神自主研发的 34kW · h 容量的动力锂电池组，最高车速可达 120km/h，一次充电续航里程约为 144 ~ 192km。在 220V 电压下，电池组完全充电时间小于 6h，充电 2h 则可以行驶 64km。

图 7-39　合肥国轩 3.2V 50Ah 电池

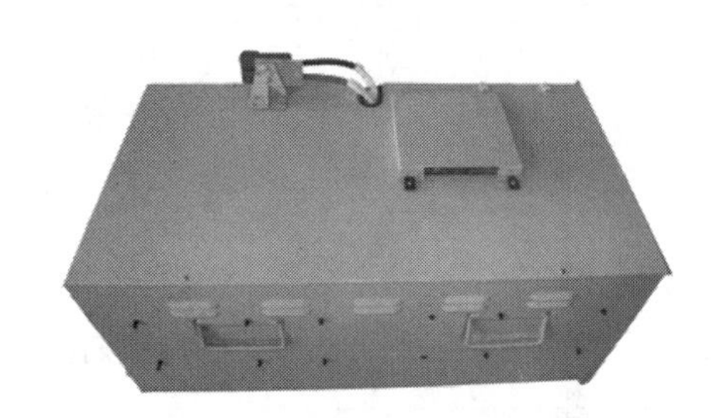

图 7-40　合肥国轩电动大巴动力锂电池箱

天津力神动力锂电池公司的典型产品如表7-17所示。

表7-17　天津力神动力锂电池公司的典型产品

型　号	标称电压	标称容量/mA·h	电芯尺寸/mm 厚×宽×高	温度/℃			内阻/mΩ	重量/g
				充电	放电	储存		
LP46153274	3.2	120000	47.5×153×274	5~45	-20~60	-20~35	≤1	≤4400
LP40120193	3.2	55000	41×120×193	5~45	-20~60	-20~35	≤2	≤2200

LP46153274（LP40120193）电池的产品外观如图7-41所示。

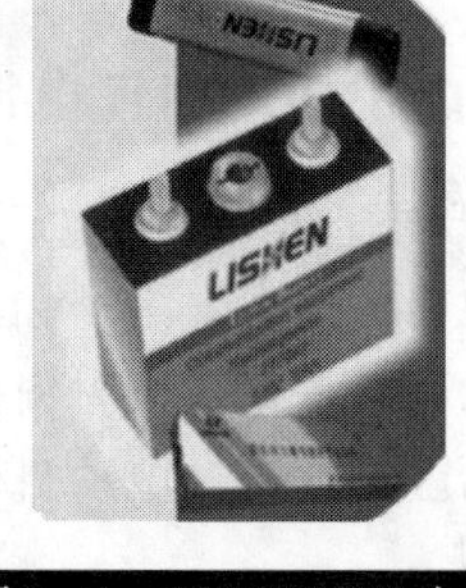

图7-41　LP46153274电池

（3）苏州星恒动力锂电池　苏州星恒电源有限公司曾承担多项相关国家项目。

➢2002年~2006年，国防973课题：高能量密度电池负极材料的研究

➢2006年~2009年，国防预研课题：超高功率电化学储能器件的研究

➢2001年~2005年，863新材料领域重点课题：新型正极材料的研究

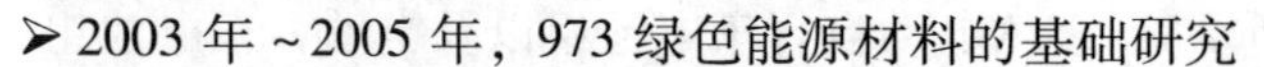

➢2003年~2005年，973绿色能源材料的基础研究

➢2002年至今，863电动汽车重大专项：高功率锂离子电池及管理系统

➢2006年~2008年，863纳米专项课题：纳米正极材料的研究

➢2003年~2008年，国家发改委新材料产业化示范工程

➢2005年~2008年，江苏省科技成果转化专项“高功率锂离子电池产业化”

2004年，星恒公司制造的高功率混合汽车用锂离子电池全面通过了“863电动汽车重大专项组织”的统一测试，比功率达到1200W/kg，性能居国际先进水平。星恒10A·h高能量型和7.5A·h高功率型锂离子动力电池通过美国UL安全测试，成为中国本土第一个通过UL认证的锂离子动力电池生产企业，为该类电池进入国际市场铺平了道路，在2009年星恒成为全球首家通过美国UL认证的40A·h大容量磷酸铁锂电池生产企业。

星恒动力锂电池公司的典型产品如表7-18所示。用于轨道交通的XH61-3300-35JC-B模块如图7-42所示。

表7-18　苏州星恒动力锂电池公司的典型产品

型　号	标称电压	标称容量/A·h	电芯尺寸/mm 厚×宽×高	温度/℃			内阻/mΩ	循环寿命 常温1C循环至80%，100% DOD	重量/kg
				充电	放电	储存			
IFP33/101/192（50）HA	3.2	40	33×101×192	0~45	-20~55	-10~35	≤2	5000	≤1.2
IFP37/101/192（50）HA	3.2	50	37×101×192	0~45	-20~55	-10~35	≤2	5000	≤1.4

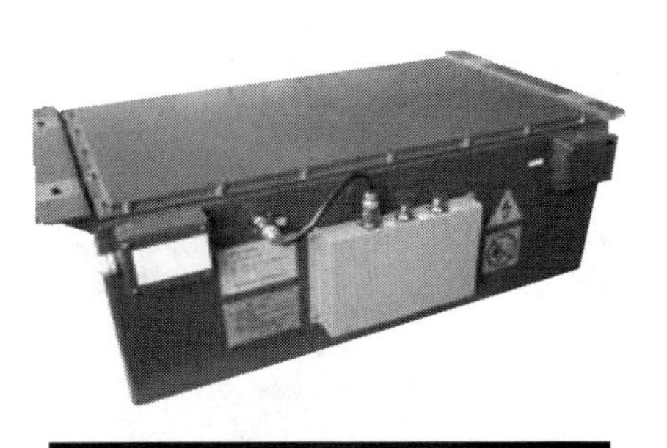

图7-42 XH61-3300-35JC-B模块

图7-43 电动汽车充电站

（4）深圳比克电池 深圳比克电池股份公司是一家集锂离子研发，生产、销售为一体的国家级高新技术企业。公司产品包括圆柱和方型电芯，聚合物电芯等，运用于手机、数码相机、电动工具，电动自行车，电动汽车等领域。目前日产能约150万只，2010年销售额为15亿元，已跻身世界专业锂离子电池制造商前列。

（5）比亚迪动力锂电池 比亚迪锂电池的研发和生产主要集中在比亚迪锂电池有限公司，该公司是比亚迪的全资子公司。比亚迪在2003年就开始了车用动力锂电池的研究和开发工作。能够体现比亚迪锂电池技术最高水平的，就是其推出的插入式混合动力汽车和纯电动汽车上使用的动力锂电池。目前比亚迪已经在北京、上海、深圳、西安等四大生产基地完成了内部电动汽车充电站（图7-43）的建设，其计划在企业内部先进入“电动汽车”时代。

（6）雷天动力锂电池 雷天绿色电动源（深圳）有限公司的动力锂电池已形成四种代表性的成熟产品：LFP（稀土钇铁锂）、LMP（锰酸锂）、LCP（钴酸锂）、LP（复合氧化钇铁锂正极的高电压锂电池）等系列，其单体容量从40A·h到10000A·h。雷天Blue Sky-2008电动车是我国第一辆绿色环保锂离子电动客车。该款车每次充电只需20～40min，行驶里程可达400km，0～100km/h加速只需19s，最高车速120km/h。经3万多km性能检测，完全达到民用标准。

第8章

超级电容基础知识及应用技术

8.1 超级电容结构与工作原理

8.1.1 超级电容的种类

超级电容器（简称超级电容），又称双电层电容器，是一种通过极化电解质来储能的电化学元件，它在储能的过程中并不发生化学反应，且过程是可逆的，可以反复充放电数十万次。超级电容可以被视为悬浮在电解质中的两个无反应活性的多孔电极板，在极板上加电，正极板吸引电解质中的负离子，负极板吸引正离子，实际上形成两个容性存储层，被分离开的正离子在负极板附近，负离子在正极板附近。与传统的电容器和二次电池相比，超级电容的比功率是电池的10倍以上，储存电荷的能力比普通电容器高，并具有充放电速度快，循环寿命长，使用温度范围宽，无污染等优点，是一种非常有前途的新型绿色能源。

超级电容器比同体积的电解电容器容量大2000倍～6000倍，功率密度比电池高10000倍，可以大电流充放电，充放电效率高，充放电循环次数可达100000次以上，并且免维护。超级电容器的出现填补了传统的静电电容器和化学电源之间的空白，以其优越的性能及广阔的应用前景受到了各国的重视。

超级电容的分类方式有以下几种。

（1）按照电极材料分类　按照电极材料分类，可分为：

➢ 以活性炭粉末、活性炭纤维、炭气凝胶、纳米炭管、网络结构活性炭为电极材料的超级电容器；

➢ 以贵金属二氧化钌、氧化镍、氧化锰为电极材料的超级电容器；

➢ 以聚泌咯、聚苯胺、聚对苯等聚合有机物为电极的超级电容器。

（2）按工作原理不同分类　按工作原理不同，超级电容器分为双电层型超级电容器和赝电容型超级电容器。

双电层型超级电容器的电极材料有活性炭电极材料、碳纤维电极材料、碳气凝胶电极材料和碳纳米管电极材料等，采用这些材料可以制成平板型超级电容器和绕卷型溶剂电容器。平板型超级电容器，多采用平板状和圆片状的电极，另外也有多层叠片串联组合而成的高压超级电容器，可以达到300V以上的工作电压。绕卷型溶剂电容器，将电极材料涂覆在集流体上，经过绕制得到，这类电容器通常具有更大的电容量和更高的功率密度。

赝电容型超级电容器包括金属氧化物电极材料与聚合物电极材料，金属氧化物材料作为正极材料包括 NiO_x、MnO_2、V_2O_5 等，活性炭作为负极材料制备超级电容器。导电聚合物材

料包括PPY、PTH、PAni、PAS、PFPT等，经P型、N型或P/N型掺杂制取电极，以此制备超级电容器。这一类型超级电容器具有非常高的能量密度。

（3）按照结构形式分类

按照结构形式分类，可分为对称型与非对称型。

两电极组成相同且电极反应相同，但反应方向相反，称为对称型；两电极组成不同或反应不同，称为非对称型。

（4）按电解质类型不同分类

按电解质类型不同，超级电容器可以分为水性电解质型和有机电解质型。

水性电解质超级电容器又可分为以下三种：

① 酸性电解质，多采用36%的H_2SO_4水溶液作为电解质；

② 碱性电解质，通常采用KOH、NaOH等强碱作为电解质，水作为溶剂；

③ 中性电解质，通常采用KCl、NaCl等盐作为电解质，水作为溶剂，多用于氧化锰电极材料的电解液。

有机电解质电容器通常采用$LiClO_4$为典型代表的锂盐，$TEABF_4$等季铵盐作为电解质，有机溶剂，如PC、ACN、GBL、THL等，作为溶剂，电解质在溶剂中接近饱和溶解度。

8.1.2　超级电容的结构原理

（1）超级电容器的结构与容量　超级电容器在电极与电解液接触面间具有极高的比电容和非常大的接触表面积，通过极化电解质来储能。

超级电容器主要利用电极/电解质界面电荷分离所形成的双电层，或借助电极表面快速的氧化还原反应所产生的法拉第准电容来实现电荷和能量的储存。它是一种电化学元件，但其储能的过程并不发生化学反应，这种储能过程是可逆的，因此，超级电容器可以反复充放电数十万次。超级电容器具有功率密度大，充电时间短，使用寿命长，充放电效率高等优异特性，被广泛应用于动力系统储存能量。常用作动力电源的超级电容以活性炭为电极材料，其碳电极和电解液界面上的电荷分离产生电动势，其结构图如图8-1所示。

超级电容单体主要由电极、电解质、集电极、隔离膜连线极柱、密封材料和排气阀等组成。

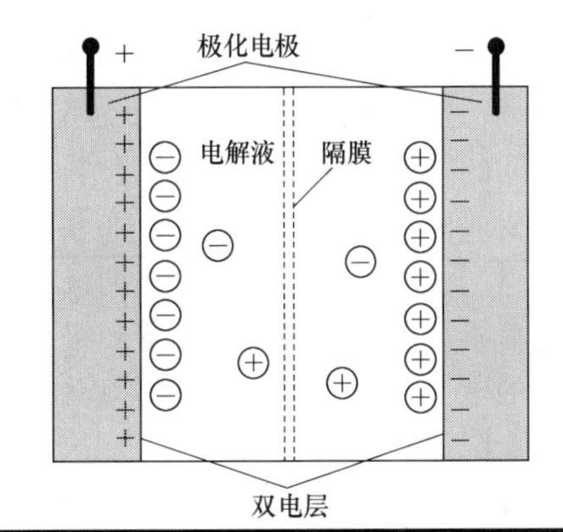

图8-1　典型双电层超级电容的基本结构

电极材料一般有碳电极材料，金属氧化物及其水合物电极材料，导电聚合物电极材料，要求电极内阻小、导电率高、表面积大且尽量薄。

电解质需有较高的导电性（内阻小）和足够的电化学稳定性（提高单体电压）。电解质材料分为有机类和无机类，或分为液态和固态类。

集电极选用导电性能良好的金属和石墨等材料来充当。如泡沫镍、镍网（箔）、铝箔、钛网（箔）及碳纤维等。

隔离膜防止超级电容相邻两电极短路，保证接触电阻较小，尽量薄，通常使用多孔隔膜，有机电解质通常使用聚合物或纸作为隔膜，水溶液电解质可采用玻璃纤维或陶瓷隔膜。

电极的材料，制造技术，电解质的组成和隔离膜质量对超级电容器的性能有较大影响。

超级电容的电量与电压成正比。电容的计量单位为法拉（F）。电容器充上1V电压，如果极板上存储1F电荷量，则该电容器的电容量就是1F。

电容器的电容量C为

$$C=\frac{\varepsilon A}{d} \tag{8-1}$$

式中　ε——电介质的介电常数（F/m）；

A——电极表面积（m^2）；

d——电容器间隙的距离（m）。

电容器的容量取决于电容板的面积，且与面积的大小成正比，而与电容板的厚度无关。另外，电容器的电容量还与电容板间的间隙大小成反比。

当电容元件充电时，电容元件上的电压增高，电场能量增大，电容器从电源上获得电能，电容器存储的能量E为

$$E=\frac{1}{2}CU^2 \tag{8-2}$$

式中　U——外加电压（V）。

当电容器放电时，电压降低，电场能量减小，电容器释放能量，可释放能量的最大值为E。

（2）双电层超级电容工作原理

双电层电容器的工作原理见图8-2。当外加电压加到超级电容器的两个极板上时，与普通电容一样，其极板的正电极存储正电荷，负极板存储负电荷，在两极板上电荷产生的电场作用下，电解液与电极之间的界面上形成相反的电荷，以平衡电解液的内电场，这时正电荷与负电荷在不同向之间的接触面上，以极短间隙排列在相反的位置上，这个电荷分布层叫做双电层，电容量非常大。当两极板间电势低于电解液氧化还原电极电位时，电解液界面上的电荷不会脱离电解液。随着超级电容器放电，正、负极板的电荷被外电路泄放，电解液界面上的电荷相应减少。由此可以看出，超级电容器的充放电过程始终是物理过程，没有化学反应，因此性能比较稳定。

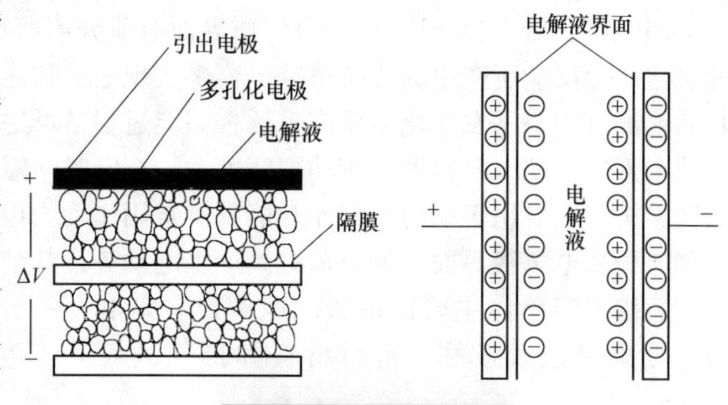

图8-2　超级电容结构

超级电容器是一种与电池和传统物理电容器都不同的新型储能器件。它本质上的原理还是电容原理，因此，要使超级电容器的电容达到法拉级，甚至上万法拉，就必须使极板的有效表面积尽可能大，极板之间的距离尽可能小。**超级电容器性能的最核心影响因素是电极材料，常用的电极材料有如下几种。**

1）活性炭电极材料。采用高比表面积的活性炭材料经成型制备电极。

2）碳纤维电极材料。采用活性炭纤维成形材料，如布、毡等，经过喷涂熔融金属增强其导电性以制备电极。

3）碳气凝胶电极材料。采用前驱材料制备凝胶，经过炭化活化得到电极材料。

4）碳纳米管电极材料。具有极好的中孔性能和导电性，采用高比表面积的碳纳米管材料，可以制得非常优良的超级电容器电极。

碳电极材料的表面积很大，电容的大小取决于表面积和电极的距离，这种碳电极的大表面积再加上很小的电极距离，使超级电容器的容值可以非常大，大多数超级电容器可以做到法拉级，一般容值范围为 15000F。

超级电容器多采用双电层原理和活性炭多孔化电极，依靠固液界面的双电层达到存储电荷的目的。

双电层介质在电容器两电极施加电压时，在靠近电极的电介质界面上产生与电极所携带电荷相反的电荷并被束缚在介质界面上，形成事实上的电容器的两个电极，很明显，两电极的距离非常小，仅几纳米。同时，活性炭多孔化电极可以获得极大的电极表面积，可以达到 $200m^2/g$。因而这种结构的超级电容器具有极大的电容量，并可以存储很大的静电能量。

就储能而言，超级电容器的这一特性是介于传统电容器与电池之间的。当两极板间电势低于电解液的氧化还原电极电位时，电解液界面上的电荷不会脱离电解液，超级电容器为正常工作状态（通常为 3V 以下），当电容器两端电压超过电解液的氧化还原电极电位时，电解液将分解，为非正常状态。随着超级电容器放电，其正、负极板上的电荷被外电路泄放，电解液界面上的电荷相应减少。

由此可以看出，超级电容器的充放电过程始终是物理过程，没有化学反应。因此它的性能是稳定的，与利用化学反应的蓄电池是不同的。

（3）赝电容超级电容工作原理　赝电容在电极表面或体相的二维或准二维空间上，电活性物质进行欠电位沉积，发生高度可逆的化学吸附/脱附或氧化/还原反应，产生与电极充电电位有关的电容。赝电容不仅发生在表面，还可以深入内部，因而可获得比双电层电容更高的电容量和能量密度。相同电极面积下，赝电容可以是双电层电容量的 10100 倍。目前，赝电容电极材料主要是一些金属氧化物和导电聚合物。

贵金属氧化物电容器通过在氧化物电极表面及体相中发生快速氧化还原反应达到储存电荷的目的，因此，其电容也称为赝电容或法拉第准电容。

在法拉第电荷传递过程中，一些金属（Pb、Bi、Cu）在 Pt 或 Au 上发生单层欠电势沉积，或与多孔过渡族金属氧化物（如 RuO_2、IrO_2）发生氧化还原反应时，其放电和充电过程有如下现象：两电极电位与电极上施加或释放的电荷几乎呈线性关系。如果该系统电压随时间呈线性变化，则会产生几乎恒定的电流。此过程高度可逆，具有电容特征，但又和界面双电层电容的形成过程不同，反应伴随有电荷的转移，发生了氧化还原反应，进而实现了电荷与能量的储存。

赝电容不仅存在于贵金属氧化物电极的表面，还可以深入电极内部，因此可以获得比双电层电容更高的电容量和能量密度。

最初研究的金属氧化物超级电容器主要以 RuO_2 为电极材料。RuO_2 的电导率比碳大两个数量级，在硫酸溶液中稳定，因此性能比双电层电容更好。目前的研究重点在于采用何种方法制备高比表面积的 RuO_2 电极材料，主要有热分解法、溶胶-凝胶法等。RuO_2价格昂贵，为了降低成本，一些研究者正在探讨用其他金属氧化物取代或者部分取代 RuO_2 作为电极材料。

导电聚合物超级电容器，通过导电聚合物在充放电过程中的氧化、还原反应，在聚合物膜上快速产生 N 型或 P 型掺杂，使聚合物储存很高密度的电荷，并产生赝电容。聚合物电容器的比容量比以活性碳为电极材料的双电层电容器要大 2～3 倍，其中具有代表性的聚合物有聚吡咯、聚噻吩、聚苯胺、聚并苯和聚对苯等。

（4）混合型超级电容器　超级电容器也可以在两极采用不同的电极材料，如一极是形成双电层电容的碳材料，另一极就是利用赝电容储能的金属氧化物电极。在电压保持不变或略有提升的基础上，利用金属氧化物超级电容器的超大比能量与双电荷层超级电容器的有效配比，获得比双电荷层超级电容器高 4 倍的比能量。

此类电容器在工作时，既有双电层电容的贡献，又包含准电容的作用，因而其比能量较单纯的双电层电容器大大提高，同时可以具备较高的比功率和循环寿命。根据使用条件的不同，充放电次数可达 12 万次，甚至达到 50 万次。

8.1.3　超级电容的基本特征与技术指标

超级电容器是一种比常规电容的电容值大得多的独特电容器，具有优良的脉冲充放电性能，以及传统电容器所不具备的大容量储能性能。

与其他储能设备相比，超级电容具有以下优势：

1）超级电容器在充放电过程中，能量形式没有发生转变；蓄电池及其它储能设备一般都是由电能转变成化学能，再由化学能转变成电能，因而存在转化效率问题，肯定会导致部分能量损失。

2）超级电容器比功率大。超级电容器的内阻很小，且在电极/溶液界面和电极材料本体内均能够实现电荷的快速储存和释放，因而它的瞬间输出功率密度高达数千瓦每千克，是一般蓄电池的数十倍。

3）充放电电路简单，无需充电电池那样的充电电路，真正免维护。

4）不受充电电流大小的限制，**充放电速度可以变得很快，充电时间约为 0.3s～1min，温升小，完全满足混合动力列车再生制动要求。**

5）放电时，同样不受大电流的限制，**可以大电流输出，瞬间输出功率比较大，可以满足混合动力列车启动瞬间的加速需要。**

6）储存寿命长。超级电容器充电之后在储存过程中，虽然也有微小的漏电电流存在，但这种发生在电容器内部的离子或质子迁移运动，是在电场的作用下产生的，并没有出现电化学反应，没有产生新的物质；另外，所用的电极材料在相应的电解液中也是稳定的，因而超级电容器的循环使用寿命最长，可达 40 万 h 以上。

7）超级电容器是绿色能源，不污染环境，而化学电池尤其是含有重金属的化学电池，对环境存在着严重的污染。

8）超级电容器充放电效率高，达 95%以上；化学电池的充放电效率低，约为 70%，超级电容器可以充电至其额定值以内的任何电压，并且可以完全放电后再存储电能而不会损坏，而电池组如果过度放电就会永久损坏。

9）工作温度范围宽（－40～50℃），容量变化小，混合动力列车用铅酸电池、锂离子电池等作为动力源低温工作时，续驶里程在恶劣条件下甚至减少 90%，而超级电容器只减少 10% 左右。

超级电容的主要技术指标如表 8-1 所示。

表 8-1　超级电容的主要技术指标

技术指标	定　　义	单　　位
额定容量	指按规定的恒定电流（如 1000F 以上的超级电容器规定的充电电流为 100A，200F 以下的为 3A）充电到额定电压后保持 23min，在规定的恒定电流放电条件下，放电到端电压为零所需的时间与电流的乘积再除以额定电压值	F
额定电压	超级电容的最高安全工作电压。 此外还有浪涌电压，通常为额定电压的 105%；击穿电压，其值为额定电压的 1.53 倍	V
电流	指对超级电容充电后，为使电容器在某一电压处于稳定状态，而从外部施加的一个电流。 额定电流指 5s 内放电到额定电压 1/2 的电流	A
等效串联电阻	当一个超级电容被模拟为包括电容、电阻的等效模拟电路时，其中的电阻部分即为等效串联电阻	Ω
最大存储能量	超级电容存储能量的理想值，是超级电容从额定电压起，进行恒流放电至电压为零时，所累积放出的能量	J
能量密度	也称比能量，指单位质量或单位体积的电容器所放出的能量	W · h/kg 或 W · h/L
功率密度	也称比功率，指单位质量或单位体积的超级电容器在匹配负荷下，产生电/热效应各半时的放电功率。它表征超级电容器承受电流的能力	kW/kg 或 kW/L
漏电流	指超级电容器保持静态储能状态时，内部等效并联阻抗导致的静态损耗，通常为加额定电压 72h 后测得的电流	A
使用寿命	指超级电容器的电容量低于额定容量的 20%，或等效串联电阻增大到额定值的 1.5 倍时的时间长度，此时可判断其寿命终了	h
循环寿命	超级电容器经历 1 次充电和放电，称为 1 次循环或 1 个周期。超级电容器的循环寿命可达 10 万次以上	次
平均放电功率	平均放电电流和平均放电电压的乘积	kW
放电效率	一个特定的充放电循环中，电容器放出的能量占充入能量的百分比	%
电压保持能力	将超级电容恒流充电至额定电压，再以额定电压恒压充电 30min，然后在室温条件下开路静置 72h 后，超级电容端电压与额定电压的比值	%
时间常数 *RC*	如果把一个超级电容模拟为一个电荷和一个电阻的简单串联组合，则电容和电阻的乘积便是时间的常数	

8.1.4 超级电容的数学模型

超级电容的原理分析主要用图 8-3 所示的简化模型表示，在超级电容的储能应用中，也称此模型为经典模型。

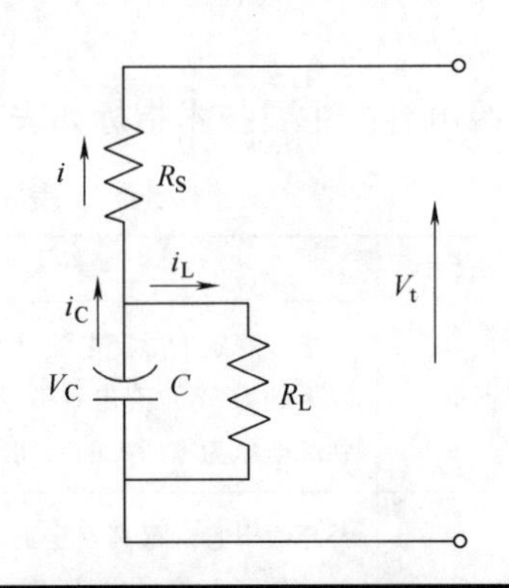

图 8-3 简化超级电容电路模型

图 8-3 中，超级电容器等效为一个理想电容器 C 与一个较小阻值的电感（等效串联阻抗 R_S，一般为几毫欧）串联，同时与一个较大阻值的电阻（等效并联阻抗 R_L）并联的结构。R_S 模拟热损失和充放电过程中电压的损失突变，R_L 模拟自放电的渗漏损失。

超级电容器的数学模型包括三个主要参数：

- 电容量（其电位 V_C）；
- 串联电阻 R_S；
- 绝缘材料的漏电阻 R_L。

超级电容器的电位可表达为

$$\frac{dV_C}{dt} = -\left(\frac{i + i_L}{C}\right) \tag{8-3}$$

漏电流 i_L 可表示为

$$i_L = \frac{V_C}{R_L} \tag{8-4}$$

由（8-3）和（8-4）可得

$$\frac{dV_C}{dt} = -\left(\frac{V_C}{CR_L} + \frac{i}{C}\right) \tag{8-5}$$

其解析解为

$$V_C = \left[V_{C0}\int_0^t \frac{i}{C}e^{t/CR_L}dt\right]e^{-(t/CR_L)} \tag{8-6}$$

在放电期间，超级电容器的端电压可表达为

$$V_t = V_C - iR_S \tag{8-7}$$

超级电容的充放电功率为

$$P = V_t i \tag{8-8}$$

超级电容器储存的能量为

$$E_C = \int_0^t V_C I_C dt = \int_0^v CV_C dV_C = \frac{1}{2}CV_C^2 \tag{8-9}$$

式中 V_C——超级电容器单元的电压（V）。

在额定电压情况下，超级电容器中所储存的能量达到最大值。

超级电容器中可用的能量也可由其能量状态（SOE）表达。SOE 被定义为其端电压为 V_C，能量与全充电电压为 V_{CR} 时，对应能量的比值，即

$$SOE = \frac{0.5CV_C^2}{0.5CV_{CR}^2} = \left(\frac{V_C}{V_{CR}}\right)^2 \tag{8-10}$$

超级电容器使用过程中的寿命是应该考虑到的一个重要方面，因此工作电压必须在 $[V_{min},\ V_{max}]$ 之间，它的容量可由其容量状态（SOC）表达，定义式如下：

$$SOC = \frac{V - V_{min}}{V_{max} - V_{min}} \tag{8-11}$$

8.1.5　超级电容的应用特性

相对于传统电容器，超级电容器的“超级”体现为以下四点：

➢超级电容器在分离出的电荷中存储能量，用于存储电荷的面积越大，分离出的电荷越密集，电容量也越大。

➢ 传统电容器的面积是导体的平板面积，为了获得较大的容量，导体材料卷制得很长，有时还要用特殊的组织结构来增加它的表面积。传统电容器用绝缘材料分离它的两极板，一般为塑料薄膜、纸等，这些材料通常要求尽可能的薄。

➢ 超级电容器的面积基于多孔炭材料，该材料的多孔结够允许其面积达到 $2000m^2/g$，通过一些措施可实现更大的表面积。超级电容器电荷分离开的距离是由被吸引到带电电极的电解质离子尺寸决定的，该距离比传统电容器薄膜材料所能实现的距离小。

➢ 在很小的体积下达到法拉级的电容量。庞大的表面积加上非常小的电荷分离距离，使得超级电容器较传统电容器而言有更大的静电容量，这也是其“超级”所在。

与蓄电池相比，超级电容有以下优势：

➢ 输出功率密度高。超级电容器的内阻很小，且在电池液界面和电极材料本体内均能够实现电荷的快速储存和释放，因此它的输出功率密度高达数千瓦每千克，是一般蓄电池的数十倍。

➢ 超级电容在其额定电压范围内可以被充电至任意电位，且可以完全放出。而电池则受自身化学反应限制，只能工作在较窄的电压范围内，且过放可能造成永久性破坏。

➢ 超级电容具有与电池不同的充放电特性，超级电容器的荷电状态（SOC）与电压构成简单的函数，而电池的荷电状态则包括复杂的换算。超级电容的放电曲线如图 8-4 所示。在相同的放电电流下，电压随放电时间呈线性下降的趋势。这种特性使超级电容器的剩余能量预测以及充放电控制，相对于电池的非线性特性曲线简单了许多。

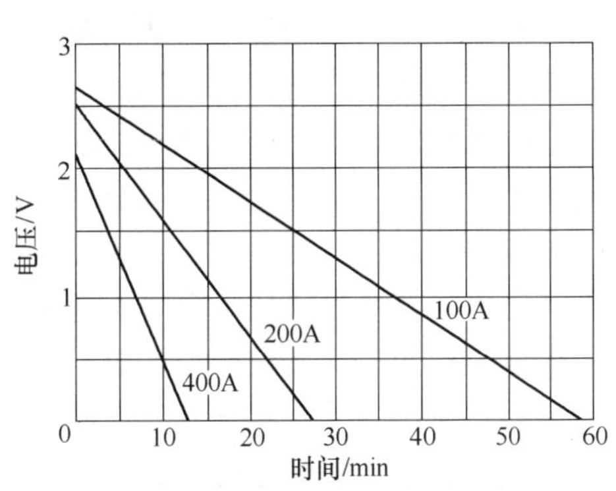

图 8-4　超级电容器放电曲线

➢ 在容量定义方面，超级电容器也不同于电池。超级电容器的额定容量单位为法拉（F）。定义为规定的恒定电流（如 1000F 以上的超级电容器规定的充电电流为 100A，200F 以下的为 3A）充电到额定电压后保持 2～3min，在规定的恒定电流放电条件下放电到端电压为 0，所需的时间与电流的乘积再除以额定电压值。

➢ 超级电容器与其体积相当的传统电容器相比，可以存储更多的能量，在一些功率决定能量存储器件尺寸的应用中，超级电容器是一种更好的选择。

➢ 极长的充放电循环寿命。超级电容器可以反复传输能量脉冲而无任何不利影响，相反，如果电池反复传输高功率脉冲，其寿命会大幅降低。超级电容器在充放电过程中不发生电化学反应，其循环寿命可达1万次以上，这是只有数百次充放电循环寿命的蓄电池所无法比拟的。

➢ **充电时间非常短，无须特别的充电电路和控制放电电路**。超级电容器可以快速充电，而电池快速充电则会受到损害。从目前已经做出的超级电容器充电试验结果来看，全充电时间只要10~12min；而蓄电池在这么短的时间内是无法完成充电过程的。

➢ **储存寿命极长**。超级电容器在储存过程中，虽然也有微小的漏电电流存在，但这种发生在电容器内部的离子或质子迁移运动是在电场的作用下产生的，并没有出现化学或电化学反应，没有产生新的物质，且所用的电极材料在相应的电解液中也是稳定的，因此理论上，超级电容器的储存寿命几乎可以认为是无限的。

与其他各类电池相比，超级电容的劣势主要在于：

➢ **比能量低**，这在一定程度上限制了以超级电容为电源的电动汽车的续驶里程；

➢ **如果使用不当会造成电解质泄漏等故障**；

➢ 和铝电解电容器相比，它内阻较大，因而不能用于交流电路。

在选择超级电容时，主要根据功率要求、放电时间及系统电压变化进行选择，超级电容容量的大小由最高工作电压，工作截止电压，平均放电电流和放电时间等基本参数决定，可根据超级电容的数学模型进行估算。

8.2 超级电容器在新能源车辆上的应用

超级电容器具有广泛的用途，它与燃料电池等高能量密度的物质相结合，能提供快速的能量释放，满足高功率需求，从而使高能量密度物质可以仅作为能量源使用。目前，超级电容器的能量密度可高达20kW/kg，已经开始抢占传统电容器和电池之间的市场。

在要求高可靠性，而对能量要求不高的应用中，可以用超级电容器来取代电池，也可以将超级电容器和电池结合起来，应用在对能量要求很高的场合，从而采用体积更小、更经济的电池。

超级电容器可以输出大电流，也可以快速吸收大电流。同化学充电原理相比，超级电容器的性能更稳定，因此使用寿命更长。对于电动工具和玩具这类需要快速充电的设备来说，超级电容器无疑是一个很理想的电源。

超级电容器的容量足够大，成本很低，对环境无污染。大功率的超级电容器对电动汽车和轨道车辆的启动、加速和上坡行驶具有极其重要的意义：在车辆起动和爬坡时，快速提供大功率电流；在车辆正常行驶时，由蓄电池快速充电；在车辆制动时，快速存储发电机产生的大电流，减少车辆对蓄电池大电流充电的限制，延长蓄电池的使用寿命，提高车辆的实用性。

8.2.1 超级电容器在纯电动汽车上的应用

目前在国际上，污染小、节省能源的电动汽车和电动公交车已引起高度重视。在超级电容器凭借使用寿命长、安全性强等特点，已成为电动汽车开发的重要领域之一。对于线路站点固定不变的公交车，超级电容在1min之内即可对其完成充电，利用公交车进站的时间充

电，既不影响乘客的乘车时间，又省去了电车轨道设置的费用，美观程度也更高。

以超级电容为能源的电动客车无污染、低温特性好，适合于我国北方城市的公共交通，具有良好的市场前景和社会效益。

8.2.2　超级电容器在混合动力汽车上的应用

混合电动车以燃油发动机为主要动力，其电能储存系统通常是二次电源，在内燃机车的电起动系统中采用超级电容器作为辅助起动装置，具有突出的优势，其表现在：

（1）起动功率的增加，缩短了柴油机-发电机组的起动时间。柴油机旋转加速度增加，燃油点燃质量得到提高。

（2）降低了起动时蓄电池组的最大电流负荷，有助于延长蓄电池的使用寿命。

（3）确保了起动的可靠性，特别在低温以及蓄电池组亏电或参数变差时尤为明显。

（4）在现有蓄电池技术状况下，可以有效减小蓄电池容量。

然而，超级电容器并不能完全取代电池，因为它的能量密度比较低。超级电容器单体的工作电压较低，因此要通过多个电容器单体的串联才能得到较高的工作电压，而多个单体串联对单体的统一性要求比较高，且串联起来后体系的容量又会成倍减少。现在，这方面的很多工艺都还在研发当中。

超级电容的特性正好满足混合动力电动汽车的特殊要求。超级电容瞬时高功率特性，不需要发动机频繁启动，不要求蓄电池提供瞬间大功率，同时还可以对制动能量进行回收利用，从而可以节约能源、减少排放污染，尤其适合经常在城市行驶的混合动力汽车。

8.2.3　超级电容器使用的注意事项

超级电容器使用的注意事项包括：

1）超级电容器具有固定的极性。在使用前，应确认极性。

2）超级电容器应在标称电压下使用：当超级电容器电压超过标称电压时，会导致电解液分解，同时电容器会发热，容量下降，内阻增加，寿命缩短，在某些情况下，可能导致电容器性能崩溃。

3）超级电容器不可应用于高频率充放电的电路中，高频率的快速充放电会导致电容器内部发热，容量衰减，内阻增加，在某些情况下会导致电容器性能崩溃。

4）外界环境温度对于超级电容器的寿命有着重要的影响。因此超级电容器应尽量远离热源。

5）由于内阻极大，当超级电容器被用做后备电源时，在放电的瞬间存在电压降，$\Delta U = IR$。

6）超级电容器不可处于相对湿度大于 85% 或含有有毒气体的环境中，这些环境会使引线及电容器壳体腐蚀，导致断路。

7）超级电容器不能置于高温、高湿的环境中，应尽量在温度 −30 ~ 50℃，相对湿度小于 60% 的环境下储存，避免温度骤升骤降，否则会导致产品损坏。

8）超级电容器用于双面电路板上时，连接处不可经过电容器可触及的地方，否则会导致短路现象。

9）把电容器焊接在线路板上时，不可使电容器壳体接触到线路板，否则焊接物会渗入电容器穿线孔内，对电容器性能产生影响。

10）安装超级电容器后，不可强行倾斜或扭动电容器，否则会导致电容器引线松动，导致性能劣化。

11）在焊接过程中要避免使电容器过热。若在焊接中使电容器过热，会降低电容器的使用寿命，例如：如果使用厚度为1.6mm的印制电路板，焊接过程的温度应为260℃，时间不超过5s。

12）在电容器经过焊接后，线路板及电容器需要经过清洗，因为某些杂质可能会导致电容器短路。

13）当超级电容器进行串联使用时，存在单体间的电压均衡问题，单纯的串联会导致某个或几个单体电容器过压，从而损坏这些电容器，使整体性能受到影响，故在电容器进行串联使用时，需得到厂家的技术支持。

14）在使用超级电容器的过程中出现的其他应用上的问题，应向生产厂家咨询或参照超级电容器使用说明的相关技术资料执行。

8.3 超级电容国内外发展现状及产品

8.3.1 超级电容技术发展趋势

超级电容是为了满足混合动力汽车能量和功率实时变化要求而研制的一种能量存储装置。它是一种电化学电容，兼具电池和传统物理电容的优点。其充放电过程高度可逆，可进行高效率（0.85～0.98）的快速（秒级）充放电，具有比功率高、循环寿命长、充放电时间短、免维护等优势，是理想的电动汽车的电源之一。

目前，美国、欧洲和日本都在积极开展电动汽车用超级电容的研究开发工作，并越来越多地将其应用到电动车辆上。

美国能源部于20世纪90年代就在《商业日报》上发表声明，强烈建议发展电容器技术，并使这项技术应用于电动汽车。该声明使得Maxwe11等一些公司开始进入电化学电容器这一技术领域。美国能源部和USABC从1992年开始，组织国家实验室（Lawrence Livermore，Los Alamos等）和工业界（Maxwell，GE等）联合开发使用碳材料的双电层超级电容器。其研究的初期目标是在维持功率密度为1kW/kg的同时，把超级电容的能量密度提高到5W·h/kg。目前这一目标已经基本达到。有关资料表明，超级电容的比能量达到20W·h/kg时，用于混合动力车是比较理想的。

美国在超级电容混合动力汽车方面的研究也取得了一定进展，Maxwell公司所开发的超级电容器在各种类型电动汽车上都得到了良好的应用。美国NASALewis研究中心研制的混合动力客车采用超级电容作为主要的能量存储系统。

1996年，欧洲多国共同制定了电动汽车超级电容器发展计划。由SAFT公司领导，成员包括Alcatel-Asthom、Fiat等。目标是使超级电容的比能量达到6W·h/kg，比功率达到1500W/kg，循环寿命超过10万次，且满足电化学电池和燃料电池电动汽车的要求。

俄罗斯专注于电容车技术和电动车制动能量回收的研究，并取得了显著的进展。其

起动型超级电容器比功率已达3000W/kg，循环寿命在10万次以上，领先于其他国家。俄罗斯曾研制过使用950kg超级电容驱动且能载客50人的电动客车，其续驶里程可达8～10km。

日本是将超级电容器应用于混合动力汽车的先驱，超级电容器是近年来日本电动汽车动力系统开发中的重要领域。本田的FCX燃料电池-超级电容混合动力汽车是世界上最早实现商品化的燃料电池汽车，该车已于2002年在日本和美国加州上市。日产公司于2002年6月成功研制出安装有柴油机、电动机和超级电容的并联混合动力货车。此外，还推出了天然气-超级电容混合动力汽车，该车的经济性是传统天然气汽车的2～4倍。日本富士重工推出的电动汽车已经使用日立机电制作的锂离子蓄电池和松下电器制作的储能电容器的联用装置作为动力源。

我国从20世纪90年代开始研制超级双电层电容器。有关资料表明，国内有些单位已经研制出比能量为10W·h/kg，比功率为600W/kg的高能量型超级电容样品，及比能量为5W·h/kg、比功率为2500W/kg的高功率型超级电容器样品，循环使用次数可达50000次以上。双层电容器的性能指标已经达到国际先进水平，成本较国际平均价格有大幅度下降，逐渐具备了在汽车领域应用的水平。

2004年7月，我国首部“电容蓄能变频驱动式无轨电车”在上海张江投入试运行，该公交车停靠站时能在30s内快速充电，充电后就可持续提供电能，车速可达44km/h。哈尔滨工业大学和巨容集团联合研制的超级电容器电动公交车，可容纳50名乘客，最高车速20km/h。

目前，在超级电容器产业化方面，美国、日本和俄罗斯处于领先地位，几乎占据了整个超级电容器市场。这些国家的超级电容器产品在功率、容量、价格等方面各有自己的特点与优势。从目前的情况来看，实现产业化的超级电容器基本上都是双电层电容器。美国Maxwell公司的PC系列产品体积小、内阻低，且产品一致性好，串并联容易，但价格较高；日本的NEC公司、松下公司和Tokin公司均有超级电容器产品，其产品多为圆柱体形，规格较为齐全，适用范围广，在超级电容器领域占有较大市场份额。

目前国内从事大容量超级电容器研发的企业有50多家，实现规模生产并达到应用水平的厂家有10多家。其中技术水平较高，产品应用较广的企业包括哈尔滨巨容、上海奥威、北京集星、北京合纵汇能、锦州百纳等企业。

在新能源汽车领域，有极电容器主要应用在混合动力汽车上，无极电容器主要应用在纯电动汽车上。在超级电容器电动汽车产量未成规模的情况下，很多研发单位都倾向使用美国Maxwell公司生产的超级电容器，Maxwell的有极电容器占据我国70%～80%的市场份额。

在无极电容器市场，我国自主品牌产品的市场占有率达90%左右。国内企业与外资企业在超级电容器技术方面的差距主要体现在单体一致性差，且产品安全性和使用寿命也需进一步提高。

8.3.2　国外的超级电容产品

（1）Maxwell超级电容器　Maxwell公司是一家提供高性能且低成本的能量存储和分配解决方案的供应商。该公司的BOOSTCAP超级电容器单元和多单元模块，以及POWERCACHE电源备份系统可提供安全可靠的电源解决方案，服务于消费类、应用交通运输、电信以及工业应用等领域。该公司的功率型超级电容系列产品为汽车和运输部门的客户提供了广阔的选择空间，能更好地满足该类客户对能量储存和功率传递的需求。其功率型模块是专门为混合动力列车、汽车子系统及其他重工业产品的应用而设计开发的，能满足这些领域对最低等效内阻和最高可用效率的需求。该公司所有的产品都能可靠地运行一百多万个充放电周期。

图 8-5 为 Maxwell 公司的 BMOD 超级电容组模块。

（2）俄罗斯 ECOND 超级电容器

俄罗斯 ECOND 公司对超级电容器已有 25 年的研究历史，该公司代表着俄罗斯的先进水平，其产品以大功率超级电容器为主，适于作动力电源，且有价格优势。

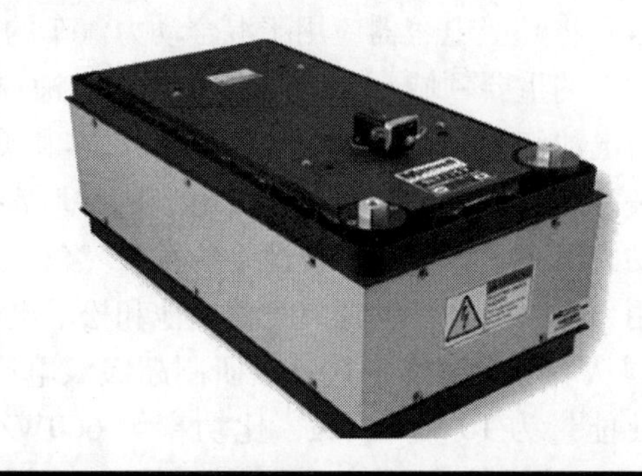
图 8-5　Maxwell 公司的 BMOD 超级电容组模块

（3）韩国 NESS 超级电容器　韩国的 NESS 公司已有一定批量的大容量超级电容器进入市场，并应用在燃料电池车、混合动力车中，其燃油经济性和环保效果十分突出，另外，其产品在军事领域也得到了非常广泛的应用。NESS 公司产品的有效比能量达到 3～4W·h/kg，最大比功率达到了 3000W/kg。

（4）俄罗斯 ESMA 超级电容器　俄罗斯 ESMA 公司是生产混合型超级电容器的代表性企业，其产品的可用比能量达到 10W·h/kg 以上，其中，起动型超级电容器的比功率达到 3000W/kg，在固定线路的电动车中，作为动力牵引电源具有较大优势，其产品已经在电动公交车、电动货车、军事车辆中得到成功应用。

（5）美国 EEStor 超级电容器　美国 EEStor 公司研发的超级电容纯电动汽车充电 5min，可储能 52.22kW·h，以 96km/h 的速度行驶 5h，可行驶 480km。该公司的 EEStor 超级电容电池已经被美国第一大国防承包商洛克希德-马丁公司采用。该公司已经做出基于钛酸钡材料的超级电容器，其产品能在 5min 内充满电能，并让一辆电动汽车行驶 500km。

8.3.3　国内的超级电容产品

国内从事大容量超级电容器研发的厂家大多生产液体双电层电容器，主要有北京合众汇能、锦州凯美能源、北京集星电子、上海奥威等。

（1）HCCCAP 超级电容器　北京合众汇能科技有限公司主要开发和生产 HCC 系列有机高电压型双电层超级电容器。HCCCAP 超级电容器产品具有体积小、容量大、功率高、寿命超长、温度特性好的特点，产品种类丰富，以卷绕圆柱式为主，兼顾方形、异型模组等多种规格，涵盖了大、中、小型超级电容器，标准产品的容量从 0.06F 到 10000F，可提供高达 10 万 F 的大容量特制超级电容器单体产品，并可为用户定制不同规格的单体电容器、组合模组和相关能源控制系统。

HCCCAP 超级电容器产品采用具有自主知识产权的独特技术和工艺进行生产，具有极高的性价比，广泛应用于智能电网、电动/混合动力汽车、大功率短时供能电源、太阳能储能、风力发电机变桨系统/储能缓冲系统、智能三表、电动自行车、电动玩具等领域，拥有广泛的客户基础。

早在 2007 年，该公司就为上海神力燃料电池客车提供了超级电容器系统，作为起动与加速电源，目前该系统使用状况良好。

北京合众汇能科技有限公司生产的超级电容模块组及参数如图 8-6 所示。

品牌：HCC	型号：变桨系统法拉电容/超级电容模组	
应用范围：储能电源	外形：长方形	功率特性：大功率
频率特性：低频	调节方式：固定	引线类型：同向引出线
允许偏差：±1（%）	耐压值：2000（V）	等效串联电阻（ESR）：根据串联并数量（mΩ）
标称容量：根据串并数量（μF）	损耗：0	额定电压：根据串并数量（V）

图 8-6　北京合众汇能科技有限公司超级电容模块组及参数

（2）北京集星超级电容器　北京集星科技是国内研发和生产超级电容的先驱企业，该公司生产的电极配料、极片、单体电容、模组等储能系统单元全部是自主研发制造，在成本上具有不可比拟的优势，在技术性能也具有领先性。

该公司的产品包括卷绕型和大型超级电容器，其优势在于基板、电解液材料等主要原材料均自主研发和生产，成本低且可控，并且已经通过 ISO9011、TS16949 等机制认证。

北京集星生产的大容量超级电容器如图 8-7 所示。

（3）锦州凯美超级电容器　锦州凯美能源是国内最大的超级电容器专业生产厂，主要生产纽扣型和卷绕型超级电容器。现已具备生产卷绕、组合、叠片等品种，六十多个规格型号的超级电容器的能力，产品性能指标达到国内外同期产品的水平。

该公司的 48V 系列能量储存模块是一个完整的能量储存装备，它由 18 个独立的超级电容单体组成（基于与 MAXWELL 公司合作开发的超级电容器技术）。该模块包括了内部连接端子以及完整的电压管理电路。每个模块可以串联起来以获得更高的工作电压，也可以并联起来以获得更高的能量存储，还可以通过串、并联结合的方法同时获得更高的工作电压和能量存储。

锦州凯美超级电容器单体及模组如图 8-8 所示。

BMOD0165 模块的串联和并联

图 8-7　北京集星生产的大容量超级电容器

方式如图 8-9 和图 8-10 所示。

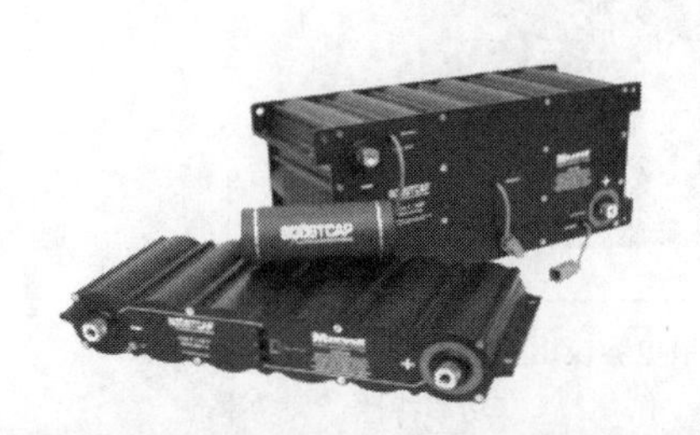
图 8-8 锦州凯美超级电容器单体及模组

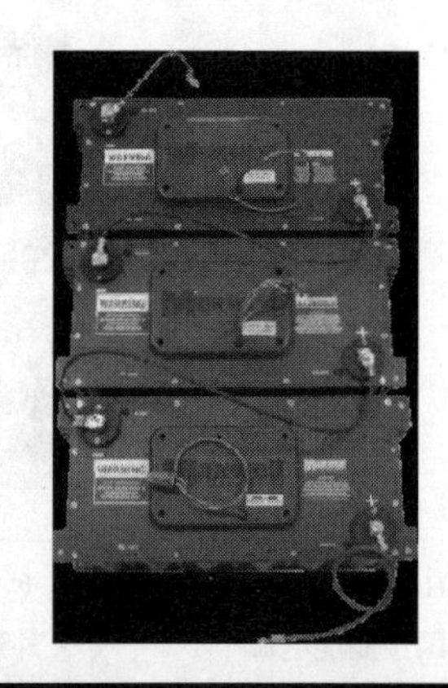
图 8-9 BMOD0165 模块的串联

（4）上海奥威超级电容器 上海奥威的产品多集中在车用超级电容器上。该公司专业从事双电层电容器及超级电容器的开发、生产和销售。其自主研发的专利产品（图 8-11），是利用电化学双电层技术制成的一种新型储能装置，其能量密度接近传统蓄电池的水平。其主要特点是：

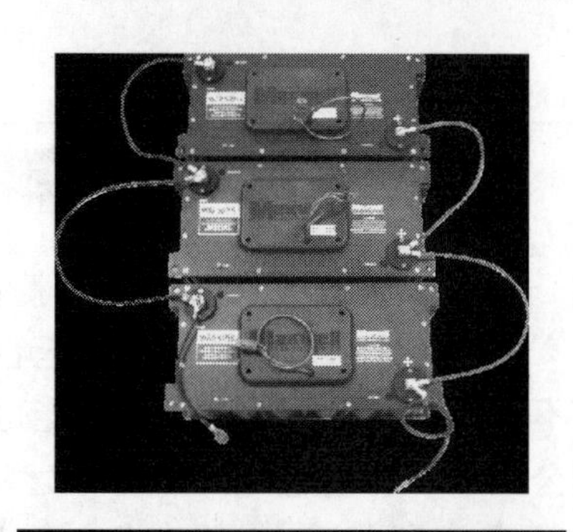
图 8-10 BMOD0165 模块的并联

- 具有较高的功率密度；
- 在配备适当充电设备的情况下，充电时间很短；
- 使用温度范围宽，可在 -40 ~ 60℃ 的范围内正常工作；
- 充放电循环次数可达 10 ~ 50 万次。

它有效地弥补了传统蓄电池充放电时间长、寿命短的缺陷，属于免维护、绿色环保电源。其技术水平处于世界领先地位，可用于各种车辆、内燃机的起动，以及轻型车、电动公交车的牵引和其他领域。

图 8-11 奥威超级电容器

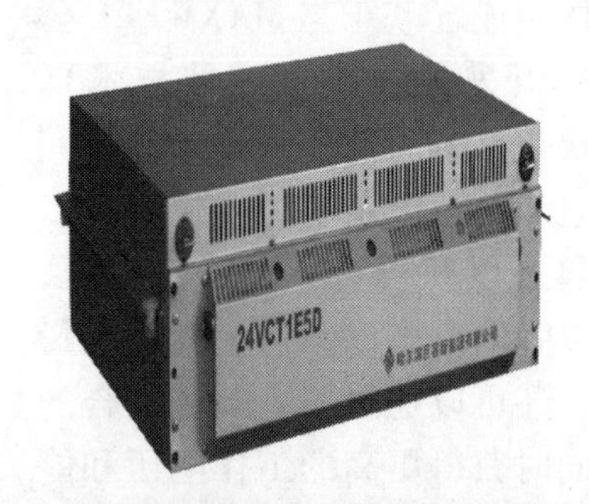

图 8-12 哈尔滨巨容新能源超级电容器

（5）和荣电气超级电容器 和荣电气已有近 20 年专业制造机车电容器的历史，公司拥有从意大利和韩国引进的现代化制造设备。拥有先进的实验室，可以对各种型号的电容器和

电力设备进行检测，高压实验，振动试验，高低温试验和寿命试验等。

经过多年不懈的努力，和荣电气公司已顺利成为美国 GE 公司交通运输部和能源部的合格供应方，交付 GE 能源部用于风力发电装备的电容器已近 5000 台。

（6）哈尔滨巨容新能源超级电容器　哈尔滨巨容新能源有限公司自主研究、开发、生产的超级电容器及配套系列产品，具有国家专利且拥有完全的自主知识产权。该产品具有充电速度快、使用寿命长、比功率高、耐低温、节能环保等特点，性能达到国内领先、国际先进水平，填补了国内同类产品的空白。

该公司的超级电容器技术特点包括：

- 起动电源充电时间快，30s ~ 15min 即可充电完毕；
- 循环使用寿命长，超级电容使用寿命可达 10 ~ 50 万次；
- 低温特性好，在 -40℃条件下仍可以正常使用；
- 充放电效率高；
- 无污染、免维护、运行成本低。

该公司生产的超级电容器如图 8-12 所示。

国内超级电容器在新能源车辆上的应用概况如表 8-2 所示。

表 8-2　国内超级电容器应用概况

时　间	主 要 事 件
2005 年 9 月 29 日	烟台超级电容汽车示范线正式启动，两辆超级电容车投入运营
2006 年 8 月 28 日	上海 11 路超级电容公交电车，即“上海科技登山行动计划超级电容公交电车示范线”投入运营
2008 年 9 月 22 日	杭州公交集团购买的首批 45 辆金旅牌 XML6125HEVJ93C 超级电容油电混合动力公交车在 K290 线路上正式投入运营
2010 年 1 月 15 日	俄罗斯电气技术公司与中山大学科技研究院开展合作（采用超级电容的新能源汽车）
2010 年 2 月 12 日	安凯客车获得 14 辆“安凯宝斯通”纯电动旅游客车（锂电池-超级电容）订单，用于上海世博会
2012 年	上海近 6000 辆公交车将全部换成电池 - 超级电容环保车

参考文献

[1] 科学技术部. 这十年 [M]. 北京: 科学技术文献出版社, 2012.
[2] 钱伯章. 新能源汽车与新型蓄能电池及热电转换技术 [M]. 北京: 科学出版社, 2010.
[3] 谭晓军. 电动汽车动力电池管理系统设计 [M]. 广州: 中山大学出版社, 2011.
[4] 邹政要, 王若平等. 新能源汽车技术 [M]. 北京: 国防工业出版社, 2012.
[5] 李晓华. 新能源汽车技术发展的挑战、机遇和展望 [M]. 北京: 机械工业出版社, 2012.
[6] 王青. 从技术跟随到战略布局 [M]. 上海: 上海远东出版社, 2012.
[7] 王震坡, 孙逢春. 电动车辆动力电池系统及应用技术 [M]. 北京: 机械工业出版社, 2012.
[8] 崔胜民, 韩家军. 新能源汽车概论 [M]. 北京: 北京大学出版社, 2011.
[9] Mehrdad Ehsani. 现代电动汽车、混合动力电动汽车和燃料电池车. 倪光正, 倪培宏, 熊素铭, 译 [M]. 北京: 机械工业出版社, 2010.
[10] Mehrdad Ehsani, Yimin Gao, Ali Emadi. Modern Electric, Hybrid Electric, and Fuel Cell Vehicles Fundamentals, Theory, and Design [M]. Boca Raton: CRC Press, 2004.
[11] Edwin Tazelaar, Bram Veenhuizen, Paul van den Bosch. Analytical Solution of the Energy Management for Fuel Cell Hybrid Propulsion Systems [J]. IEEE Trans. on Vehicular Technology, Vol. 61, No. 5, June 2012.
[12] 孟玉发, 彭长福, 王选民, 等. CKD6E5000 型混合动力交流传动内燃调车机车的研制 [J]. 铁道机车车辆, 2011, 31 (4): 1-4.
[13] 杜玉峰, 刘伟. 地铁电动工程车牵引蓄电池参数的确定 [J]. 电力机车与城轨车辆, 2004, 7. 27 (4): 36-38.